Vorbeugender Hochwasserschutz im Recht der Raumordnung und Landesplanung

Regensburger Beiträge zum Staats- und Verwaltungsrecht

Herausgegeben von Gerrit Manssen

Band 6

PETER LANG

Frankfurt am Main · Berlin · Bern · Bruxelles · New York · Oxford · Wien

Christian Bartsch

Vorbeugender Hochwasserschutz im Recht der Raumordnung und Landesplanung

PETER LANG
Europäischer Verlag der Wissenschaften

Bibliografische Information der Deutschen Nationalbibliothek
Die Deutsche Nationalbibliothek verzeichnet diese Publikation in der Deutschen Nationalbibliografie; detaillierte bibliografische Daten sind im Internet über <http://www.d-nb.de> abrufbar.

Zugl.: Regensburg, Univ., Diss., 2006

D 355
ISSN 1860-319X
ISBN-10: 3-631-55751-5
ISBN-13: 978-3-631-55751-8

www.peterlang.de

Vorwort

Die vorliegende Untersuchung wurde im Wintersemester 2005/2006 von der Juritischen Fakultät Regensburg als Dissertation angenommen. Tag der mündlichen Prüfung war der 30.06.2006.

Mein besonderer Dank gilt meinem Doktorvater Herrn Richter am Bundesverfassungsgericht Prof. Dr. Udo Steiner, der mich während der gesamten Promotion nicht nur in fachlicher Hinsicht unterstützt hat.

Danken möchte ich des Weiteren Herrn Prof. Dr. Gerrit Manssen, welcher das Zweitgutachten in kürzester Zeit erstellt und mir die Veröffentlichung in seiner Schriftenreihe ermöglicht hat.

Christian Bartsch — Straubing, September 2006

Inhaltsverzeichnis

Kapitel 1: Zielsetzung der vorliegenden Untersuchung

§ 1: Die Bedeutung der Extremhochwasser der vergangenen Jahre

Seit 1993 kam es zu mindestens sechs schwerwiegenden Hochwasserereignissen, von denen zwei (1997 und 2002) als Jahrhunderthochwasser gelten. Den größten Schaden verursachte die Katastrophe im Elbe-Einzugsgebiet im Jahr 2002. Nach Aussagen von Statistikern handelte es sich dabei für die Elbe-Zuläufe aus dem Erzgebirge sogar um ein Naturereignis, das durchschnittlich weniger als alle 1000 Jahre auftritt[1]. Ebenso wie bei dem Jahrhundert-Hochwasser an der Oder im Jahre 1997 traten die Flüsse auch hier während einer so genannten „V b-Wetterlage“ in den Sommermonaten über die Ufer[2]. Eine solche Wetterlage zeichnet sich durch feuchte Mittelmeerluft aus, die nach Mitteleuropa strömt und zu sehr starken Niederschlägen führt[3]. Neben den bereits erwähnten Flüssen Oder und Elbe waren bislang regelmäßig Donau (1999, 2000, 2002), Rhein (1993, 1995, 1999, 2000) sowie Maas und Mosel (1995) von starken Hochwassern betroffen.

Diese Hochwasserereignisse rückten aufgrund ihres Ausmaßes und der damit einhergehenden enormen finanziellen Schäden in den Mittelpunkt des öffentlichen Interesses[4]. So wurden verschiedenste Aktionsprogramme zum Schutz vor Hochwasser entwickelt und ein effektiverer Vollzug des bereits bestehenden rechtlichen Instrumentariums gerade auf der unteren Planungsebene gefordert. Dass die Schadenspotentiale von Hochwasserkatastrophen im Laufe der Zeit stetig zunehmen, ist zwar seit langem bekannt, ein aktives Risikobewusstsein jedoch anscheinend nicht vorhanden. Es entsteht der Eindruck, dass die bisherigen – überwiegend aus dem technischen Bereich stammenden – Schutzmaßnahmen, welche kleinere und mittlere Hochwasser bewältigen können, sowohl in der Bevölkerung als auch bei öffentlichen Stellen ein Vertrauen geschaffen haben, das die Urbanisierung gewässernaher und somit potentiell hochwassergefährdeter Gebiete vorangetrieben hat. Umso größer ist das Entsetzen, wenn das

---

[1] Flut und Dürre – Zwei Seiten einer Medaille, Sonderteil der Zeitschrift UMWELT Nr. 9/2003, S. III.

[2] Vorbeugender Hochwasserschutz – Handlungsempfehlungen für die Regional- und Bauleitplanung, Positionspapier der gleichnamigen Ad-hoc-Arbeitsgruppe der Landesarbeitsgemeinschaft Sachsen, Sachsen-Anhalt, Thüringen der Akademie für Raumforschung und Landesplanung (ARL), in: ARL (Hrsg.), Nachrichten 4/2003, S. 13; Grünewald, Uwe/Schümberg, Sabine, Das Oderhochwasser 1997 – Ursachen, Verlauf, Schlussfolgerungen und historischer Vergleich, in: Deutsch/Pörtge/Teltscher, S. 48.

[3] Grünewald/Schümberger, S. 48.

[4] Jedoch wird zu Recht darauf hingewiesen, dass das Interesse von Öffentlichkeit, Politik und auch Behörden an solchen Extremereignissen und deren Schadwirkungen allzu schnell wieder verblasst, Grünewald/Schümberg, S.45.

Eintreten von Extremhochwassern die vermeintliche Sicherheit in Frage stellt. Wird in solchen Fällen häufig von Jahrhundert- oder Jahrtausendhochwassern gesprochen und auf deren immer kürzer werdendes Aufeinanderfolgen aufmerksam gemacht, so sollte dennoch in diesem Zusammenhang nicht überstürzt von einem Klimawandel gesprochen werden, ohne sich vertieft mit den genauen Zusammenhängen auseinander zu setzen. Geht man von einer nüchternen statistischen Betrachtung aus, so tritt ein 100-jährliches Ereignis etwa zehnmal in 1000 Jahren auf. Das heißt aber nicht, dass ein 100-jährliches Ereignis nicht auch zweimal in 30 Jahren auftreten kann. In Folge dessen ist dieses Ereignis für die betroffenen Anlieger subjektiv ein 15-jährliches Ereignis, die Wahrscheinlichkeit liegt bei circa 14%[5]. Hochwasser kann für den Zweck der folgenden Untersuchung als der „durch die Speichereigenschaften des Einzugsgebiets transformierte Niederschlag“[6] beschrieben werden, womit sogleich ein Hinweis auf die Ursachen seiner Entstehung gegeben wird[7]. Als Folge eines Hochwassers kann es, in Abhängigkeit von zahlreichen weiteren Umständen, zu einem Ausufern der Flüsse, also zu Überschwemmungen kommen.

§ 2: Zum Inhalt der vorliegenden Untersuchung

Das dargestellte Ausmaß der zurückliegenden Hochwasserereignisse sowie die damit einhergehende Diskussion etwaiger Vollzugsdefizite auch im Rahmen des Raumordnungs- und Landesplanungsrechts, waren Anlass, den vorsorgenden Hochwasserschutzes vor dem Hintergrund des vorhandenen Instrumentariums der Raumordnung und Landesplanung, insbesondere der Raumordnungsgebiete des § 7 Abs. 4 ROG, einer eingehenden Untersuchung zu unterziehen. Dabei sollen nicht nur die einzelnen durch Raumordnung und Landesplanung zu treffenden Vorsorgemaßnahmen dargestellt und erläutert, sondern auch einige bestehende Raumordnungspläne exemplarisch auf entsprechende Aussagen untersucht werden.

Wie schon der Bestimmung des Begriffs Hochwasser entnommen werden kann, beschränkt sich die vorliegende Untersuchung auf Hochwasserereignisse an Fließgewässern, also den Hochwasserschutz im Binnenland. Der Grund dafür liegt in dessen aktueller Bedeutung und dessen spezifischen Schwierigkeiten. Die Tatsache, dass die Einzugsgebiete der Flüsse sich über mehrere Bundesländer, aber auch Staatsgrenzen erstrecken und demzufolge Hochwasserereignisse und Hochwasserschutzmaßnahmen raumbedeutsam sind, bietet der Raumord-

---

[5] Beispiel nach Patt, S. 52.

[6] Patt, S. 11.

[7] Eine ausführliche Darstellung der unterschiedlichen Ursachen und Entstehungsfaktoren von Hochwasser findet sich in Kapitel 2 der vorliegenden Untersuchung.

nung und Landesplanung mit ihren vielfältigen Instrumenten ein weites Handlungsfeld. Neben der räumlichen spricht auch die zeitliche Komponente für die Bedeutung der Raumordnung und Landesplanung für den (vorbeugenden) Hochwasserschutz, denn die Maßnahmen, die auf den Erhalt oder die Änderung der Flächennutzung zielen und damit die Hochwasserentstehung beeinflussen, sind nur mittel- bis langfristig umzusetzen. Sie setzen also das für die Raumordnung und Landesplanung typische mittel- bis langfristige Planen voraus. Dementsprechend wird der Hochwasserschutz im Raumordnungsgesetz ausdrücklich als Grundsatz der Raumordnung aufgeführt. So verlangt § 2 Abs. 2 Nr. 8 Satz 7 ROG, dass „für den vorbeugenden Hochwasserschutz [...] an der Küste und im Binnenland zu sorgen“ ist. Für die Ausgestaltung des Hochwasserschutzes an den Fließgewässern werden den Planungsträgern unterschiedliche Handlungsmöglichkeiten an die Hand gegeben. Im Binnenland soll der Schutz „vor allem durch Sicherung oder Rückgewinnung von Auen, Rückhalteflächen und überschwemmungsgefährdeten Bereichen“ (§ 2 Abs. 2 Nr. 8 Satz 7 ROG) verwirklicht werden. Dass es trotz des bestehenden Instrumentariums immer häufiger zu Hochwasserkatastrophen mit gewaltigen Schäden kommt, wirft die Frage auf, ob die rechtlichen Möglichkeiten, insbesondere der Raumordnung und Landesplanung, nicht ausreichen, dies zu verhindern, oder aber der Vollzug der Vorschriften Defizite aufweist.

Im folgenden Kapitel der Untersuchung werden die Ursachen der Entstehung von Hochwassern und anschließend im dritten Kapitel das Verhältnis von Hochwasserschutz und Planung erläutert, wobei insbesondere der Bezug zum Recht der Raumordnung und Landesplanung hergestellt wird. Danach soll ein allgemeines Zielsystem zum Hochwasserschutz herausgearbeitet werden (Kapitel 4). Den Kernpunkt der Untersuchung bildet der fünfte Teil, in welchem die konkreten Möglichkeiten des vorbeugenden Hochwasserschutzes in der Raumordnung und Landesplanung, vor allem anhand der Festelegung von Vorranggebieten nach § 7 Abs. 4 Satz 1 Nr. 1 ROG, erarbeitet und einer kritischen Würdigung unterzogen werden soll. Die darauf folgenden Kapitel beschäftigen sich mit der Durchsetzung der entsprechenden Maßnahmen (Kapitel 6) und Fragen des Rechtsschutzes (Kapitel 7), bevor die Ergebnisse der Untersuchung im letzten Teil zusammengefasst werden.

Zur Landesplanung wird im Verlauf der Untersuchung in erster Linie auf das Bayerische Landesplanungsgesetz zurückgegriffen. Sollten im Einzelfall andere landesrechtliche Bestimmungen von Interesse sein, so werden die entsprechenden Regelungen ebenfalls dargestellt.

Kapitel 2: Entstehung und Folgen von Hochwasser

§ 1: Ursachen und Einflussfaktoren für die Entstehung von Hochwasser

A. Natürliche Ursachen

Ursache für die Hochwasserentstehung ist der direkte Oberflächenabfluss von Niederschlagswasser. Zu einem solchen kommt es, wenn der Freilandniederschlag weder vollständig verdunstet noch vom Boden aufgenommen werden kann[8]. Zumeist handelt es sich um lokale Starkregen oder lang anhaltende Niederschläge. Jahreszeitlich bedingt kann bei einsetzendem Tauwetter auch Schmelzwasser hinzu kommen. Der Oberflächenabfluss wird stark durch verschiedenste Umstände beeinflusst, die zum einen auf natürlichen Gegebenheiten und zum anderen auf menschlichem Verhalten beruhen. Um einen effektiven Hochwasserschutz zu gewährleisten, ist es erforderlich, sich mit den einzelnen Faktoren von Hochwassersituationen auseinander zu setzen.

B. Natürliche Einflussfaktoren

I. Klima und Wetter

Häufig wird in der Diskussion über die Ursachen und Einflussfaktoren von Hochwasser das sich wandelnde Klima angeführt, welches neben steigenden Temperaturen einerseits häufigere und stärkere, andererseits aber auch seltenere Niederschläge mit sich bringen soll. Dass Niederschlagsereignisse und somit das Wetter zur Entstehung von Hochwassern beitragen, wurde bereits erwähnt.

Hochwasserchronologische Untersuchungen haben gezeigt, dass Hochwasser je nach Jahreszeit auf unterschiedliche Wetterfaktoren zurückzuführen sind. So treten winterliche Hochwasser vorwiegend in Jahren auf, die von kalten, schneereichen Wintern geprägt sind und dann abrupt von einem Warmlufteinbruch beendet werden, der häufig in Begleitung von Starkregen auftritt[9]. Sommerhochwasser treten nach Starkregen oder Dauerregen auf. In Abhängigkeit vom jeweiligen Niederschlagstyp besitzen sie entweder lokale oder überregionale Auswirkungen. Winterhochwasser sind in der Regel großräumige Ereignisse.

---

[8] Vgl. hierzu bereits die Definition des Begriffs „Hochwasser“, S. 18.

[9] Glaser, S. 195 f. u. S. 199.

Bei einer Betrachtung der vergangenen Hochwasserereignisse unter diesen Gesichtspunkten fällt auf, dass sie von extrem starken und lang anhaltenden Niederschlägen geprägt waren. Trotz alledem sind Hochwasser – ebenso wie Niedrigwasser – ein immer wiederkehrendes natürliches Ereignis.

II. Topografie

Auch geografische Besonderheiten, wie die Lage eines Flusses zu den Regen bringenden Winden oder das Bodenrelief, können zu Hochwasser führen oder diese verstärken. Aufgrund dessen soll die Hochwassersituation für die in Deutschland typischen Oberflächenformen beschrieben werden.
Hochgebirge: In steilem Gelände findet das Wasser nur geringen Rückhalt, sein Abfluss wird daher mit zunehmender Bodenneigung erhöht. Hinzu kommen besondere Merkmale, wie lokale Starkregen in Verbindung mit der Schneeschmelze, gefrorener Boden, Ausbrüche von Gletscherseen und Starkgewitter.
Mittelgebirge: Ist das Gelände zwar nicht steil, das Einzugsgebiet jedoch von Mittelgebirgen geprägt, in denen die Retentionsfläche im Gegensatz zum Flachland naturgemäß kleiner ist, kann durch den Zusammenfluss der Nebenflüsse mit dem Hauptfluss eine Verschärfung der Hochwassersituation hervorgerufen werden. Es kommt dabei zur Bildung einer steil ansteigenden Hochwasserwelle, die – in Abhängigkeit vom jeweiligen Flussabschnitt – ein bis zwei Tage nach dem Beginn von Starkniederschlägen entsteht[10]. Hervorgerufen werden solche Ereignisse durch lokale sommerliche Gewitter oder starke Frühjahrsregen in Zusammenwirkung mit Schneeschmelze und gefrorenem Boden. Typisch für die größeren Täler der Vorberge sind lang anhaltende zyklonale Wetterlagen und Gewitter[11].
Flachland: Im Flachland entstehen Hochwasser überwiegend durch starke und lang anhaltende Niederschläge in großen Gebieten. Hier kann jedoch auf der gleichen Fläche mehr Wasser gespeichert werden, als in Hoch- und Mittelgebirgen, der Flächenrückhalt ist größer[12]. Die Oberflächenform führt des Weiteren zu erheblich weiträumigeren Überflutungen. Je weiter man sich daher in Richtung Unterlauf des Flusses bewegt, desto später und abgeschwächter bildet sich die Hochwasserwelle. Gleichzeitig sinkt die Wahrscheinlichkeit, dass sommerliche Niederschläge wie im August 2002 Hochwasserwellen verursachen[13].

---

[10] Vgl. Grünewald/Schümberg, S. 50.

[11] Plate, Erich J., Risiko und Hochwasserwahrscheinlichkeit, in: Bayerisches Landesamt für Wasserwirtschaft (Hrsg.), Extreme Naturereignisse und Wasserwirtschaft – Niederschlag und Abfluss, S. 121.

[12] LAWA, Leitlinien für einen zukunftsweisenden Hochwasserschutz, S. 3.

[13] LAWA, Leitlinien für einen zukunftsweisenden Hochwasserschutz, S. 3.

III. Boden

Da Hochwasser die Folge des direkten Oberflächenabflusses von Niederschlagswasser sind, kommt der Wasseraufnahmefähigkeit des Bodens eine große Bedeutung zu. Die Leistungsfähigkeit des Wasserspeichers Boden hängt von verschiedenen Beschaffenheitsmerkmalen ab. Seine Speicherfähigkeit beruht maßgeblich auf Hohlräumen, die in Abhängigkeit von Humusgehalt, Bodenart, Bodenmächtigkeit und Bodendichte stehen[14]. Ist der Boden gesättigt, kann er kein zusätzliches Wasser speichern, es gelangt auf direktem Weg in die Vorfluter. Damit ist klargestellt, dass auch die Witterung die Wasseraufnahmefähigkeit des Bodens beeinflussen kann. Lang anhaltende Niederschläge oder Bodenfrost können Ursachen für die Herabsetzung der Speicherfähigkeit sein. Insbesondere im Winter führt die generell höhere Vorfeuchte dazu, dass ein größerer Anteil des Niederschlags zum Abfluss kommt als im Sommer[15]. Andererseits ist die Speicherung der Niederschläge in Form einer Schneedecke eine spezielle Form des Wasserrückhalts.

IV. Bewuchs

Der Oberflächenbewuchs wirkt sich in vielerlei Hinsicht auf den Abfluss der Niederschläge aus. Werden Pflanzen durch Niederschlagswasser benetzt, so wird ein Teil des Wassers durch Interzeption[16] verdunstet und somit zurück gehalten, dem Bewuchs kommt eine abflussreduzierende Wirkung bei. Auf die Interzeption verschiedener Bewuchsarten wird im Rahmen der Landnutzung eingegangen[17]. Fallen die Niederschläge nicht allzu stark aus und kommt es in deren Abfolge zwischenzeitlich zur Abtrocknung, wird dieser so genannte Bewuchsspeicher mehrfach wirksam. Auch wenn die Interzeption bei großen Hochwassern keine bedeutende Rolle hinsichtlich der Rückhaltung von Niederschlägen spielt, kommt ihr für kleine und mittlere Hochwasser aufgrund des kumulativen Effekts eine wichtige Bedeutung bei[18].

---

[14] LAWA, Leitlinien für einen zukunftsweisenden Hochwasserschutz, S. 3.

[15] Patt, S. 19.

[16] Als Interzeption wird das vorübergehende Speichern von gefallenem Niederschlag oder abgesetztem Niederschlag an Pflanzenoberflächen bezeichnet, Patt, S. 573.

[17] Vgl. Kapitel 2, S. 26.

[18] LAWA, Wirksamkeit von Hochwasservorsorge- und Hochwasserschutzmaßnahmen, S. 2.

Ist der Boden stark durchwurzelt, wirkt sich dies positiv auf das Infiltrationsvermögen aus. Zusätzlich trägt der Bewuchs auch dazu bei, die Rauhigkeit der Oberfläche zu erhöhen, wodurch der Oberflächenabfluss gebremst und reduziert wird[19]. Gleichzeitig verhindert die Rauhigkeit die Bodenerosion, welche sich negativ auf die Funktion des Bodenspeichers auswirkt und den Wasserabfluss verstärkt.

C. Anthropogene Ursachen und Einflussfaktoren

Der Fachöffentlichkeit ist seit langem bekannt, dass menschliches Handeln ein Grund für die Hochwasserverschärfung ist. Inzwischen ist auch das Bewusstsein der Öffentlichkeit für dieses Problemfeld geschärft worden. Trotz dieser Erkenntnis zeigten die vergangenen Hochwasser jedoch immer wieder Defizite in der bestehenden Vorsorgepraxis auf. Daher sollen an dieser Stelle die wichtigsten vom Menschen geschaffenen Ursachen für Hochwasserereignisse erläutert werden.

I. Siedlungswesen

Einen erheblichen Beitrag zur Verschärfung der Hochwassersituation trägt die Flächenversiegelung bei. Im Einzugsgebiet der Flüsse werden zunehmend Wohn- und Gewerbegebiete angesiedelt. Nach Angaben des Statistischen Bundesamtes betrug der Flächenverbrauch in Deutschland im Jahr 2003 etwa 93 Hektar freie Landschaft pro Tag, 12 Hektar weniger als im Jahr 2002 und 24 Hektar weniger als im Jahr 2001. Dies ist jedoch nicht auf ein sich wandelndes Bewusstsein, sondern auf den Rückgang bei den Bauinvestitionen und die schwache Konjunktur zurückzuführen[20]. Aufgrund der Besiedelung werden natürliche Auengebiete vernichtet, die im Falle einer Überschwemmung große Wassermengen aufnehmen könnten, denn auf den versiegelten Flächen ist eine Infiltration in den Boden nicht möglich. Deshalb gelangt anfallendes Niederschlagswasser meist über die Kanalisation in die Vorfluter. Auf diese Weise geht eine wichtige Funktion des Bodens, die Verminderung beziehungsweise Verzögerung des Wasserabflusses, verloren. Der direkte Oberflächenabfluss wird verstärkt. Anzumerken bleibt allerdings, dass der Flächenversiegelung hauptsächlich in kleinen, so genannten mesoskaligen[21] Gebieten mit typischer-

[19] LAWA, Wirksamkeit von Hochwasservorsorge- und Hochwasserschutzmaßnahmen, S. 1 f.

[20] Umweltbundesamt (Hrsg.), Presse-Information Nr. 26/2003 vom 06.11.2003, Berlin, 2003.

[21] Hierbei handelt es sich um Gebiete deren Größe zwischen den mikroskaligen (unterhalb etwa 10.000 m^2) und makroskaligen (oberhalb etwa 1000 km^2) Flächen anzusiedeln ist, Mendel, H.-G./Fischer, P., Abflussentstehung bei Hochwasser – Forschung und dezentrale Schutzmaßnahmen, in: Deutsch/Pörtge, S. 3.

weise räumlich eng begrenzten Starkregen Bedeutung zukommt. Die dort stattfindende intensive Urbanisierung führt, wie Modellrechnungen ergaben, bis zu einer Verdreifachung der Höhe und einer Halbierung der Laufzeit des Hochwasserscheitels[22]. Sie erhöht damit das Schadenspotential in diesen Gebieten erheblich. Dahingegen spielt der Einfluss der Flächenversiegelung für große Flussgebiete mit dementsprechender weiträumiger Überregnung geringerer Intensität auch bei nahezu gesättigten Böden eine deutlich geringere Rolle[23].

II. Landnutzung

Wie soeben dargestellt, kann die Inanspruchnahme von unversiegelter Fläche deren Infiltrationsvermögen verringern. Insbesondere die intensive Bewirtschaftung der Äcker durch eine zunehmende Mechanisierung der Landwirtschaft führte dazu, dass sowohl Ober- als auch Unterboden großflächig physikalisch negativ beeinflusst worden sind. So kann intensive landwirtschaftliche Nutzung mir schwerem Gerät beim Pflügen zu einer Bodenverdichtung führen[24]. Dadurch verkleinert sich das Porenvolumen des Bodens, die Wasserspeicherfähigkeit lässt nach[25]. Gerade aufgrund der Tatsache, dass über die Hälfte der Fläche der Bundesrepublik landwirtschaftlich genutzt wird, trägt der Ackerbau zu einem erhöhten Wasserabfluss in die Vorfluter bei. Damit verbunden ist eine verstärkte Bodenerosion, die ihrerseits wiederum den Wasserabfluss beschleunigt.
Abflusserhöhend und abflussbeschleunigend wirkt außerdem die Beseitigung von Gehölzen, Rainen und Kleinstrukturen, die unter anderem im Rahmen von Flurneuordnungsverfahren erfolgt[26]. Befindet sich ein Gewässer in naturnahem Zustand, das heißt, besitzt es ein ökologisch gestaltetes Gewässerbett sowie vielfältig strukturierte und bewachsene Uferbereiche, trägt dies unmittelbar zum Hochwasserschutz bei. Der Fließwiderstand ist höher als bei ausgebauten Flüssen, was zu einer Verringerung der Abflussleistung und Erhöhung der Wasserstände führt. Im Ergebnis wird der Wasserrückhalt verbessert. Zudem wird der erste Teil der Niederschläge von der Vegetation aufgefangen und verdunstet, die Entstehung von Hochwassern verlangsamt sich. Da der Bewuchs hinsichtlich des Retentionsvermögens mithin eine besondere Rolle spielt, kommt auch den Ackerbau-Fruchtfolgen und dem Acker-Grünland-Verhältnis Bedeutung für die Entstehung von Hochwassern zu.

---

[22] Mendel, H.-G./Fischer, P., Abflussentstehung bei Hochwasser – Forschung und dezentrale Schutzmaßnahmen, in: Deutsch/Pörtge, S. 4.
[23] Mendel, H.-G./Fischer, P., Abflussentstehung bei Hochwasser – Forschung und dezentrale Schutzmaßnahmen, in: Deutsch/Pörtge, S. 3.
[24] LAWA, Leitlinien für einen zukunftsweisenden Hochwasserschutz, S. 4.
[25] Die Porenvolumina verdichteter Böden betragen in 10 cm Tiefe zwischen 3 und 12 %; bei natürlich gelagerten Böden liegt der Wert dagegen bei 30-70%, Mendel/Fischer, S. 5.
[26] LAWA, Leitlinien für einen zukunftsweisenden Hochwasserschutz, S. 4.

Einen weiteren Beitrag zu Verschärfung der Hochwassersituation leistet der sich durch „neuartige Waldschäden“ verringernde Bestand an gesundem Wald, wodurch die abflussverzögernde Wirkung des Waldes nicht mehr zum Tragen kommen kann. So wurde die Flutkatastrophe 2002 in Sachsen zu Beginn vor allem durch die dramatischen Niederschläge und Wassermengen aus dem Erzgebirge hervorgerufen. Das Erzgebirge wiederum ist eines der am stärksten vom Waldsterben betroffenen Gebiete Deutschlands. In den dortigen Hochlagen sind vielfach nur noch Kahlflächen vorhanden. Da der Kronenraum der Wälder ein bedeutender Speicher für Niederschläge ist, durch Nadel- und Blattverluste aber massiv geschädigt wurde, gelangt mehr Wasser direkt auf den Boden. Diese Situation wird dadurch verschärft, dass die Wurzeln kranker Bäume weniger Wasser aufnehmen und zurückhalten können. Die Bedeutung des Waldes zeigen folgende Zahlen. Die Interzeptionsverdunstung auf Flächen mit Laubwald beträgt bis zu 50%, auf verkrautetem und verbuschtem Grünland höchstens 25% und auf landwirtschaftlich genutzten Flächen lediglich bis zu 15%[27].
Schließlich gelangt durch Flächendränage Niederschlagswasser schneller in die Vorfluter, ebenfalls ein anthropogener Faktor, der insbesondere zur Zerstörung ehemaliger Auen und Feuchtwiesen geführt hat.
Zusammenfassend kann festgehalten werden, dass das Retentionsvermögen in der Reihenfolge Wald – Grünland – Ackerland – versiegelte Fläche deutlich abnimmt und damit der Hochwasserentstehung Vorschub geleistet wird.

III. Gewässerausbau

Die Begradigung der Flüsse führt zu einer Verkürzung des Flusslaufes, was wiederum eine Erhöhung des Gefälles bewirkt. Hierdurch wird die Sohlerosion verstärkt und eine Eintiefung des Gewässers hervorgerufen. Derartige Eintiefungen verringern die Retentionsfunktion der Auen, denn um über die Ufer zu treten, muss der Fluss relativ viel Wasser führen. Leidtragende sind hauptsächlich die Unterliegergebiete, an welche das Wasser abgeführt wird.
Den gleichen Effekt haben Flusseindeichungen, die das natürliche Überschwemmungsgebiet verkleinern. Auch die Flussbreite wird oftmals durch Uferbefestigungen oder die Verengung der Querprofile reduziert, womit sich die Fließgeschwindigkeit erhöht. Damit sind die Hochwasserwellen heute nicht nur schneller, sondern auch wesentlich steiler und führen größere Volumina pro Zeiteinheit mit sich als in früherer Zeit. Neben den großen Strömen werden auch Nebenflüsse und kleinere Fließgewässer ausgebaut. Liegen diese im Einzugsgebiet des Stromes, entstehen zusätzlich ungünstige Überlagerungen der Hochwasserwellen der Haupt- und Nebenflüsse.

---

[27] Siegel, Bernd, Der informelle Plan – eine Strategie zur Umsetzung von Maßnahmen zum vorbeugenden Hochwasserschutz, Vortrag beim Workshop „Vorbeugender Hochwasserschutz auf kommunaler Ebene“, S. 26.

Auch wenn die Errichtung von Hafenanlagen, Wasserkraftwerken etc. teilweise wirtschaftlich oder ökologisch sinnvoll sein mag, tragen derartige Maßnahmen ebenfalls zur schnelleren Hochwasserentstehung bei, da sie die selben Folgen mit sich bringen wie Ausbaumaßnahmen.

D. Räumliche Aspekte der Hochwasserentstehung

Neben den bereits erwähnten natürlichen und anthropogenen Faktoren ist die räumliche Komponente bei der Hochwasserentstehung von Bedeutung. Das ist darauf zurückzuführen, dass sich die Mehrzahl der Fließgewässer naturgemäß über den Bereich eines Ortes und einer Region erstreckt, aber auch an Landes- und Staatsgrenzen nicht halt macht. Zudem kann das Klima sowohl auf globaler als auch auf örtlicher Ebene, zum Beispiel in Form lokaler Starkregen, Hochwasserereignisse auslösen.
Dementsprechend ist eine weitere Differenzierung hinsichtlich der Ursachen und Entstehungsfaktoren vorzunehmen, wodurch zugleich ein Bezug des Hochwasserschutzes zur Raumordnung und Landesplanung, durch die der Gesamtraum der Bundesrepublik Deutschland und seine Teilräume entwickelt, geordnet und gesichert werden sollen (§ 1 Abs. 1 Satz 1 ROG), hergestellt wird. Es handelt sich dabei zum einen um überregionale Ursachen und Einflussfaktoren, welche meist globalen oder kontinentalen Ausmaßes sind, sich aber auch auf überregionale Flusseinzugsgebiete beziehen können. Zum anderen handelt es sich um regionale natürliche Ursachen und Einflussfaktoren, die durch die naturräumliche Ausstattung der Betrachtungsregion vorgegeben sind, wie zum Beispiel das Relief, das lokale Klima und das Vorhandensein größerer Flüsse. Schließlich kommen regionale anthropogene Ursachen und Einflussfaktoren in Betracht, worunter alle durch menschliche Veränderung von Natur und Landschaft entstandenen Faktoren zusammengefasst werden, wie beispielsweise der Versiegelungsgrad oder große Erdbewegungen.

E. Überforderung intakter Flusslandschaften

Die Einflussnahme des Menschen auf Natur und Landschaft darf jedoch nicht darüber hinweg täuschen, dass auch intakte Flusslandschaften nicht immer in der Lage sind, mit Naturkatastrophen größeren Ausmaßes fertig zu werden. Hochwasserbeobachtungen an der Oder haben gezeigt, dass das Niederschlagsereignis von 1997 „in den Rahmen der Klimavariabilität einzuordnen" sei, sich also stets wiederholen kann[28]. Berücksichtigt man die Tatsache, dass die Oder in

---

[28] Horlacher, Hans-B., Sommerhochwasser 1997 an der Oder, in: Deutsch/Pörtge/Teltscher, S. 65.

ihrem Oberlauf wenig verbaut ist, sie vielmehr als nahezu intakte Flusslandschaft bezeichnet werden kann, zeigt sich, dass solch starke Niederschläge sogar von naturbelassenen Flusssystemen nicht bewältigt werden können[29]. Entgegen einer weit verbreiteten Meinung sollen extreme Hochwasserereignisse eher weniger stark von anthropogenen Wirkungen im Einzugsgebiet beeinflusst werden[30]. Dessen ungeachtet darf der hier angesprochene Gesichtspunkt aber nicht als Entschuldigung für menschliches Fehlverhalten im Hinblick auf den Hochwasserschutz angesehen werden. Wie die bisherige Darstellung gezeigt hat, leisten die anthropogenen Faktoren einen wesentlichen Beitrag zur Hochwasserentstehung.

§ 2:Die Auswirkungen extremer Hochwasserereignisse

A. Allgemeine Aussagen

Die Auswirkungen eines Hochwasserereignisses sind vielfältiger Natur. Sie betreffen neben Natur und Landschaft zunehmend die in den Einzugsgebieten der Flüsse lebenden Menschen, weshalb sie in der heutigen Zeit besonders gefährlich sind. Erst durch die Besiedelung der Flussgebiete und deren intensive Nutzung stellen Überschwemmungen für Bevölkerung und Wirtschaft ein großes Risiko dar. So wirkt sich denn auch erst der Schadensaspekt auf die Einstufung eines Wetterereignisses als so genanntes Unwetter[31] aus. Die Schäden, die aufgrund eines Hochwassers entstehen, lassen sich in verschiedene Kategorien unterteilen. Eine Möglichkeit bildet die Unterscheidung von direkten und indirekten Schäden. Direkte Schäden umfassen dabei solche, die direkte Auswirkungen auf den Menschen haben, wie Beeinträchtigungen von Leib, Leben, Sachwerten oder Infrastruktur. Als indirekte Schäden werden Nachteile für die Natur bezeichnet. Die naturbezogenen Nachteile sind jedoch zum Teil sehr beträchtlich. Sie können sowohl die Zerstörung von Vegetation, Artenverlust sowie die Veränderung des Grundwasserhaushalts und die großflächige Verteilung von Schadstoffen nach sich ziehen. Um diese Bedeutung hervorzuheben, sollte für die Summe der möglichen ökologischen Schäden der Begriff des Naturkapi-

[29] Horlacher, Hans-B., Sommerhochwasser 1997 an der Oder, in: Deutsch/Pörtge/Teltscher, S. 65.

[30] LAWA, Leitlinien für einen zukunftsweisenden Hochwasserschutz, S. 5 f.

[31] Als Unwetter wird ein meteorologisches Ereignis, wie Sturm, Gewitter oder Hochwasser bezeichnet, das stärkste Auswirkungen hat und unter Umständen einen Notstand hervorrufen kann, Glaser, S. 183.

talschadens[32] verwendet werden. Dementsprechend wird für die so genannten direkten Schäden auf den Begriff des sozioökonomischen Schadens zurückgegriffen.

B. Sozioökonomische Schäden

Das Oder-Hochwasser im Jahr 1997 verursachte Sachschäden in Höhe von etwa vier Milliarden Euro. Davon entfiel aufgrund der Randlage ein Betrag von etwa 350 Millionen Euro auf Gebiete in Deutschland[33]. Weitaus größeren Schaden richtete das Elbe-Hochwasser im Sommer 2002 in Deutschland an. Hier entstanden unmittelbare Schäden von über neun Milliarden Euro, welche sich wie folgt aufgliedern: Privathaushalte: 2,1 Milliarden €, gewerbliche Wirtschaft: 1,7 Milliarden €, Infrastruktur von Ländern und Gemeinden: 1,8 Milliarden €, Infrastruktur des Bundes: 1,6 Milliarden €, Landwirtschaft: 290 Millionen €. Weit schwerer als Sachschäden wiegen jedoch die Menschenleben, die Hochwasserkatastrophen kosten. Allein beim Hochwasser im Jahr 2002 kamen in Deutschland 21 Menschen zu Tode.

C. Naturkapitalschäden

Wie bereits angesprochen stellen die Auswirkungen der Hochwasser auf die Umwelt einen bisher oft vernachlässigten Schadensposten dar. Geht es um Schäden im Bereich des Naturkapitals, ist besonders auf ein Problem hinzuweisen, das in den meisten Fällen für das Auge nicht sichtbar ist, jedoch erhebliche Folgen sowohl für die Natur als auch für den Menschen hat. Durch die Überschwemmungen werden riesige Mengen an Schadstoffen freigesetzt, die in den Flüssen mitgeführt und anschließend in den Überschwemmungsgebieten weiträumig verteilt werden sowie zu guter Letzt als Schlammrückstände zurückbleiben. Während extremer Hochwasser werden Schadstoffe aus unterschiedlichsten Altlasten freigesetzt, belastete Industrieflächen und Bergbauhalden überspült, ausgelaufenes Öl aus häuslichen Öltanks großflächig verteilt etc. Weiterhin gelangen aufgrund des Zusammenbruchs des Kläranlagenbetriebs unbehandelte Abwässer in die Umwelt. Gefährdet sind in solchen Situationen insbesondere Wohnanlagen, Gärten und landwirtschaftliche Nutzflächen, da dort ein direkter Körperkontakt mit toxischen Stoffen zu erwarten ist und diese zudem in die

---

[32] Fleischhauer, S. 4, der den Grund für die geringe Beachtung der Naturkapitalschäden darauf zurückführt, dass die Natur nicht „versichert" ist und somit für die Versicherer kein finanzieller Schaden entsteht.

[33] So die Einschätzung in: Flut und Dürre – Zwei Seiten einer Medaille, Sonderteil der Zeitschrift UMWELT Nr. 9/2003, S. III.

menschliche Nahrungskette gelangen können. Dass die Beseitigung der Schadstoffe einen immensen finanziellen Aufwand darstellt, versteht sich von selbst.

§ 3: Bislang ergriffene Maßnahmen mit Bezug zum Hochwasserschutz

Auf die vergangenen Hochwasserereignisse wurde mit einer Vielzahl unterschiedlicher Aktionen, Programme und Gesetzesänderungen reagiert. Daneben wurden auch Maßnahmen, die nicht speziell auf den Hochwasserschutz abzielen, diesen jedoch am Rande oder aufgrund von sich überschneidenden Materien berühren, verabschiedet.

A. 5-Punkte-Programm der Bundesregierung

Anlässlich des Elbe-Hochwassers im Jahr 2002 wurde klar, dass die bisherigen Maßnahmen des vorbeugenden Hochwasserschutzes nicht ausreichen und dringend einer Verbesserung bedürfen. Daher hielt es die Bundesregierung für erforderlich, in ihrem 5-Punkte-Programm vom 15. September 2002 „Arbeitsschritte zur Verbesserung des vorbeugenden Hochwasserschutzes" (beschlossen auf der Flusskonferenz der Bundesregierung) aufzuzeigen, um dadurch sowohl im Rahmen der Gefahrenabwehr als auch im Bereich der Risikovermeidung Fortschritte zu erzielen. Der erste Punkt des Programms ist auf verschiedene Beschlüsse der Umweltministerkonferenz und der Agrarministerkonferenz sowie auf Handlungsempfehlungen der Ministerkonferenz für Raumordnung zum vorbeugenden Hochwasserschutz aus dem Jahr 2000[34] zurückzuführen. Das gemeinsame Hochwasserschutzprogramm beruht auf drei Schwerpunkten: den Flüssen soll mehr Raum gegeben, die Niederschläge dezentral zurückgehalten und die Siedlungsentwicklung besser gesteuert werden. Die weiteren Punkte des Programms befassen sich mit länderübergreifenden Aktionsplänen, der europäischen Zusammenarbeit, dem Flussausbau und Sofortmaßnahmen zum Hochwasserschutz.

B. Gesetz zur Verbesserung des vorbeugenden Hochwasserschutzes

I. Erforderlichkeit und Zielsetzung des Hochwasserschutzgesetzes

Die Hochwasserkatastrophe im Jahr 2002 machte deutlich, dass erhebliche Vollzugsdefizite im Bereich des Hochwasserschutzes bestehen. Auf der Grundlage

[34] MKRO, Handlungsempfehlungen zum vorbeugenden Hochwasserschutz v. 14.6.2002, GMBl. S. 514.

des von der Bundesregierung verabschiedeten 5-Punkte-Programms trat am 10.05.2005 das Gesetz zur Verbesserung des vorbeugenden Hochwasserschutzes in Kraft[35]. Die Aufgabenstellung lautet, die erwähnten Vollzugsdefizite zu beseitigen, indem ein verbindlicher rechtlicher Rahmen für eine wirksame Bekämpfung der Hochwassergefahren geschaffen werden soll. Sie kommt dem Staat sowohl auf Bundes- als auch auf Landesebene zu. Aufgrund der Tatsache, dass der Vollzug der Hochwasserschutzregelungen in den betroffenen Rechtsbereichen Ländersache ist, will die Bundesregierung – neben der Fortentwicklung des bestehenden bundesgesetzlichen Instrumentariums – mit den Ländern in den jeweiligen Ministerkonferenzen die Beseitigung der bestehenden Vollzugsdefizite erörtern. Bei ihrem Vorhaben geht es der Bundesregierung vor allem darum, „den Flüssen mehr Raum zu geben, Hochwasser dezentral zurückzuhalten und länderübergreifende Aktionspläne zu erarbeiten"[36]. Dies soll durch Änderungen im Wasserhaushaltsgesetz, im Baugesetzbuch, im Raumordnungsgesetz, im Bundeswasserstraßengesetz, im Gesetz über den Deutschen Wetterdienst und im Gesetz über die Umweltverträglichkeitsprüfung erreicht werden. Die Begründung des Entwurfs begreift also das Ziel dieses Artikelgesetzes in der Schaffung der geeigneten Rechtsgrundlagen, „um den vorbeugenden Hochwasserschutz im Sinne des 5-Punkte-Programmes nachhaltig zu verbessern"[37].

II. Inhaltliche Änderung des Raumordnungsgesetzes

Im Raumordnungsgesetz ist eine Änderung des § 7, das heißt im Bereich der allgemeinen Vorschriften über Raumordnungspläne vorgesehen. § 7 Abs. 2 Nr. 2 ROG n.F. konkretisiert § 2 Abs. 2 Nr. 8 ROG, der den vorbeugenden Hochwasserschutz als einen der Grundsätze der Raumordnung regelt, dahingehend, dass Freiräume für den vorbeugenden Hochwasserschutz zwingend zur Freiraumstruktur gehören[38]. Durch § 7 Abs. 3 Nr. 5 ROG n.F. wird klargestellt, dass solche Festlegungen in Raumordnungsplänen zu raumbedeutsamen Erfordernissen und Maßnahmen des vorbeugenden Hochwasserschutzes enthalten sein sollen, die durch Ziele und Grundsätze der Raumordnung gesichert werden können[39].

---

[35] Gesetz zur Verbesserung des vorbeugenden Hochwasserschutzes v. 03.05.2005, BGBl. I, 1224 ff.

[36] Begründung zum Regierungsentwurf des Gesetzes zur Verbesserung des vorbeugenden Hochwasserschutzes, BR-Drucks. 268/04, S. 11.

[37] Begründung zum Regierungsentwurf des Gesetzes zur Verbesserung des vorbeugenden Hochwasserschutzes, BR-Drucks. 268/04, S. 12.

[38] Begründung zum Regierungsentwurf des Gesetzes zur Verbesserung des vorbeugenden Hochwasserschutzes, BR-Drucks. 268/04, S. 34.

[39] Begründung zum Regierungsentwurf des Gesetzes zur Verbesserung des vorbeugenden Hochwasserschutzes, BR-Drucks. 268/04, S. 34.

C. Grenzübergreifende Maßnahmen zur Hochwasservorsorge

Im Jahre 1950 wurde die „Internationale Kommission zum Schutz des Rheins“ von den Rheinanliegerstaaten Schweiz, Frankreich, Luxemburg, Deutschland und Niederlande mit dem Ziel gegründet, die Fragen der Rheinverschmutzung und Rheinsanierung zu diskutieren und zu lösen. Nachdem die Häufigkeit von Hochwasserereignissen stetig zunahm, wurden ein weiterer Schwerpunkt auf den Hochwasserschutz gelegt und im Jahre 1998 ein „Aktionsplan Hochwasser“ sowie ein „Neues Rheinübereinkommen“ beschlossen. Zweck des Aktionsplans ist die Verbesserung des Schutzes von Menschen und Gütern vor Hochwasser unter Einbindung des Ziels der ökologischen Verbesserung des Rheins und seiner Aue[40]. Die wichtigsten Ziele sind, die Schadensrisiken bis zum Jahr 2005 um 10% und bis 2020 um 25% zu vermindern sowie Extremhochwasserstände unterhalb des staugeregelten Oberrheinbereichs bis 2005 um bis zu 30 cm und bis 2020 um bis zu 70 cm zu vermindern[41]. Dabei wird die enge und konstruktive Zusammenarbeit aller am Hochwasserschutz beteiligten Akteure verlangt. Mit anderen Worten, das bisherige sektorale Denken muss durch ein integriertes Denken und Handeln auf lokaler, regionaler, nationaler und internationaler Ebene ersetzt werden. Damit sind in erster Linie die Politikbereiche Wasserwirtschaft, Raumordnung, Naturschutz, Land- und Forstwirtschaft angesprochen.
Neben dem Rhein haben auch die Flusssysteme von Oder, Donau und Elbe gezeigt, dass nicht nur eine überregionale Abstimmung der deutschen Bundesländer, sondern eine enge internationale Zusammenarbeit erforderlich ist, um insbesondere die Unterlieger der Flüsse, die am stärksten von hochwasserdämpfenden und hochwasserverschärfenden Maßnahmen betroffen sind, zu schützen. Hierzu wurde bereits seit dem Jahr 1995 von den Ländern Belgien, Deutschland, Frankreich, Luxemburg und den Niederlanden eine Strategie entwickelt, die schließlich im Rahmen der Gemeinschaftsinitiative INTERREG II C in das Programm „INTERREG-Rhein-Maas-Aktivitäten” (IRMA) umgesetzt wurde. Anlässlich des Oder-Hochwassers im Jahre 1997 stellten die Länder Deutschland, Polen und Tschechien eine trilaterale Arbeitsgruppe mit dem Namen ODER-REGIO auf, die ebenfalls Teil des INTERREG II C ist. Weitere neue Kooperationen, wie das Programm „Donau- Raum/Südost-Europa” (CADSES), wurden im Rahmen von INTERREG III B entwickelt.

40 IKSR, Aktionsplan Hochwasser, S. 5.
41 IKSR, Aktionsplan Hochwasser, S. 9.

Kapitel 3: Der Hochwasserschutz als Gegenstand von Raumordnung und Landesplanung

§ 1: Hochwasserschutz durch Raumordnung und Landesplanung

A. Begriff der Raumordnung

Unter dem Begriff Raumordnung (vgl. Art. 75 Abs. 1 Nr. 4 GG) ist nach dem so genannten Baurechtsgutachten des BVerfG die zusammenfassende, übergeordnete Planung und Ordnung des Raumes zu verstehen[42]. Das Bundesverfassungsgericht führte dazu näher aus, dass die Raumordnung übergeordnet ist, „weil sie überörtliche Planung ist und weil sie vielfältige Fachplanungen zusammenfasst und aufeinander abstimmt"[43]. Kennzeichnende Merkmale der Raumordnung sind damit die Überfachlichkeit und die Überörtlichkeit. In Abgrenzung zum Bodenrecht (vgl. Art. 74 Abs. 1 Nr. 18 GG) handelt es sich also um eine Planung, welche die rechtlichen Beziehungen des Menschen zum Grund und Boden nicht unmittelbar betrifft[44]. Im Unterschied zu den Fachplanungen, welche die Gestaltung des Raums in erster Linie unter einem bestimmten Sachgesichtspunkt, mithin fachlich sektoral, vornehmen[45], bezieht sich die Raumordnung auf die räumliche Gesamtstruktur (vgl. § 1 Abs. 1 Satz 1 ROG)[46].

B. Aufgabe und Leitvorstellung der Raumordnung

I. Die Aufgabe der Raumordnung (§ 1 Abs. 1 ROG)

1. Aufgabenbeschreibung

Die Aufgabe der Raumordnung wird gemäß § 1 Abs. 1 Satz 1 ROG darin gesehen, den Gesamtraum der Bundesrepublik Deutschland und seine Teilräume durch zusammenfassende, übergeordnete Raumordnungspläne sowie durch die Abstimmung raumbedeutsamer Planungen und Maßnahmen zu entwickeln, zu

---

[42] BVerfG, Rechtsgutachten vom 16.6.1954 – 1 PBvV 2/52 –, BVerfGE 3, 407 (425).

[43] BVerfG, Rechtsgutachten vom 16.6.1954 – 1 PBvV 2/52 –, BVerfGE 3, 407 (425).

[44] Runkel, in: Bielenberg/Runkel/Spannowsky, Bd. 2, Vorb. §§ 3-5 Rn. 21; Erbguth/Schoeneberg, S. 23 Rn. 25; Hendler, Systematische Aspekte der Raumordnungsgebiete und die Bindungswirkung von Raumordnungszielen, in: Jarass, Raumordnungsgebiete, S. 97; Steiner, Raumordnungs- und Landesplanungsrecht, S. 856 Rn. 64.

[45] Koch/Hendler, S. 33 Rn. 7.

[46] Cholewa, in: Cholewa/Dyong/v.d. Heide/Arenz, Bd. 1, § 1 Rn. 21; Koch/Hendler, S. 33 Rn. 8.

ordnen und zu sichern. Das dynamische Element der Raumordnung wird hierbei insbesondere durch ihren Entwicklungsauftrag betont[47]. § 1 Abs. 1 Satz 2 ROG verlangt, die unterschiedlichen Anforderungen an den Raum aufeinander abzustimmen und die auf der jeweiligen Planungsebene auftretenden Konflikte auszugleichen (Nr. 1). Zudem ist Vorsorge für einzelne Raumfunktionen und Raumnutzungen zu treffen (Nr. 2). Satz 2 stellt damit die Bedeutung des Koordinierungs- und Ausgleichsauftrages der Raumordnung heraus. Raumfunktionen sind etwa Natur, Landschaft, Gewässer, Klima, Boden sowie der Hochwasserschutz[48]. Bei Raumnutzungen handelt es sich insbesondere um Siedlung, Land- und Forstwirtschaft, Bodenschätze und Erholung.

2. Raumbedeutsamkeit und Überörtlichkeit raumordnerischer Maßnahmen und Planungen

Sollen Planungen und Maßnahmen Gegenstand der Raumordnung und Landesplanung sein, müssen sie raumbedeutsam sein (vgl. § 1 Abs. 1 Satz 1 ROG). Gemäß § 3 Nr. 6 ROG bedeutet Raumbedeutsamkeit, dass die entsprechenden Planungen und Maßnahmen Raum in Anspruch nehmen oder die räumliche Entwicklung oder Funktion eines Gebietes beeinflussen. Die Planungen und Maßnahmen im Bereich der Raumordnung und Landesplanung müssen zudem überörtliche Bedeutung aufweisen[49]. Wie bereits angesprochen, heißt Überörtlichkeit, dass die Regelungen der Raumordnung und Landesplanung nicht unmittelbar die Nutzung von Grund und Boden zum Gegenstand haben[50]. Dies folgt aus der kompetenzrechtlichen Zuordnung der Materie Raumordnung zur Rahmengesetzgebung des Bundes (vgl. Art. 75 Abs. 1 Nr. 4 GG)[51]. Dahingegen ordnet Art. 74 Nr. 18 GG das Bodenrecht als Gegenstand der konkurrierenden Gesetzgebung ein, wobei das Recht der städtebaulichen Planung durch den Bundesgesetzgeber abschließend geregelt ist.

II. Die Leitvorstellung einer nachhaltigen Raumentwicklung (§ 1 Abs. 2 ROG)

In der Raumordnung und Landesplanung erfährt der allgemeine Grundsatz der nachhaltigen Entwicklung eine spezialgesetzliche Ausgestaltung. § 1 Abs. 2 Satz 1 ROG setzt die „nachhaltige Raumentwicklung“ als Leitvorstellung bei

[47] Runkel, in: Bielenberg/Runkel/Spannowsky, Bd. 2, § 1 Rn. 22.
[48] Runkel, in: Bielenberg/Runkel/Spannowsky, Bd. 2, § 1 Rn. 57.
[49] Runkel, in: Bielenberg/Runkel/Spannowsky, Bd. 2, § 3 Rn. 234 u. 243; Koch/Hendler, S. 35 Rn. 12.
[50] Runkel, in: Bielenberg/Runkel/Spannowsky, Bd. 2, Vorb. §§ 3-5 Rn. 21; Erbguth/Schoeneberg, S. 23 Rn. 25; Hendler, in: Jarass, Raumordnungsgebiete, S. 97; Steiner, Raumordnungs- und Landesplanungsrecht, S. 856 Rn. 64.
[51] BVerfG, Rechtsgutachten vom 16.6.1954 – 1 PBvV 2/52 –, BVerfGE 3, 407 (425, 427).

der Erfüllung der Aufgabe der Raumordnung fest, den Gesamtraum der Bundesrepublik Deutschland und seine Teilräume durch eine zusammenfassende und übergeordnete Planung zu entwickeln, zu ordnen und zu sichern.
Die Regelung wurde durch das BauROG 1998[52] in das ROG aufgenommen und definiert den Begriff der nachhaltigen Raumentwicklung nun legal. Nach § 1 Abs. 2 Satz 1 ROG handelt es sich bei der Leitvorstellung um eine Entwicklung des Raumes, „die die sozialen und wirtschaftlichen Ansprüche an den Raum mit seinen ökologischen Funktionen in Einklang bringt und zu einer dauerhaften, großräumig ausgewogenen Ordnung führt". Damit orientiert sich der Gesetzgeber am Inhalt des allgemeinen Grundsatzes einer nachhaltigen Entwicklung[53]. Die koordinierende Funktion der Raumordnung umfasst – wie die Grundsätze der Raumordnung in § 2 Abs. 2 und auch § 1 Abs. 2 Satz 2 ROG zeigen – weit mehr als nur den räumlichen Umweltschutz. Anhaltspunkte dafür, dass einem der in § 1 Abs. 2 Satz 1 ROG genannten Belange ein wie auch immer gearteter Vorrang zukommt, ist dem Gesetz nicht zu entnehmen. Sie stehen vielmehr gleichberechtigt nebeneinander[54], wobei jedoch die ökologischen Belange durch die Gesetzesreform eine Stärkung im Bereich der räumlichen Planung gegenüber der vorherigen Situation erfahren haben[55].
Wie die Verwirklichung der Leitvorstellung einer nachhaltigen Raumentwicklung auszusehen hat, ist unter anderem § 1 Abs. 2 Satz 2 ROG zu entnehmen. Der in dieser Vorschrift enthaltene Katalog beinhaltet Teilaspekte, die in ihrer Gesamtheit den komplexen Begriff der Leitvorstellung nachhaltiger Raumentwicklung mit Inhalt anreichern und damit operationalisierbar machen sollen[56]. Der Wortlaut der Vorschrift deutet darauf hin, dass es sich um eine abschließende Aufzählung handelt; anderenfalls hätte der Gesetzgeber diese mit „insbesondere" eingeleitet[57]. Daher ist es den Ländern nicht möglich, dem Katalog des § 1 Abs. 2 Satz 2 ROG zusätzliche Teilaspekte anzufügen[58].
Schon die Aufzählung zeigt, dass sich die verschiedenen Aspekte in einem System gegenseitiger Abhängigkeit befinden. Die Entfaltung der Persönlichkeit (Nr. 1) ist kaum möglich ohne eine intakte Umwelt (Nr. 2) und gewisse ökonomische Grundvoraussetzungen (Nr. 3). Die soziale Ordnung wird nicht ausgeglichen sein, wenn die Lebensverhältnisse in den unterschiedlichen Teilräumen (Nr. 6

[52] Gesetz zur Änderung des Baugesetzbuchs und zur Neuregelung des Raumordnungsrechts (Bau- und Raumordnungsgesetz 1998 – BauROG) v. 18. 8. 1997, BGBl. I S. 2081.
[53] So auch Erbguth, DÖV 1998, S. 673 (675).
[54] Runkel, in: Bielenberg/Runkel/Spannowsky, § 1 Rn. 60; Bundesamt für Bauwesen und Raumordnung, Raumordnungsbericht 2000, S. 200.
[55] V. d. Heide, in: Cholewa/Dyong/v.d. Heide/Arenz, Bd. 1, Einf. II, Rn. 190.
[56] Runkel, in: Bielenberg/Runkel/Spannowsky, Bd. 2, § 1 Rn. 72.
[57] So auch Runkel, in: Bielenberg/Runkel/Spannowsky, Bd. 2, § 1 Rn. 73.
[58] Ebenda, wobei Runkel den Landesgesetzgebern die Möglichkeit der Konkretisierung der Teilaspekte zugesteht, solange dadurch nicht der grundlegende Sinn der bundesrechtlichen Regelung verändert wird.

und 7) zu weit auseinander fallen. Da aufgrund der zunehmenden Globalisierung und Technisierung staatliches und privates Handeln, insbesondere in räumlicher und zeitlicher Hinsicht, wesentlich weitergehende Auswirkungen als bisher nach sich ziehen kann, bedarf es einer Zusammenarbeit und Koordinierung auf allen planerischen Ebenen, angefangen bei der kommunalen bis hin zur überstaatlichen Ebene (Nr. 8).

C. Hochwasserschutz als Aufgabe der Raumordnung und Landesplanung

I. Das Aufgabenfeld Hochwasserschutz unter Beachtung des § 1 Abs. 1 ROG

Das im vierten Kapitel der Untersuchung noch eingehend darzustellende Zielsystem eines wirksamen Hochwasserschutzes verlangt von diesem, dass er vor allem die Sicherung und Erweiterung der Retentionsräume, den Rückhalt von Niederschlagswasser in der Fläche, die Minimierung von Schadensrisiken sowie technische Maßnahmen umfasst. Die im Rahmen der Raumordnung und Landesplanung zu schützenden und zu entwickelnden ökologischen Funktionen des Raumes sind dabei Grundlage für einen effektiven vorbeugenden Hochwasserschutz. Es ist weiter festzuhalten, dass Hochwasserschutz als Vorsorge für einzelne Raumfunktionen im Sinne von § 1 Abs. 1 Satz 2 Nr. 2 ROG anzusehen und dabei, aufgrund möglicher Konflikte mit bestimmten Raumnutzungen, ein Ausgleich zwischen den unterschiedlichen Anforderungen an den Raum zu finden ist (§ 1 Abs. 1 Satz 2 Nr. 1 ROG). Der vorsorgende Hochwasserschutzes als Umweltplanung fällt damit in den sachlichen Aufgabenbereich der Raumordnung und Landesplanung.

Es wurde bereits dargestellt, dass es sich bei Hochwasserereignissen beziehungsweise Hochwasserrisiken naturgemäß um lokale und (über-)regionale Ereignisse mit ebensolchen Auswirkungen handelt[59]. Die betroffenen Gebiete lassen sich von den nicht betroffenen Gebieten räumlich klar abgrenzen. Wie bei den Ereignissen und Folgen, lassen sich auch bei den Ursachen und Entstehungsfaktoren regionale und überregionale unterscheiden. Der Begriff „überregional" bezieht sich hierbei auf den Bereich außerhalb der jeweiligen Bezugsregion. Überregionale Ursachen und Entstehungsfaktoren können von den Akteuren innerhalb einer Region nicht direkt beeinflusst werden[60]. Sie sind in der Regel globalen oder kontinentalen Ausmaßes, können sich zum Beispiel aber auch auf überregionale Flusseinzugsgebiete beziehen[61]. Die verschiedenen Handlungsmöglichkeiten sind in einem flusseinzugsgebietsweiten Maßstab zu verwirklichen, der länder- und staatsübergreifend sein kann. Dementsprechend sieht

[59] Vgl. dazu Kapitel 2, S.27.
[60] Fleischhauer, S. 3.
[61] Fleischhauer, S. 3.

die Europäische Wasserrahmenrichtlinie[62] Flüsse und ihre Einzugsgebiete als wasserwirtschaftliche und ökologische Einheiten, so genannte Flussgebietseinheiten (Art. 2 Nr. 15, Art. 3 Richtlinie 2000/60/EG), wobei Verwaltungsgrenzen in den Hintergrund treten.

Die Planungen und Maßnahmen im Bereich des vorsorgenden Hochwasserschutzes nehmen jedenfalls hinsichtlich der Sicherung und Erweiterung von Retentionsflächen Raum in Anspruch. Sie sind aber auch aus anderen Gründen raumbeeinflussend. Zum einen geht es dem vorsorgenden Hochwasserschutz darum, regional bedeutsame Wirkungen und Effekte auf die Umweltsituation zu erzeugen, weshalb dementsprechende Planungen und Maßnahmen die räumliche Entwicklung eines Gebiets beeinflussen. Zum anderen soll die Funktion von Gebieten dadurch beeinflusst werden, dass bestimmten Gebieten ganz konkrete Funktionen (z.B. Vorranggebiet für den Hochwasserschutz) zugewiesen werden. Insgesamt sind die Planungen und Maßnahmen des vorsorgenden Hochwasserschutzes damit raumbedeutsam im Sinne des § 3 Nr. 6 ROG. Weil sie sich über Gemeinde-, Regions- und Ländergrenzen erstrecken können, sind sie außerdem zu einem großen Teil überörtlicher Natur.

Da es sich beim vorsorgenden Hochwasserschutz also um die Entwicklung, Ordnung und die Sicherung von Teilräumen des Gesamtraums der Bundesrepublik Deutschland beziehungsweise Teilräumen angrenzender Staaten handelt, ist er als Aufgabe der Raumordnung einzustufen.

II. Hochwasserschutz als Teil einer nachhaltigen Raumentwicklung

Aus den Darstellungen hinsichtlich der Ursachen der Hochwasserentstehung sowie der diesbezüglich bereits ergriffenen Maßnahmen ergibt sich die Forderung nach einer auf ein langfristiges, weitgehend konfliktfreies beziehungsweise konfliktarmes Nebeneinander der Nutzung natürlicher Ressourcen durch den Menschen auf der einen und der Erhaltung der Funktionen von Natur und Landschaft auf der anderen Seite.

Die Regelung des § 1 Abs. 2 Satz 2 Nr. 2 ROG sieht vor, bei der Verwirklichung der Leitvorstellung des § 1 Abs. 2 Satz 1 ROG die natürlichen Lebensgrundlagen zu schützen und zu entwickeln. Damit bezieht sie sich auf die ökologischen Raumfunktionen des § 1 Abs. 2 Satz 1 ROG und kann als ein wichtiger Anknüpfungspunkt für den vorbeugenden Hochwasserschutz angesehen werden. Das macht jedoch ein näheres Eingehen auf den Begriff der „natürlichen Lebensgrundlagen" erforderlich. Die Vorschrift des § 1 Abs. 2 Satz 2 Nr. 2 ROG selbst geht nicht auf den Inhalt des Begriffs der „natürlichen Lebensgrundlagen" ein. Auch an anderer Stelle des ROG ist keine Definition zu finden. Al-

[62] Richtlinie 2000/60/EG vom 23. Oktober 2000 zur Schaffung eines Ordnungsrahmens für Maßnahmen der Gemeinschaft im Bereich der Wasserpolitik, ABl. L 327 vom 22.12.2000, S. 1.

lerdings verwendet die Staatszielbestimmung des Art. 20a GG den selben Begriff, indem sie den Staat berechtigt und verpflichtet, die natürlichen Lebensgrundlagen zu schützen. Da auch diese Rechtsnorm keine Definition der „natürlichen Lebensgrundlagen“ liefert, wird im Schrifttum an den Begriff „Umwelt“ angeknüpft[63]. Im Unterschied zur Umwelt soll der Begriff der „natürlichen Lebensgrundlagen“ jedoch enger sein und kulturelle, soziale, wirtschaftliche und politische Aspekte ausschließen[64]. Umfasst werden von ihm sowohl die Umweltmedien Boden, Wasser und Luft als auch alle Umweltgüter wie Tiere und Pflanzen einschließlich ihrer Lebensräume. Des Weiteren werden auch Klima und Landschaft in die Begrifflichkeit eingeschlossen[65]. Da keine Gründe ersichtlich sind, dem Begriff der „natürlichen Lebensgrundlagen“ in § 1 Abs. 2 Satz 2 Nr. 2 ROG einen anderen Inhalt zu Grund zu legen als dem in Art. 20a GG, ist ersterer im gleichen umfassenden Sinn zu verstehen wie im Rahmen der Staatszielbestimmung Umweltschutz[66].

Aus diesen Betrachtungen sowie den Ausführungen zu Ursachen und Entstehungsfaktoren von Hochwasserereignissen ergibt sich, dass nicht nur über die Leitvorstellung des § 1 Abs. 2 Satz 1 ROG im allgemeinen, sondern gerade auch unter Zugrundelegung von § 1 Abs. 2 Satz 2 Nr. 2 ROG ein Zusammenhang zwischen der Aufgabe der Raumordnung und dem Hochwasserschutz hergestellt werden kann. Hierbei muss der Grundsatz nachhaltiger Entwicklung beziehungsweise die Leitvorstellung einer nachhaltigen Raumentwicklung die Grundlage für zukünftiges Handeln sein. Da die wirtschaftliche und soziale Notwendigkeit besteht, Raum in verschiedenster Art und Weise in Anspruch zu nehmen, sei es für Siedlungsanlagen, neue Verkehrswege oder zu Freizeit- und Erholungszwecken, diese Inanspruchnahme andererseits aber vielfältige Auswirkungen auf die Umwelt hat, ist es nur mittels einer bewussten und rücksichtsvollen Nutzung der natürlichen Lebensgrundlagen möglich, diese langfristig zu erhalten. Es ist nochmals hervorzuheben, dass dieses Ziel allein dann erreicht werden kann, wenn allen Elementen des Grundsatzes einer nachhaltigen Entwicklung der gleiche Rang zukommt, unter ihnen also ein ganzheitlicher Ausgleich gefunden wird.

---

[63] Epiney, in: v. Mangoldt/Klein/Starck, Art. 20 a GG Rn. 16; Kloepfer, in: Bonner Kommentar, Art. 20 a GG Rn. 50; Bode, S. 187.

[64] Epiney, in: v. Mangoldt/Klein/Starck, Art. 20 a GG Rn. 16; Kloepfer, in: Bonner Kommentar, Art. 20 a GG Rn. 50; Bode, S. 187.

[65] Epiney in v. Mangoldt/Klein/Starck, Art. 20 a GG Rn. 18; Kloepfer in Bonner Kommentar, Art. 20 a GG Rn. 50; Bode, S. 187.

[66] Ebenso Runkel, in: Bielenberg/Runkel/Spannowsky, Bd. 2, § 1 Rn. 78.

D. Verwirklichung der Aufgaben der Raumordnung durch Raumordnungspläne unter besonderer Berücksichtigung der bayerischen Rechtslage

I. Das Instrumentarium von Raumordnung und Landesplanung

Die Ansichten darüber, ob das in der Raumordnung und Landesplanung bestehende Instrumentarium geeignet und ausreichend ist, einen wirksamen Hochwasserschutz zu gewährleisten, sind uneinheitlich. Die Änderungen des ROG im Zuge des Gesetzes zur Verbesserung des vorbeugenden Hochwasserschutzes sprechen dafür, dass jedenfalls ein Bedarf bestand und möglicherweise immer noch besteht, die Hochwasserproblematik im Gesetzestext hervorzuheben und konkrete Verhaltensweisen zu normieren, da die vergangenen Hochwasserereignisse zu einem nicht unwesentlichen Teil auf Vollzugsdefizite zurückzuführen waren[67]. Daher scheint es gerechtfertigt, an dieser Stelle das Instrumentarium der Raumordnung und Landesplanung darzustellen und auf einige, vor allem für die Verwaltungspraxis relevante Problemstellungen einzugehen.

Nach § 6 Satz 1 ROG haben die Länder die Pflicht, Rechtsgrundlagen für die Raumordnung in ihrem Gebiet zu schaffen. Dabei handelt es sich in erster Linie um Raumordnungspläne für das gesamte Landesgebiet (§ 8 ROG) sowie Regionalpläne (§ 9 ROG). Die Landesgesetzgeber haben die einschlägigen Rechtsgrundlagen hierfür geschaffen[68].

1. Das Landesentwicklungsprogramm

Gemäß § 8 Abs. 1 Satz 1 ROG haben die Bundesländer für das jeweilige Landesgebiet einen zusammenfassenden und übergeordneten Plan aufzustellen. Abweichende Regelungen bestehen für die Stadtstaaten Berlin, Bremen und Hamburg. Die Namensgebung ist nicht einheitlich, in Bayern wird vom Landesentwicklungsprogramm gesprochen. Diese Bezeichnung soll in der vorliegenden Untersuchung verwendet werden.

Art. 16 Abs. 1 Satz 1 BayLPlG sieht vor, dass das Landesentwicklungsprogramm die Grundzüge der anzustrebenden räumlichen Ordnung und Entwicklung des Staatsgebiets festlegt. Landesentwicklungsprogramme als hochstufige Landesplanung enthalten als rechtliches Minimum neben den Grundsätzen der Raumordnung Raumordnungsziele, die der Verwirklichung der raumordnerischen Grundsätze dienen[69] (vgl. Art. 18 Abs. 1 Satz 2 BayLPlG). Der fachliche Teil des Landesentwicklungsprogramms Bayern hat nach Art. 18 Abs. 2 Nr. 4 BayLPlG insbesondere Festlegungen zu landesweit raumbedeutsamen Fachbe-

---

[67] Begründung des Regierungsentwurfs eines Gesetzes zur Verbesserung des vorbeugenden Hochwasserschutzes, BR-Drucks. 268/04, S. 11.

[68] Vgl. für Bayern: Art. 11 ff. BayLPlG.

[69] Peine, S. 79 Rn. 231; Steiner, Raumordnungs- und Landesplanungsrecht, S. 840 Rn. 25.

reichen zu enthalten. Dabei dürfen diese Belange jedoch nicht schon fachrechtlich hinreichend gesichert sein (Verbot der doppelten Planung, vgl. Art. 16 Abs. 2 Nr. 4 BayLPlG), da es sich bei der Raumordnung um eine übergeordnete Planung handelt. Als raumbedeutsame Fachbereiche kommen zum Beispiel die Sicherung und Entwicklung der natürlichen Lebensgrundlagen, die Wasserwirtschaft, die Land- und Forstwirtschaft sowie die Siedlungsentwicklung in Betracht. Dabei handelt es sich um Fachbereiche, die in engem Zusammenhang mit dem Hochwasserschutz stehen. Denkbar wäre auch, einen selbständigen Fachbereich „Hochwasserschutz" einzuführen, da die bereits bestehenden Fachbereiche – wie sich noch zeigen wird – nicht in der Lage sind, sämtliche Maßnahmen in eigener Zuständigkeit durchzuführen.

2. Der Regionalplan

Nach § 9 Abs. 1 Satz 1 ROG sind in den Ländern, deren Gebiet die Verflechtungsbereiche mehrerer Zentraler Orte oberster Stufe umfasst, Regionalpläne aufzustellen. Diese sind gemäß § 9 Abs. 2 Satz 1 ROG, Art. 18 Abs. 1 Satz 1 BayLPlG aus dem Raumordnungsplan für das Landesgebiet nach § 8 ROG, Art. 16 BayLPlG zu entwickeln. Als Landesplanung auf regionaler Ebene legen sie unter Beachtung der im Landesentwicklungsprogramm festgelegten Ziele der Raumordnung die anzustrebende räumliche Ordnung und Entwicklung einer Region fest (vgl. Art. 18 Abs. 1 Satz 2 BayLPlG). Aufgabe der Regionalplanung ist also die Konkretisierung der hochstufigen Landesplanung anhand der Festlegung regionaler Raumordnungsziele. Sie ist als Landesplanung in Teilräumen eines Landes auf der einen Seite durch das Wesen der Raumordnung und Landesplanung gekennzeichnet, das heißt, sie hat überörtliche, überfachliche und zusammenfassende Gesamtplanungen zu erstellen und dabei alle raumbedeutsamen Maßnahmen zu koordinieren[70]. Auf der anderen Seite stellt sie die zweite Ebene des raumordnerischen Planungssystems dar. Deshalb kommt der Regionalplanung die Aufgabe einer sachlichen Vertiefung sowie räumlich-regionalen Differenzierung hinsichtlich der hochstufigen Programme und Pläne zu.

Die bayerischen Regionalpläne müssen gemäß Art. 18 Abs. 2 Nr. 3 BayLPlG regionsweit raumbedeutsame Festlegungen zu den in Art. 16 Abs. 2 Nr. 4 BayLPlG aufgeführten Fachbereichen enthalten, in denen regionalplanerische Festlegungen möglich und für die geordnete Entwicklung einer Region auch erforderlich sind[71]. Darunter fallen wiederum auch solche Festlegungen, die in Teilaspekten mehreren Fachbereichen zuzuordnen sind, wie etwa Festlegungen zur Wasserwirtschaft. Zu diesen Festlegungen ist auch die Bezeichnung von Raumordnungsgebieten nach § 7 Abs. 4 ROG zu rechnen (vgl. Art. 11 Abs. 2

[70] Erbguth/Schoeneberg, S. 117 Rn. 91.

[71] Begründung zum Gesetzentwurf des Bayerischen Landesplanungsgesetzes, Landtags-Drucks. 15/1667, S. 9.

Satz 1 BayLPlG). Für den Hochwasserschutz sind vor allem die im bayerischen Landesentwicklungsprogramm erwähnten „Vorranggebiete Hochwasser" hervorzuheben, die ausdrücklich verpflichtend in die Regionalpläne aufzunehmen sind[72] und neben anderen Raumordnungsgebieten den Kernpunkt der vorliegenden Untersuchung bilden sollen. Die ausdrückliche Erwähnung der „Vorranggebiete Hochwasser" im Landesentwicklungsprogramm Bayern dient nicht nur der Hervorhebung der besonderen Bedeutung des Hochwasserschutzes anhand der Festlegung von Raumordnungsgebieten. Sie ist auch deshalb notwendig, weil gemäß Art. 11 Abs. 2 Satz 2 BayLPlG die Belange, für die in Regionalplänen Vorrang- oder Vorbehaltsgebiete festgelegt werden können, im Landesentwicklungsprogramm zu bestimmen sind.

II. Grundsätze der Raumordnung

1. Begriffsbestimmung

Die Legaldefinition des § 3 Nr. 3 ROG spricht von Grundsätzen der Raumordnung als allgemeinen Aussagen zur Entwicklung, Ordnung und Sicherung des Raumes. Sie sind Vorgaben für nachfolgende Abwägungs- oder Ermessensentscheidungen und werden daher als abstrakte Leitprinzipien bzw. Leitlinien eingestuft[73]. Entsprechendes gilt in Ergänzung des § 3 Nr. 3 ROG für die Auslegung unbestimmter Rechtsbegriffe und die Ausübung etwaiger Beurteilungsspielräume[74]. Erst durch die Abwägung oder Ermessensentscheidung in einer konkreten Situation, insbesondere ihrer Konkretisierung nach § 7 Abs. 1 Satz 1 ROG, ergibt sich deren jeweilige Bedeutung. Die Aufstellung der Grundsätze der Raumordnung stellt die einzige Möglichkeit des Bundesgesetzgebers dar, die Raumordnung inhaltlich zu beeinflussen. Zu beachten ist, dass § 2 Abs. 2 ROG einen abschließenden Katalog von Grundsätzen der Raumordnung enthält, doch ist es den Ländern gestattet, weitere Grundsätze aufzustellen, soweit diese § 2 Abs. 2 und § 1 ROG nicht widersprechen (§ 2 Abs. 3 ROG). Dies gilt sowohl für die Landesplanungsgesetze als auch für Raumordnungspläne. Bayern hat von dieser Möglichkeit in Art. 2 BayLPlG Gebrauch gemacht.

2. Bindungswirkung

Die Bedeutung der Grundsätze liegt in deren Bindungswirkung. Schon die gesetzliche Begriffsbestimmung in § 3 Nr. 3 ROG deutet auf die Ausgestaltung der

---

[72] Vorwort des Landesentwicklungsprogramm Bayern 2003 vom 12.03.2003, S. 5 sowie Ziel B I.3.3.1.2.

[73] Brohm, S. 635 Rn. 5; Steiner, Raumordnungs- und Landesplanungsrecht, S. 836 Rn. 12; a.A. v.d.Heide, in: Cholewa/Dyong/v.d. Heide/Arenz, Bd. 1, § 2 Rn. 16.

[74] Koch/Hendler, S. 44.

rechtlichen Bindungswirkung von Raumordnungsgrundsätzen für nachgeordnete Planungsträger hin, wenn sie ihnen die Funktion von Vorgaben für nachfolgende Abwägungs- und Ermessensentscheidungen beimisst. Diese Entscheidungen werden von öffentlichen Stellen im Rahmen ihres Verwaltungshandelns getroffen. Gleichwohl beschränkt sich die Bindungswirkung nicht auf Planungen von öffentlichen Stellen (§ 4 Abs. 2 ROG), sondern betrifft auch raumbedeutsame Planungen und Maßnahmen von Personen des Privatrechts (§ 4 Abs. 3 und 4 ROG).

a) Öffentliche Stellen

Grundsätze der Raumordnung sind, ebenso wie die sonstigen Erfordernisse der Raumordnung (§ 3 Nr. 4 ROG), von den öffentlichen Stellen (vgl. § 3 Nr. 5 ROG) bei raumbedeutsamen Planungen und Maßnahmen nach § 4 Abs. 1 ROG in der Abwägung oder bei der Ermessensausübung nach den jeweiligen Maßgaben zu berücksichtigen (§ 4 Abs. 2 ROG). „Berücksichtigen" bedeutet, dass die Grundsätze als öffentliche Belange wesentliche Bestandteile des notwendigen Entscheidungsmaterials einer Abwägung oder Vorgaben für eine Ermessensentscheidung sein können[75]. Die Berücksichtigungspflicht besteht in den Fällen, in denen öffentliche Stellen eigene raumbedeutsame Planungen und Maßnahmen durchführen (§ 4 Abs. 2 i.V.m. Abs. 1 Satz 1 ROG), über die Zulässigkeit raumbedeutsamer Maßnahmen anderer öffentlicher Stellen durch Genehmigungen, Planfeststellungen und sonstigen behördlichen Handlungsformen entscheiden (§ 4 Abs. 2 i.V.m. Abs. 1 Satz 2 Nr. 1 ROG) sowie über die Zulässigkeit raumbedeutsamer Planungen und Maßnahmen von Personen des Privatrechts durch Planfeststellung oder Plangenehmigung entscheiden (§ 4 Abs. 2 i.V.m. Abs. 1 Satz 2 Nr. 2 ROG).

b) Private

Die Vorschrift des § 4 Abs. 3 ROG stellt Personen des Privatrechts in zwei Fällen mit öffentlichen Stellen gleich. Hierbei handelt es sich zum einen um solche Personen, an denen öffentliche Stellen mehrheitlich beteiligt sind (§ 4 Abs. 3 Nr. 1 ROG), zum anderen geht es um Planungen und Maßnahmen, die überwiegend mit öffentlichen Mitteln finanziert werden (§ 4 Abs. 3 Nr. 2 ROG).
Die Formulierung, dass § 4 Abs. 2 i.V.m. Abs. 1 Satz 2 Nr. 1 ROG in den Gleichstellungsfällen des § 4 Abs. 3 ROG entsprechend anzuwenden ist, bedeutet, dass die öffentlichen Stellen auch bei der Entscheidung über die Zulässigkeit raumbedeutsamer Maßnahmen, welche von Personen des Privatrechts durchge-

[75] Runkel, in: Bielenberg/Runkel/Spannowsky, Bd. 2, Vorb. §§ 3-5 Rn. 5 und § 4 Rn. 168 ff.; Dyong, in: Cholewa/Dyong/v.d. Heide/Arenz, Bd. 1, § 4 Rn. 16ff.; Steiner, Raumordungs- und Landesplanungsrecht, S. 847 Rn. 42.

führt werden, zur Berücksichtigung der Raumordnungsgrundsätze verpflichtet sind. Die Privatrechtspersonen sind somit zwar nicht Adressaten der Berücksichtigungspflicht. Beachten sie bei ihren raumbedeutsamen Maßnahmen aber die Grundsätze der Raumordnung nicht, setzen sie sich jedoch der Gefahr aus, von der zuständigen Genehmigungsbehörde keine Zulassung ihrer Vorhaben zu bekommen. Auf diese Art ergeben sich für Privatrechtsträger Rückwirkungen, die zu einer mittelbaren Berücksichtigungspflicht führen[76]. Anzumerken ist, dass eine Anwendung des § 4 Abs. 3 i.V.m. § 4 Abs. 2 und Abs. 1 Satz 2 Nr. 1 ROG nur dann in Betracht kommt, wenn die Entscheidung der öffentlichen Stellen über die Zulassung nicht in Form einer Planfeststellung oder Plangenehmigung erfolgt, da anderenfalls § 4 Abs. 2 i.V.m. § 4 Abs. 1 Satz 2 Nr. 2 ROG unmittelbar anzuwenden ist[77].

Die Regelung des § 4 Abs. 4 Satz 1 ROG ist als Auffangtatbestand zu verstehen und betrifft die Berücksichtigung der Erfordernisse der Raumordnung bei der behördlichen Zulassungsentscheidung über raumbedeutsame Maßnahmen von Personen des Privatrechts. Der Anwendungsbereich des § 4 Abs. 4 Satz 1 ROG für Raumordnungsgrundsätze ist gering, da die Vorschrift lediglich die Fälle erfasst, die nicht schon unter die § 4 Abs. 2 i.V.m. Abs. 1 Satz 2 Nr. 2 ROG und § 4 Abs. 3 ROG zu subsumieren sind[78]. Von Bedeutung ist außerdem, dass die Berücksichtigungspflicht nach § 4 Abs. 4 Satz 1 ROG nur nach Maßgabe der für die behördlichen Zulassungsentscheidungen geltenden Vorschriften der Fachgesetze besteht. Auf die Regelung des § 4 Abs. 4 Satz 3 ROG soll hier nicht eingegangen werden, da sie im Rahmen dieser Untersuchung keine Bedeutung erlangt.

3. Bezüge zum Hochwasserschutz

Das BauROG 1998 brachte neben der Einführung der Leitvorstellung einer nachhaltigen Raumentwicklung verschiedene Aussagen zum vorbeugenden Hochwasserschutz. In erster Linie ist dabei § 2 Abs. 2 Nr. 8 Satz 7 ROG zu nennen, der den Charakter eines Grundsatzes der Raumordnung besitzt. Er fordert ausdrücklich die Sorge für einen vorbeugenden Hochwasserschutz und zählt dafür beispielhaft[79] die Sicherung oder Rückgewinnung von Auen, Rückhalteflächen und überschwemmungsgefährdeten Bereichen auf. Als weitere Grundsätze, die im Rahmen von Synergien dem Hochwasserschutz dienen können, sind unter anderem § 2 Abs. 2 Nr. 3 Satz 2, Nr. 8 Satz 1, 2 und 4 sowie Nr. 10 Satz 1 ROG zu nennen. Diese Grundsätze betreffen insbesondere die Sicherung von

---

[76] Koch/Hendler, S. 47 Rn. 13; Lehners, S. 18.
[77] Koch/Hendler, S. 47 Rn. 14.
[78] Koch/Hendler, S. 47 Rn. 16.
[79] Der Gesetzgeber verwendet in § 2 Abs. 2 Nr. 8 Satz 7 ROG die Formulierung „vor allem"; vgl. auch Runkel, in: Bielenberg/Runkel/Spannowsky, Bd. 2, § 2 Rn. 110.

Freiräumen sowie den Schutz und die Entwicklung von Raumfunktionen, wobei sie hauptsächlich auf die Ressourcen Boden und Wasser bezogen sind.
Auch im Bayerischen Landesplanungsgesetz wurde der Hochwasserschutz verankert. So regelt Art. 2 Nr. 9b BayLPlG, dass bei raumbedeutsamen Planungen und Maßnahmen darauf hinzuwirken ist, dass die Erfordernisse der Wasserwirtschaft und die Belange eines geordneten Wasserhaushalts in der Landschaft berücksichtigt werden, wobei dazu insbesondere der Hochwasserschutz zu zählen ist.
Die Bedeutung von Raumordnung und Landesplanung für den Hochwasserschutz kann also bereits den genannten bundes- als auch landesrechtlichen Raumordnungsgrundsätzen entnommen werden.

III. Ziele der Raumordnung

1. Begriffsbestimmung

Nach § 3 Nr. 2 ROG handelt es sich bei Zielen der Raumordnung um verbindliche Vorgaben in Form von räumlich und sachlich bestimmten oder bestimmbaren, vom Träger der Landes- oder Regionalplanung abschließend abgewogenen textlichen oder zeichnerischen Festlegungen in Raumordnungsplänen (vgl. auch Art. 3 Abs. 2 Satz 1 BayLPlG). Zu finden sind raumordnerische Ziele ausschließlich in den Raumordnungsplänen der Länder. Eine Zielfestsetzung durch Bundesstellen gibt es nicht. Im Gegensatz zu den Grundsätzen beinhalten sie konkrete Raumnutzungsentscheidungen beziehungsweise raumwirksame Entscheidungen[80]. Durch sie wird die Aufgabe der Raumordnung (§ 1 Abs. 1 Satz 1 ROG) nach den – lediglich abstrakten – Vorgaben der Grundsätze der Raumordnung im Rahmen der Landesplanung verwirklicht. Dies geschieht im Wege einer landesplanerischen Abwägung (vgl. § 3 Nr. 2, § 7 Abs. 1 Satz 1 ROG, Art. 3 Abs. 1 Satz 1 BayLPlG). Aufgrund der Tatsache, dass die Ziele infolge dessen bereits abschließend abgewogen sind, werden sie auch landesplanerische Letztentscheidungen genannt[81].
Aus Gründen der Planklarheit[82] müssen die Ziele der Raumordnung in den Raumordnungsplänen als solche gekennzeichnet werden (§ 7 Abs. 1 Satz 3 ROG, Art 3 Abs. 2 Satz 3 BayLPlG). Ob der Kennzeichnungspflicht darüber hinaus auch eine konstitutive Wirkung zukommt, ist umstritten[83], wird jedoch

[80] Steiner, Raumordnungs- und Landesplanungsrecht, S. 848 Rn. 45.
[81] BVerwG, Urt. vom 20.8.1992 – 4 NB 20.91 -, BVerwGE 90, 329 (334); v. d. Heide, in: Cholewa/Dyong/v. d. Heide/Arenz, Bd. 1, § 3 Rn. 15; Halama, Durchsetzung und Abwehr von Zielen der Raumordnung und Landesplanung auf der Gemeindeebene, in: FS Schlichter, S. 201 (202); Peine, S. 79 Rn. 231; Goppel, BayVBl. 1998, 289.
[82] Steiner, Raumordnungs- und Landesplanungsrecht, S. 847 Rn. 44.
[83] Vgl. Wolff, BayVBl. 2001, 737 (738).

überwiegend abgelehnt[84]. Eine mehr oder minder vermittelnde Auffassung will § 7 Abs. 1 Satz 3 ROG bei Zweifeln eine konstitutive Gestaltungsfreiheit zuerkennen[85]. Funktion der umstrittenen Norm ist es jedoch, gerade derartige Zweifel gar nicht erst entstehen zu lassen. Der Grundsatz der Planklarheit soll den Planträger bei der Aufstellung des Plans dazu veranlassen, sich mit der Frage auseinander zu setzen, ob er in concreto ein Ziel festlegt oder nicht[86]. Ob letztendlich ein Ziel vorliegt, ist allein eine Frage der objektiven Betrachtung, wobei sich diese an den gesetzlich verankerten Merkmalen des § 3 Nr. 2 ROG zu orientieren hat[87]. Daraus folgt, dass es bei der rechtlichen Einordnung einer raumordnerischen Festlegung nicht auf den Willen des Plangebers ankommen kann[88], worauf eine etwaige konstitutive Wirkung der Kennzeichnungspflicht hinaus laufen würde. Der Kennzeichnung einer Ausweisung im Planwerk als Raumordnungsziel kommt allenfalls Indizwirkung zu[89].

2. Bindungswirkung

Hinsichtlich der Bindungswirkung für raumbedeutsame Planungen und Maßnahmen stellt § 4 ROG eine allgemeine Bindungsvorschrift dar. Sie wird ergänzt durch § 5 ROG für den Bereich besonderer Bundesmaßnahmen sowie durch verschiedene Raumordnungsklauseln in Spezialgesetzen.

a) Bindungswirkung nach § 4 ROG

aa) Beachtenspflicht für öffentliche Stellen gemäß § 4 Abs. 1 ROG

Gemäß § 4 Abs. 1 Satz 1 ROG sind die Ziele der Raumordnung von öffentlichen Stellen bei ihren raumbedeutsamen Planungen und Maßnahmen zu beachten. Die Beachtenspflicht dieser generellen Raumordnungsklausel ist strikt[90], das heißt, die Zieladressaten müssen ihre Planungen und Maßnahmen in Überein-

---

[84] BVerwG, Urt. v. 18.9.2003 – 4 CN 20/02 – NVwZ 2004, 226, 227; Hendler, in: Jarass (Hrsg.), Raumordnungsgebiete, S. 104; Erbguth, NVwZ 2000, 969 (972); Hoppe, DVBl. 2001, 81 (86); Manssen, BayVBl. 2005, 485 (486); a.A. Brohm, S. 232 Rn. 11 mit Hinweis auf die Schwierigkeiten einer Zuordnung allein nach materiellen Kriterien.
[85] Wolff, BayVBl. 2001, 737 (738); Goppel, BayVBl. 1999, 331 (332).
[86] Hendler, Reinhard, in: Jarass (Hrsg.), Raumordnungsgebiete, S. 105.
[87] BVerwG, Urt. v. 18.9.2003 – 4 CN 20/02 – , NVwZ 2004, 226, 227; BayVGH, Urt. v. 19.4.2004 – 15 B 99.2605 –, BayVBl. 2005, 80 (81); Peine, S. 79 Rn. 232; Erbguth, LKV 1994, 89 (91); derselbe, NVwZ 2000, 969 (972); Manssen, BayVBl. 2005, 485 (486).
[88] So auch Hoppe, DVBl. 1999, 1457 (1458 f.); derselbe, DVBl. 2001, 81 (86).
[89] BVerwG, Urt. v. 18.9.2003 – 4 CN 20/02 – , NVwZ 2004, 226, 227; Hendler, in: Jarass, Raumordnungsgebiete, S. 105.
[90] Hendler, in: Jarass, Raumordnungsgebiete, S. 92; Hoppe, in: Hoppe/Bönker/Grotefels, S. 74 Rn. 18; ders., DVBl. 2001, 81 (82); Koch/Hendler, S. 52 Rn. 40; Peine, S. 57 Rn. 161.

stimmung mit den Zielen der Raumordnung bringen und können das entsprechende Raumordnungsziel nicht durch Abwägung oder Ausübung von Ermessen überwinden[91]. Der Grund hierfür liegt im Letztentscheidungscharakter der Ziele der Raumordnung begründet, welche das Ergebnis einer abschließenden Abwägung darstellen (vgl. § 3 Nr. 2 ROG). Trotzdem dürfen sie nicht als Anwendungsfall eines schlichten Normvollzugs qualifiziert werden[92]. Sie eröffnen vielmehr einen gewissen Konkretisierungsspielraum, der von den Planadressaten auszufüllen ist[93].

Ziele der Raumordnung sind nach § 4 Abs. 1 ROG dann zu beachten, wenn eine öffentliche Stelle eigene raumbedeutsame Planungen und Maßnahmen durchführt (§ 4 Abs. 1 Satz 1 ROG), über die Zulässigkeit raumbedeutsamer Maßnahmen anderer öffentlicher Stellen durch Genehmigungen, Planfeststellungen und sonstigen behördlichen Handlungsformen entscheidet (§ 4 Abs. 1 Satz 2 Nr. 1 ROG) sowie über die Zulässigkeit raumbedeutsamer Planungen und Maßnahmen von Personen des Privatrechts durch Planfeststellung oder Plangenehmigung entscheidet (§ 4 Abs. 1 Satz 2 Nr. 2 ROG).

In der Regel ist der Adressat der von den Zielen der Raumordnung ausgehenden Bindungswirkung identisch mit dem Träger der raumbedeutsamen Planung oder Maßnahme. Allerdings fallen Adressat der Bindungswirkung und Träger der Planung oder Maßnahme regelmäßig bei Planfeststellungen auseinander, da die planende Behörde ihren Plan nur in Ausnahmefällen feststellt. Ein derartiges Auseinanderfallen ist des Weiteren dann denkbar, wenn es um Zustimmungen oder Genehmigungen geht.

bb) Beachtenspflicht für Personen des Privatrechts gemäß § 4 Abs. 3 ROG

Sind öffentliche Stellen an Personen des Privatrechts mehrheitlich beteiligt oder werden Planungen und Maßnahmen überwiegend mit öffentlichen Mitteln finanziert, so begründet § 4 Abs. 3 ROG über die analoge Anwendung des § 4 Abs. 1 Satz 1 ROG eine unmittelbare Zielbeachtenspflicht auch für Personen des Privatrechts, soweit diese raumbedeutsame Planungen und Maßnehmen in Wahrnehmung öffentlicher Aufgaben durchführen[94]. Eine mittelbare Zielbeach-

[91] Dyong, in: Cholewa/Dyong/v.d. Heide/Arenz, Bd. 1, § 4 Rn. 12; Halama, in: FS Schlichter, S. 201; Hoppe, in: Hoppe/Bönker/Grotefels, S. 71 Rn. 11; Peine, S. 57 Rn. 161; Steiner, Raumordnungs- und Landesplanungsrecht, S. 848 Rn. 46.

[92] BVerwG, Beschl. v. 20.8.1992 – 4 NB 20.91 –, DVBl. 1992, 1438 (1439); Hoppe, in: Hoppe/Bönker/Grotefels, S. 74 Rn. 18.

[93] Hendler, in: Jarass, Raumordnungsgebiete, S. 91; Koch/Hendler, S. 52 Rn. 40; Lehners, S. 7 f.

[94] Hendler, in: Jarass, Raumordnungsgebiete, S. 101; Koch/Hendler, S. 53 Rn. 44; Peine, S. 58 Rn. 162.

tenspflicht für die genannten Privatrechtspersonen ergibt sich über die analoge Anwendung des § 4 Abs. 1 Satz 2 Nr. 1 ROG[95].

cc) Berücksichtigungspflicht nach § 4 Abs. 4 Satz 1 ROG

Gemäß § 4 Abs. 4 Satz 1 ROG sind bei Genehmigungen, Planfeststellungen und sonstigen behördlichen Entscheidungen über die Zulässigkeit raumbedeutsamer Maßnahmen von Personen des Privatrechts die Erfordernisse der Raumordnung nach Maßgabe der für diese Entscheidungen geltenden Vorschriften zu berücksichtigen. Erfordernisse der Raumordnung umfassen nach § 3 Nr. 1 ROG neben Grundsätzen und sonstigen Erfordernissen auch Ziele der Raumordnung. Die Vorschrift erlangt insbesondere dann Bedeutung, wenn Raumordnungsklauseln eine Berücksichtigungspflicht begründen oder wenn entsprechende Vorschriften, welche die Entscheidung über die Zulässigkeit raumbedeutsamer Maßnahmen von Personen des Privatrechts betreffen, behördliche Entscheidungsspielräume oder planerische Abwägungsentscheidungen steuern.

b) Bindungswirkung nach § 5 ROG

Für die in § 5 Abs. 1 ROG aufgeführten besonderen Bundesmaßnahmen hat der Gesetzgeber eine Abschwächung der Zielbeachtenspflicht vorgesehen. Insbesondere steht öffentlichen Stellen des Bundes, im Auftrag des Bundes tätigen öffentlichen Stellen sowie Personen des Privatrechts im Sinne des § 4 Abs. 3 ROG, die für den Bund öffentliche Aufgaben durchführen, gemäß § 5 Abs. 1 ROG ein fristgebundenes Widerspruchsrecht gegen Ziele der Raumordnung zu, das unter näher geregelten Voraussetzungen deren Bindungswirkungen gegenüber der widersprechenden Stelle nicht entstehen lässt.

c) Spezielle Raumordnungsklauseln

Raumordnungsklauseln sind Rechtsvorschriften, nach denen bei raumbedeutsamen Planungen und Maßnahmen die Erfordernisse der Raumordnung zu berücksichtigen oder die Landesplanungsbehörden zu beteiligen sind, damit sie die Erfordernisse der Raumordnung geltend machen können[96]. Mithin handelt es sich bei § 4 ROG um eine Raumordnungsklausel. Unter speziellen Raumordnungsklauseln sind Regelungen in Fachgesetzen zu verstehen, die eine Beachtung beziehungsweise Berücksichtigung von Erfordernissen der Raumordnung bei den

[95] Dyong, in: Cholewa/Dyong/v.d. Heide/Arenz, Bd. 1, § 4 Rn. 41; Hendler, in: Jarass, Raumordnungsgebiete, S. 102; Koch/Hendler, S. 53 Rn. 45; Peine, S. 58 Rn. 162.

[96] V.d. Heide, in: Cholewa/Dyong/v.d.Heide/Arenz, Bd. 1, Anhang § 3 Rn. 56; ähnlich Runkel, in: Bielenberg/Runkel/Spannowsky, Bd. 2, § 4 Rn. 262; Erbguth/Schoeneberg, S. 63 Rn. 57.

Entscheidungen der Verwaltung vorsehen. Sie können in Raumordnungsklauseln materieller und verfahrensrechtlicher Art unterteilt werden. Während materielle Raumordnungsklauseln die Beachtung oder Berücksichtigung der inhaltlichen Anforderungen der Raumordnung und Landesplanung vorschreiben[97], sehen verfahrensrechtliche Raumordnungsklauseln eine verfahrensmäßige Beteiligung der für die Landesplanung zuständigen Behörden vor. Besondere Bedeutung erlangen Raumordnungsklauseln dadurch, dass auf diese Weise Erfordernisse der Raumordnung im Sinne des § 3 Nr. 1 ROG zumindest auch mittelbare Auswirkungen auf Vorhaben Privater haben können[98].
Für den Hochwasserschutz bedeutsame Raumordnungsklauseln finden sich beispielsweise im Recht der Bauleitplanung (vgl. §§ 1 Abs. 4 und 35 Abs. 3 Satz 2 und 3 BauGB).

aa) Anpassungsgebot des § 1 Abs. 4 BauGB

§ 1 Abs. 4 BauGB verlangt die Anpassung der Bauleitpläne an die Ziele der Raumordnung und stellt damit nicht nur eine Konkretisierung der Beachtenspflicht des § 4 Abs. 1 Satz 1 ROG dar, sondern bewirkt zugleich eine Ausweitung der Zielbeachtenspflicht, indem diese für alle Bauleitpläne unabhängig von deren Raumbedeutsamkeit angeordnet ist[99]. Somit geht § 1 Abs. 4 BauGB als spezielle und qualifizierte Raumordnungsklausel § 4 Abs. 1 ROG vor[100], ist jedoch im Lichte des raumordnerischen Konzepts der Bindungswirkungen auszulegen.

(1) Anpassungsgebot und kommunale Selbstverwaltung

In diesem Zusammenhang stellt sich die Frage, inwieweit die Anpassungspflicht nach § 1 Abs. 4 BauGB mit der Selbstverwaltungsgarantie des Art. 28 Abs. 2 GG vereinbar ist. Hierfür ist zunächst auf Gegenstand und Reichweite der Selbstverwaltungsgarantie einzugehen.

Gemäß Art. 28 Abs. 2 Satz 1 GG muss den Gemeinden das Recht gewährt sein, alle Angelegenheiten der örtlichen Gemeinschaft in eigener Verantwortung zu regeln. Gemeinhin wird Art. 28 Abs. 2 Satz 1 GG im Sinne einer institutionellen Garantie der kommunalen Selbstverwaltung verstanden[101]. Die Qualifizierung

---

[97] Hierzu gehört auch die Beachtung der allgemeinen Belange der Raumordnung unter Einbeziehung der sonstigen Erfordernisse, Steiner, Raumordnungs- und Landesplanungsrecht, S. 860 Rn. 72.
[98] Vgl. dazu Runkel, in: Ernst/Zinkahn/Bielenberg, Bd. 1, § 1 Rn. 45.
[99] Runkel, in: Ernst/Zinkahn/Bielenberg, Bd. 1, § 1 Rn. 46.
[100] Brohm, S. 230 Rn. 8; Erbguth/Schoeneberg, S. 103 Rn. 79; Koch/Hendler, S. 54 Rn. 50.
[101] Stern, Staatsrecht, Bd. I, S. 408 m.w. Nachweisen.

als institutionelle Garantie bedeutet, dass die Gemeinde nicht individuell, sondern nur institutionell garantiert ist. Mit anderen Worten: Es muss zwar die Organisationsform vorhanden sein; die einzelne Körperschaft ist jedoch nicht gegen Auflösung gesichert.

Die Gewährleistung des Art. 28 Abs. 2 Satz 1 GG knüpft – was für das Verhältnis zum Raumordnungsrecht im Sinne einer Gesamtplanung von besonderem Interesse ist – an eine räumliche Komponente an. Der verfassungsrechtlich garantierte Schutz besteht nämlich nur dann, wenn es sich um Angelegenheiten der örtlichen Gemeinschaft handelt. Das Bundesverfassungsgericht sieht als Angelegenheiten der örtlichen Gemeinschaft diejenigen Aufgaben an, „die in der örtlichen Gemeinschaft wurzeln oder auf die örtliche Gemeinschaft einen spezifischen Bezug haben und von dieser örtlichen Gemeinschaft eigenverantwortlich bewältigt werden können“[102]. Selbst bei Zugrundelegung dieser Aussage ist nicht ohne Weiteres feststellbar, was im einzelnen als Angelegenheit der örtlichen Gemeinschaft einzustufen ist. Insbesondere sind bei der Bestimmung zeitliche und strukturelle Wandlungen zu berücksichtigen[103].

Hinsichtlich der Bauleitplanung erteilt § 1 Abs. 1 BauGB den Gemeinden die Aufgabe, die bauliche und sonstige Nutzung ihrer Grundstücke vorzubereiten und zu leiten. Diese Entscheidungen über die Grundstücksnutzung wurzeln in der örtlichen Gemeinschaft, haben auf diese einen Bezug und können von der Gemeinde eigenverantwortlich getroffen werden[104]. Damit erfüllt die Bauleitplanung nicht nur die Merkmale der vom Bundesverfassungsgericht gestellten Voraussetzungen, sondern wird von Rechtsprechung[105] und Literatur[106] als wesentlichstes Element der gemeindlichen Planungshoheit zu den Selbstverwaltungsangelegenheiten der Gemeinden gerechnet.

Den Kommunen wird die Garantie der Einrichtung gemeindliche Selbstverwaltung jedoch nicht grenzenlos gewährt[107]. Art. 28 Abs. 2 Satz 1 GG spricht von einer Gewährung „im Rahmen der Gesetze“. Es besteht also die Möglichkeit, sowohl den Umfang der Aufgabe als auch den Grad der Eigenverantwortlichkeit durch Gesetz einzuschränken. Hierbei umfasst der Begriff „Gesetz“ nicht nur förmliche Gesetze, sondern auch die auf einer Ermächtigungsgrundlage gemäß

---

[102] BVerfG, Urt. v. 30.6.1958 - 2 BvG 1/58 –, BVerfGE 8, 122 (134); BVerfG, Beschl. v. 17.1.1979 – 2 BvL 6/76 –, BVerfGE 50, 195 (201).

[103] Stern, Staatsrecht, Bd. I, S. 413.

[104] Koch/Hendler, S. 154 Rn. 2.

[105] BVerfG, Beschl. v. 7.10.1980 – 2 BvR 584, 598, 599, 604/76 –, BVerfGE 56, 298 (312 f.); BVerfG, Beschl. v. 23.6.1987 – 2 BvR 826/83 –, 76, 107 (118 f.); BVerwG, DVBl. 1969, S. 362 f.; BVerwG, Urt. v. 21.5.1976 – 4 C 38/74 –, BVerwGE 51, 6 (13).

[106] Battis, S. 57 ff.; Just, in: Hoppe/Bönker/Grotefels, S. 42 Rn. 26 ff.; Koch/Hendler, S. 154 Rn. 2.

[107] BVerfG, Beschl. v. 24.6.1969 – 2 BvR 446/64 –, BVerfGE 26, 228 (237).

Art. 80 GG beruhenden Rechtsverordnungen[108]. Der Vorbehalt „im Rahmen der Gesetze" überlässt dem Gesetzgeber diese Ausgestaltung und Formung aber nicht beliebig. Die Gemeinden sind vielmehr vor Beseitigung und substantieller Aushöhlung geschützt. Dem Gesetzgeber wird danach vom so genannten Kernbereich der Selbstverwaltungsgarantie eine Grenze gesetzt[109]. Was zu diesem Kernbereich gehört, ist allerdings nicht abschließend geklärt. Nach ständiger Rechtsprechung des BVerfG darf jedoch zumindest der Wesensgehalt der gemeindlichen Selbstverwaltung nicht ausgehöhlt werden[110]. Dieser ist gemäß der Definition *Sterns* „das Essentiale einer Einrichtung, das man aus einer Institution nicht entfernen kann, ohne deren Struktur und Typus zu verändern"[111]. Damit ist das typische Erscheinungsbild kommunaler Selbstverwaltung gewährleistet.

Ob auch die gemeindliche Planungshoheit, um die es hier geht, zu diesem Kernbereich gehört, ist in der Literatur umstritten[112] und vom BVerfG bisher ausdrücklich offen gelassen worden[113]. Allerdings entnimmt das BVerfG Art. 28 Abs. 2 Satz 1 GG, dass es dem Bund nicht gestattet sei, „einzelnen Gemeinden einschneidende Beschränkungen ihrer Planungshoheit aufzuerlegen, ohne sie vorher anzuhören"[114]. Gemeinden, die von einem Einzeleingriff des Bundesgesetzgebers in ihrer Planungshoheit betroffen sind, müssen Gelegenheit erhalten, „sich vor diesem Eingriff im Rechtssetzungsverfahren zumindest mittelbar zu äußern"[115]. Daraus ist zu schließen, das jedenfalls ein Anhörungsrecht zum Kernbereich der durch Art. 28 Abs. 2 Satz 1 GG geschützten Planungshoheit gehört[116].

Es sprechen gute Gründe dafür, die kommunale Planungshoheit dem Kernbereich der gemeindlichen Selbstverwaltung zuzurechnen. Denn wurde die Bau-

---

[108] BVerfG, Beschl. v. 24.6.1969 – 2 BvR 446/64 –, BVerfGE 26, 228 (237); BVerfG, Beschl. v. 7.10.1980 – 2 BvR 584, 598, 599, 604/76 –, BVerfGE 56, 298 (309); BVerfG, Beschl. v. 23.6.1987 – 2 BvR 826/83 –, BVerfGE 76, 107 (117); Stern, Staatsrecht, Bd. I, S. 415; Knemeyer, S. 37.

[109] BVerfG, Beschl. v. 7.10.1980 – 2 BvR 584, 598, 599, 604/76 –, BVerfGE 56, 298 (312 f.); BVerfG, Beschl. v. 23.6.1987 – 2 BvR 826/83 –, 76, 107 (118 f.); BVerfG, Beschl. v. 23.11.1988 – 2 BvR 1619, 1628/83 –, BVerfGE 79, 127 (143); Koch/Hendler, S. 155 Rn. 5.

[110] BVerfG, Urt. v. 20.3.1952 – 1 BvR 267/51 –, BVerfGE 1, 167 (174 f.); BVerfG, Urt. v. 10.12.1974 – 2 BvK 1/73; 2 BvR 902/73 –, BVerfGE 38, 258 (278 f.); BVerfG, Beschl. v. 23.6.1987 – 2 BvR 826/83 –, 76, 107 (118); BVerfG, Beschl. v. 23.11.1988 – 2 BvR 1619, 1628/83 –, BVerfGE 79, 127 (143).

[111] Stern, Staatsrecht, Bd. I, S. 416.

[112] Nachweise bei Blümel, Wesensgehalt und Schranken des kommunalen Selbstverwaltungsrechts, in: FS Unruh, S. 276 f. mit Fn. 78, 79, 81 sowie bei Schink, in: Jarass, Raumordnungsgebiete, S. 46 (73) Fn. 77.

[113] BVerfG, Beschl. v. 7.10.1980 – 2 BvR 584, 598, 599, 604/76 –, BVerfGE 56, 298 (312 f.); BVerfG, Beschl. v. 23.6.1987 – 2 BvR 826/83 –, 76, 107 (118 f.).

[114] BVerfG, Beschl. v. 7.10.1980 – 2 BvR 584, 598, 599, 604/76 –, BVerfGE 56, 298 (320).

[115] BVerfG, Beschl. v. 7.10.1980 – 2 BvR 584, 598, 599, 604/76 –, BVerfGE 56, 298 (321).

[116] Koch/Hendler, S. 157 Rn. 11; Schmidt-Aßmann, Fortentwicklung, S. 37.

leitplanung bis Ende des Zweiten Weltkriegs durchweg als polizeilichrechtliche Aufgabe des Staates angesehen[117], so ist dieser das damalige Baurecht beherrschende baupolizeiliche Gesichtspunkt heute stark in den Hintergrund gedrängt worden. Die Bauleitplanung besitzt seitdem vielmehr zentrale Bedeutung für die gesamte gemeindliche Entwicklung[118].

Selbst wenn die Planungshoheit nicht zum Kernbereich der gemeindlichen Selbstverwaltung gerechnet wird, darf sie nicht ohne Weiteres beschränkt werden, denn der Verfassungsgeber hat der Institution gemeindliche Selbstverwaltung eine spezifische Funktion beigemessen, die der Gesetzgeber zu berücksichtigen hat[119]. Danach sichert Art. 28 Abs. 2 Satz 1 GG den Gemeinden einen Aufgabenbereich, der grundsätzlich alle Angelegenheiten der örtlichen Gemeinschaft umfasst[120]. Nach dem Rastede-Urteil des BVerfG darf der Gesetzgeber eine Aufgabe mit relevantem örtlichen Charakter den Gemeinden daher, selbst wenn der Kernbereich der Garantie der kommunalen Selbstverwaltung nicht berührt ist, nur aus Gründen des Gemeininteresses entziehen, vor allem also dann, wenn anders die ordnungsgemäße Aufgabenerfüllung nicht sicherzustellen wäre[121]. Diese Formulierung ist zwar unscharf, muss aber wohl im Sinne einer Prüfung, die sich am Grundsatz der Verhältnismäßigkeit orientiert, verstanden werden[122]. Für ein solches Verständnis sprechen die früheren Entscheidungen des BVerfG zur gemeindlichen Selbstverwaltungsgarantie[123]. Danach stellt die Einschränkung der Planungshoheit der betroffenen Gemeinde im Vergleich zu anderen Gemeinden eine Sonderbelastung dar[124], die nach rechtsstaatlichen Grundsätzen nicht willkürlich sein darf, also „einen zureichenden Grund in der Wahrung überörtlicher Interessen besitzen“ muss[125].

Rechnet man die Planungshoheit dem Kernbereich des kommunalen Selbstverwaltungsrechts zu, können gesetzliche Einwirkungen auf die Selbstverwaltung lediglich einzelner Gemeinden verfassungsrechtlich zulässig sein, wenn sie die-

---

117 BVerfG, Beschl. v. 7.10.1980 – 2 BvR 584, 598, 599, 604/76 –, BVerfGE 56, 298 (312); VerfGH Saarland, AS 14, 145 (160); BVerwG, Urt. v. 20.5.1958 – I C 193/57 –, BVerwGE 6, 342 (345); OVG Lüneburg, Urt. v. 28.4.1960 – I OVG A 112/59 –, OVGE 15, 433 ff.

118 BVerfG, Beschl. v. 7.10.1980 – 2 BvR 584, 598, 599, 604/76 –, BVerfGE 56, 298 (312).

119 BVerfG, Beschl. v. 23.11.1988 – 2 BvR 1619, 1628/83 –, BVerfGE 79, 127 (143); Koch/Hendler, S. 156 Rn. 8.

120 BVerfG, Beschl. v. 7.10.1980 – 2 BvR 584, 598, 599, 604/76 –, 56, 298 (312); BVerfG, Beschl. v. 12.1.1982 – 2 BvR 113/81 –, BVerfGE 59, 216 (226); BVerfG, Beschl. v. 23.6.1987 – 2 BvR 826/83 –, BVerfGE 79, 127 (150).

121 BVerfG, Beschl. v. 23.6.1987 – 2 BvR 826/83 –, BVerfGE 79, 127 (153).

122 Koch/Hendler, S. 157 Rn. 10; Manssen, Die Verwaltung 1991, 33 (38).

123 BVerfG, Beschl. v. 7.10.1980 – 2 BvR 584, 598, 599, 604/76 –, BVerfGE 56, 298 (313); BVerfG, Beschl. v. 23.6.1987 – 2 BvR 826/83 –, 76, 107 (119 ff.).

124 BVerfG, Beschl. v. 7.10.1980 – 2 BvR 584, 598, 599, 604/76 –, BVerfGE 56, 298 (313); BVerfG, Beschl. v. 23.6.1987 – 2 BvR 826/83 –, BVerfGE 76, 107 (119).

125 BVerfG, Beschl. v. 23.6.1987 – 2 BvR 826/83 –, BVerfGE 76, 107 (119).

sen Gemeinden bestimmte Selbstverwaltungsrechte teilweise entziehen[126]. Denn Art. 28 Abs. 2 Satz 1 GG gewährleistet den Wirkungskreis der Gemeinden in ihrem Kernbereich nur institutionell, nicht ohne Weiteres auch individuell[127]. Ein allgemeiner Eingriff in die kommunale Planungshoheit liegt nach der Rechtsprechung des BVerfG daher beispielsweise nicht vor, wenn ein Gesetz den Verordnungsgeber nur ausnahmsweise zu Einschränkungen der Planungshoheit einzelner Gemeinden in räumlich klar abgegrenzten Gebieten ermächtigt[128]. Dabei ist unerheblich, dass die Auswahl der entsprechenden Gemeinde weitgehend dem Ermessen des Verordnungs- oder Plangebers zusteht[129].

Nach dem soeben Dargelegten kann festgehalten werden, dass Beschränkungen der kommunalen Selbstverwaltung beziehungsweise der Planungshoheit der Gemeinden jedenfalls insoweit mit Art. 28 Abs. 2 Satz 1 GG vereinbar sind, als sie dessen Kernbereich unangetastet lassen[130]. Allerdings sind Eingriffe in das gemeindliche Selbstverwaltungsrecht, selbst wenn der Kernbereich des Art. 28 Abs. 2 Satz 1 GG nicht berührt wird, nur unter der Voraussetzung verfassungskonform, dass sie das Willkürverbot beachten und den Verhältnismäßigkeitsgrundsatz nicht verletzen.

Überschneidungen von Raumordnung und Bauleitplanung liegen in der Natur der Sache, da der Raumordnung und Landesplanung die Aufgabe zukommt, den Gesamtraum und seine Teilräume zu entwickeln, zu ordnen und zu sichern (§ 1 Abs. 1 Satz 1 ROG). Der Gesamtraum beziehungsweise die Teilräume setzen sich wiederum aus Einzelorten zusammen, die damit durch die überörtliche Planung zwangsläufig mitbeplant werden[131]. Daraus lässt sich folgern, dass das Anpassungsgebot des § 1 Abs. 4 BauGB im Hinblick auf die kommunale Selbstverwaltungsgarantie lediglich den verfassungskonformen Ausdruck des Zusammenhangs der raumbezogenen Planungen auf allen Stufen darstellt[132]. Durch diese Feststellung ist aber noch keine Aussage darüber getroffen, in welchem Ausmaß Raumordnung und Landesplanung die Bauleitplanung bestimmen dürfen. Das Bundesverwaltungsgericht geht davon aus, dass die Zielanpassung

[126] BVerfG, Beschl. v. 23.6.1987 – 2 BvR 826/83 –, BVerfGE 76, 107 (119).

[127] BVerfG, Beschl. v. 23.6.1987 – 2 BvR 826/83 –, BVerfGE 76, 107 (119); Koch/Hendler, S. 126 Rn 13.

[128] BVerfG, Beschl. v. 7.10.1980 – 2 BvR 584, 598, 599, 604/76 –, BVerfGE 56, 298 (313).

[129] BVerfG, Beschl. v. 23.6.1987 – 2 BvR 826/83 –, BVerfGE 76, 107 (119).

[130] BVerfG, Beschl. v. 21.5.1968 – 2 BvL 2/61 –, BVerfGE 23, 353 (365); BVerfG, Beschl. v. 24.6.1969 – 2 BvR 446/64 –, BVerfGE 26, 228 (238).

[131] Oldiges, Baurecht, in: Steiner, Besonderes Verwaltungsrecht, S. 548 Rn. 35.

[132] BVerwG, Urt. v. 20.5.1958 – I C 193/57 –, BVerwGE 6, 342; BVerwG, Urt. v. 17.9.2003 – 4 C 14/01 –, NVwZ 2004, 220 (224 f.); Oldiges, Baurecht, in: Steiner, Besonderes Verwaltungsrecht, S. 548 Rn. 35.

nicht als bloßer Anwendungsfall schlichten Normvollzugs zu werten ist[133]. Der Raumordnung kommt, wie das BVerfG zum Ausdruck bringt, keine bodenrechtliche Funktion zu[134]. Sie ist der Bauleitplanung jedoch vorrangig. Damit Art. 28 Abs. 2 Satz 1 GG nicht verletzt und somit die gemeindliche Planungshoheit gewahrt wird, muss die Raumordnung auf eine weitere Konkretisierung ausgerichtet sein. Zwar folgt aus dem in § 3 Nr. 2 ROG vorgeschriebenen Letztentscheidungscharakter der Raumordnungsziele, dass auf landesplanerischer Ebene ein Ausgleich spezifisch landesplanerischer Konflikte und eine Abwägung landesplanerischer Gesichtspunkte bereits stattgefunden haben muss, weshalb es auf dieser Stufe keiner weiteren Ergänzung bedarf. Auf der nachgeordneten Ebene der Bauleitplanung sind die Ziele der Raumordnung jedoch einer Verfeinerung und Ausdifferenzierung nicht nur zugänglich, eine solche ist vielmehr geboten[135]. Es ist nur in Ausnahmefällen zulässig, Raumordnungsziele so bestimmt zu formulieren, dass sie den nachgeordneten raumbedeutsamen Planungen und Maßnahmen keinen substantiell ausreichenden Konkretisierungsspielraum mehr belassen[136]. Der Umfang dieser Konkretisierung steht in Abhängigkeit von der jeweiligen inhaltlichen Dichte des Zieles beziehungsweise dessen Aussageschärfe. So wie ein Ziel von eher geringer inhaltlicher Dichte Raum für eine Mehrzahl von Handlungsalternativen lässt, setzt ein solches von hoher Aussageschärfe der Bauleitplanung bereits enge Grenzen und besitzt infolgedessen stärkere Rechtswirkungen. In diesem Zusammenhang wird auch von der relativen Offenheit zielförmiger Vorgaben gesprochen[137], welche den Charakter der Raumordnungsziele als landesplanerische Letztentscheidungen aber nicht berührt. Die den Zielen zugrunde liegenden landesplanerischen Vorstellungen müssen in das bauleitplanerische Konzept einfließen, das heißt, die Gemeinden dürfen den ihnen von der Raumordnung und Landesplanung gesetzten Rahmen ausfüllen und die ihnen eröffneten Freiräume nutzen[138]. Es handelt sich mithin um eine zielinterne Konkretisierung, die innerhalb der jeweiligen verfassungsmäßig festgelegten Kompetenzen erfolgt.

---

133 BVerwG, Beschl. v. 20.8.1992 – 4 NB 20/91 –, DVBl. 1992, 1438 (1439); ebenso Hoppe, in: Hoppe/Bönker/Grotefels, S. 74 Rn. 18.

134 BVerfG, Rechtsgutachten vom 16.6.1954 – 1 PBvV 2/52 –, BVerfGE 3, 407.

135 Vgl. auch die Begründung zum Regierungsentwurf des BauROG 1998, BR-Drs. 635/96, S. 81.

136 Runkel, in: Ernst/Zinkahn/Bielenberg, Bd. 1, § 1 Rn. 50b.

137 BVerwG, Beschl. v. 20.8.1992 – 4 NB 20/91 –, BVerwGE 90, 329 (334); BVerwG, Urt. v. 19.7.2001 – 4 C 4/00 –, DVBl. 2001, 1855 (1957); Hoppe, in: Hoppe/Bönker/Grotefels, S. 227 Rn. 11; derselbe, DVBl. 2001, 81 (82).

138 BVerwG, Beschl. v. 20.8.1992 – 4 NB 20/91 –, DVBl. 1992, 1438 (1440); Hendler, in: Jarass, Raumordnungsgebiete, S. 91.

§ 1 Abs. 4 BauGB ist demnach Ausdruck eines umfassenden Gebotes zu dauerhafter materieller Übereinstimmung der kommunalen Bauleitplanung mit den Rahmenvorgaben der Raumordnung[139].

(2) Planungsgebot und gemeindliche Erstplanungspflicht

Die Anpassungspflicht nach § 1 Abs. 4 BauGB ist nicht nur im Sinne einer Zielbeachtenspflicht bei der Aufstellung von Bauleitplänen zu verstehen. Sie geht vielmehr darüber hinaus und verlangt des Weiteren auch eine Abänderung bereits bestehender Bauleitpläne[140]. Fraglich ist unter dem Gesichtspunkt des Art. 28 Abs. 2 Satz 1 GG allerdings, ob die Anpassungspflicht so weit gehen kann, dass eigens zur Verwirklichung der überörtlichen Planungsziele für ein bislang unbeplantes Gebiet ein Bebauungsplan erlassen werden muss, also eine Erstplanungspflicht besteht[141].
Dem Wortlaut des § 1 Abs. 4 BauGB kann eine solche Verpflichtung wohl nicht entnommen werden[142]. Darin heißt es nur, dass die Bauleit*pläne* anzupassen sind, womit lediglich bereits bestehende Pläne gemeint sein können. Anderenfalls müsste die Formulierung etwa lauten, dass die Bauleit*planung* anzupassen sei. Damit wären auch noch nicht aufgestellte, aber in Planung befindliche Bauleitpläne von der Anpassungspflicht erfasst.
Allerdings hielt der Gesetzgeber bei der Novellierung des BauGB eine ausdrückliche Aufnahme der gemeindlichen Erstplanungspflicht in § 1 Abs. 4 BauGB für nicht erforderlich, da er der Ansicht war, dass diese von der Anpassungspflicht sehr wohl umfasst werde[143]. Diese gesetzgeberische Auffassung scheint sich jedoch im Rahmen der Novellierung des ROG geändert zu haben. Während im Gesetzentwurf zum BauROG 1998 vom 04.12.1996 in § 13 Abs. 2 ROG noch eine Erstplanungspflicht vorgesehen wurde[144], gab man im weiteren Verlauf den Bedenken der kommunalen Spitzenverbände nach und verzichtete

---

[139] Runkel, in: Ernst/Zinkahn/Bielenberg, Bd. 1, § 1 Rn. 67.
[140] Krautzberger, in: Battis/Krautzberger/Löhr, § 1 Rn. 32; Battis, S. 43; Bönker, in: Hoppe/Bönker/Grotefels, S. 143 Rn. 167; Brohm, S. 230 Rn. 8; Schlarmann, DVBl. 1980, 275 (278).
[141] Bejahend: BVerwG, Urt. v. 17.9.2003 - 4 C 14/01 -, NVwZ 2004, 220 (224); Battis, in: Battis/Krautzberger/ Löhr, § 1 Rn. 32; Battis, S. 43; Peine, S. 347 Rn. 348; Schink, in: Jarass (Hrsg.), Raumordnungsgebiete, S. 46 (61); Schmidt-Aßmann, Fortentwicklung, S. 21; ablehnend: Brohm, S. 230 Rn. 9; Schlarmann, DVBl. 1980, 275 (278) m.w.N.; Steiner, Raumordnungs- und Landesplanungsrecht, S. 855 Rn. 63.
[142] Gierke, in: Brügelmann, Bd. 1, § 1 Rn. 435; Brohm, S. 230 Rn. 9; ders. in: DÖV 1989, 429 (434); Koch/Hendler, S. 170 Rn. 10; Steiner, Raumordnungs- und Landesplanungsrecht, S. 855 Rn. 63; a.A. Krautzberger, in: Battis/Krautzberger/Löhr, § 1 Rn. 32.
[143] Begründung des Regierungsentwurfs eines Gesetzes über das Baugesetzbuch, BT-Drucks. 10/4630, S. 60; ebenso Söfker, DVBl. 1987, 597; a.A. Brohm, DVBl. 1989, 429 (434) m.w.N.
[144] Begründung des Regierungsentwurfs des BauROG 1998 , BT-Drucks. 13/6392, S. 25, 86.

auf die Erstplanungspflicht[145]. Stattdessen wurden die Träger der Landes- und Regionalplanung verpflichtet, auf die Verwirklichung der Raumordnungspläne hinzuwirken (vgl. § 13 Satz 1 ROG). Damit wurde die Bedeutung der Umsetzung der Raumordnungspläne zwar hervorgehoben, ein wirksames Instrument hierzu aber nicht geschaffen[146].
Gegen die hier vertretene Auffassung, die Entstehungsgeschichte sowohl des § 1 Abs. 4 BauGB als auch des § 13 ROG lasse den gesetzgeberischen Willen erkennen, eine gemeindliche Erstplanungspflicht komme nicht in Betracht[147], werden vereinzelt Bedenken geäußert. Es wird argumentiert, dass durch eine ausdrückliche Aufnahme der Erstplanungspflicht in das Gesetz ein „falsches Signal" gesetzt worden wäre. Der Gesetzgeber hätte aber gleichwohl bestätigt, dass die Ziele der Raumordnung auch ohne eine entsprechende Klarstellung im Gesetz materielle Erstplanungs- und Anpassungspflichten auslösen können[148]. Dieser Meinung scheint sich auch das BVerwG angeschlossen zu haben, wenn es ausführt, dass die Gesetzesmaterialien zu § 1 Abs. 4 BauGB eine Auslegung des § 1 Abs. 4 BauGB in Richtung auf eine gemeindliche Erstplanungspflicht stützen[149].

Gemäß § 1 Abs. 3 BauGB haben die Gemeinden Bauleitpläne aufzustellen, sobald und soweit es für die städtebauliche Entwicklung und Ordnung erforderlich ist. Der Formulierung ist zu entnehmen, dass die Gemeinden einen städtebaulichen Gestaltungsspielraum besitzen. Das heißt die Entwicklung und Ordnung der Bodennutzung bestimmt sich, entsprechend der kommunalen Planungshoheit, grundsätzlich nach den städtebaulichen Vorstellungen der jeweiligen Gemeinde[150]. Die Ermessensentscheidung kann somit auch dazu führen, keinen Bauleitplan aufzustellen, weshalb die Planungshoheit grundsätzlich auch das Recht zur „Nicht-Planung" umfasst[151]. § 1 Abs. 3 BauGB konkretisiert das in Absatz 1 bezeichnete Planmäßigkeitsprinzip, wonach die Vorbereitung und Leitung der Grundstücksnutzung, soweit sie städtebaulich relevant ist, durch die Bauleitplanung erfolgen soll. Die städtebauliche Entwicklung soll also nicht vollständig dem „Spiel der freien Kräfte"[152] oder Einzelentscheidungen nach den §§ 34, 35 BauGB überlassen bleiben. Es bedarf vielmehr der Lenkung und Ord-

---

[145] Bericht des Ausschusses für Raumordnung, Bauwesen und Städtebau zum Regierungsentwurfs des BauROG 1998, BT-Drucks. 13/7589, S. 24.
[146] In diesem Sinne auch Gierke, in: Brügelmann, Bd. 1, § 1 Rn. 435.
[147] So auch Steiner, Raumordnungs- und Landesplanungsrecht, S. 855 Rn. 63; Koch/Hendler, S. 170 Fn. 21; Gierke, in: Brügelmann, Bd. 1, § 1 Rn. 435.
[148] Runkel, in: Ernst/Zinkahn/Bielenberg/Krautzberger, Bd. 1, § 1 Rn. 71; Erbguth/Schoeneberg, S. 105 Rn. 79.
[149] BVerwG, Urt. v. 17.9.2003 – 4 C 14/01 –, NVwZ 2004, 220 (224).
[150] BVerwG, Urt. v. 17.9.2003 – 4 C 14/01 –, NVwZ 2004, 220 (225).
[151] Ähnlich: Schmidt-Aßmann, Fortentwicklung, S. 21.
[152] BVerfG, Beschl. v. 21.12.1966 – 1 BvR 339/66 –, BVerfGE 21, 73 (82 f.).

nung durch die Planung, weshalb die Regelungen in den § 34 und 35 BauGB als Planersatzvorschriften bezeichnet werden[153]. Das Planmäßigkeitsprinzip schließt daher auch die Verdichtung des gemeindlichen Planungsermessens zu einer strikten Planungspflicht mit ein[154]. Das grundsätzliche Planungsermessen verdichtet sich dann zur Planungspflicht, „wenn die Planlosigkeit die Grenze des Vertretbaren überschreitet und einen qualifizierten Handlungsbedarf auslöst“[155]. Die Erstplanungspflicht könnte demnach einen besonders schweren Eingriff in die Planungshoheit der Gemeinde bedeuten, da ihr damit sowohl das Initiativrecht[156] als auch das Recht zur „Nicht-Planung“ genommen wäre.
Da die Auslegung des Wortlauts des § 1 Abs. 4 BauGB keine und die Entstehungsgeschichte der §§ 1 Abs. 3 und 4 BauGB, 13 ROG jedenfalls keine eindeutige Bejahung einer Erstplanungspflicht erlauben, würde Art. 28 Abs. 2 GG als objektiv-rechtliches Prinzip insoweit eine Auslegung zugunsten der gemeindlichen Selbstverwaltung und damit gegen die Erstplanungspflicht verlangen[157].

Die überörtliche Gesamtplanung durch Raumordnung wird hinsichtlich der städtebaulichen Entwicklung und Ordnung über die Bauleitplanung wirksam. Für eine kommunale Pflicht, aufgrund raumordnerischer Ziele erstmalig aktiv tätig zu werden, spricht also, dass nur auf diese Weise eine vollständige Umsetzung der Ziele und somit die Durchführung der Raumordnung und Landesplanung gewährleistet werden kann[158]. Insofern wird auch von der Transformationsfunktion des § 1 Abs. 4 BauGB gesprochen[159]. Anderenfalls könnten Raumordnung und Landesplanung durch passives Verhalten der Gemeinden leer laufen[160]. Für die Gemeinden ergäbe sich sogar ein Anreiz, möglichst planlos zu arbeiten, „um sich landesplanerischen Anpassungspflichten ´mangels Masse an eigener Planungssubstanz´ zu entziehen[161]. Im Verhältnis der überörtlichen Gesamtplanung zur kommunalen – und damit örtlichen – Bauleitplanung geht es also um die Verbindung zweier unterschiedlicher Planungsebenen, die im Sinne einer dauerhaften Anpassung gewährleistet werden soll[162].
Diejenige Ansicht in der Literatur, die eine Erstplanungspflicht aus § 1 Abs. 4

[153] BVerwG, Urt. v. 13.6.1969 – 4 C 234/65 –, BVerwGE 32, 173 (176).
[154] BVerwG, Urt. v. 17.9.2003 – 4 C 14/01 –, NVwZ 2004, 220 (221).
[155] BVerwG, Urt. v. 17.9.2003 – 4 C 14/01 –, NVwZ 2004, 220 (225).
[156] Brohm, S. 231 Rn. 9; derselbe, DÖV 1989, 429, 434.
[157] Brohm, DÖV 1989, 429 (434).
[158] Vgl. Erbguth/Schoeneberg, S. 104.
[159] Krautzberger, in: Battis/Krautzberger/Löhr, § 1 Rn. 40.
[160] Erbguth/Schoeneberg, S. 105 Fn. 79; Schink, in: Jarass (Hrsg.), Raumordnungsgebiete, S. 46 (61); Schmidt-Aßmann, Fortentwicklung, S. 20 f. m.w.N.; Weidemann, Staatsaufsicht, S. 199 ff.
[161] Schmidt-Aßmann, Fortentwicklung, S. 21.
[162] Erbguth/Schoeneberg, S. 104 Rn. 79.

BauGB unter Verweisung auf die gemeindliche Planungshoheit verneint, berücksichtigt nicht ausreichend, dass es der Raumordnungsplanung nicht darum geht, die bodenrechtliche Nutzung unmittelbar zu regeln, sondern den Gesamtraum der Bundesrepublik Deutschland und seine Teilräume zu entwickeln, zu ordnen und zu sichern, selbst wenn die raumordnerischen Festlegungen auf der Ortsstufe verbindlich sind. Da sich der Gesamtraum im wesentlichen aus dem Gebiet der einzelnen Kommunen zusammensetzt, schlagen die Ziele der Raumordnung auf die Ortsebene durch, ohne jedoch zwangsläufig die rechtlichen Beziehungen des Menschen zum Grund und Boden unmittelbar und zielgerichtet zu regeln.
Des Weiteren setzen die Ziele der Raumordnung der gemeindlichen Bauleitplanung zwar einen verbindlichen Rahmen (vgl. § 4 Abs. 1 ROG), sie können daher nicht durch eine Abwägungsentscheidung nach § 1 Abs. 7 BauGB überwunden werden. Dennoch besteht für die Gemeinden die Möglichkeit der Verfeinerung und Ausdifferenzierung. Der den Gemeinden verbleibende Spielraum darf und muss von ihnen ausgefüllt werden. In der Praxis kann es innerhalb dieses Spielraums zu Kollisionen oder Konflikten kommen, die durch eine Abwägung der widerstreitenden überörtlichen und örtlichen Zielsetzungen so zu bewältigen sind, dass sowohl die Ziele der Raumordnung als auch die Aufgaben der Bauleitplanung optimal verwirklicht werden[163].
Schließlich stellen die bei der Aufstellung von Zielen der Raumordnung bestehenden gemeindlichen Beteiligungsrechte als Ausfluss der Selbstverwaltungsgarantie des Art. 28 Abs. 2 Satz 1 GG eine gewisse Kompensation für den mit § 1 Abs. 4 BauGB verbundenen Eingriff in die gemeindliche Planungshoheit dar.

In einem jüngeren Urteil zu der hier behandelten Frage hat das BVerwG eine gemeindliche Erstplanungspflicht bejaht und entschieden, dass sowohl § 1 Abs. 3 als auch § 1 Abs. 4 BauGB eine solche Pflicht zur Aufstellung von Bebauungsplänen im Innen- oder Außenbereich begründen können[164]. Voraussetzung für das Bestehen einer solchen Verpflichtung ist nach Ansicht des BVerwG allerdings, dass „die Verwirklichung von Zielen der Raumordnung bei Fortschreiten einer „planlosen" städtebaulichen Entwicklung auf unüberwindbare tatsächliche oder rechtliche Hindernisse stößt oder wesentlich erschwert" ist[165].
Als Grund der Bejahung der Erstplanungspflicht wird die Grundstruktur des Systems der räumlichen Gesamtplanung genannt, die mehrstufig und auf Kooperation angelegt ist. Gerade die Ziele der Raumordnung seien regelmäßig auf die planerische Umsetzung und Konkretisierung der nachgeordneten Planungsträger angewiesen, damit sie ihre Aufgabe auch gegenüber dem einzelnen Raumnutzer erfüllen können. Diese Umsetzung und Konkretisierung kann vielfach erst im

[163] VGH Mannheim, BRS. 36 Nr. 1; Krautzberger, in: Battis/Krautzberger/Löhr, § 1 Rn. 41.
[164] BVerwG, Urt. v. 17.9.2003 – 4 C 14/01 –, NVwZ 2004, 220 ff.
[165] BVerwG, Urt. v. 17.9.2003 – 4 C 14/01 –, NVwZ 2004, 220 (224).

Rahmen der Bauleitplanung verwirklicht werden, wobei sich die Entscheidung der Gemeinde zur Nichtplanung aus raumordnerischer Sicht als negative Planungsentscheidung darstellt. Diese ist zu korrigieren, sobald und soweit es aus raumordnerischen Gründen erforderlich ist, um eine umfassende materielle Konkordanz zwischen der übergeordneten Landesplanung und der gemeindlichen Bauleitplanung herzustellen[166]. Die raumordnerisch bedingte gemeindliche Erstplanungspflicht rechtfertigt sich schließlich daraus, dass die Raumordnungsziele grundsätzlich keine unmittelbare bodenrechtliche Wirkung entfalten[167].
Die Entscheidung des BVerwG bestätigt die hier vertretene Auffassung. Die Tatsache, dass die Ziele der Raumordnung der Umsetzung und Konkretisierung durch die nachgeordneten Planungsträger bedürfen, darf nicht dazu führen, dass die Gemeinden die landesplanerischen Letztentscheidungen durch Nichtbeachtung letztendlich einer eigenen Abwägungs- und Ermessensentscheidung unterziehen. Falls Ziele der Raumordnung in einem unauflösbaren Konflikt mit der kommunalen Planung stehen, kann auf das Instrument des Zielabweichungsverfahrens gemäß § 11 ROG, Art. 29 BayLPlG zurückgegriffen werden, um gegensätzliche planerische Vorstellungen in Ausgleich zu bringen.

bb) § 35 Abs. 3 Satz 2 und 3 BauGB

Für raumbedeutsame Vorhaben im bauplanungsrechtlichen Außenbereich enthält § 35 Abs. 3 BauGB weitere Raumordnungsklauseln. Diesen kommt insbesondere im Rahmen des vorsorgenden Hochwasserschutzes durch die Raumordnung und Landesplanung erhöhte Bedeutung zu, da sich die für die Sicherung und Erweiterung von Retentionsräumen notwendigen Flächen zum Großteil im Außenbereich befinden. Zudem kommt ein einzelentscheidungsbindender Zielinhalt vor allem bei flächenhaften Ausweisungen in Betracht, also bei zielförmigen Gebietsfestlegungen wie Vorranggebieten, die als Ziele der Raumordnung zu qualifizieren sind[168].
Bei den Raumordnungsklauseln des § 35 BauGB handelt es sich zum einen um Absatz 3 Satz 2 HS. 1, wonach raumbedeutsame Vorhaben den Zielen der Raumordnung nicht widersprechen dürfen. Insoweit kommt dieser Raumordnungsklausel eine Negativwirkung hinsichtlich der Ziele der Raumordnung zu, die vorhabenhindernd wirken[169], das heißt, die Behörde hat die Genehmigung zu versagen, wenn ein raumbedeutsames Vorhaben im Widerspruch zu Zielen der Raumordnung steht. Da es im Rahmen des § 35 Abs. 3 Satz 2 HS. 1 BauGB um die Einflussnahme auf die Zulassung von Einzelvorhaben geht, müssen die ent-

166 Schmidt-Aßmann, Fortentwicklung, S. 20 f.; derselbe, Der Ausgleich landesplanerischer Planungsschäden, S. 9.
167 BVerwG, Urt. v. 17.9.2003 – 4 C 14/01 – NVwZ 2004, 220 (224).
168 Vgl. dazu Kapitel 5, S. 127 f.
169 Bielenberg, in: Ernst/Zinkahn/Bielenberg, Bd. 1, § 1 Rn. 86; Spiecker, S. 281.

sprechenden Raumordnungsziele in sachlicher und räumlicher Hinsicht so konkret sein, dass ihnen Aussagen über die Zulässigkeit von Einzelvorhaben entnommen werden können[170]. Ein ausreichender räumlicher Konkretisierungsgrad wird bei Gebietsfestlegungen aufgrund deren zeichnerischer Darstellung zumeist anzunehmen sein.

Gemäß § 35 Abs. 3 Satz 2 HS. 2 BauGB stehen öffentliche Belange den raumbedeutsamen Vorhaben nach § 35 Abs. 1 BauGB nicht entgegen, soweit die Belange bei der Darstellung dieser Vorhaben als Ziele der Raumordnung abgewogen worden sind. Das bedeutet, die Belange, die der raumplanerischen Abwägung zugrunde gelegen haben, können dem Vorhaben nicht mehr bei der Abwägung nach § 35 Abs. 1 BauGB entgegen gehalten werden[171]. Der Regelung kommt daher im Gegensatz zu § 35 Abs. 3 Satz 2 HS. 1 BauGB eine positive Wirkung zu, die vorhabenfördernd wirkt[172]. Hinsichtlich des Konkretisierungsgrades der Raumordnungsziele gilt das soeben Gesagte.

Nach § 35 Abs. 3 Satz 3 BauGB schließlich stehen öffentliche Belange einem Vorhaben nach Abs. 1 Nr. 2 bis 6 in der Regel auch entgegen, soweit hierfür durch Darstellungen im Flächennutzungsplan oder als Ziele der Raumordnung eine Ausweisung an anderer Stelle erfolgt ist. Auf diese Weise soll eine Konzentration bestimmter Vorhaben im Außenbereich erreicht werden[173]. § 35 Abs. 3 Satz 3 BauGB betrifft ebenso wie Abs. 3 Satz 2 HS. 1 die Negativwirkung raumordnerischer Zielfestlegungen, bezieht sich im Gegensatz dazu aber nicht auf die innergebietliche Wirkung von Raumordnungszielen, sondern auf die außergebietliche Ausschlusswirkung von Gebietsfestlegungen. Insoweit ist auf die Eignungsgebiete nach § 7 Abs. 4 Satz 1 Nr. 3 ROG zu verweisen.

3. Festlegung von Zielen der Raumordnung durch Soll-Formulierungen

a) Problemstellung

Häufig begegnet man in der Planungspraxis Raumordnungszielen in Form von Soll-Vorschriften. Das Bayerische Landesplanungsgesetz legt nun in Art. 3 Abs. 2 Satz 2 ausdrücklich fest, dass textliche Ziele der Raumordnung grundsätzlich als Soll-Vorschriften formuliert werden. Der Gesetzgeber begründete sein Vorgehen damit, auf diese Weise könne man bei der Anwendung der Ziele der Raumordnung erforderlichenfalls auch dem atypischen Einzelfall gerecht wer-

---

[170] BVerwG, Urt. v. 20.1.1984 – 4 C 43/81 –, BVerwGE 68, 311 (316 f.); Bielenberg, in: Ernst/Zinkahn/Bielenberg, Bd. 1, § 1a Rn. 86; Spiecker, S. 282; Hoppe, DVBl. 1993, 1109 (1112).

[171] Manssen, Öffentliches Baurecht, in: Becker/Heckmann/Kempen/Manssen, Öffentliches Recht in Bayern, S. 426 Rn. 154; Spiecker, S. 316; Schmidt, DVBl. 1998, 669 (672).

[172] Bielenberg, in: Ernst/Zinkahn/Bielenberg, Bd. 1, § 1 Rn. 87a; Spiecker, S. 316.

[173] Söfker, in: Ernst/Zinkahn/Bielenberg, Bd. 2, § 35 Rn. 119; Spiecker, S. 324.

den[174]. Gleichzeitig wird die Zulässigkeit der „Soll-Ziele" klargestellt. Dementsprechend enthält das Landesentwicklungsprogramm Bayern 2003 zum Hochwasserschutz das folgende Ziel B I 3.3.1.1: „Auf die Erhaltung und Verbesserung der Rückhalte- und Speicherfähigkeit der Landschaft soll hingewirkt werden". Eine solche Formulierung soll ermöglichen, von Soll-Zielen bei exzeptionellen oder atypischen Sachverhalten ohne formelles Verfahren abzuweichen[175]. Mithin soll es sich um Ziele mit „integrierter Abweichungsmöglichkeit"[176] handeln.

Damit stellt sich erstens die Frage nach deren inhaltlicher Reichweite und zweitens, ob derartige Ziele noch den Charakter landesplanerischer Letztentscheidungen besitzen. Eine Literaturmeinung geht davon aus, die Formulierung „soll" sei grundsätzlich als „muss" zu verstehen und für atypische Fälle sei eine Ausnahme von der strikten Beachtenspflicht zu machen[177]. Der Charakter als landesplanerische Letztentscheidung werde dadurch nicht berührt[178]. Befürworter der gegenteiligen Ansicht[179] argumentieren, der Gesetzgeber habe Soll-Formulierungen nicht vorgesehen; diese seien daher unzulässig. Ob die Planungsgeber mit der Aufstellung raumordnerischer Ziele in Form von Sollvorschriften möglicherweise eine (zu begrüßende) administrative Flexibilisierung erreichen können oder aber ob sie den Anforderungen des § 3 Nr. 2 ROG nicht mehr entsprechen und Systemwidrigkeiten hervorrufen, sollen die kommenden Ausführungen klären. Die Bedeutung der Frage gerade für den Bereich des Hochwasserschutzes ist darin zu sehen, dass die Kommunen als Adressaten der raumordnerischen Zielfestlegungen nicht immer ein Interesse an deren Umsetzung haben[180], aufgrund der § 1 Abs. 4 BauGB, §4 ROG aber grundsätzlich gehalten sind, diese zu beachten.

b) Soll-Vorschriften in der allgemeinen Verwaltungsrechtsdogmatik

Im Verwaltungsrecht gibt es eine Vielzahl von Soll-Vorschriften. Das BVerwG

---

174 Begründung zum Gesetzentwurf des Bayerischen Landesplanungsgesetzes, Landtags-Drucks. 15/1667, S. 16.

175 Vgl. Koch/Hendler, S. 55 Rn. 54; Spannowsky, UPR 2003, 248 (253).

176 Hendler, in: Jarass (Hrsg.), Raumordnungsgebiete, S. 110.

177 Koch/Hendler, S. 56 Rn. 54; Hendler, in: Jarass (Hrsg.), Raumordnungsgebiete, S. 109; Spiecker, Raumordnung und Private, S. 91; Goppel, BayVBl. 1998, 289 (291f.); Runkel, in: Bielenberg/Runkel/Spannowsky, Bd. 2, § 3 Rn. 26, der die Ziele der Raumordnung in Soll-Vorschriften als problematisch ansieht, letztendlich den Zielcharakter aber trotz berechtigter Zweifel bejaht.

178 v.d.Heide, in: Cholewa/Dyong/v.d. Heide/Arenz, Bd. 1, § 3 Rn. 24d.

179 Schmitz, in: Bielenberg/Runkel/Spannowsky, Bd. 2, § 11 Rn. 22; Bartlsperger, S. 166 und S. 171; Hoppe, DVBl. 2001, 81 (89); derselbe, BayVBl. 2002, 129 (134); Manssen, BayVBl. 2005, 485 (487); Schroeder, UPR 2000, 52 (54).

180 Vgl. hierzu die Ausführungen in diesem Kapitel, S. 84 ff.

geht in ständiger Rechtsprechung davon aus, dass die Formulierung „soll“ in der Regel eine strikte Bindung im Sinne von „muss“ verlangt[181]. Abweichungen von dem, was gewollt sei, seien nur in atypischen Fällen vorgesehen, in denen besondere, überwiegende Gründe, die nicht von der die Norm vollziehenden Behörde selbst zu vertreten sind, ein Absehen von der Norm erlauben[182]. Das bedeutet, von der Regel darf nur dann abgewichen werden, wenn die ratio legis das Festhalten an der Regelung, die für den „Normalfall“ gilt, offenbar nicht mehr fordert[183]. Ein Verstoß hiergegen soll keine Rechtsfolgen haben, den Beteiligten stünde also weder ein Anspruch auf die für den typischen Fall geltende Regelung zu, noch könnten sie einen Rechtsbehelf auf eine solche Abweichung stützen[184].

c) Kritische Würdigung der Festlegung von Raumordnungszielen in Soll-Formulierungen

Fraglich ist nun, ob Ziele der Raumordnung wirksam in Form von Soll-Formulierungen aufgestellt werden können. Um dies zu beantworten, muss zum einen überprüft werden, ob Soll-Formulierungen an sich den Ansprüchen des § 3 Nr. 2 ROG genügen. Falls das nicht der Fall sein sollte, ist zu prüfen, ob die Handhabung von Soll-Vorschriften im allgemeinen Verwaltungsrecht auf die Ziele der Raumordnung übertragen werden kann. Zusammengefasst stellt sich also die Frage, ob es sich bei Soll-Formulierungen, die aufgrund der bestehenden Abweichungsmöglichkeit bei atypischen Fallgestaltungen nicht strikt und damit nicht in jedem Fall zu beachten sind, begrifflich überhaupt um Raumordnungsziele handeln kann und ob diese als solche rechtmäßig wären. Die Beantwortung der Frage ist deshalb von erheblichem Belang, weil fehlerhaft zustande gekommene Ziele unwirksam sind und folglich keine Bindungswirkung auslösen. Wird im Ergebnis festgestellt, dass Raumordnungsziele nicht in Form von Soll-Vorschriften aufgestellt werden können, wäre des Weiteren zu prüfen, ob den entsprechenden Soll-Vorschriften die Qualität von Raumordnungsgrundsätzen zukommt. Diese lösen allerdings nur eine Berücksichtigungspflicht aus.

---

181 BVerwG, Urt. v. 29.6.1961 – VI C 148.59, BVerwGE 12, 284 (285); BVerwG, Urt. v. 2.7.1992 – 5 C 39.90 – BVerwGE 90, 275 (278); BVerwG, Urt. v. 24.9.1992 – 7 C 6.92, BVerwGE 91, 92 (99).

182 BVerwG, Urt. v. 29.6.1961 – 4 C 148/59 –, BVerwGE 12, 284 (285); BVerwG, Urt. v. 28.2.1973 – 8 C 49.72 – BVerwGE 42, 26 (28); BVerwG, Urt. v. 2.7.1992 – 5 C 39.90 – BVerwGE 90, 275 (278); BSG, Urt. v. 6.11.1985 – 10 R Kg 3/84 – NJW 1987, 1222 (1223); VGH Kassel, Urt. v. 10.8.1992 – 12 UE 2254/89, NVwZ-RR 1993, 432 (436); Bachof/Stober, Bd. I, S. 456; Runkel, in: Bielenberg/Runkel/Spannowsky, Bd. 2, § 3 Rn. 26.

183 Kopp/Ramsauer, § 40 Rn. 44; Liebetanz, in: Obermayer, § 40 Rn. 14.

184 OVG Münster, Beschl. v. 23.2.1988 – 12 B 147/87 –, DÖV 1988, 518; Kopp/Ramsauer, § 40 Rn. 44.

aa) Merkmale der Ziele der Raumordnung

(1) Ziele der Raumordnung als landesplanerische Letztentscheidungen

Ausgangspunkt für die folgende Betrachtung soll der Begriff der Raumordnungsziele sein. Diese stellen landesplanerische Letztentscheidungen dar, sind also verbindliche Vorgaben in Form abschließend abgewogener Festlegungen, die einer nachfolgenden Abwägung nicht mehr zugänglich, sondern lediglich in gewissem Umfang zielintern[185] und zielkonform[186] konkretisierbar[187] sind, mit anderen Worten dem Beachtenspflichtigen einen bestimmten Ausfüllungs- und Ausgestaltungsspielraum belassen[188]. Ziele der Raumordnung sind daher strikt einzuhalten. Bei der Frage der Zulässigkeit von Raumordnungszielen in Form von Soll-Vorschriften geht es also darum, ob diese eine abgewogene landesplanerische Letztentscheidung darstellen und die in § 3 Nr. 2 ROG geforderte Verbindlichkeit vermitteln. Dabei hat eine objektive Betrachtung stattzufinden, die sich an den gesetzlich verankerten Merkmalen des § 3 Nr. 2 ROG orientieren muss[189].

(2) Konkretisierungsmöglichkeit der Raumordnungsziele und Ausnahmen von der Beachtenspflicht

Die Annahme einer strikten Beachtenspflicht von Raumordnungszielen scheint bei erster Betrachtung eine Ausnahme selbst in atypischen Fällen nicht zuzulassen. Davon ausgenommen sind solche Ziele, die selbst ausdrückliche, das heißt textliche Ausnahmen beinhalten und es damit im Einzelfall erlauben, das Ziel nicht zur Anwendung kommen zu lassen[190]. Das erfordert jedoch, hinreichend räumlich und sachlich konkrete Ausnahmevoraussetzungen in den Raumordnungsplan aufzunehmen[191] und es dadurch bei einer landesplanerischen Letz-

---

185 Koch/Hendler, S. 52 Rn. 40; Lehners, S. 8; Hoppe, DVBl. 2001, 81 (82); ders., DVBl. 2001, 657 (662).

186 BVerwG, Beschl. v. 20.8.1992 – 4 NB 20/91 –, BVerwGE 90, 329 (335); Hoppe, DVBl. 2001, 81 (82); ders., DVBl. 2001, 657 (662).

187 BVerwG, Beschl. v. 20.8.1992 – 4 NB 20/91 –, BVerwGE 90, 329 (334); Hoppe, DVBl. 2001, 81 (82); ders., DVBl. 2001, 657 (662).

188 BVerwG, Beschl. v. 20.8.1992 – 4 NB 20/91 –, BVerwGE 90, 329 (334); Hendler, in: Jarass, Raumordnungsgebiete, S. 91; Koch/Hendler, S. 52 Rn. 40.

189 BVerwG, Urt. v. 18.9.2003 – 4 CN 20/02 –, BVerwG, NVwZ 2004, 226 (227); Erbguth, NVwZ 2000, 969 (972); vgl. näher dazu in diesem Kapitel, S. 45.

190 So auch Steiner, Raumordnungs- und Landesplanungsrecht, S. 850 Rn. 53.

191 BVerwG, Urt. v. 18.9.2003 – 4 CN 20/02 –, NVwZ 2004, 226; BayVGH, Urt. v. 19.4.2004 – 15 B 99.2605 –, BayVBl. 2005, 80 (81); Runkel, WiVerw 1997, 267 (280); derselbe, in: Bielenberg/Runkel/Spannowsky, Bd. 2, § 3 Rn. 27; Steiner, Raumordnungs- und Landesplanungsrecht, S. 850 Rn. 53.

tentscheidung zu belassen. Bei den in der Planungspraxis aufgestellten Soll-Zielen ist dies regelmäßig nicht der Fall. Es ist daher inkonsequent, wenn Stimmen in der Literatur auf der einen Seite Ausnahmen von der Verbindlichkeit von Zielen nur dann zulassen, wenn die Ausnahme im Plan selbst festgelegt sind, auf der anderen Seite jedoch Ziele in Soll-Vorschriften, die ja gerade solche Ausnahmen ermöglichen sollen, die nicht textlich niedergelegt wurden, für zulässig erachten, noch dazu, wenn die im Raumordnungsplan festgelegten Ausnahmen richtigerweise als Teil des strikt formulierten Raumordnungsziels angesehen werden[192]. Damit wird gleichzeitig auch der Ansicht gefolgt, dass Ziele der Raumordnung auf nachgeordneten Planungsebenen zielintern und zielkonform konkretisierbar sind. Mithin handelt es sich bei der Ausgestaltung der auf relativer Offenheit basierenden Ziele der Raumordnung[193] nicht um eine Abweichungsmöglichkeit im Sinne einer Atypizitätsentscheidung. Die Raumordnung und Landesplanung schafft Rahmenbedingungen, die auf nachgeordneten Planungsstufen zwar keiner Ergänzung mehr bedürfen, tendenziell aber auf weitere Konkretisierungen, das heißt auf Verfeinerungen und Ausdifferenzierungen angelegt sind[194]. Den Zieladressaten ist daher lediglich erlaubt, diesen ihnen gesetzten Rahmen auszufüllen sowie die ihnen eröffneten Freiräume zu nutzen, wobei sie jedoch strikt an die Ziele der Raumordnung als landesplanerische Letztentscheidung gebunden bleiben[195]. Insofern geht das OVG Münster[196] fehl, wenn es die Meinung vertritt, unter Berücksichtigung der spezifischen Konkretisierungsfähigkeit von Raumordnungszielen durch die nachgeordneten Planungsträger spreche viel dafür, auch Soll-Formulierungen den Charakter als bindenden Zielen der Raumordnung zuzusprechen.

(3) Die Atypizitätsentscheidung als Verstoß gegen die Zuständigkeitsverteilung

Der von § 3 Nr. 2 ROG geforderten landesplanerischen Letztentscheidung wird es nicht gerecht, wenn die Zieladressaten eine Atypizitätsentscheidung treffen, die auf eine Abwägung und Gewichtung in Bezug auf die Besonderheit der Situation hinausläuft, ohne aber gleichzeitig hinreichend bestimmte oder bestimmbare Maßstäbe erkennen zu lassen. Die an die Letztentscheidung der Landesplanungsbehörde gebundenen Planungsträger werden sich bei einer einzelfallbezogenen Abweichung von Soll-Zielen zumeist ausschließlich an örtlichen Gege-

---

[192] So zum Beispiel Runkel, in: Bielenberg/Runkel/Spannowsky, Bd. 2, § 3 Rn. 27; Spiecker, BayVBl. 2001, 673 (676).

[193] BVerwG, Beschl. v. 20.8.1992 – 4 NB 20/91 –, BVerwGE 90, 329 (334); BVerwG, Urt. v. 19.7.2001 – 4 C 4/00 –, DVBl. 2001, 1855 (1957); Hoppe, in: Hoppe/Bönker/Grotefels, S. 227 Rn. 11; derselbe, DVBl. 2001, 81 (82).

[194] BVerwG, Beschl. v. 20.8.1992 – 4 NB 20/91 –, BVerwGE 90, 329 (334).

[195] BVerwG, Beschl. v. 20.8.1992 – 4 NB 20/91 –, BVerwGE 90, 329 (334).

[196] OVG Münster, Urt. v. 11.1.1999 – 7 A 2377/96, NuR 1999, 704 (709).

benheiten und Interessen orientieren. Das Abweichen stellt mithin einen punktuellen Eingriff in das für die Raumordnung so typische komplexe Geflecht und Bündel konkurrierender, divergierender und konkordanter Belange dar[197]. Hinzu kommt, dass die nun getroffene eigene Planungsentscheidung der Zieladressaten die landesplanerische Letztentscheidung aufheben würde und – abgesehen von der entfallenden Bindungswirkung – wohl nie eine Aussage dazu getätigt wird, welche Ermessensentscheidung oder planerische Gestaltungsentscheidung nunmehr getroffen wird und getroffen werden kann[198]. Der in der Literatur vertretenen Auffassung, dass es ein Missverständnis darstelle, Raumordnungsziele im Sinne einer „generell abschließenden, also unverrückbaren Entscheidung“ anzusehen[199], kann nicht gefolgt werden. Richtig ist zwar, dass das Merkmal der abschließenden Abgewogenheit im Lichte der bundesverwaltungsgerichtlichen Grundsatzentscheidung gesehen werden muss, die ausdrücklich von einer landesplanerisch abschließenden Abwägung spricht[200]. Da eine abschließende Abwägung durch die Landesplanungsbehörde auf deren alleiniger Kompetenz zur Festlegung raumordnerischer Ziele beruht, könnten die Zieladressaten diese Entscheidung nur unter Verletzung der Zuständigkeitsverteilung und damit unzulässigerweise im Rahmen einer eigenen Ermessensentscheidung überwinden[201]. Dass die von einem Raumordnungsziel ausgehende Bindungswirkung davon nicht berührt werden kann, bedarf insofern keiner weiteren Erläuterung mehr. Recht geht *Goppel* allerdings in seiner Annahme, wenn er aus dem hier vertretenen Verständnis der abschließenden Abgewogenheit im Sinne einer generell abschließenden Entscheidung die Schlussfolgerung zieht, dass dann die Berücksichtigung des atypischen Einzelfalles in Widerspruch zu § 3 Nr. 2 ROG stünde[202].

Werden Ziele der Raumordnung als Soll-Formulierungen festgelegt, dann handelt es sich entgegen der in § 3 Nr. 2 ROG aufgestellten Definition um weniger strikte Formulierungen, die unter einen Abweichungsvorbehalt gestellt sind. Dadurch wird die Geltungskraft der Ziele i.S. des § 3 Nr. 2 ROG „durchlöchert“ und so die normative Steuerungsfunktion, die eine einheitliche Anwendung von Raumordnungszielen garantieren soll, durch Abwägungen der Zieladressaten disponibel gemacht[203]. Da eine Soll-Vorschrift nur dann strikt binden soll, wenn

[197] Hoppe, DVBl. 2001, 657 (663); derselbe, BayVBl. 2002, 129 (134).
[198] Hoppe, DVBl. 2001, 657 (664).
[199] Goppel, BayVBl. 2002, 449.
[200] BVerwG, Beschl. v. 20.8.1992 – 4 NB 20/91 –, BVerwG 90, 329 (334).
[201] Spannowsky stellt in diesem Zusammenhang fest, dass eine nicht bestimmbare „Ventilöffnung“ (gemeint ist damit der Ausnahmetatbestand) „weniger die Bestimmbarkeit der verbindlichen Sollaussage für den Normalfall als vielmehr die Legitimation der Entscheidungsverlagerung auf den Zieladressaten fragwürdig machen“ würde, UPR 2003, 248 (253).
[202] Goppel, BayVBl. 2002, 449.
[203] Hoppe, BayVBl. 2002, 129 (132).

eine atypische Situation nicht vorliegt und somit unter einem Vorbehalt steht, kann sie nicht die Verbindlichkeit vermitteln, die in § 3 Nr. 2 ROG als essentielles Begriffsmerkmal aufgeführt und als Zielvoraussetzung gefordert ist[204]. Das bedeutet, dass die Gewichtungs- und Abwägungsentscheidung des Zieladressaten nicht mehr den Charakter einer landesplanerischen Letztentscheidung und die damit verbundene Bindungswirkung besitzt, die das BVerwG so nachdrücklich betont hat[205].

bb) Übertragbarkeit des herrschenden Verständnisses zu Soll-Vorschriften in der allgemeinen Verwaltungsrechtsdogmatik auf die Raumordnung und Landesplanung

Wenn die Zulässigkeit von Zielen der Raumordnung in Form von Soll-Formulierungen vielfach pauschal mit dem Hinweis auf die Rechtsprechung zu Soll-Vorschriften im Verwaltungsrecht bejaht wird[206], wird zumeist nicht auf die Eigenheiten der Raumordnung eingegangen. Gerade diese könnten es jedoch verbieten, die entwickelte Konstruktion von Soll-Vorschriften und die dazu entwickelte Rechtsprechung auf das Planungsrecht zu übertragen.
Sicher kann es bei Soll-Vorschriften im Bereich von Genehmigungen und Versagungen sinnvoll und sachgerecht sein, beim Vorliegen einer atypischen Situation der vollziehenden Behörde ein Ermessen einzuräumen, um ihr damit die Möglichkeit zu geben, eine situations- und interessengerechte Entscheidung zu treffen[207]. Ließe man nun Soll-Formulierungen für die Festlegung von Raumordnungszielen zu und würde man diese in gleicher Weise wie Ziele der Raumordnung behandeln, so würde die Entscheidung über die Atypizität jedoch bei denjenigen liegen, welche die Soll-Vorschriften anwenden[208]. Wie das Baurechtsgutachten des BVerfG deutlich gemacht hat, handelt es sich bei der Raumordnung aber um eine übergeordnete und überfachliche Planung[209], wodurch gerade die planungsrechtliche Zuständigkeit der Zieladressaten landesplanerischer Festlegungen ausgeschlossen wird[210]. Könnten die Adressaten über das Vorliegen einer atypischen Situation entscheiden, so wären sie in der Lage, eigene landesplanerische Vorstellungen zu entwickeln und sich somit unzulässi-

---

204 Hoppe, BayVBl. 2002, 129 (132).
205 BVerwG, Beschl. v. 20.8.1992 – 4 NB 20/91 –, BVerwG 90, 329.
206 BayVGH, Urt. v. 25.11.1991 – 14 B 89.3207, BayVBl. 1992, 529f.; OVG NW, Urt. v. 7.12.2000 - 7 D 60/99.NE –, DVBl. 2001, 657 (660); Hendler, in: Jarass (Hrsg.), Raumordnungsgebiete, S. 109.
207 Hoppe, BayVBl. 2002, 129 (133).
208 So im Ergebnis auch Runkel, in: Bielenberg/Runkel/Spannowsky, Bd. 2, § 3 Rn. 11; Hoppe, DVBl. 2002, 129 (132 f.).
209 BVerfG, Rechtsgutachten vom 16.6.1954 – 1 PBvV 2/52 –, BVerfGE 3, 407.
210 Hoppe, BayVBl. 2002, 129 (133).

gerweise an die Stelle der an sich zuständigen Stelle zu setzen. Raumordnerische Interessen würden sehr wahrscheinlich außer Acht gelassen werden.

(1) Konsequenzen für das Raumordnungsverfahren nach § 15 ROG, Art. 21 ff. BayLPlG

Dies zeigt sich auch im Rahmen des Raumordnungsverfahrens nach § 15 ROG. Die darin enthaltene Raumverträglichkeitsprüfung hat die Funktion, festzustellen, ob raumbedeutsame Planungen oder Maßnahmen mit den Erfordernissen der Raumordnung übereinstimmen und wie raumbedeutsame Planungen und Maßnahmen unter den Gesichtspunkten der Raumordnung aufeinander abgestimmt oder durchgeführt werden können (vgl. § 15 Abs. 1 Satz 2 ROG). Zuständig für die Durchführung eines Raumordnungsverfahrens sind die Landesplanungsbehörden (vgl. Art. 22 Abs. 2 Satz 1 BayLPlG). Die von der entsprechenden Landesplanungsbehörde getroffene Feststellung über die Vereinbarkeit beziehungsweise Unvereinbarkeit einer raumbedeutsamen Maßnahme oder Planung mit den Erfordernissen der Raumordnung ist ihrerseits ein „sonstiges Erfordernis der Raumordnung“ nach § 3 Nr. 4 ROG, welches gemäß § 4 Abs. 2 ROG eine Berücksichtigungspflicht für nachfolgende Planungsträger auslöst. Käme das Raumordnungsverfahren hinsichtlich eines Soll-Ziels zu dem Ergebnis, es läge kein atypischer Fall vor, so könnten die Zieladressaten, überträgt man die Grundsätze von Soll-Vorschriften in der allgemeinen Verwaltungsrechtsdogmatik auf das Raumordnungs- und Landesplanungsrecht, gleichwohl aufgrund einer eigenen Ermessensentscheidung Atypizität annehmen[211]. Damit wäre es ihnen möglich, sich allein mit dieser Begründung über das Ergebnis des Raumordnungsverfahrens hinweg zu setzen, mithin ihre eigenen planerischen Vorstellungen an die Stelle der Vorstellungen der übergeordneten Landesplanungsbehörden zu setzen.

(2) Die kommunalisierte Landesplanung

Des Weiteren kommt hinzu, dass insbesondere den Gemeinden im Rahmen der Festlegung von Raumordnungszielen Beteiligungs- und Mitwirkungsrechte zustehen (§§ 7 Abs. 5, 9 Abs. 4 ROG, Art. 5 Abs. 2 Satz 3, 19 Abs. 1 Satz 1 BayLPlG). So ist das VG Ansbach der Ansicht, dass die Mitwirkung der Gemeinden jedenfalls im Rahmen der Aufstellung des Landesentwicklungsprogramms gegen die nachträgliche Abwägung raumbedeutsamer Belange bereits aufgestellter Raumordnungsziele spricht[212]. Zwar ging es in dieser Entscheidung um die Anpassungspflicht nach § 1 Abs. 4 BauGB und die Frage, ob in diesem

[211] Hoppe, Durch Soll-Vorschriften „intendierte“ Ziele der Raumordnung und ihre Bezüge zu „intendiertem Ermessen“, in: Geis/Lorenz, S. 634 u. S.635.
[212] VG Ansbach, Urt. v. 2.11.1983 – AN 9 K 83 A.0114 –, BayVBl. 1984, 602 (603).

Rahmen eine Abwägung raumbedeutsamer Ziele mit sonstigen öffentlichen und rechtlichen Belangen im Sinne des § 1 Abs. 7 BauGB Raum ist. Die Entscheidung lässt sich jedoch auf die hier zu behandelnde Problematik sinngemäß übertragen.
Den Gemeinden ist in Bayern durch das Landesplanungsgesetz die Möglichkeit gegeben, sich zu regionalen Planungsverbänden zusammenzuschließen und Regionalpläne auszuarbeiten (§ 9 Abs. 4 und Abs. 6 Satz 1 ROG, Art. 5 Abs. 1 und Abs. 2, Art. 19 Abs. 1 Satz 1 BayLPlG). Damit sind die Gemeinden in der Lage, auf dieser Planungsebene konkrete textliche Ausnahmetatbestände für einzelne Ziele der Raumordnung zu formulieren und so über atypische Fälle zu entscheiden, wobei allerdings zu beachten ist, dass sich die einzelne Gemeinde dem Mehrheitsbeschluss der anderen Mitglieder des Planungsverbandes unterordnen muss (vgl. Art. 19 Abs. 1 Satz 1 BayLPlG a.E.). Gleichwohl ist es in diesem Rahmen zum einen möglich, selbst Rechtssicherheit hinsichtlich der jeweiligen Abweichungsmöglichkeit schaffen. Zum anderen verbliebe die Zuständigkeit für die Zielfestlegung bei dem entsprechenden Träger der Landesplanung, die Gebietskörperschaften entschieden folglich innerhalb ihres Zuständigkeitsbereichs. In der Planungswirklichkeit jedoch erfolgt ein gezielter Einsatz von Sollvorschriften, der auf einer verfehlten Rücksichtnahme auf die durch die Ziele gebundenen Planungsträger beruht[213].

Im Ergebnis steht somit fest, dass sowohl das herrschende Verständnis als auch die Rechtsprechung zu Soll-Vorschriften im allgemeinen Verwaltungsrecht nicht auf das Recht der Raumordnung übertragbar ist. Vielmehr handelt es sich um eine Systemwidrigkeit im Planungsrecht, die zudem zu Zuständigkeitsverletzungen führt, welche sich im Ergebnis als Zuständigkeitsverlagerungen darstellen. Gleichzeitig stellt sich, erachtet man die Soll-Ziele als zulässig, die im Folgenden zu beantwortende Frage nach dem verbleibenden Regelungsgehalt des in § 11 ROG, Art. 29 BayLPlG normierten Zielabweichungsverfahrens.

cc) Das Verhältnis zum Zielabweichungsverfahren nach § 11 ROG

(1) Aufgabe und Gestaltung des Zielabweichungsverfahrens

Ein Ziel mit „integrierter Abweichungsmöglichkeit" könnte die planungssachgerechten und planungssichernden Voraussetzungen des § 11 ROG für das Zielabweichungsverfahren umgehen[214]. Die Regelung des § 11 ROG wurde im Zuge des BauROG 1998 eingeführt, dessen Ziel unter anderem darin bestand, die

[213] Hoppe, DVBl. 2001, 81 (85).
[214] Hoppe, BayVBl. 2002, 129 (133); so im Ergebnis auch Schmitz, in: Bielenberg/Runkel/Spannowsky, Bd. 2, § 11 Rn. 22; Schroeder, UPR 2000, 52 (53 f.).

förmliche Planung und deren Bindungswirkungen zu stärken[215]. Konsequenterweise wurde das Zielabweichungsverfahren, ein Sicherungsinstrument der Raumordnung, als förmliches Verfahren ausgestaltet[216]. Die in § 11 ROG geregelte Zielabweichung ist darauf gerichtet, eine bei ihren raumbedeutsamen Planungen und Maßnahmen der Zielbindung unterworfene Stelle oder Person von eben dieser Verpflichtung zu befreien. Hierbei sollen jedoch weder der Bestand des Ziels noch die Fortgeltung seiner Beachtenspflicht im Übrigen in Frage gestellt werden[217]. Es handelt sich also um eine Einzelfallentscheidung, die nur das Verhältnis eines bestimmten Zieladressaten zu einem bestimmten im Raumordnungsplan befindlichen Ziel im Sinne des § 3 Nr. 2 ROG betrifft, nicht jedoch um eine Planänderung. Vor allem die Tatsache, dass in Bayern die oberste Landesplanungsbehörde über den Antrag der Zielabweichung im Benehmen mit den fachlich berührten Staatsministerien entscheidet (vgl. Art. 29 BayLPlG), bringt zum Ausdruck, dass den Zieladressaten die Entscheidung über den Geltungsanspruch von Raumordungszielen vorenthalten werden soll[218].

(2) Der Unterschied zwischen Zielabweichungsverfahren und Atypizitätsentscheidungen aufgrund von Soll-Vorschriften

In der dargestellten Eigenart des Zielabweichungsverfahrens ist ein erheblicher Unterschied zur Handhabung von Soll-Vorschriften im allgemeinen Verwaltungsrecht zu sehen, wo die Abweichung in atypischen Fällen im Ermessen der Stelle liegt, welche die jeweilige Regelung anzuwenden hat. Dies wiederum hat seinen Grund in der schon angesprochenen Zuständigkeitsverteilung und folgt aus dem hierarchischen Konzept des Raumplanungsrechts, wonach die Kompetenz für die Festlegung beziehungsweise Verbindlicherklärung landesplanerischer Letztentscheidungen, wie bereits dem Wortlaut zu entnehmen ist, bei der jeweiligen Landesplanungsbehörde liegt und eben nicht bei der nachgeordneten Stelle.

(3) Vergleich mit der Befreiungsregelung des § 31 Abs. 2 Nr. 2 BauGB

Des Weiteren ist darauf hinzuweisen, dass das Zielabweichungsverfahren nach § 11 ROG die bauplanungsrechtliche Regelung des § 31 Abs. 2 Nr. 2 BauGB

---

[215] Vgl. die Begründung zum Regierungsentwurf des BauROG 1998, BT-Drucks. 13/6392, S. 40; Schmitz, in: Bielenberg/Runkel/ Spannowsky, Bd. 2, § 11 Rn. 3.

[216] Schmitz, in: Bielenberg/Runkel/Spannowsky, Bd. 2, § 11 Rn. 4.

[217] Schmitz, in: Bielenberg/Runkel/Spannowsky, Bd. 2, § 11 Rn. 7.

[218] Im Ergebnis ebenso: Schmitz, in: Bielenberg/Runkel/Spannowsky, Bd. 2, § 11 Rn. 22; Bartlsperger, S. 222.

zur Befreiung von Bebauungsplänen in atypischen Fällen rezipiert[219]. Danach kann von Festsetzungen eines Bebauungsplans befreit werden, wenn die Grundzüge der Planung nicht berührt werden und die Abweichung städtebaulich vertretbar ist. Beiden Vorschriften kommt die gleiche normstrukturelle Rechtsfunktion zu, denn es geht jeweils um die Regelung und Lösung der Problematik normbetroffener atypischer Situationen[220]. Der wesentliche Unterschied zwischen beiden Verfahren besteht darin, dass das Zielabweichungsverfahren ein landesplanungsbehördliches Verfahren und somit der Raumordnung vorbehalten ist, wohingegen das Verfahren nach § 31 Abs. 2 Nr. 2 BauGB verfahrensintegriert, also abgelöst vom Plangeber erfolgt. Gerade dadurch wird die besondere zweck- und systemspezifische Rechtsfunktion des Zielabweichungsverfahrens als komplementäre Folgeregelung zum Zielbegriff im Sinne von § 3 Nr. 2 ROG deutlich[221]: Der zielgebundenen, nachgeordneten Entscheidungsinstanz kann selbst in atypischen Fällen keine Kompetenz bezüglich einer nochmaligen, eventuell abweichenden, raumordnerischen Entscheidung im Sinne einer abschließend abgewogenen Festlegung zugestanden werden. Damit steht fest, dass die Regelung des Zielabweichungsverfahrens in § 11 ROG die Übertragung der im allgemeinen Verwaltungsrecht anerkannten Grundsätze zu Soll-Vorschriften auf die in der Praxis häufig als Soll-Ziele formulierten Ziele nicht zulässt. Den Zieladressaten ist es verwehrt, aufgrund einer eigenen Ermessensentscheidung die Beachtenspflicht eines Ziels der Raumordnung zu überwinden.

(4) Kritik am Modell „harter" und „weicher" Ziele

Die soeben dargestellte Auslegung des § 11 ROG wird zum Teil als „spürbare Einschränkung des gesetzgeberischen Gestaltungsspielraums der Länder" angesehen, weil diesen hierdurch die Entscheidungsfreiheit darüber genommen werde, so genannte „harte" und „weiche" Ziele aufzustellen[222]. Die Kritik ist allerdings unberechtigt, denn das ROG gibt an keiner Stelle einen Hinweis darauf, dass eine derartige Unterscheidung überhaupt getroffen werden kann. Zudem ist es den Ländern nicht verwehrt, die schon erwähnten konkreten textlichen Ausnahmetatbestände in ihre Raumordnungspläne aufzunehmen. Auf diese Weise können raumordnerische Anliegen ebenso differenziert verfolgt werden und bieten gleichzeitig den Vorteil der Rechtssicherheit, ohne die Gefahr von Vollzugsdefiziten auf der Ebene der Zieladressaten zu bergen.

Eine Umgehung des § 11 ROG aufgrund von Soll-Zielen als durchgängiges

---

219 Schmitz, in: Bielenberg/Runkel/Spannowsky, Bd. 2, § 11 Rn. 25; Bartlsperger, S. 169; Brohm S. 637 Rn. 8.
220 Bartlsperger, S. 169.
221 Bartlsperger, S. 169.
222 Hendler, in: Jarass (Hrsg.), Raumordnungsgebiete, S. 110.

Prinzip der Ziel-Formulierung in der Raumordnung ist weder erforderlich noch statthaft. Die Existenz des Instruments Zielabweichungsverfahren schließt die Formulierung von Soll-Zielen aus[223].

dd) Fazit

Aus den soeben aufgeführten Gründen wird die Ansicht vertreten, mit dem Regelungsmodell der Soll-Formulierungen im Bereich der Raumordnungsziele sei „willkürlicher Abweichung kraft Kompetenz der Gemeinde ohne Rückbindung an die Zustimmung der Raumordnung Tür und Tor geöffnet“[224]. Diese Einschätzung beruht darauf, dass den entsprechenden Atypizitätsentscheidungen autonome planerische Regelungsbestandteile immanent sind, die lediglich einer beschränkten Rechtskontrolle unterliegen[225].

Auch wenn man dieser sehr strengen Auffassung nicht folgt, bleibt doch insgesamt festzuhalten, dass Soll-Vorschriften in Raumordnungsplänen zu Rechtsunsicherheit führen. Sie sind neben dem bestehenden Instrumentarium überflüssig und rechtlich nicht als Ziele der Raumordnung zu qualifizieren[226]. Des Weiteren können sie aufgrund ihrer „weicheren“ Formulierung bei den Zieladressaten, die für den hier zu behandelnden Bereich des Hochwasserschutzes zum Großteil die Entscheidungsträger auf der Ebene der Bauleitplanung sind, den Eindruck erwecken, nicht verbindlich zu sein, sondern bloße Vorgaben für eine spätere Abwägungs- und Ermessensausübung darzustellen. Damit entsprechen sie bei objektiver Betrachtung nicht mehr den Voraussetzungen des § 3 Nr. 2 ROG, sondern vielmehr denen des § 3 Nr. 3 ROG und stellen somit Grundsätze der Raumordnung dar.

Das Argument, Ziele der Raumordnung durch Soll-Formulierungen als „Ventil“ für unvorhersehbare Fälle einzusetzen, um die Unwägbarkeiten der Zukunft zu meistern überzeugt nicht. Jegliche Planung sieht sich einem ungewissen Verlauf der Zukunft gegenüber, was im Planungsprozess selbst und durch ständige Kontrolle berücksichtigt werden muss. Durch ein entsprechendes fortwährendes Feedback kann auch die mittel- bis langfristige Planung flexibel gestaltet werden, ohne das es der Verwendung eines im numerus clausus des § 3 ROG nicht vorhandenen Instrumentes[227] bedarf.

---

[223] Schmitz, in: Bielenberg/Runkel/Spannowsky, Bd. 2, § 11 Rn. 21 ff; Hoppe, BayVBl. 2002, 129 (133); derselbe, BayVBl. 2005, 356 (360); Manssen, BayVBl. 2005, 485 (487); a.A.: Goppel/Schreiber, BayVBl. 2005, 353 (356); Hendler, UPR 2003, 256 (260); Spannowsky, UPR 2003, 248 (252).

[224] Hoppe, DVBl. 2001, 657 (664).

[225] Hoppe, DVBl. 2001, 657 (664).

[226] Hoppe, BayVBl. 2002, 129 (134).

[227] Gegen die Annahme eines solchen Typus im ROG Hoppe, Durch Soll-Vorschriften „intendierte“ Ziele der Raumordnung und ihre Bezüge zu „intendiertem Ermessen“, in: Geis/Lorenz, S. 640.

Bei der Festlegung von Raumordnungszielen in Raumordnungsplänen ist deshalb anzuraten, in Zukunft auf Soll-Vorschriften zugunsten strikter Formulierungen zu verzichten. Gerade dies könnte einen wichtigen Beitrag leisten, das auf dem Gebiet der Raumordnung und Landesplanung und dort insbesondere im Bereich des Hochwasserschutzes bestehende Vollzugsdefizit zu vermeiden.

d) Die Festlegung von Zielen der Raumordnung durch „In-der-Regel-Formulierungen"

Den Soll-Formulierungen recht ähnlich sind „In-der-Regel-Formulierungen", wonach für besonders gelagerte Fälle die Möglichkeit einer Ausnahme, also des Abweichens von der für den Regelfall gültigen verbindlichen normativen Anordnung begründet werden soll[228]. Allgemein wird im Verwaltungsrecht durch „In der Regel-Formulierungen" eine gesetzliche Vermutung für das Bestehen oder Nichtbestehen bestimmter Tatsachen oder Rechtsfolgen verbunden, von der die zuständige Behörde nur bei besonderen Umständen des Einzelfalles absehen darf[229]. Es stellt sich hier ebenso wie bei den Soll-Formulierungen die Frage nach deren Zulässigkeit und Verbindlichkeit. Die Vertreter der Ansicht, die Raumordnungsziele auch in der Gestalt von Soll-Formulierungen zulässt, sprechen sich aufgrund der Vergleichbarkeit für die Zulässigkeit und Verbindlichkeit von „In-der-Regel-Zielen" aus. Diese stellen – so wird argumentiert – das in § 3 Nr. 2 ROG aufgestellte Erfordernis einer verbindlichen und abschließend abgewogenen Entscheidung nicht in Frage stellen[230]. In zwei jüngeren Entscheidungen vertritt das BVerwG die Ansicht, landesplanerische Aussagen, die eine Regel-Ausnahme-Struktur aufweisen, könnten die Merkmale eines Ziels der Raumordnung dann erfüllen, wenn der Planungsträger neben den Regel- auch die Ausnahmevoraussetzungen mit hinreichender tatbestandlicher Bestimmtheit oder doch wenigstens Bestimmbarkeit selbst festgelegt hat[231]. Dazu ist anzumerken, dass eine „In-der-Regel-Formulierung" im engeren Sinne gar nicht vorliegt, wenn die Ausnahmevoraussetzungen ausdrücklich formuliert werden. Unter einer solchen Regelung im engeren Sinne werden hier Formulierungen verstanden, welche die Entscheidung über das Abweichen vom Regelfall und damit zugleich über das Vorliegen eines Ausnahmefalles den nachgeordneten Planungsträgern überlassen. Dabei wird die vom Normgeber getroffene Entschei-

[228] Goppel, BayVBl. 1998, 289 (292), der mit der gleichen Argumentation wie zu den Soll-Formulierungen auch bei Regelformulierungen eine verbindliche und abschließend abgewogene Festlegung annimmt.

[229] BVerwG, Urt. v. 30.4.1985 – 1 C 12/83 –, DVBl. 1985, 1311 (1314); Schmidt, Wirkung von Raumordnungszielen, S. 92; Spiecker, S. 91f.

[230] v.d. Heide, in: Cholewa/Dyong/v.d. Heide/Arenz, Bd. 1, § 3 Rn. 24d; Spiecker, S. 92; Goppel, BayVBl. 1998, 289 (292); Hendler, UPR 2003, 256 (261).

[231] BVerwG, Urt. v. 17.9.2003 – 4 C 14/01 – NVwZ 2004, 220, 225; BVerwG, Urt. v. 18.9.2003 – 4 CN 20/02 – NVwZ 2004, 226, 227.

dung selbständig durch eine eigene Abwägungs- oder Ermessensentscheidung des Normadressaten überwunden.

Der Formulierung „In der Regel“ bedürfte es in den vom BVerwG entschiedenen Fällen nicht. Es lag ein Ziel der Raumordnung vor, dass die Voraussetzungen des § 3 Nr. 2 ROG erfüllte. Den genannten Entscheidungen kann damit nicht entnommen werden, dass die Festlegung von Raumordnungszielen in Form der „In-der-Regel-Formulierungen“ den gesetzlichen Anforderungen entspricht, die Merkmale eines Ziels der Raumordnung also auch unter diesen Bedingungen vorliegen.

Vielmehr haben die zu der Problematik der Soll-Ziele aufgeführten Argumente auch hier Geltung. Raumordnerische Zielfestlegungen können danach nicht in Form von „In-der-Regel-Formulierungen“ getroffen werden. Ihnen würde der Charakter einer landesplanerischen Letztentscheidung fehlen.

4. Bezüge zum Hochwasserschutz

Im Raumordnungsgesetz selbst sind keine Ziele der Raumordnung formuliert. Dies ist vielmehr Aufgabe der Länder, welche die bundesrechtlichen Grundsätze der Raumordnung in ihren Raumordnungsplänen zu konkretisieren haben (vgl. §§ 6 ff. ROG). Die Grundlage für eine derartige Konkretisierung bildet insbesondere § 2 Abs. 2 Nr. 8 Satz 7 ROG, der allgemeine Aussagen zum Hochwasserschutz trifft. Aber auch andere bundes- und landesrechtliche Grundsätze der Raumordnung sind geeignet, im Wege der Konkretisierung zum Hochwasserschutz beizutragen. In diesem Zusammenhang sei auf die Ausführungen zu den Grundsätzen der Raumordnung verwiesen.

IV. Die Einführung einer Umweltprüfung durch das EAG Bau

Mit dem EAG Bau[232] wurde die EU-Richtlinie über die strategische Umweltprüfung[233] in deutsches Recht umgesetzt und die Umweltprüfung bei Plänen und Programmen des Städtebau- und Raumordnungsrechts eingeführt, um „im Hinblick auf die Förderung einer nachhaltigen Entwicklung ein hohes Umweltschutzniveau sicherzustellen und dazu beizutragen, dass Umwelterwägungen bei der Ausarbeitung und Annahme von Plänen und Programmen einbezogen werden, indem dafür gesorgt wird, dass bestimmte Pläne und Programme, die voraussichtlich erhebliche Umweltauswirkungen haben, einer Umweltprüfung un-

---

[232] Europarechtsanpassungsgesetz Bau – EAG Bau vom 24.6.2004, BGBl. I, S. 1359.

[233] Richtlinie 2001/42/EG des Europäischen Parlaments und des Rates vom 27.6.2001 über die Prüfung der Umweltauswirkungen bestimmter Pläne und Programme, ABlEG Nr. L 197, S. 30.

terzogen werden“ (Art. 1 SUP-Richtlinie[234]). Hierdurch wird der bisherige, nur im fachrechtlichen Zulassungsverfahren zu findende, rein projektbezogene Prüfungsansatz, der in mehrfacher Hinsicht für defizitär angesehen wurde[235], verbessert. Die SUP-Richtlinie setzt im Gegensatz zur UVP-Richtlinie frühzeitig und umfassend an, indem sie bereits Planungen und Programme erfasst, durch die ein rechtlicher Rahmen für zukünftige Genehmigungsentscheidungen gesetzt wird.

Dass auch die Raumordnungsplanung der Umweltprüfung zu unterwerfen ist, liegt daran, dass die Raumordnungspläne der Länder regelmäßig rahmensetzend für die künftige Genehmigung der in den Anhängen I und II der UVP-Richtlinie aufgeführten Projekte i.S.d. Art. 3 Abs. 2 SUP-Richtlinie sind bzw. ihre Ausführung eine FFH-Verträglichkeitsprüfung erforderlich macht[236]. Die hinsichtlich der Umweltprüfung zentrale Vorschrift im Raumordnungsrecht bildet § 7 Abs. 5 ROG. Aufgrund dieser rahmenrechtlichen Norm ist vorzusehen[237], dass bei der Aufstellung und Änderung von Raumordnungsplänen eine Umweltprüfung durchgeführt wird. Dabei sind die voraussichtlichen erheblichen Auswirkungen, welche die Durchführung des Raumordnungsplans auf die Umwelt hat, sowie anderweitige Planungsmöglichkeiten unter Berücksichtigung der wesentlichen Zwecke des Raumordnungsplans in einem Umweltbericht zu ermitteln, zu beschreiben und zu bewerten. Hierbei hat eine frühzeitige und effektive Beteiligung der öffentlichen Stellen und der Öffentlichkeit in Form von Stellungnahmen zum Entwurf des Raumordnungsplans, zu seiner Begründung und zum Umweltbericht zu erfolgen (vgl. § 7 Abs. 6 ROG). Zudem wird die Berücksichtigung des Umweltberichts und der soeben angesprochenen Stellungnahmen in der raumordnerischen Abwägung angeordnet (§ 7 Abs. 7 Satz 2 ROG). Im Rahmen der Planerhaltung ist schließlich zu beachten, dass gemäß § 10 Abs. 2 Nr. 1 ROG die Unvollständigkeit der die Umweltprüfung betreffenden Begründung nach § 7 Abs. 8 Satz 2 und 3 ROG nicht unbeachtlich i.S.d. § 10 Abs. 1 ROG ist.

Der bayerische Gesetzgeber hat die rahmenrechtlichen Vorgaben des ROG mit der Novellierung des BayLPlG im Jahr 2004 bereits umgesetzt und dabei insbesondere von der Möglichkeit einer Ausnahme von der Pflicht zur Umweltprüfung nach § 7 Abs. 5 Satz 5 ROG Gebrauch gemacht (Art. 12 Abs. 4 Satz 1 BayLPlG). Danach kann von der Erstellung des Umweltberichts bei geringfügi-

---

[234] Richtlinie 2001/42/EG des Europäischen Parlaments und des Rates vom 27.6.2001 über die Prüfung der Umweltauswirkungen bestimmter Pläne und Programme, ABlEG Nr. L 197, S. 30.

[235] Schink, NVwZ 2005, 615.

[236] Begründung Art. 2 Nr. 5 EAG BauE, BT-Drucks. 15/2250, S. 70; Erbguth, NuR 2004, 91 (92).

[237] Die Länder haben die entsprechenden Normen bis zum 31.12.2006 zu erlassen (§ 22 Satz 2 ROG). Bis zur Umsetzung der Richtlinie gelten die Vorschriften unmittelbar (§ 22 Satz 3 ROG).

gen Änderungen von Raumordnungsplänen abgesehen werden, wenn nach den Kriterien des Anhangs II der Richtlinie 2001/42/EG in der jeweils geltenden Fassung festgestellt worden ist, dass die Änderungen voraussichtlich keine erheblichen Umweltauswirkungen haben werden. Im Ergebnis führt dies dazu, dass der Plangeber mit der damit einhergehenden Vorprüfung einen zusätzlichen Verfahrensschritt auf sich nimmt und sich im Wesentlichen nur das Monitoring erspart[238].

Dass die SUP-Richtlinie sowie deren Umsetzung in nationales Recht unter dem Gesichtspunkt des Hochwasserschutzes von Bedeutung ist, folgt schon daraus, dass die Festlegungen der Raumordnungspläne, insbesondere unter Berücksichtigung der raumübergreifenden ökologischen Funktionen und die hierauf bezogenen sozialen Ansprüche an den Gesamtraum, zu medienübergreifenden Umweltauswirkungen führen[239]. Dass diesem Ergebnis zuzustimmen ist, zeigt auch der aktuelle Entwurf des SUPG[240]. Dieser sieht vor, Raumordnungsplanungen nach §§ 8, 9 ROG, Festsetzungen von Überschwemmungsgebieten nach § 31b WHG n.F. sowie Hochwasserschutzpläne nach § 31d WHG n.F. einer strategischen Umweltschutzprüfung zu unterziehen (§ 14b Abs. 1 Nr. 1 SUPG-E i.V.m. Anl. 3 Nr. 1 SUPG-E).

§ 2: Ausgewählte Problemfelder der (Raumordnungs-)Planung im Hinblick auf den Hochwasserschutz

Der Erfolg des künftigen Hochwasserschutzes hängt wesentlich von der Qualität der diesem zugrunde liegenden Planung ab. Wie ein Blick in die Vergangenheit zeigt, bestehen jedoch im Rahmen des Hochwasserschutzes zum Teil erhebliche Regelungs- und Vollzugsdefizite[241]. Ob und inwieweit dies mit der Eigenart der Planung im Allgemeinen und speziell der Raumordnung und Landesplanung zusammenhängt, ist im folgenden Abschnitt zu untersuchen. Hierbei werden problemträchtige Aspekte der Planung unter dem Gesichtspunkt des Hochwasserschutzes dargestellt.

---

[238] Runkel, in: Bielenberg/Runkel/Spannowsky, Bd. 1, J 680, S. 5, Runkel ist daher der Ansicht, dass den Trägern der Regionalplanung diese Vorgehensweise nicht zu empfehlen ist.
[239] Erbguth, NuR 2004, 91 (93).
[240] Entwurf eines Gesetzes zur Einführung einer strategischen Umweltprüfung und zur Umsetzung der Richtlinie 2001/42/EG (SUPG) v. 29.6.2004, BT-Drucks. 15/3441.
[241] Begründung des Regierungsentwurfs eines Gesetzes zur Verbesserung des vorbeugenden Hochwasserschutzes, BT-Drucks. 268/04, S. 11.

A. Planungsansätze

I. Das Gegenstromprinzip

Im Bereich der Raumordnung erfolgt die Planung weder einseitig von oben nach unten noch umgekehrt. Sie ist vielmehr gekennzeichnet durch die Wechselwirkung gegenseitiger Berücksichtigungspflichten[242] und stellt damit eine Synthese der bestehenden Planungsansätze dar. Zwar sind die Bindungswirkungen im räumlichen Planungssystem im Sinne des „top-down-Systems" angelegt, denn der landesweite Raumordnungsplan bindet den Träger der Regionalplanung (§ 4 Abs. 1 und 2 ROG) und der Regionalplan wiederum bindet den Plangeber der gemeindlichen Bauleitplanung (§§ 1 Abs. 4 BauGB, 8 Abs. 2 Satz 1 BauGB). Ansatzpunkt des Gegenstromprinzips ist jedoch die raumplanerische Abwägung beziehungsweise Ermessensentscheidung. Die vom materiellen Abwägungsprinzip geforderte strukturelle und funktionelle Harmonie zwischen dem Gesamtraum und seinen Teilräumen hängt daher wesentlich von der Zusammenarbeit der an der Planung beteiligten hoheitlichen Entscheidungsträger ab[243].
Damit diese Zusammenarbeit gewährleistet ist, wurden verschiedene Abstimmungs- und Beteiligungspflichten in das ROG aufgenommen (vgl. § 14 Satz 1, § 7 Abs. 6, § 9 Abs. 4 ROG). In Bundesländern wie Bayern, in denen eine so genannte kommunalisierte Regionalplanung besteht, wird das Gegenstromprinzip bereits allein durch diese kommunalrechtliche Organisation der Regionalplanung gewahrt[244]. Das BayLPlG sieht in Art. 19 Abs. 1 Satz 1 vor, dass die Regionalpläne von den zuständigen regionalen Planungsverbänden ausgearbeitet und beschlossen werden. Bei den regionalen Planungsverbänden wiederum handelt es sich gemäß Art. 5 Abs. 2 Satz 1 BayLPlG um Zusammenschlüsse der Gemeinden und Landkreise einer Region. Insoweit werden bei der Entwicklung, Ordnung und Sicherung des Gesamtraums die Gegebenheiten und Erfordernisse seiner Teilräume im Sinne des § 1 Abs. 3 Halbsatz 2 ROG berücksichtigt. In entgegengesetzter Richtung, das heißt in Bezug auf das Sicheinfügen von Entwicklung, Ordnung und Sicherung der Teilräume in die Gegebenheiten und Erfordernisse des Gesamtraums gemäß § 1 Abs. 3 Halbsatz 1 ROG, wird das Gegenstromprinzip durch verschiedene Aufsichts- und Mitwirkungs- bzw. Entscheidungsbefugnisse der staatlichen Landesplanung gegenüber den Regionalen Planungsverbänden bzw. im Rahmen der Verbindlicherklärung von Regionalplänen gewahrt[245]. Hierzu sind insbesondere Art. 8 Abs. 1 BayLPlG hinsichtlich

---

242 Runkel, in: Bielenberg/Runkel/Spannowsky, Bd. 2, § 1 Rn. 8.

243 Koch/Hendler, S. 40.

244 Bartlsperger, Gegenstromprinzip, in: ARL, Zur Novellierung des Landesplanungsrechts aus Anlass des Raumordnungsgesetzes 1998, S. 30.

245 Bartlsperger, Gegenstromprinzip, in: ARL, Zur Novellierung des Landesplanungsrechts aus Anlass des Raumordnungsgesetzes 1998, S. 30.

der Aufsicht der höheren Landesplanungsbehörde über die Regionalen Planungsverbände sowie Art. 19 Abs. 2 Satz 1 BayLPlG hinsichtlich der Verbindlicherklärung der Regionalpläne durch die entsprechende höhere Landesplanungsbehörde zu nennen.

II. Die Bedeutung des Gegenstromprinzips für den Hochwasserschutz

Da bei der Hochwasserentstehung die Verhältnisse des gesamten Flusseinzugsgebiets von Bedeutung sind und dieses regelmäßig eine sehr große räumliche Ausdehnung besitzt, müsste eine Rahmenplanung sowie die Koordination des Hochwasserschutzes auf einer hohen Planungsebene erfolgen. Hierfür würde sich der Ansatz des „top-down-Systems“ anbieten. Andererseits treffen die Folgen eines Hochwasserereignisses zumeist konkrete Standorte mit unterschiedlicher Intensität. Dies wiederum spräche für eine Planung von unten nach oben, da die einzelnen Kommunen über entsprechende Informationen zur konkreten Hochwassersituation in ihrem Gebiet verfügen und an einer schnellen Problemlösung interessiert sein dürften. Effizienter Hochwasserschutz kann folglich nur durch eine Kombination beider Planungsansätze erreicht werden. Aufgrund der bereits erwähnten Großräumigkeit ist dabei an einer grundsätzlichen Steuerung von oben nach unten festzuhalten. In diesem Rahmen hat allerdings eine frühzeitige Einbindung der Akteure auf den unteren Planungsebenen stattzufinden, wobei die jeweiligen Planungen und Maßnahmen aufeinander abgestimmt und wechselseitig auf deren Erfolg kontrolliert werden müssen.
Gerade eine stark kommunalisierte Regionalplanung, die in Bayern in den organschaftlichen Mitwirkungsrechten bei der Ausarbeitung und dem Beschluss von Regionalplänen deutlich zum Ausdruck kommt (vgl. Art. 19 Abs. 1 Satz 1, Art. 5 Abs. 1 Satz 1, Art. 7 BayLPlG), kann bei strikter Gesetzesanwendung eine wesentliche Garantie für die Akzeptanz der Regionalplanung in den Kommunen und Landkreisen bilden[246]. Mithin stellt das Gegenstromprinzip des § 1 Abs. 3 ROG aufgrund der besonderen Anforderungen des Hochwasserschutzes einen wirksamen Planungsansatz zur Zielverwirklichung dar, der jedoch Friktionen zwischen den verschiedenen Planungsträgern nie gänzlich verhindern kann.

B. Der Faktor Zeit

Planung ist stets zukunftsgerichtet, weshalb dem Zeitfaktor eine nicht unwesentliche Bedeutung zukommt. Unterschieden werden kurzfristige (ein bis zwei Jahre), mittelfristige (drei bis sieben Jahre) und langfristige Planungen (sieben bis

---

[246] So auch Goedecke, Organisation und Aufgaben der Regionalplanung, in: ARL, Zur Novellierung des Landesplanungsrechts aus Anlass des Raumordnungsgesetzes 1998, S. 69.

fünfzehn Jahre)[247]. Neben dem mit zunehmender Laufzeit abnehmenden Konkretisierungsgrad[248] kommt es bei mittel- und langfristigen Plänen noch zu einer Reihe anderer Probleme.

I. Probleme der Mittel- und Langfristigkeit der Planung

Nach § 7 Abs. 1 Satz 1 ROG sind die Grundsätze der Raumordnung für einen regelmäßig mittelfristigen Zeitraum durch Raumordnungspläne zu konkretisieren. Schon der Inhalt der Raumordnungsgrundsätze macht deutlich, dass es sich um keine kurzfristige Planung handeln kann. Gerade die Entwicklung bestimmter Siedlungsstrukturen oder der Schutz und die Entwicklung der natürlichen Lebensgrundlagen verlangen eine eher langfristige Planung[249]. So verlangt § 1 Abs. 2 Satz 2 Nr. 4 ROG, die Gestaltungsmöglichkeiten der Raumnutzung langfristig offen zu halten. Vor allem im Bereich des Hochwasserschutzes sind Maßnahmen erforderlich, die weit in die Zukunft gerichtet sein müssen. Das ergibt sich auch daraus, dass die anthropogenen Faktoren der Hochwasserentstehung wie Flussausbau und Besiedelung ehemaliger Auenlandschaften über viele Jahrzehnte hinweg stattgefunden haben[250]. Somit kann erstens die Renaturierung nicht von heute auf morgen erfolgen und zweitens wird der Erfolg der entsprechenden Maßnahmen, zumindest was den Naturhaushalt anbelangt, erst viele Jahre später einsetzen. Die Vorstellung, dass eine kurzfristige Schadensbegrenzung bei großen Hochwassern zu erwarten ist, gilt als reine Illusion[251].
Diese Mittel- beziehungsweise Langfristigkeit der Planung wirft – nicht nur im Rahmen der Raumordnung und Landesplanung – eine Reihe von Problemen auf. Zum einen dominieren die deutlich sichtbaren und meist kurzfristigen Rückkoppelungsprozesse der einzelnen Fachplanungen das Bewusstsein aller Betroffenen stärker und können daher eher Interesse an der Planumsetzung wecken[252]. Die mittel- und langfristige Planung dagegen erscheint dem Einzelnen eher undurchschaubar und gerät daher schneller in Vergessenheit. Hiermit kann auch ein vormals vorhandenes Problembewusstsein trotz weiterhin bestehender deutlicher Indikatoren abklingen.

---

[247] Hoppe, in: HStR, Bd. III, S. 660; Stern, S. 710.
[248] Hoppe, in: HStR, Bd. III, S. 660; Stern, S. 710.
[249] Das Vorwort zum Landesentwicklungsprogramm Bayern 2003 enthält deshalb die Aussage, dass es darauf ausgerichtet ist, langfristige Vorsorge zu treffen, LEP Bayern 2003, S. 3.
[250] LAWA, Leitlinien für einen zukunftsweisenden Hochwasserschutz, S. 19.
[251] LAWA, Leitlinien für einen zukunftsweisenden Hochwasserschutz, S. 19.
[252] Ähnlich Kienle, S. 84.

II. „Wandlungsgeschwindigkeit" in Realität und Planung

Ein anderer Problempunkt ist in der Wandlungsgeschwindigkeit der tatsächlichen Verhältnisse gegenüber der Aufstellung und Umsetzung von Plänen zu sehen. Diese ist in der Realität wesentlich höher als die der Planungssysteme und -konzepte[253]. Das lässt sich bereits an der Aufstellung und Fortschreibung von Raumordnungsplänen erkennen. Die Akteure des Planungsrechts sehen sich aufgrund der gewachsenen Dynamik erhöhten Anforderungen gegenüber, die insbesondere größere Unsicherheiten, schnellere Wechsel sowie unterschiedlichere Systeme mit sich bringen[254].

C. Wahrnehmung von Planung in der Öffentlichkeit

I. Information und Bewusstseinsbildung

Die Wahrnehmung der Planung als solcher und noch mehr ihrer Inhalte kann einen nicht unerheblichen Beitrag zum Erreichen der Planziele leisten. Die Eigenheiten der Raumordnung und Landesplanung als mittel- bis langfristige Planung führen dazu, dass diese in ihrer Gesamtheit von der Öffentlichkeit kaum wahrgenommen wird. Allenfalls einzelne fachpolitische Bereiche, die hauptsächlich aus aktuellem Anlass von den Medien aufgegriffen werden, stehen in der öffentlichen Diskussion. Das geringe Interesse an der Raumplanung und ihren Ergebnissen ist des Weiteren auf deren komplexe und für die Bürger schwer durchschaubare Ursache-Wirkungs-Ketten und Mittel-Zweck-Relationen zurückzuführen. Hinzu kommt die oftmals fehlende oder nur geringe Einbindung der Bevölkerung in den Planungsprozess. Es verwundert daher nicht, dass allgemein eine abnehmende Akzeptanz der hoheitlichen regulativen Planung zu verzeichnen ist[255]. Auch scheint sich die Einsicht, dass eine erfolgreiche Planung nur auf der Grundlage guter Argumentation erfolgreich sein kann, erst relativ spät bei den Planungsbehörden verbreitet zu haben.

Im Hinblick darauf, dass Schwächen in der Planumsetzung zum Großteil aus Unwissenheit oder einem ungleichen Wissensniveau auf Seiten der Betroffenen

---

[253] Schmidt, U., Vom Umgang mit Planungssystemen und Planungskonzepten, in: ORL (Hrsg.), Planungssysteme – Planungskonzepte, wie weiter?, ORL-Bericht 101/1996, Zürich, 1996, S. 112, zitiert nach Kienle, S. 85 Fn. 20.

[254] Kienle, S. 85.

[255] Greiving, Stefan, Raumordnung, Regionalplanung und kooperative Regionalentwicklung und ihre Aufgaben beim Risikomanagement der Naturgefahr Hochwasser, in: Tagungsbericht zum Workshop „Vorbeugender Hochwasserschutz auf kommunaler Ebene" vom 13. und 14. Dezember 2000 im Institut für ökologische Raumentwicklung e.V. in Dresden, S. 43.

und Beteiligten resultieren[256], es sich mithin um Informations- und deshalb zugleich Kommunikationsdefizite handelt, ist, auch um die Akzeptanz der Planung zu erhöhen sowie deren Legitimation auszuweiten[257], ein kommunikativer, auf Kooperation setzender Weg einzuschlagen.

Durch die Agenda 21 wurde der Begriff des „enabling" eingeführt, der den Begriff der „Sustainability" ergänzt und konkretisiert. Ziel der Raumplanung soll demnach auch sein, große Teile der Öffentlichkeit in die Lage zu versetzen, an den Planungsprozessen teilzuhaben, die den einzelnen Strategien und Verfahren zugrunde liegenden Annahmen nachzuvollziehen und die Realisierung einzelner Ziele selbst in die Hand zu nehmen beziehungsweise maßgeblich daran mitzuwirken[258]. Diese „Beteiligung" der Öffentlichkeit ist jedoch nicht nur im verfahrensrechtlichen Sinne zu verstehen, sondern stellt auch eine materielle Zielsetzung nachhaltiger Raumentwicklung dar[259]. Das kommt in § 7 Abs. 6 ROG zum Ausdruck, welcher den Ländern aufgibt, durch Landesgesetz die Öffentlichkeit bei der Aufstellung der Raumordnungspläne einzubeziehen oder zu beteiligen.

Bei der Verbesserung der Wahrnehmung von Planung, insbesondere der Raumordnung und Landesplanung, in der Öffentlichkeit kann es also nicht nur darum gehen, überhaupt auf die Planung aufmerksam zu machen, indem über diese informiert wird. Es ist vielmehr erforderlich, Wissen zu vermitteln und dadurch ein Bewusstsein in der Öffentlichkeit zu bilden sowie letztere an der Planung aktiv zu beteiligen. Auf diese Art und Weise kann innerhalb der Bevölkerung die unmittelbare Akzeptanz der zukünftigen Raumordnung erhöht werden. Im Idealfall wirkt die Öffentlichkeit sodann eigenverantwortlich im Rahmen des ihr Möglichen am Erreichen der Planziele mit[260]. Gleichwohl darf der Charakter der Planung als hoheitliche Planung, über die letztlich die vorgesehenen, demokratisch legitimierten öffentlichen Stellen im Rahmen einer Abwägung entscheiden, nicht aus den Augen verloren werden.

II. Die Wahrnehmung und Einschätzung von Hochwasserereignissen und Hochwasserschutz in der Öffentlichkeit

Die Problematik der Wahrnehmung und Einschätzung von Hochwasserereignissen und Hochwasserschutz in der Öffentlichkeit soll anhand einer im Jahr 1997 durchgeführten Studie zur Wahrnehmung und Bewertung unterschiedlicher Ri-

---

[256] Scholich, Dietmar, Bausteine einer prozessorientierten Regionalplanung: Nicht alles ist neu, in: Streich/Kötter, S. 39.

[257] Peine, Franz-Joseph, Interessenermittlung und Interessenberücksichtigung im Planungsprozess, in: ARL, Methoden und Instrumente räumlicher Planung, S. 177.

[258] Hesse, RUR 1996, 103 (113).

[259] ARL, Regionalplanung in den ostdeutschen Ländern, S. 191.

[260] In diesem Sinne auch ARL, Regionalplanung in den ostdeutschen Ländern, S. 191.

siken im Mittelrheinischen Becken durch die Bevölkerung und durch Entscheidungsträger aus Politik, Verwaltung und Wirtschaft[261] dargestellt werden.
Als Ausgangspunkt der folgenden Ausführungen ist festzuhalten, dass fehlendes Umweltbewusstsein als wesentliche Ursache des Vollzugsdefizits im Umweltschutzrecht gilt[262]. Aufgrund der Ähnlichkeit der Materien Umweltschutz und Hochwasserschutz bedeutet das, der Bevölkerung zunächst die Risiken des Hochwassers zu vermitteln. Die Schwierigkeit dabei besteht darin, dass die Einschätzung von Risiken und damit das Verhalten in Risikosituationen nicht nur von der Risikoquelle, sondern auch von kulturellen Wertvorstellungen und der sozialen Rolle, die ein Individuum in der Gesellschaft einnimmt, beeinflusst wird[263]. Dies könnte der Grund sein, weshalb eine Änderung im Verhalten der Betroffenen kaum erkennbar ist. Vielmehr nimmt die Siedlungstätigkeit in den direkt von Hochwasser gefährdeten Gebieten nach wie vor zu, obwohl Hochwasserschäden gerade Bevölkerung und Wirtschaft empfindlich treffen. Es scheint so, als gäbe es trotz der Bemühungen der Behörden, welche bereits zahlreiche Informationsbroschüren und Informationsveranstaltungen zum Thema Hochwasser und Hochwasserschutz konzipiert haben, ein erhebliches Informationsdefizit in der Öffentlichkeit. Von einem wachsenden Risikobewusstsein oder gar eigener Risikovorsorge kann kaum gesprochen werden. Im Rahmen der oben genannten Studie zeigte sich, dass hinsichtlich der Aussagen über sinnvolle Schutzmaßnahmen gegen Hochwasser im Mittelrheinischen Becken nur 7% der Befragten davon ausgehen, dass ihr eigenes Verhalten zum Hochwasserschutz beitragen kann. Möglicherweise bewirkt gerade die zunehmende Risikovorsorge der öffentlichen Hand genau dieses Verhalten[264]. Das mit der Errichtung technischer Anlagen beziehungsweise Bauten ausgehende Sicherheitsgefühl täuscht über die tatsächlichen Gefahren und das stets existierende Restrisiko hinweg.
Aus diesem Grund ist die Vorbereitung von Planungsentscheidungen im Wege der so genannten kooperativen Risikokommunikation, die auf die Einsicht der Bevölkerung setzt, so bedeutend. Dies lässt die gesamte Planung zu einem Prozess des Vermittelns sowie des Informationsaustauschs der beteiligten Akteure werden[265] und führt zur Akzeptanz staatlicher Planung.
Abbildung (1) verdeutlicht die Ergebnisse der Studie in Bezug auf die Einschätzung der Gefahr Hochwasser in der Öffentlichkeit und zeigt unter anderem, wie wenig Vertrauen die Öffentlichkeit in staatliche Planung setzt.

---

[261] Geipel/Härta/Pohl, Risiken im Mittelrheinischen Becken.
[262] Franz, S. 73.
[263] Greiving, S. 43; ähnlich Hübler, S. 7, der sich allerdings auf das Verhältnis von Werten und räumlicher Planung allgemein bezieht.
[264] Empfehlungen der Ausschüsse zum Gesetz zur Verbesserung des vorbeugenden Hochwasserschutzes, BR-Drucks. 645/1/04, S. 16; MKRO, Handlungsempfehlungen zum vorbeugenden Hochwasserschutz v. 14.06.2000, abgedruckt in: Bielenberg/Runkel/Spannowsky, Bd. 1, B 320 S. 104 (115).
[265] Greiving, S. 43 f.

Abbildung 1: Aussagen über die Einschätzung von Hochwasser im Mittelrheinschen Becken.

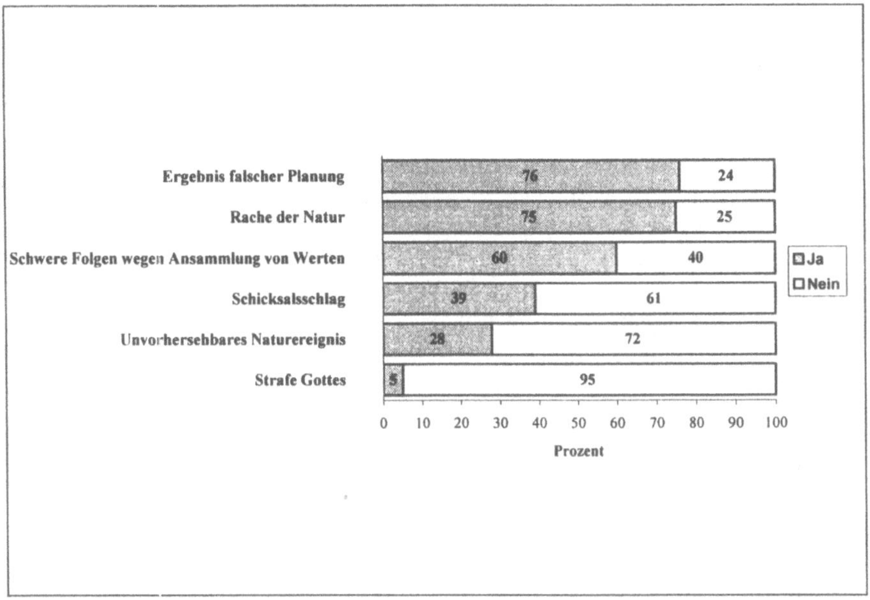

Quelle: Eigene Darstellung nach Weichselgartner, S. 139.

Aus diesem Teil der Studie kann des Weiteren der Schluss gezogen werden, dass Hochwasser aus der Sicht der Bevölkerung als ein eher vom Menschen verursachtes Ereignis erscheint[266]. Es zeigt sich, dass immerhin 60% der Befragten die schweren Folgen des Hochwassers auf die Ansammlung von Werten ansehen und sich damit einem Teil der Hochwasserproblematik bewusst sind. Vor dem Hintergrund der obigen Ausführungen zur Wahrnehmung und Bewertung hoheitlicher Planung überrascht es nicht, dass der Großteil der Bevölkerung Hochwasser als Ergebnis falscher Planung betrachten. Umso wichtiger ist daher die Erhöhung der Akzeptanz staatlichen Planens. Dass die Raumordnung hierzu ihren Beitrag leisten kann, ja sogar zu leisten hat, ergibt sich schon aus ihrer § 1

[266] So auch Weichselgartner, S. 139.

Abs. 1 Satz 2 ROG zu entnehmenden Koordinierungsaufgabe, denn Koordinierung heißt auch beraten, unterrichten und aufklären[267].

D. Unsicherheiten von Analysen und Prognosen

I. Allgemeine Aussagen

Weil Planung vorausschauend ist, Prognose und Kalkül demnach für sie wesentliche Denkformen sind, haftet ihr oft eine hohe Unsicherheit an[268]. Die Schwierigkeit besteht darin, auf schwer vorhersehbares menschliches Handeln sowie nicht sicher einschätzbare Umweltfaktoren angewiesen zu sein. Speziell für die Raumordnung heißt das: Je länger Prognosezeiträume sind[269] und je umfassender der Prognoseraum in räumlicher Hinsicht differenziert ist, umso unsicherer wird die Prognose[270]. Daraus folgt die Notwendigkeit, die verfügbaren Prognosemethoden und Ergebnisse kritisch zu beurteilen, bevor aus ihnen Schlussfolgerungen für die Planungsaufgabe gezogen werden[271]. Gerade die Analyse des status quo, also der planungsrelevanten Umstände, kann aufgrund größerer Fehler oder Abweichungen jegliche Planung scheitern lassen[272]. In der Raumordnung und Landesplanung wirken sich insbesondere zwei Aspekte auf die Prognose aus. Es handelt sich dabei um die Raumabhängigkeit sowie um Informationsprobleme.

II. Spezifische Schwierigkeiten von Prognosen in der Raumordnung und Landesplanung

Eine eher allgemeine Gefahr für Prognoseentscheidungen ist auf Informationsprobleme zurückzuführen. In der Planungswirklichkeit bereitet die Tatsache, dass fast alle der benötigten Informationen überhaupt nicht, lediglich in großen Zeitabständen oder bloß stichprobenartig erhoben werden und aus verschiedensten Gründen selbst im Falle einer Erhebung nur teilweise verfügbar sind, den räumlich differenzierten Prognosen oft große Schwierigkeiten[273]. Derartige In-

---

[267] V. d. Heide, in: Cholewa/Dyong/v.d. Heide/Arenz , Bd.1, Vorbem. vor §§ 1-5 Rn. 50.

[268] Stern, Staatsrecht, Bd. I, S. 704.

[269] Vgl. hierzu die Ausführungen zu den grundsätzlichen Probleme langfristiger Planungen in diesem Kapitel, S. 76 f.

[270] Treuner/Gee, Stichwort: Prognosemethoden, in: ARL, Handwörterbuch der Raumordnung, S. 728.

[271] Treuner/Gee, Stichwort: Prognosemethoden, in: ARL, Handwörterbuch der Raumordnung, S. 728.

[272] Stern, Staatsrecht, Bd. I, S. 704.

[273] Treuner/Gee, Stichwort: Prognosemethoden, in: ARL, Handwörterbuch der Raumordnung, S. 731.

formationsprobleme führen nicht selten dazu, dass den Prognoseergebnissen eine begründbare Wahrscheinlichkeit nicht beigemessen werden kann.
Eine Informationsbasis bzw. Hilfe bei der Prognose stellen beispielsweise Indikatorensysteme und das Raumordnungskataster dar. Indikatoren sind zielbezogene Kennzahlen, die seit jeher ein wichtiges Hilfsmittel regional- und landesplanerischer Arbeit darstellen. So kann im Rahmen der Raumbeobachtung mit Hilfe von Indikatoren regelmäßig, systematisch und umfassend über räumliche Entwicklungsvorgänge berichtet werden. Sie bildet damit eine Grundlage für die Fortschreibung der Raumordnungspläne. Da bestimmte Bestandszahlen und Indikatoren häufig zur Beantwortung landes- und regionalplanerischer Fragestellungen herangezogen werden, wurde z.B. in Bayern das EDV-Programmsystem "INKA" (Indikatorenkatalog) entwickelt. Damit kann auf raumrelevante Bestandszahlen und Indikatoren für beliebige Gemeinden in Bayern zugegriffen werden. Gerade Geoinformationssysteme bieten sich an, Datenmaterial für Analysen und Prognosen zu sammeln. Ein solches Geoinformationssystem stellt auch das Raumordnungskataster dar. Es hat in Bayern einen Bezugsmaßstab von 1:25.000 und dient der fortlaufenden Erfassung, Speicherung und Auswertung raumbedeutsamer Planungen und Maßnahmen. In Hinblick nicht nur auf den Hochwasserschutz liefert es einen Überblick über den aktuellen Stand der Flächennutzung, der Umweltsituation und der Raumbeanspruchung.
Weitere für den Hochwasserschutz wichtige Daten liefern die Fachplanungen und hierbei insbesondere die Wasserwirtschaft, welche so genannte Überschwemmungsgefährdungskarten zu erstellen hat. Die Anfertigung großflächiger Überschwemmungsgefährdungskarten wurde erst durch die heute verfügbare Computermodellierung möglich. Davor konnte die Gefährdung nur aufgrund eindeutiger im Gelände erkennbarer Grenzen oder historischer Hochwasser eingeschätzt werden. Anhand der heutigen Berechnungsprogramme werden die zuständigen Stellen in die Lage versetzt, sowohl die betroffenen Flächen als auch die Überflutungstiefe zu bestimmen. Für den örtlichen Bereich können außerdem Fließgeschwindigkeit und -richtung für jeden beliebigen Ort und zu jedem gewünschten Zeitpunkt der Überschwemmung bestimmt werden. Der Verifikation von Modellrechnungen dienen historische Betrachtungen, welche zu der Erkenntnis führen, dass jedes Hochwasser individuell abläuft[274].
Einen sehr engen Bezug zu Raumordnung und Landesplanung weist das Problem der Raumabhängigkeit auf. Für einen effektiven Hochwasserschutz ist daher die räumliche Differenzierung der jeweiligen Handlungsfelder eine wichtige Voraussetzung. Insbesondere in großen Flusseinzugsgebieten können räumlich undifferenzierte Handlungsziele unkonkret und damit wirkungsarm bleiben[275]. Die erforderliche räumliche Differenzierung hat unter Berücksichtigung der Ur-

---

[274] Vgl. zum Ganzen auch IKSR, Hochwasservorsorge – Maßnahmen und ihre Wirkungen, S. 11.
[275] Heiland, S. 34.

sachen und Entstehungsfaktoren von Hochwasser sowie der Wirkungspotentiale der verschiedenen Schutzmaßnahmen zu erfolgen. Hinsichtlich des ersten Kriteriums kann die Beschaffung ausreichender Informationen Probleme bereiten. Zum anderen können Kenntnisse bezüglich der Wirkungspotentiale hochwasserschützerischer Maßnahmen nur aufgrund langfristiger Beobachtungen und Prognosen erlangt werden. In diesem Zusammenhang werden seit längerem Simulationsmodelle entwickelt, welche die Wasserspiegel- beziehungsweise Hochwasserscheitelabsenkungen für verschiedene Hochwasserereignisse berechnen. Vor allem die jeweilige Art des Hochwasserereignisses ist von wesentlichem Einfluss auf die Wirkung von Schutzmaßnahmen. Aufgrund dessen können zum Teil große Schwankungen in der Voraussage zukünftiger Ereignisse und der Prognose von Maßnahmewirkungen auftreten[276]. Hinzu kommt, dass den Modellrechnungen stets ein bestimmtes abgelaufenes Hochwasserereignis zugrunde liegt.

E. Konflikte auf der Ebene der Entscheidungsträger

Die Ausrichtung der Planung auf das Erreichen eines bestimmten Ziels führt häufig zu Konflikten bei den von der Planung Betroffenen. Dieses Konfliktpotential beruht auf einer Vielzahl unterschiedlicher Faktoren und reicht von psychologischen Aspekten über die Stellung in der Gesellschaft bis hin zu strukturellen Eigenarten der einzelnen Planungsträger. Besondere Beachtung gilt in diesem Zusammenhang den Kommunen als Trägern der ihnen grundgesetzlich zugesicherten Planungshoheit (Art. 28 Abs. 2 Satz 1 GG), denn Planung hat sich, wie jede andere staatliche Tätigkeit auch, im Rahmen der Verfassung zu bewegen[277]. Die Kommunen sehen sich zudem von verschiedensten Seiten einer Vielzahl von Forderungen an die Ausgestaltung ihrer örtlichen Politik ausgesetzt und verfügen nicht immer über ausreichend qualifiziertes Fachpersonal, um die anspruchsvollen Aufgaben zu bewältigen[278].

I. Psychologische Aspekte und Eigeninteressen

Planungsträger auf unteren Hierarchieebenen sehen die Verwirklichung ihrer eigenen Vorstellungen durch eine meist auf dem „top-down-system“ beruhenden Planung gefährdet, wodurch die Akzeptanz und damit der Vollzug dieses Planes negativ beeinflusst wird. Für die Gemeindeebene ist kennzeichnend, dass dort naturgemäß hauptsächlich den örtlichen Erfordernissen Rechnung getragen wird. Nationale oder übernationale Entwicklungen werden selten in kommunale

---

[276] Heiland, S. 39.
[277] Stern, S. 703 und 721; Hoppe, in: HStR, Bd. II, S. 696.
[278] Franz, S. 75.

Konzeptionen einbezogen, insbesondere wenn es um flächenbezogene Planungen geht. Die gemeindlichen Interessen an einem wirtschaftlichen Wachstum, vor allem in Zeiten knapper Kassen, sind häufig auf Expansion ausgerichtet, was in der so genannten „Psychologie des Wachstums“[279] begründet ist. Danach werden das „Aufbauen“, also Siedlungsbau und das Errichten baulicher Anlagen sowie wirtschaftlicher Erfolg, zumeist ohne kritisch hinterfragt zu werden, als positiv bewertet, wohingegen eine eingeschränkte Bebauung oder der gänzliche Verzicht negativ besetzt sind und damit auf wenig Verständnis stoßen[280]. Für den Hochwasserschutz bedeutet dies, dass den örtlichen Wirtschaftsinteressen mehr Gewicht beigemessen wird als es die Leitvorstellung nachhaltiger Raumentwicklung vorsieht. Vielmehr noch werden ökologische Interessen, die in die Gesamtplanung einzubeziehen sind, bewusst missachtet.

Neben das Phänomen der Psychologie des Wachstums tritt der Umstand, dass das bisherige Handeln, welches auf Wachstum durch expansive Flächeninanspruchnahme ausgerichtet war, zu einer gewissen Prägung des Verhaltens der kommunalen Entscheidungsträger geführt hat[281]. Dieses Vorgehen ist gewissermaßen Routine geworden und entspricht daher „einem eingeübten Verhaltens- und Verfahrensrepertoire von Politik und Verwaltung“[282]. Eine solche Anpassung an bestehende Zustände steht in engem Zusammenhang mit den gesellschaftlichen Werthaltungen; beide lassen sich erfahrungsgemäß nicht kurzfristig ändern, da sie auf Traditionen, Bindungen und Gewohnheiten beruhen[283].

In Anbetracht dessen ist es problematisch, dass Kommunalpolitik stark auf das Hier und Jetzt fixiert ist[284]. So konzentriert sie sich häufig eher auf den nächsten Wahltermin als auf die weitere Zukunft, da Tagespolitik den Tageserfolg verlangt[285]. Hochwasserschutz kann jedoch nur durch mittel- und langfristige Strategien verwirklicht werden. Die Tatsache, dass derartige Maßnahmen darum keine kurzfristig eintretenden und erlebbaren Fortschritte mit sich bringen, gefährdet dessen Erfolg. Folglich muss die für solche Planungen notwendige Gesamtschau und Vorausschau das bestehende sektorale Denken verdrängen, denn das Verhaftetsein in Tagesaktualität verschließt den Blick auf langfristige Veränderungen[286].

Speziell die Bauleitplanung der Gemeinden konzentriert sich überwiegend auf das Gemeindegebiet, was schon in deren Natur liegt, denn nach § 1 Abs. 1 BauGB hat die Bauleitplanung die Nutzung der Grundstücke im Gemeindege-

---

[279] Franz, S. 70.
[280] Franz, S. 70.
[281] Ähnlich Franz, S. 71.
[282] Kapinsky/Kreisl, S. 5, zitiert nach Franz, S. 71 Fn. 203 f.
[283] Storbeck, Gesellschaft und Raum, S. 12 f.
[284] Franz, S. 71.
[285] Buchner, BayVBl. 1986, S. 641 (644).
[286] Buchner, BayVBl. 1986, S. 641 (643).

biet vorzubereiten und zu leiten. Zwar gebietet § 2 Abs. 2 BauGB eine interkommunale Abstimmung der Bauleitpläne und § 1 Abs. 4 BauGB verlangt die Anpassung der Bauleitpläne an die Ziele der Raumordnung. Trotzdem bewerten die Kommunen die wechselseitige Abhängigkeit zwischen gemeindlicher Freiraumnutzung und dem sie umgebenden Raum oft zum Nachteil des Naturhaushalts. Dass sich auf diese Art und Weise kein Raumbewusstsein[287], geschweige denn ein Gewissen in Bezug auf die konkurrierenden Anforderungen anderer an den Raum und der Erfordernisse der Zukunft bildet, liegt auf der Hand[288]. Das dafür notwendige Gespür für den Wert von Natur und Landschaft sowie das Wissen über die Folgewirkung von Raumnutzungen[289] muss in der Realität viel zu oft interkommunalem Konkurrenzdenken weichen[290]. Raumbewusstsein ist weder leicht zu wecken, noch lässt es sich dekretieren[291]. Da sich Wandlungen im Bereich der Werthaltungen und Verhaltensweisen nur langfristig vollziehen werden, ist gerade hier die Forderung nach umfassender Information und Bewusstseinsbildung wesentliches Kriterium für den Erfolg.

II. Überforderung von Planungsträgern

Das Gelingen der Planung hängt ganz wesentlich von dem die Pläne erarbeitenden Fachpersonal ab. Auf hohen Planungsebenen ist dieses Personal meist hoch qualifiziert und verfügt über ausreichende Zeit, Pläne aufzustellen. Defizite sind auf der unteren Planungsebene zu erkennen. Nicht nur das fehlende Gespür, sondern vor allem auch der Mangel an Grundlagenwissen[292] stellt hauptsächlich kleinere Kommunen vor erhebliche Probleme. Hinzu kommt die Schwierigkeit der Materie im Bereich der Bauleitplanung, die der Bindungswirkung der Raumordnung und Landesplanung unterliegt (vgl. § 1 Abs. 4 BauGB, § 4 Abs. 1 Satz 1 und Abs. 2 ROG)[293]. Außerdem verfügen die über die Bauleitplanung entscheidenden Gemeinderäte in den seltensten Fällen über eine entsprechende Ausbildung.

---

287 Franz, S. 72.
288 Buchner, BayVBl 1986, S. 645.
289 Buchner, BayVBl 1986, S. 645.
290 Ähnlich Franz, S. 72.
291 Buchner, BayVBl. 1986, 645.
292 Buchner, BayVBl. 1986, 642 f.
293 Franz, S. 75.

F. Erfolgskontrolle und Durchsetzung der Planung

I. Erfolgskontrolle

Die unterschiedliche Wandlungsgeschwindigkeit von Planung und Realität sowie die an einer (ungewissen) Zukunft orientierten Planung sind Umstände, die sich bei schwer oder überhaupt nicht korrigierbaren Vorgängen als besonders problematisch erweisen. Vor allem im Bereich der Umwelt zeigen sich die Auswirkungen fehlerhafter Planung mitunter erst Jahrzehnte später, aber auch deren Korrektur wird wohl einen ebenso langen Zeitraum beanspruchen. Durch eine fehlende beziehungsweise fehlerhafte Überwachung der Planung und ihrer Erfüllung und die daraus resultierende fehlende Bewertung derselben, werden unbeabsichtigte Entwicklungen nicht oder nur mangelhaft festgestellt. Eine Rückkoppelung findet oft nicht statt, Ausbesserungen und Korrekturen bleiben aus. Eine effektive Erfolgskontrolle würde darüber hinaus für staatliche Akteure die Möglichkeit einer Rechenschafts-, Lern- und Legitimationsfunktion bieten[294].

Da gerade die Raumplanung ein permanenter Vorgang ist, muss sie den vielfältigen Veränderungen gegenüber sensibel und so strukturiert sein, dass eine schnelle Reaktion auf Abweichungen von den planerischen Vorstellungen möglich ist[295]. Hierfür ist die Integration einer „Kontrollfunktion“ erforderlich, die potentiellen Fehlerquellen nicht nur in der Phase der Planung, sondern auch während der Ausführung sowie der Kontrolle selbst wirksam begegnen kann. Eine reine ex-post-Kontrolle würde zu spät ansetzen, da Planung als hoch selektiver Vorgang möglichst frühzeitig Prämissen- und Planabweichungen erkennen und verarbeiten können muss[296]. Es bleibt festzuhalten, dass eine Erfolgskontrolle oft gefordert, jedoch aus Gründen des Zeit- und Personalaufwandes oder Sorge vor eventuellen Sanktionen tatsächlich nur selten praktiziert wird[297]. Insbesondere öffentliche Planungen weisen spezifische Rahmenbedingungen auf, die eine effektive Kontrolle negativ beeinflussen können. Im Einzelnen handelt es sich hierbei um mangelnde Leistungsanreize, einen bürokratischen Führungsstil, fehlende Haushaltsmittel etc. In der Raumordnung und Landesplanung könnte sich das aufgrund der SUP-Richtlinie in das ROG eingeführte Monitoring zu einem derartigen Kontrollelement entwickeln, denn nach § 7 Abs. 10 ROG sind erhebliche Auswirkungen auf die Umwelt, die bei Durchführung der Pläne und

---

[294] Mäding, Heinrich, Stichwort: Erfolgskontrolle, in: ARL, Handwörterbuch der Raumordnung, S. 226.

[295] Ähnlich Kienle, S. 155.

[296] Kienle, S. 155.

[297] Mäding, Heinrich, Stichwort: Erfolgskontrolle, in: ARL , Handwörterbuch der Raumordnung, S. 226.

Programme entstehen, zu überwachen und unvorhergesehene Auswirkungen frühzeitig zu ermitteln.

II. Durchsetzung der Planung

Die Durchsetzung der Planung von übergeordneter Stelle ist nach den obigen Ausführungen zwingend geboten, weil vor allem gegenläufige Interessen, mangelnde Fachkompetenz und knappe Haushaltskassen die konsequente Planumsetzung gefährden. Das Recht der Raumordnung und Landesplanung bietet hierzu ein umfangreiches Instrumentarium, auf das in Kapitel 6 der Untersuchung näher eingegangen wird.

G. Fazit

Die obige Darstellung hat offen gelegt, dass der vorsorgende Hochwasserschutz im Rahmen der Raumordnung und Landesplanung einer Reihe von Problemen ausgesetzt ist, die zu einer Differenz zwischen dem theoretischen Steuerungspotential und den empirischen Befunden führen können. Die Gründe hierfür liegen in erster Linie in politischen, gesellschaftlichen, fachgesetzlichen und gesamtplanungsrechtlichen Rahmenbedingungen, wobei die Unterscheidung dieser Gründe von den instrumentellen Schwächen in der Regel außerordentliche Schwierigkeiten bereitet[298].

---

[298] Heiland, S. 53.

Kapitel 4: Zielsystem des Hochwasserschutzes unter Berücksichtigung der Umsetzbarkeit durch Raumordnung und Landesplanung

§ 1: Allgemeine Zielhierarchie

Das Erreichen eines bestmöglichen Hochwasserschutzes hängt von der sorgfältigen Herausarbeitung eines Zielsystems ab, welches mittels darauf aufbauender Strategien in die Realität umzusetzen und fortdauernd einer Überprüfung hinsichtlich der Wirkungen, Erfolge und Misserfolge zu unterziehen ist. Ein solches System ist erforderlich, da in Planungsprozessen regelmäßig eine Vielzahl von Zielen verfolgt wird, die innerhalb des Zielsystems wiederum nach verschiedenen Gesichtspunkten gegliedert werden können. Der Begriff des Ziels wird hier im Sinne eines zu erreichenden Ergebnisses verwendet und darf nicht mit dem Zielbegriff in § 3 Nr. 2 ROG verwechselt werden. In der Praxis drückt er häufig, zumindest hinsichtlich der in der Zielhierarchie höher stehenden Ziele, politische Vorstellungen über eine gewünschte Lage aus[299]. Die Schwierigkeit besteht darin, die auf den ersten Blick konkret erscheinenden Zielformulierungen der politischen Entscheidungsträger umzusetzen, da sie in der Realität zum einen nicht immer widerspruchsfrei und eindeutig sind, zum anderen gelegentlich „Leerformel-Charakter" besitzen[300].

Im Regelfall sind die Ziele eines Zielsystems hierarchisch geordnet. Je höher die Hierarchiestufe, desto allgemeiner ist das Ziel und desto geringer dessen inhaltliche Konkretisierung. Der hohe Abstraktionsgrad macht es erforderlich, aus Ober- und Rahmenzielen so genannte Unterziele zu formulieren, die durch eine niedrigere Stellung im hierarchischen System gekennzeichnet sind. Sie werden zunehmend spezieller und erhalten die Funktion von Instrumenten der jeweiligen Planung[301]. Im Bereich der untersten hierarchischen Ebenen wird der Unterschied zwischen Zielen und Instrumenten daher zunehmend unschärfer. Die Ziele werden meist erst dann operationalisierbar, je weiter man sich dem Fundament der Zielpyramide nähert.

Dienen derartige Ziele einer konkreten Planung, ist zudem die Festlegung eines bestimmten Zeitraums erforderlich, in welchem die beabsichtigte Veränderung erreicht werden soll[302]. Weil Raumordnung und Landesplanung die Schwierigkeit aufweisen, dass räumliche Strukturen aufgrund ihrer Beharrung nur lang-

---

[299] Ähnlich auch Kienle, S. 37.

[300] Storbeck, Ziele und Konzeptionen für die Raumordnung und Landesplanung, in: ARL, Grundriss der Raumordnung, S. 204; Kienle, S. 37.

[301] Vgl. Kienle, S. 36.

[302] Storbeck, Ziele und Konzeptionen für die Raumordnung und Landesplanung, in: ARL, Grundriss der Raumordnung S. 206.

fristig verändert werden können[303], bedarf es wegen der langfristigen kontinuierlichen Steuerung der einzelnen Vorgänge auch der langfristigen Geltung von Zielen[304]. Somit tritt das Problem auf, dass solche Ziele angesichts ihrer zeitlichen Orientierung mit dem gesellschaftlichen Wandel nicht immer Schritt halten können. Die sich daraus ergebende Unvollständigkeit der räumlichen Struktur ändert jedoch nichts daran, dass der Staat solcher Ziele bedarf, um erforderliche Maßnahmen daran auszurichten und zu koordinieren[305].
In Kapitel 2 der vorliegenden Untersuchung wurden bereits verschiedene Akteure im Bereich des Hochwasserschutzes genannt[306]. Diese haben Strategien erarbeitet, die aus bestimmten Leitsätzen und Handlungszielen bestehen und sich vom Grundsatz her decken. Trotzdem soll im Folgenden ein Zielsystem entworfen werden, das speziell auf die Eigenheiten der Raumordnung und Landesplanung zugeschnitten ist und zugleich durch eine schrittweise Ableitung der unteraus den übergeordneten Zielen versucht, die bestehenden Zusammenhänge zu erklären und zu verdeutlichen.

Das in dieser Untersuchung entwickelte Zielsystem eines Hochwasserschutzes besteht zunächst aus einem Oberziel. Aus diesem werden Rahmenziele und dazugehörige Handlungsfelder ermittelt, bevor anschließend – ausgehend von den unterschiedlichen Handlungsfeldern – Ziele konkreterer Art entwickelt werden, die operationalisierbar sind. Hierfür bietet sich das Aufstellen so genannter Qualitätsziele an. Diese geben die zu erreichende Qualität bezogen auf bestimmte Schutzgüter an. Sie können sowohl positiv im Sinne eines zu erreichenden Zustands, als auch negativ im Sinne eines zu vermeidenden Zustands formuliert werden. Bei Qualitätszielen bleibt es zunächst jedoch bei einer rein qualitativen Aussage. Sie können daher nicht immer direkt umgesetzt werden, sondern müssen weiter operationalisiert werden. Gleichwohl ist es auf der Ebene der Qualitätsziele im Gegensatz zu derjenigen der Oberziele möglich, Ziele zu formulieren, die bereits einen gewissen Konkretisierungsgrad aufweisen. Damit besitzen sie den Vorteil, dass ihre Erfüllung nicht nur nachprüfbar ist, sondern auch eingefordert werden kann[307]. In diesem Zusammenhang sei auf die Ausführungen zur Bestimmung der Begriffe Grundsatz und Ziel der Raumordnung hingewiesen[308]. Die raumordnerischen Grundsätze können hinsichtlich ihrer Eigenschaft als allgemeine Aussagen für nachfolgende Abwägungs- und Ermessensentschei-

---

303 Siehe Kapitel 3, S. 79 f.

304 Storbeck, Ziele und Konzeptionen für die Raumordnung und Landesplanung, in: ARL, Grundriss der Raumordnung S. 207.

305 Storbeck, Ziele und Konzeptionen für die Raumordnung und Landesplanung, in: ARL, Grundriss der Raumordnung S. 207.

306 Vgl. Kapitel 2, S. 32.

307 Scholles, in: Fürst/Scholles, S. 147.

308 Vgl. dazu Kapitel 3, S. 41 ff.

dungen und des damit verbundenen Bedürfnisses weiterer Konkretisierung formell als Qualitätsziele betrachtet werden. Mit der nachrichtlichen Übernahme hochwasserschutzbezogener Grundsätze der Raumordnung (vgl. § 2 Abs. 2 Nr. 8 ROG, Art. 2 Nr. 9b BayLPlG) in die Raumordnungspläne wird eine Erinnerungs- oder Anstoßwirkung bei den Planadressaten erreicht. Da Raumordnungsziele in der Regel relativ offen sind, wodurch die genaue Abgrenzung zu Raumordnungsgrundsätzen zuweilen schwierig ist, kann auch ihnen der Charakter von Qualitätszielen im Sinne des Zielsystem zugesprochen werden.
Nach der Erarbeitung von Qualitätszielen sind daraus einzelne oder mehrere Handlungsziele zu erarbeiten. Diese geben an, mit welchen Schritten die Qualitätsziele im Einzelnen erreicht werden sollen[309]. Bereits hier ist unter Berücksichtigung des raumordnerischen Zielbegriffs ersichtlich, dass Handlungsziele anhand von Raumordnungszielen in Raumordnungsplänen dargestellt werden können, da sie aus den zu konkretisierenden Grundsätzen der Raumordnung (Qualitätszielen im Sinne des Zielsystems) zu entwickeln sind. Es wird sich des Weiteren zeigen, dass eine trennscharfe Abgrenzung zwischen Qualitäts- und Handlungszielen zum Teil nur schwer zu treffen ist. Ebenso kann die Unterscheidung von Grundsätzen der Raumordnung und Zielen der Raumordnung derartige Probleme mit sich bringen.
Im Gegensatz zu den Qualitätszielen sind Handlungsziele, vor allem wenn es um Umwelthandlungsziele geht, überwiegend quantitativ ausgerichtet. Das heißt sie geben das Ausmaß an, in denen zum Beispiel der Verbrauch von Ressourcen eingeschränkt werden muss, um innerhalb eines bestimmten Zeitraums das Qualitätsziel zu erreichen oder einen spürbaren Schritt in Richtung Erreichung dieses Ziels zu machen. Auch im Rahmen der raumordnerischen Festlegungen in Raumordnungsplänen können Raumordnungsziele quantitative Elemente aufweisen. Beispielhaft sei hier die Festsetzung von Mengenzielen zur Begrenzung des Flächenverbrauchs genannt[310], wovon allerdings – soweit ersichtlich – in noch keinem Raumordnungsplan Gebrauch gemacht wurde. Daneben beinhaltet auch die zeichnerische Darstellung der Grenzen von Raumordnungsgebieten quantitative Elemente insoweit, als es um die räumliche Ausdehnung dieser Gebiete geht. Das zweite Hauptaugenmerk liegt bei Raumordnungsgebieten in der Regelung der dort zulässigen Nutzung. Dazu wird vor allem auf Kapitel 5 der Untersuchung verwiesen.

[309] Ähnlich Scholles, in: Fürst/Scholles, S. 148.
[310] Vgl. dazu eingehend Einig/Spiecker, ZUR Sonderheft 2002, 150 ff.

A. Oberziel: Verhinderung von Hochwasserschäden

Betrachtet man Ursachen und Einflussfaktoren von Hochwasserereignissen, so gelangt man zu der Erkenntnis, dass die Einwirkungen des Menschen auf die Umwelt und der damit einhergehende Verbrauch an natürlichen – zum Teil nicht erneuerbaren – Ressourcen eine Strategie erforderlich machen, die auf ein langfristiges, weitgehend konfliktfreies beziehungsweise konfliktarmes Nebeneinander der Nutzung natürlicher Ressourcen durch den Menschen auf der einen Seite und der Erhaltung der Funktionen von Natur und Landschaft auf der anderen Seite ausgerichtet ist. Deshalb ist der status quo von Natur und Landschaft für die Nachwelt nicht nur zu erhalten und zu schützen, sondern, soweit eine Notwendigkeit dafür besteht, wieder herzustellen. Dabei muss beachtet werden, dass den ökologischen Belangen kein einseitiger Vorrang vor anderen Interessen einzuräumen ist. Weil sich ökologische, ökonomische und soziale Aspekte gegenseitig beeinflussen und voneinander abhängig sind, sind sie ganzheitlich in Einklang zu bringen (vgl. § 1 Abs. 2 Satz 1 ROG). Der Schutz vor Hochwasser befindet sich in einem Gefüge sich gegenseitig beeinflussender Ursachen und Wirkungen. Damit bestehen auch verschiedene Maßnahmerichtungen, auf dieses Gefüge einzuwirken. Zum einen kann das Hochwassergeschehen beeinflusst, zum anderen können Schadenspotentiale minimiert werden. Da es auch in Zukunft Hochwasserereignisse geben wird, welche die bisherigen übertreffen können, sollte auch dahingehend Vorsorge getroffen werden.

Weil es in Abhängigkeit der Stärke eines Hochwassers zu Überschwemmungen kommen kann, Überschwemmungen aber ein natürliches Phänomen sind, das sich seit jeher in gewisser Regelmäßigkeit wiederholt und somit Teil des Naturkreislaufs ist, stellt sich die Frage nach dem Schutz vor Hochwassergefahren erst, seitdem sich der Mensch in den Überschwemmungsbereichen ansiedelt. Aus dem Konflikt zwischen dem von der Natur gegebenen Hochwasser und der menschlichen Nutzung resultieren Schäden, die sich in Art und Ausmaß fortlaufend und parallel zur gesellschaftlichen Entwicklung ändern[311]. Für den Menschen sind in der Regel nur solche Hochwasserereignisse unerwünscht, die sozioökonomische, aber auch gewisse Naturkapitalschäden mit sich bringen. An der Spitze der Zielpyramide steht folglich das Ziel „Verhinderung von Hochwasserschäden". Auf der Grundlage dieses Oberziels sollen nun Rahmenziele entwickelt und die daraus abzuleitenden Qualitäts- und Handlungsziele erarbeitet werden, soweit sie im Rahmen der Raumordnung und Landesplanung verwirklicht werden können.

---

[311] IKSR, Hochwasservorsorge – Maßnahmen und ihre Wirksamkeit, S. 17.

B. Rahmenziel I: Verringerung der Hochwasserstände

Von Hochwasserereignissen gehen zweifellos Gefahren aus. Die konkrete Gefährdung wird durch Eintrittswahrscheinlichkeit und Intensität bestimmt. Bezogen auf Hochwasserereignisse bedeutet dies, dass das Gefahrenpotential in Abhängigkeit zur Höhe des Wasserstandes, zur Fließgeschwindigkeit und zur Dauer des Hochwassers steht. Solange der Wasserstand eine bestimmte Höhe nicht überschritten hat, tritt der Fluss nicht über die Ufer. Kommt es zur Überschwemmung, muss trotzdem nicht sogleich ein Schaden entstehen. Erst das Überschreiten des den Schutzmaßnahmen zugrunde gelegten Bemessungshochwassers[312] löst Probleme aus.

Als erstes Rahmenziel kann daher die Minderung der Hochwasserstände genannt werden. Dieses Ziel kann nur innerhalb bestimmter Handlungsfelder erreicht werden. Da die Hochwasserstände auf den bereits geschilderten natürlichen und anthropogenen Ursachen und Einflussfaktoren beruhen, stellen letztere die gesuchten Handlungsfelder dar. Im Hinblick auf die hieraus zu entwickelnden Qualitätsziele ist zu beachten, dass sowohl die natürlichen Ursachen als auch die natürlichen Einflussfaktoren nicht durch den Menschen beeinflusst, mithin Qualitäts- und Handlungsziele daraus nicht abgeleitet werden können. Demnach können die Hochwasserstände nur im Bereich der anthropogenen Ursachen und Einflussfaktoren beeinflusst werden, weshalb lediglich diese als erstes Handlungsfeld in Betracht kommen. An dieser Stelle ist noch einmal auf den Begriff des Hochwassers zurückzukommen. Es handelt sich bei Hochwasser um den durch die Speichereigenschaften des Einzugsgebiets transformierten Niederschlag. Diese Definition gibt den ersten Anhaltspunkt für die nun darzustellenden Qualitätsziele, die der Minderung der Hochwasserstände und damit der Minderung des Gefahrenpotentials dienen. Es geht beim Hochwasserschutz im Bereich der Raumordnung und Landesplanung in erster Linie um den Rückhalt des Niederschlagswassers.

I. Erhaltung und Wiederherstellung des natürlichen Retentionspotentials

Unter Retention beziehungsweise Rückhalt ist die Abflusshemmung und Abflussverzögerung durch natürliche Gegebenheiten oder künstliche Maßnahmen zu verstehen[313]. Da die Wasserstände von Bedeutung für den Hochwasserschutz sind und bereits wenige Zentimeter ausschlaggebend sein können, muss die Reduzierung der Wasserstände hohe Priorität besitzen[314]. Besonders geeignet sind

---

[312] Unter dem Begriff Bemessungshochwasser versteht man ein Hochwasserereignis, das statistisch mindestens einmal in einem bestimmten Zeitraum (z. B. in 100 Jahren) zu erwarten ist.

[313] Patt, S. 578.

[314] Patt, S. 5.

hierfür Maßnahmen des Wasserrückhalts in der Fläche. Bei diesem so genannten Gebietsrückhalt geht es um den Anteil des Niederschlags, der für eine bestimmte Zeit vom Einzugsgebiet zurück gehalten wird, bevor er zum Abfluss gelangt[315]. Für den Gebietsrückhalt sind die natürlichen Speichereigenschaften des Einzugsgebiets maßgeblich, welche wiederum das Resultat des Zusammenwirkens der Speichermedien Gewässernetz (einschließlich der Auen), Gelände, Boden und Bewuchs sind. Dieses Zusammenwirken der einzelnen Speichermedien ist abhängig von deren jeweiliger natürlicher Grenze. Erst wenn ein Speicher erschöpft ist, wird der Folgespeicher aufgefüllt. Letzten Endes ist der gesamte Speicher überlastet, was hohe Flusswasserstände zur Folge hat. Tritt ein Fluss während eines Hochwasserereignisses über seine Ufer, so sinkt die Höhe des Wasserstandes, die Fließgeschwindigkeit verringert sich. Hinzu kommt, dass das nun überflutete Gebiet aufgrund seines Bewuchses und der Speicherfähigkeit des Bodens zusätzliches Wasser aufnehmen und verzögert abgeben kann. Gerade die Fließgewässer selbst und ihre angrenzenden Auen haben also, soweit sie sich in natürlichem oder naturnahem Zustand befinden, eine wichtige Funktion für den Ablauf der Hochwasserwellen. Die größte Speicherwirkung des Gewässernetzes wird dabei im Flachland und bei ausgedehnten Überflutungsauen erreicht, wobei die beste Wirkung durch ein möglichst frühzeitiges Ausufern der Gewässer in die Auen zu erzielen ist. Da die genannten Faktoren nicht nur die Höhe des Hochwasserscheitels, sondern auch dessen Laufzeit beeinflussen, hat der natürliche Wasserrückhalt erhebliche Bedeutung auch für das Zusammentreffen der Hochwasserwellen aus den Haupt- und Nebenflüssen. Um einen effektiven Hochwasserschutz zu gewährleisten, bedarf es daher naturnaher Flusslandschaften, Flutmulden und Auen, in denen dem Hochwasser natürliche Ausdehnungs- und Rückhaltemöglichkeiten geboten werden[316]. Bei den Rückhaltemaßnahmen in der Fläche muss es folglich in erster Linie darum gehen, die Fließgewässer und deren natürliche Überschwemmungsgebiete zu erhalten und zu vernetzen sowie, falls erforderlich, zu renaturieren, Auen regelmäßig zu überfluten und die natürliche Speicherkapazität des Bodens zu sichern beziehungsweise wieder herzustellen. Anzumerken ist, dass die Unterstützung des natürlichen Wasserrückhalts nicht nur als isoliertes Ziel des Hochwasserschutzes im Rahmen der Raumordnung und Landesplanung zu betrachten ist. Sie ist vielmehr Teil eines fachübergreifenden Flächen- und Gewässermanagements, das zur Bewahrung und Verbesserung der gesamten Umwelt beiträgt[317]. Mithin ergibt sich eine Reihe von Synergien: Neben Natur und Landschaft profitieren von Hochwasserschutzmaßnahmen außerdem Gebiete, die zu Erholungs-, Sport- und Freizeitzwecken geschaffen werden können. Damit wird zugleich der Charakter

[315] Patt, S. 18.

[316] Vgl. StLMU, Hochwasserschutz in Bayern – Aktionsprogramm 2020, S. 4.

[317] LAWA, Leitlinien für einen zukunftsweisenden Hochwasserschutz, S. 9.

der Raumordnungsplanung als übergeordneter Planung deutlich, die neben der Koordination der einzelnen Fachplanungen diese auch zusammenfasst.

1. Verlangsamung bzw. Stopp der Inanspruchnahme von Freiflächen

Mit der Inanspruchnahme von Freiflächen zu Siedlungszwecken wird die Speicherkapazität des Bodens negativ beeinflusst. Die zunehmende Versiegelung erschwert die natürliche Versickerung von Niederschlägen und lässt diese sehr schnell in Vorfluter gelangen, der Abfluss des Regenwassers wird beschleunigt und dieses nicht mehr natürlich zurückgehalten. In urbanen Bereichen ist es deshalb geboten, den Wasserrückhalt, insbesondere durch das Freihalten natürlicher Überschwemmungsgebiete vor weiterer Bebauung, nicht zu verringern. Zumindest sollten Bauweisen gewählt werden, die eine natürliche Versickerung zulassen und Niederschläge nicht sofort in die Kanalisation ableiten.

2. Renaturierung

a) Fließgewässer

Die Renaturierung der Fließgewässer kann in erster Linie durch Mäandrierung und Schaffung von natürlichen Uferrandstreifen erreicht werden. Hierfür ist sowohl auf die weitere Begradigungen der Flüsse zu verzichten als auch die Beseitigung bestehender Staustufen in Betracht zu ziehen. Zur Beschleunigung der Wiederbelebung der Ufergehölze dienen Aufforstungsmaßnahmen.

b) Auenbereiche

Durch den Rückbau von Deichen ist eine regelmäßige, den natürlichen Verhältnissen angepasste Überflutung des Retentionsraums möglich. In den Auenbereichen sollte außerdem auf intensive landwirtschaftliche Ackernutzung verzichtet werden, damit bei einer Überschwemmung des Uferbereichs auch die daran angrenzende Landzone als Speicherraum für abfließendes Wasser einbezogen wird.
Bei der Renaturierung von Auenbereichen sind an den Gewässern selbst teilweise umfangreiche Baumaßnahmen erforderlich, um die Überflutung des Auengeländes wieder zu ermöglichen, da beispielsweise aufgrund des Baus von Staustufen die Fließgeschwindigkeit so erhöht wurde, dass allein durch den Rückbau von Deichen eine Überflutung der Auengelände nicht möglich ist.

3. Extensivierung in der Landwirtschaft

Einen weiteren Beitrag zum vorbeugenden Hochwasserschutz kann die Extensi-

vierung der landwirtschaftlichen Nutzung, das heißt die Einführung von Grünlandbewirtschaftung oder Waldwirtschaft statt intensivem Ackerbau leisten. Dabei sind insbesondere Dränageeinrichtungen zu entfernen. Auf eine weitere Begradigung der Nutzflächen sollte verzichtet bzw. diese beseitigt werden. Zudem wird der Wasserrückhalt durch Aufforstungen unterstützt. Herauszustellen ist, dass landwirtschaftliche Flächen in der Regel nicht vor Hochwasser geschützt werden sollen[318].
Als Ergebnis dieser Maßnahmen können sich die Gewässer wieder ausbreiten, was zur Verringerung der Fließgeschwindigkeit und zur besseren Versickerungsmöglichkeit von Niederschlagswasser, also der Prävention von Hochwassersituationen, führt. Gleichzeitig vermindert sich die Schadensbilanz bei dennoch eintretenden Hochwassern, denn in der akuten Hochwassersituation steht nun mehr Ausbreitungsraum für das abfließende Wasser zur Verfügung, um einer Überschwemmung der Siedlungsgebiete entgegenwirken zu können.
Auf diese Weise wird nicht nur der Hochwasserschutz gefördert, es kommt auch zu zahlreichen anderen Effekten. Die Extensivierung der Landwirtschaft führt zur Entwicklung einer vielfältigen Tier- und Pflanzenpopulation und aufgrund der zunehmenden Durchwurzelung des Bodens entsteht ein besserer Schutz vor Erosion als auf Ackerflächen. Zusätzlich verringert sich der Nitrateintrag während eines Hochwassers, da einerseits auf Düngungsmaßnahmen in der Uferregion verzichtet wird und andererseits die Überschwemmungsgebiete das abfließende Wasser von Schadstoffen zu filtern vermögen.

4. Reaktivierung von Überschwemmungsgebieten

In der Vergangenheit mussten viele an den Hauptgewässern gelegene natürliche Retentionsräume neuen Siedlungsgebieten weichen, welche häufig durch sehr nahe an den Flüssen errichtete Eindeichungen vor Hochwasser geschützt wurden. Gerade bei solchen durch Deiche geschützten Flussniederungen können Erweiterungen der Flussretention sowie Rückhaltungen neben dem Fluss zur Verbesserung der Hochwassersituation beitragen[319].
Eine Möglichkeit der Rückgewinnung von Überschwemmungsgebieten bietet daher die Rückverlegung von Deichen, wodurch ehemalige natürliche Überschwemmungsbereiche reaktiviert werden können[320]. Zu berücksichtigen ist jedoch, dass die naturräumlichen Gegebenheiten den Umfang derartiger Maßnahmen stark begrenzen können. Die Reaktivierung von Überschwemmungsgebieten kann zudem durch die bereits angesprochenen Gewässerrenaturierungen sowie durch die Verbreiterung von Abflussquerschnitten erreicht werden[321].

---

[318] LAWA, Leitlinien für einen zukunftsweisenden Hochwasserschutz, S. 10.
[319] LAWA, Wirksamkeit von Hochwasservorsorge- und Hochwasserschutzmaßnahmen, S. 7.
[320] LAWA, Leitlinien für einen zukunftsweisenden Hochwasserschutz, S. 10; Heiland, S. 77.
[321] ARGEBAU, Handlungsanleitung für den Einsatz rechtlicher und technischer Instrumente

II. Erhöhung des flusseinzugsgebietsweiten Retentionspotentials

Da neben der zeitlichen und räumlichen Verteilung des Niederschlags die Speicherwirkungen von Bewuchs, Boden einschließlich Schneedecke, Gelände und Gewässernetz des Einzugsgebietes die Höhe eines Hochwassers bestimmen[322], kommt dem Wasserrückhalt im gesamten Flusseinzugsgebiet Bedeutung für den Hochwasserschutz zu. Zwar haben einschlägige Untersuchungen ergeben, dass der dezentrale Rückhalt von Niederschlagswasser auf den Flächen des Einzugsgebiets in erster Linie lokale oder regionale Wirkung für kleine Einzugsgebiete zeitigt[323], nichtsdestotrotz kann der flächendeckende Rückhalt zu einer Pegelabsenkung von einigen Zentimetern führen und damit entscheidend dafür sein, ob Einrichtungen des technischen Hochwasserschutzes überflutet werden oder nicht. So hat eine Berechnung der IKSR bei Zugrundelegung einer kumulierten Wirkung eines Rückhalts von 1 mm Niederschlag auf der gesamten Fläche des Rheineinzugsgebiets ergeben, dass dadurch eine maximale Pegelabsenkung des Rheinhochwassers um 7 cm am Pegel Köln erreicht werden kann[324]. Gleichwohl ist dieses Handlungsfeld unter dem Blickwinkel des Hochwasserschutzes durch die Raumordnung sowohl hinsichtlich seines Beitrages zum überregionalen vorsorgenden Hochwasserschutzes als auch in Bezug auf die instrumentellen Möglichkeiten der Raumordnung umstritten[325].

1. Erhöhung des dezentralen Wasserrückhalts im Freiraum

Freiräumen kommt wegen ihres Infiltrations- und Wasserspeichervermögens eine nicht unwesentliche Bedeutung im Bereich des Hochwasserschutzes zu. Sie sind daher im gesamten Einzugsgebiet zu erhalten und darüber hinaus durch Änderung der Flächennutzung zu verbessern[326]. Hierzu können insbesondere Freiräume wie Wald- und Agrarbereiche, Bereiche zum Schutz von Grundwasser sowie Bereiche zum Schutz von Natur und Landschaft herangezogen und erweitert werden[327].

In diesem Zusammenhang sind die jeweiligen Gebiete auch auf ihre Relevanz zur Abflussbildung zu prüfen und Maßnahmen zu ergreifen, die indirekt dem vorbeugenden Hochwasserschutz dienen, wie z.B. Aufforstungen, Erosions-

---

zum Hochwasserschutz, S. 10.

[322] LAWA, Wirksamkeit von Hochwasservorsorge- und Hochwasserschutzmaßnahmen, S. 1; vgl. hierzu im Einzelnen Kapitel 2, S. 21 ff.

[323] Heiland, S. 38 u. 79.

[324] IKSR, Wirkungsabschätzung von Wasserrückhalt im Einzugsgebiet des Rheins.

[325] Heiland, S. 79.

[326] MKRO, Handlungsempfehlungen zum vorbeugenden Hochwasserschutz, aaO., S. 116.

[327] ARGEBAU, Handlungsanleitung für den Einsatz rechtlicher und technischer Instrumente zum Hochwasserschutz, S. 12; MKRO, Handlungsempfehlungen zum vorbeugenden Hochwasserschutz, aaO, S. 116.

schutz und die Renaturierung der Fließgewässer. Insoweit sei auf die obigen Ausführungen unter I. verwiesen.
Über konkrete Festlegungen der Raumordnung hinaus ist eine Beteiligung der Fachplanungen erforderlich, die mit den ihnen zur Verfügung stehenden Instrumenten ebenfalls zum Hochwasserschutz beitragen können. Hierfür kommen beispielsweise die stärkere Berücksichtigung hochwasserrelevanter Auswirkungen in Umweltverträglichkeitsprüfungen oder im Rahmen des Bodenschutzes in Betracht[328]. In diesem Rahmen kommt der Koordinierungsfunktion der Raumordnung besondere Bedeutung zu.

2. Erhöhung des Anteils entsiegelter Fläche (Entsiegelung/Rückbau)

Die Verbesserung des Wasserrückhalts und -abflusses sowie die Verminderung des Schadenspotentials kann auch in Siedlungsbereichen erreicht werden[329]. Hierfür sind Konzepte zur Entsiegelung und zum Rückbau notwendig, die gerade in Gebieten mit hohem Versiegelungsgrad einen Beitrag für den Hochwasserabfluss leisten können[330]. Dabei muss aber berücksichtigt werden, dass das Potential entsiegelbarer Flächen bundesweit nur etwa 4% der heute versiegelten Flächen beträgt[331]. Gleichwohl darf die Wirksamkeit vorbeugender dezentraler Hochwasserschutzmaßnahmen nicht unterschätzt werden. Zwar erscheint der Effekt von Kleinretentionsmaßnahmen gemessen an den Hochwasserproblemen großer Flüsse vielleicht nicht allzu hoch. Bei kleineren Gewässern kann er jedoch bewirken, dass volkswirtschaftlich betrachtet die Hochwasserschäden erheblich gesenkt werden, denn die Vielzahl kleiner Hochwasserschäden könnte damit verhindert werden. Grund hierfür ist, dass kleine Hochwasserschäden hauptsächlich die mittlere Schadenserwartung und nicht die selteneren großen Hochwasser beeinflussen[332].
Neben der Entsiegelung bietet sich der Rückbau dauerhaft nicht mehr genutzter, baulicher Anlagen an. Die betreffenden Flächen können auf diese Weise in einen natürlichen bzw. naturnahen Zustand versetzt und der Wasserrückhalt in der Fläche verbessert werden. Dass auch die Raumordnung ihren Beitrag hierzu leisten kann, stellt § 2 Abs. 2 Nr. 8 Satz 4 ROG klar, worin gefordert wird, dass der Boden derartiger Bereiche in seiner Leistungsfähigkeit wiederhergestellt werden soll.
Die Maßnahmen des dezentralen Hochwasserschutzes tragen neben ihrer hauptsächlichen Aufgabe grundsätzlich auch in nicht geringem Umfang zur Verbesse-

[328] MKRO, Handlungsempfehlungen zum vorbeugenden Hochwasserschutz, aaO, S. 117.
[329] IKSR, Hochwasservorsorge – Maßnahmen und Wirkungen, S. 19.
[330] LAWA, Leitlinien für einen zukunftsweisenden Hochwasserschutz, S. 20; MKRO, Handlungsempfehlungen zum vorbeugenden Hochwasserschutz, aaO, S. 117; Gieseler, S. 81.
[331] Sieker, S. 71.
[332] Gieseler, S. 91.

rung des Wasserhaushalts, des Landschafts- und Naturhaushalts, des Kleinklimas etc. bei. Sie können zudem den Kommunen helfen, Kosten z.B. bei der Kanalisation zu reduzieren[333].

C. Rahmenziel II: Minderung der Schadensrisiken

Ein Hochwasserereignis hat auf den Menschen dann verstärkt negative Auswirkungen, wenn er im Flusseinzugsgebiet siedelt bzw. dieses bewirtschaftet. Diesen Auswirkungen kann der Mensch entgegentreten, indem er sich dem Einflussbereich des Hochwassers entzieht. Das dabei vorhandene Schadenspotential beinhaltet nicht nur die häufig versicherbaren Sachschäden, es umfasst vielmehr sämtliche sozioökonomische und Naturkapitalschäden. Diese Schadenspotentiale können anhand zweier Strategien gesenkt werden. Zum einen durch die Verringerung bereits bestehender Schadenspotentiale und zum anderen durch die Vermeidung zukünftiger Schadenspotentiale[334]. Die Verringerung bestehender Schadenspotentiale bezieht sich auf bereits vorhandene Schadensobjekte. Das heißt, die entsprechenden Maßnahmen orientieren sich sowohl am Objektschutz als auch an der Nutzungsanpassung durch Änderung, Beschränkung oder Beendigung. Die Maßnahmen der zweiten Strategie besitzen einen weit früher ansetzenden vorsorgenden Charakter und werden deswegen dem dritten Rahmenziel zugeordnet[335].
Während Ursachen und Entstehungsfaktoren von Hochwasser das gesamte Einzugsgebiet erfassen und damit flächendeckend sind, konzentrieren sich dessen Folgen, die Hochwasserschäden, auf die konkreten Gefährdungsbereiche. Da sie sich verhältnismäßig scharf von nicht gefährdeten Gebieten abgrenzen lassen, kommt ihnen ein hoher Raumbezug zu[336]. In räumlicher Hinsicht ist die Minderung des Schadenspotentials daher im Gegensatz zur Verringerung der Eintrittswahrscheinlichkeit eher auf lokaler Ebene anzusiedeln. Der Auftrag der Raumordnung ist in diesen Fällen umstritten[337]. Für die Zulässigkeit diesbezüglicher Hochwasserschutzmaßnahmen durch Festlegungen in Raumordnungsplänen heißt das, dass diese eingehend daraufhin zu untersuchen sind, ob sie überörtlicher Natur sind. Das kann in diesem Zusammenhang dann angenommen werden, wenn Schäden verhindert werden sollen, die sich auf das Gebiet nicht nur einer Gemeinde erstrecken. Hierbei ist an Schäden zu denken, die von regi-

---

333 Gieseler, S. 91.
334 Fleischhauer, S. 24; Egli, Gefahrenkarten für die Bauvorsorge und Notfallplanung, in: Umweltbundesamt, Workshop Vorbeugender Hochwasserschutz auf kommunaler Ebene, S. 79.
335 Vgl. Kapitel 4, S. 104 ff.
336 Fleischhauer, S. 25.
337 Heiland, S. 79.

onaler Bedeutung sind, wie beispielsweise Schäden an wichtigen Infrastruktureinrichtungen (Krankenhäuser, Energieversorgungsanlagen etc.). Zudem kann das raumordnungsrechtliche Instrumentarium auch insoweit herangezogen werden, als damit die einzelnen Fachplanungen abgestimmt und koordiniert werden (vgl. § 1 Abs. 1 ROG). Die Integration von Zielen des Natur- oder Bodenschutzes stellt insoweit einen Weg zur Ausgestaltung der raumordnerischen Instrumente in Hinblick auf deren Zulässigkeit dar[338]. Insbesondere in Fällen, in denen bereits Raumordnungspläne bestehen, die aber noch der Verwirklichung durch die nachgeordneten Planungsträger bedürfen, sollen die Träger der Landes- und Regionalplanung die Zusammenarbeit der für die Verwirklichung maßgeblichen öffentlichen Stellen und Personen des Privatrechts fördern (§ 13 Satz 2 ROG).

I. Sicherheit der Wohnbevölkerung vor der Naturgefahr Hochwasser

Je mehr Menschen potentiell von einer Überschwemmung betroffen sind, desto höher ist das personenbezogene und individuelle Schadenspotential. Dabei erscheint die Anzahl der Personen als geeignete Größe, obgleich darauf hinzuweisen ist, dass einzelne Bevölkerungsgruppen eine höhere „Verwundbarkeit" aufzeigen als andere (alte Menschen, Kleinkinder etc.)[339].

Zwar sollte aufgrund der Anpassung der Raumnutzung vermieden werden, dass in überschwemmungsgefährdeten Bereichen Menschen wohnen. Dies wird jedoch, gerade unter dem Gesichtspunkt des Bestandsschutzes, nicht immer zu erreichen sein. Hinzu kommt, dass sich eine gewisse Sicherheit der Bevölkerung zwar auch durch den Objektschutz erreichen lässt. Aufgrund der grundsätzlichen Mobilität von Personen wird im Ereignisfall eine schnelle Evakuierung aber mehr Schutz bieten[340]. Das heißt, zur Verringerung des Schadenspotentials im Bereich von Personen- und Individualschäden sind Vorkehrungen zur (meist vorübergehenden) Evakuierung der Bevölkerung zu treffen, um so die Anzahl der im Überschwemmungsfall betroffenen Bewohner zu reduzieren.

Des Weiteren handelt es sich bei den von Naturgefahren gefährdeten Gebieten in Deutschland oft um attraktive Standorte für die Wohn- und Erholungsnutzung (z. B. Wohnsiedlungen in der Nähe von Flussufern, im Mittel- und Hochgebirge etc.), so dass auf solchen Gebieten ein zunehmender Siedlungsdruck lastet[341]. Deshalb sollten neben der Maßnahme einer schnellen Evakuierung der Bevölkerung im Ereignisfall zudem Maßnahmen zur Verhinderung der Wohnnutzung in bzw. Verlagerung der Wohnnutzung aus gefährdeten Gebieten getroffen werden.

---

[338] Heiland, S. 79.

[339] Lass/Reusswig/Kühn, S. 27; 38.

[340] Ähnlich Fleischhauer, S. 26.

[341] Fleischhauer, S. 27.

II. Sicherheit der gebäudebezogenen Flächennutzung vor Hochwassergefahren

1. Verminderung des Schadenspotentials im Gebäudebestand

Ein Großteil der Schäden bei Überschwemmungen entsteht durch die Schädigung baulicher Anlagen. Das Schadenspotential ist umso höher, je mehr Gebäude potentiell von einer Überschwemmung betroffen sind. Dabei setzt sich das gesamte gebäudebezogene Schadenspotential aus dem Gebäude selbst mitsamt seinen Außenanlagen, dem festen Inventar sowie dem beweglichen Inventar zusammen[342]. Letzteres ist jedoch im Rahmen der Raumplanung ohne weitere Bedeutung, da hier der Aspekt der Flächennutzung im Vordergrund steht. Für die Raumplanung ist es vielmehr ausreichend, das Schadenspotential über das Maß der baulichen Nutzung auszudrücken, da die Art der baulichen Nutzung nur innerhalb der für die Bebauung vorgesehenen Flächen differenziert.
Die Grundlage für das Ergreifen von Objektschutzmaßnahmen sowie ein risikobewusstes Verhalten bilden Informationen über die mögliche Gefährdung. Diese sollten sowohl öffentlichen als auch privaten Nutzern zur Verfügung gestellt werden, was nicht nur die Erarbeitung genauer Karten von Überschwemmungs- und hochwassergefährdeten Gebieten erfordert. Die Informationen müssen den Bürgern zudem erläutert und zugänglich gemacht werden[343]. Daneben sind Informationen über den Objektschutz bereitzustellen, denn häufig lassen sich größere Schäden bereits mit einfachen Maßnahmen vermeiden. Über bestimmte Nutzungsvorschriften oder anhand von zur Verfügung gestellten Informationen kann auf diese Weise eine Verringerung des Schadenspotentials erzielt werden[344].
Im Rahmen der Raumordnung und Landesplanung ist insbesondere die Erfassung und Bereitstellung von Informationen über Gefährdungszonen möglich. Hierzu bieten sich beispielsweise Indikatorensysteme und Raumordnungskataster an[345].

2. Verminderung des Schadenspotentials durch Rückbau und Umnutzung

Nicht immer können bestehende Nutzungen in Überschwemmungsgebieten und hochwassergefährdeten Gebieten mit vertretbarem Aufwand durch Maßnahmen des technischen Hochwasserschutzes gesichert werden. Deshalb sollten sie bei einem bestehenden hohen Schadenspotential, soweit dies möglich und sozial und wirtschaftlich vertretbar ist, durch Beschränkung, Verlagerung oder Been-

---

342 Münchener Rück, S. 47.
343 BMU, Hochwasserschutz und Flutkatastrophen – Hintergrundpapier BMU/BfN, S. 9.
344 So z.B. dargestellt in der Hochwasserschutzfibel des Bundesministeriums für Verkehr, Bau- und Wohnungswesen.
345 Vgl. dazu Kapitel 3, S. 83; Kapitel 6, S. 226.

dung rückgebaut werden[346]. In diesem Zusammenhang stellt sich die noch zu erörternde Frage, ob es raumplanerische Instrumente zur Lösung dieses Aufgabenbereichs gibt bzw. ob diese erst noch entwickelt werden müssen und können. Dabei ist insbesondere zu beachten, dass ein gelegentliches Hochwasser, durch das lediglich geringe Gefahren für Leib, Leben und Sachwerte entstehen, aus Gründen des Bestandschutzes wohl nicht als Begründung dienen kann, bauliche Nutzungen zu verlagern. Etwas anderes könnte gelten, wenn die Häufigkeit der Überschwemmungen zu dauerhaften Sicherheitsmängeln (Verlust der Baugrundstandfestigkeit) und damit zu einem besonderen öffentlichen Interesse an einem Rückbau bzw. einer Nutzungsänderung führen[347].

III. Sicherung der Funktion von Versorgungsinfrastruktureinrichtungen

Die Versorgungsinfrastruktur stellt eine Grundlage der arbeitsteilig organisierten Gesellschaft dar. Zu denken ist hierbei z.B. an Telefon-, Internet-, Verkehrsinfrastruktur, Energie- und Wasserversorgung, aber auch medizinische Einrichtungen[348]. Wird die Versorgungsinfrastruktur aufgrund eines Hochwasserereignisses beeinträchtig oder fällt sie gänzlich aus, führt dies zu empfindlichen Störungen. Gerade im Katastrophenfall ist es wichtig, dass die Versorgungsinfrastruktur (insbesondere Energie- und Wasserversorgung sowie Krankenhäuser) funktionsfähig bleibt. Darüber hinaus schädigt die Funktionsunfähigkeit der Infrastruktur die Volkswirtschaft deutlich über das eigentliche Sachschadenspotential hinaus. Allein das Elbe-Hochwasser im Jahr 2002 hat in diesem Bereich bei Ländern und Kommunen Schäden in Höhe von 1,8 Milliarden Euro verursacht[349]. Ziel ist daher die Sicherung der Funktionstüchtigkeit der Versorgungsinfrastruktureinrichtungen. Als Handlungsziel kann somit der Schutz, der Rückbau oder die Verlagerung von derartigen Einrichtungen formuliert werden. Auch die Erweiterung des Netzes vorhandener Infrastruktureinrichtungen kann eine Möglichkeit darstellen, deren Funktion zu sichern. Weil eine Erhöhung der Netzdichte und Knotendichte die Anfälligkeit der Versorgungsinfrastruktur zu verringern im Stande ist, kann die Flexibilität der Infrastruktur durch „bypassing“ kann erhöht werden[350]. Da die Raumordnungspläne Festlegungen zur Raumstruktur und dabei insbesondere auch zur Sicherung von Standorten und Trassen für die Infrastruktur enthalten sollen (§ 7 Abs. 2 Satz 1 Nr. 3 ROG) und § 2 Abs. 2 Nr. 4 ROG als Grundsatz der Raumordnung vorschreibt, dass die Inf-

---

[346] Bundesamt für Bauwesen und Raumordnung, Leitfibel vorbeugender Hochwasserschutz, S. 49.

[347] Bundesamt für Bauwesen und Raumordnung, Leitfibel vorbeugender Hochwasserschutz, S. 49 f.

[348] Lass/Reusswig/Kühn, S. 40.

[349] Vgl. dazu Kapitel 2, S. 29.

[350] Lass/Reusswig/Kühn, S. 28.

rastruktur mit der Freiraumstruktur in Übereinstimmung zu bringen sowie eine Grundversorgung der Bevölkerung mit technischen Infrastrukturleistungen der Ver- und Entsorgung flächendeckend sicherzustellen ist, bietet sich auch im Rahmen der Minderung entsprechender Schadensrisiken die Zuhilfenahme raumordnerischer Instrumente an.

IV. Sicherung der Leistungs- und Nutzungsfähigkeit des Naturhaushalts

Der Hochwasserschutz dient nicht nur der Verminderung oder Verhinderung von sozioökonomischen Schäden. Es ist vielmehr auch erforderlich, das Naturkapitalschadenspotential nicht weiter zu erhöhen. Darüber hinaus kommt der Natur eine Schutzfunktion hinsichtlich der Gefahrverringerung zu, denn eine intakte Natur, z.B. in Form naturnaher Gewässerläufe, kann einen bedeutenden Beitrag zur vorbeugenden Verringerung des Gefahrenpotentials durch Hochwasser leisten. Im Gegenteil zu anderen Schadenspotentialen lässt sich das Naturkapitalschadenspotential aber nicht verringern, ohne dass nicht auch gleichzeitig der Naturkapitalstock an sich verringert wird[351]. Gerade dies soll aber vermieden und die Funktionen des Naturhaushalts erhalten bleiben.
Der Forderung kann dadurch Rechnung getragen werden, dass insbesondere der Neubau solcher (industrieller) Anlagen, von denen im Überschwemmungsfall ein hohes Schädigungspotential ausgehen würde vermieden wird. Des Weiteren sind derartige bestehende Anlagen zu schützen bzw. rückzubauen. Hierfür ist unter anderem eine Bestandsaufnahme und Kartierung der entsprechenden Anlagen notwendig. Es geht daher im Kernpunkt um den Ausgleich sich widersprechender Raumnutzungen und -funktionen.
Die Raumordnung kann einen Beitrag dazu insoweit leisten, als sie gemäß § 1 Abs. 2 Satz 1 ROG die sozialen und wirtschaftlichen Ansprüche an den Raum mit seinen ökologischen Funktionen in Einklang zu bringen und zu einer dauerhaften, großräumig ausgewogenen Ordnung zu führen hat. Dabei hat sie im Sinne dieser Leitvorstellung einer nachhaltigen Raumentwicklung auch die natürlichen Lebensgrundlagen zu schützen und zu entwickeln (§ 1 Abs. 2 Satz 2 Nr. 2 ROG).

D. Rahmenziel III: Verbesserung des Vorsorge- und Reaktionspotentials

Trotz der großen Anzahl der Möglichkeiten des Hochwasserschutzes im Bereich des natürlichen Wasserrückhalts und des technischen Hochwasserschutzes kann nicht jegliche Hochwassergefahr gebannt werden. Es besteht immer ein (häufig unterschätztes) Hochwasserrisiko. Unter dem hier zu behandelnden recht weit

[351] Fleischhauer, S. 36.

gefassten Punkt der Maßnahmen zur weiteren Hochwasservorsorge sind solche Maßnahmen zu verstehen, die zum einen das Hochwasserbewusstsein stärken und zum anderen ein funktionierendes Hochwassermanagement installieren helfen.

I. Erhöhung des planerischen und organisatorischen Hochwasservorsorgepotentials

1. Freihaltung von Flächen zur Verhinderung zukünftiger Schadenspotentiale

Die Freihaltung von Flächen dient auf der einen Seite dem natürlichen Wasserrückhalt, sie leistet aber auch einen sehr bedeutenden Beitrag im Bereich des Hochwasservorsorgepotentials. Es wurde bereits an anderer Stelle festgestellt, dass sich die Vornahme von Schutzmaßnahmen gerade im Bereich des technischen Hochwasserschutzes auch negativ auswirken kann, indem Anwohner im Vertrauen auf derartige Anlagen weitere wirtschaftliche Werte, beispielsweise in Form baulicher Anlagen, in gefährdeten Gebieten anhäufen[352]. Kommt es dann zu einem Hochwasserereignis, welches das dem Schutzziel zugrunde liegende Bemessungshochwasser überschreitet, tritt ein Schaden ein, der um ein Vielfaches höher liegen wird als der vorige. Ziel muss es daher sein, eine weitere Besiedlung der Überschwemmungsgebiete, in denen ein Hochwasser mindestens einmal in 100 Jahren zu erwarten ist (Bemessungshochwasser HQ 100), so gering wie möglich zu halten oder ganz zu verhindern. Diesen Ansatz verfolgt auch das Artikelgesetz zur Verbesserung des vorbeugenden Hochwasserschutzes mit der Neufassung des § 31b Abs. 4 WHG. Die Festlegung des Bemessungshochwassers kann im Einzelfall unterschiedlich ausfallen, der Richtwert HQ 100 erscheint jedoch in der Mehrzahl der Fälle als angemessen und soll dem einheitlichen Vollzug des Hochwasserschutzes in den Ländern dienen. Doch auch außerhalb der gesetzlichen Überschwemmungsgebiete muss die weitere bauliche Inanspruchnahme von Abfluss- und Überflutungsräumen verhindert werden. Dafür sollten bestehende, in überschwemmungsgefährdeten Gebieten gelegene Freiflächen auch in Zukunft trotz des oft bestehenden Siedlungsdrucks freigehalten werden. Nur auf diese Weise bleibt das Vorsorgepotential erhalten.

2. Verbesserung der Koordination und Kooperation der mit dem vorsorgenden Hochwasserschutz befassten Akteure

Beim vorbeugenden Hochwasserschutz handelt es sich um eine integrative Aufgabe, die der Berücksichtigung einer Vielzahl von Interessen bedarf und sich nur durch stringente Konzepte, eine intensive Abstimmung von Fachplanungen so-

---

[352] LAWA, Leitlinien für einen zukunftsweisenden Hochwasserschutz, S. 20, Leitsatz (1); vgl. auch Kapitel 3, S. 79 f.

wie der Kooperation der Beteiligten lösen lässt. Die Anforderungen an den Hochwasserschutz können durch die Fachplanungen nicht allein erfüllt werden. Gefordert ist daher eine kooperative und offene Planung, bei der die relevanten Akteure in einer bestimmten Form der Zusammenarbeit organisiert sind und die gleichzeitig eine koordinierende Funktion wahrnimmt[353]. Häufig sind es nämlich nicht die falschen Methoden oder Techniken, die eine Umsetzung von Maßnahmen verhindern, sondern ungelöste Konflikte zwischen den beteiligten Akteuren[354]. Gerade diese Aufgabe deckt sich mit der Abstimmungs- und Koordinationsfunktion von Raumordung und Landesplanung (§ 1 Abs. 1 ROG).

3. Bevölkerung als wichtiges Standbein

Die Darstellung zur Wahrnehmung des Hochwasserschutzes in der Öffentlichkeit hat gezeigt, dass in der Bevölkerung oft ein nur geringes Risikobewusstsein und risikoangepasstes Verhalten zu erleben ist, das zumeist auf die Unkenntnis der Gefahren- und Schadenspotentiale zurückgeführt werden kann[355]. Deshalb ist das Risikobewusstsein gegenüber möglichen Hochwasserereignissen zu erhöhen, wozu Informationsbroschüren, Veranstaltungen, Beratungstelefone und im zunehmenden Maße auch das Internet geeignete Mittel sind. Hinzu kommt die Information über Gefahren- und Schadenskarten. Neben der Information trägt die Beteiligung der Bürger entscheidend zur Akzeptanz der Planung und damit zur Bildung eines Risikobewusstseins sowie eines entsprechenden Verhaltens bei[356]. Das Erreichen der genannten Ziele anhand der Instrumente von Raumordnung und Landesplanung ist allerdings nur schwer oder überhaupt nicht zu bewerkstelligen, da diese vorrangig überörtliche Planung ist[357].

II. Verbesserung und Sicherung des institutionellen Reaktionspotentials

Die Verbesserung und Sicherung des institutionellen Reaktionspotentials fällt nicht unbedingt in den Aufgabenbereich der Raumordnung und Landesplanung letzterer würde auch das entsprechende Instrumentarium fehlen. Deshalb genügt es, die möglichen Handlungsziele lediglich zu nennen. Hierbei handelt es sich um die Verbesserung der Koordination und Kooperation zwischen Hilfseinrichtungen, die Verbesserung der technischen und personellen Ausstattung der Katastrophenvorsorge, die Verbesserung der Frühwarnsysteme sowie die Erhöhung

---

353 Fleischhauer, S. 41.

354 Bundesamt für Bauwesen und Raumordnung, Leitfibel vorbeugender Hochwasserschutz, S. 53 und S. 59; Fleischhauer, S. 39.

355 Vgl. dazu Kapitel 3, S. 78 f.; Fleischhauer, S. 47.

356 Fleischhauer, S. 47; Pfeil, S. 42 ff.

357 Vgl. BVerfG, Rechtsgutachten vom 16.6.1954 – 1 PBvV 2/52 –, BVerfGE 3, 407 (425).

der Risikovorsorge, worunter z.B. Rücklagen oder Elementarschadenversicherungen zu verstehen sind.

E. Fazit

Zusammenfassend lässt sich zum Zielsystem des vorsorgenden Hochwasserschutzes ausführen, dass die entsprechenden Handlungsmöglichkeiten im Wesentlichen auf drei Säulen basieren. Dabei handelt es sich zum Ersten um den natürlichen Rückhalt der Niederschläge, zum Zweiten um den technischen Hochwasserschutz und zum Dritten um sonstige Vorsorgemaßnahmen. Hinsichtlich des natürlichen Rückhalts bietet sich eine Vielzahl von Handlungsmöglichkeiten, die mit Hilfe der Raumordnungspläne festgelegt werden und auf den nachfolgenden Planungsstufen umgesetzt werden können. Zwar können auch verschiedene Aussagen und Festlegungen zum technischen Hochwasserschutz in die Raumordnungspläne aufgenommen werden, jedoch werden diese, wie sich später noch herausstellen wird, eher auf Standortfestlegungen beschränkt sein. Der nicht ganz konkrete Begriff der sonstigen Vorsorgemaßnahmen dient als Auffangbecken für weitere Maßnahmen, die den ersten beiden Bereichen nicht zugeordnet, gleichwohl aber auf der Ebene der Raumordnung und Landesplanung durchgeführt werden können.
Wie der vorsorgende Hochwasserschutz in Raumordnung und Landesplanung konkret umgesetzt werden kann, zeigt das folgende fünfte Kapitel der Untersuchung.

Kapitel 5: Umsetzung des Hochwasserschutzes in Raumordnung und Landesplanung durch die Ausweisung von Raumordnungsgebieten

§ 1: Raumordnungsgebiete nach § 7 Abs. 4 ROG

A. Überblick

Mit dem BauROG 1998 wurden die in der Lehre und Verwaltung gebräuchlichen, jedoch bezüglich ihrer rechtlichen Qualifikation nicht unumstrittenen Raumordnungsgebiete kodifiziert. Dabei handelt es sich im einzelnen um Vorranggebiete (§ 7 Abs. 4 Satz 1 Nr. 1 ROG), Vorbehaltsgebiete (§ 7 Abs. 4 Satz 1 Nr. 2 ROG), Eignungsgebiete (§ 7 Abs. 4 Satz 1 Nr. 3 ROG) und Vorranggebiete, welche zugleich die Wirkung von Eignungsgebieten besitzen können (§ 7 Abs. 4 Satz 2 ROG).

Die Gesetzesbegründung führt aus, dass Raumordnungsgebiete zur Ausgestaltung der Festlegungen nach § 7 Abs. 2 und 3 ROG eingesetzt werden können[358]. Da gerade Raumordnungsgebiete (vgl. insbesondere § 7 Abs. 2 Nr. 2d, Abs. 3 Nr. 5 n.F. i.V.m. § 7 Abs. 4 Satz 1 ROG) einen Beitrag zur für den Hochwasserschutz relevanten Freiraumstruktur leisten können, muss im Hinblick auf den Vollzug derartiger Festlegungen durch die Planbetroffenen näher auf die rechtliche Qualität der Raumordnungsgebiete eingegangen werden.

Auch nach der Schaffung des § 7 Abs. 4 ROG besteht weder Klarheit über die Bindungswirkung der Raumordnungsgebiete, noch wurden sie allseits begrüßt. So machte beispielsweise die Bundesvereinigung der kommunalen Spitzenverbände in ihrer Stellungnahme zum Referentenentwurf des BauROG 1998 deutlich, dass die Schaffung von Vorrang-, Vorbehalts- und Eignungsgebieten aus Sicht der Gemeinden abzulehnen sei, da sie im Bereich der Bauleitplanung keinen kommunalen Handlungsspielraum lasse[359]. Auch in Lehre, Rechtsprechung und Praxis ist insbesondere in der Frage, ob Vorbehalts- und Eignungsgebiete Grundsätze oder Ziele der Raumordnung darstellen, keine einheitliche Tendenz erkennbar.

---

[358] Begründung des Regierungsentwurfs zum BauROG 1998, BR-Drs. 635/96, S. 84.

[359] Stellungnahme der Bundesvereinigung der kommunalen Spitzenverbände zum Referentenentwurf für ein Gesetz zur Änderung des BauGB und Neuregelung des Rechts der Raumordnung, abgedruckt in: Bielenberg/Runkel/Spannowsky, Bd. 2, J 653 Ziff.3 b).

B. Arten der Festlegungen in Raumordnungsgebieten

I. Festlegungen nach § 7 Abs. 2 ROG

Gemäß § 7 Abs. 2 Satz 1 ROG sollen die Raumordnungspläne Festlegungen zur Raumstruktur enthalten, wozu insbesondere Festlegungen zur anzustrebenden Siedlungsstruktur (Nr. 1), der anzustrebenden Freiraumstruktur (Nr. 2) und der zu sichernden Standorte und Trassen für Infrastruktur (Nr. 3) gehören.
Zweck der Regelung ist es, die sich auf Grund langjähriger Erfahrung entwickelte Grundstruktur von Raumordnungsplänen auf Landes- und Regionalebene[360] einheitlich zu verankern, damit inhaltliche Überschneidungen vermieden sowie klare und begrifflich eindeutige Zuordnungsmöglichkeiten der einzelnen Aussagen gewährleistet werden[361]. Letztendlich ging es bei der Schaffung des § 7 Abs. 2 ROG um die bundesweite Harmonisierung bei den Mindestinhalten der Raumordnungspläne und dem damit verbundenen Instrumentarium.
Von § 7 Abs. 2 ROG werden die wichtigsten Inhaltsbereiche, die zwingend in einen Raumordnungsplan gehören, genannt und durch Beispiele erläutert[362]. Dem Wortlaut der Vorschrift ist zu entnehmen, dass sowohl die Kerninhalte als auch die Erläuterungsbeispiele nicht als abschließend zu betrachten sind, der Landesgesetzgeber vielmehr die Möglichkeit hat, zusätzliche Inhalte aufzunehmen. Der Unterschied zwischen Kerninhalten und Beispielen besteht darin, dass erstere zwingend in einem Raumordnungsplan enthalten sein müssen, während letztere nur als Anregung für den Landesgesetzgeber gedacht sind[363]. Eine Ausnahme soll allerdings für die Ausweisung Zentraler Orte gelten, die – obwohl auch lediglich beispielhaft aufgezählt – zwingend sein soll[364].

Zum Verhältnis der in § 7 Abs. 1 ROG geregelten Planungspflicht zu den in Absatz 2 fixierten Kerninhalten ist anzumerken, dass die Kerninhalte der Umsetzung der Planungspflicht als allumfassenden Auftrag der Konkretisierung der Raumordnungsgrundsätze im Sinne der Leitvorstellung und des Gegenstromprinzips dienen, also als Mindestinhalte der Raumordnungspläne anzusehen sind[365]. Die bloße Aufnahme der Kerninhalte in einen Raumordnungsplan bietet daher noch keine Garantie, dass die Planungspflicht erfüllt wurde. Dies macht § 7 Abs. 3 Satz 1 ROG deutlich, wonach die Raumordnungspläne auch diejenigen Festlegungen zu raumbedeutsamen Planungen und Maßnahmen von öffent-

---

360 Begründung des Regierungsentwurfs zum BauROG 1998, BR-DRS. 13/6392, S. 83.
361 Dallhammer, in: Cholewa/Dyong/v.d. Heide/Arenz, Bd. 1, § 7 Rn. 62.
362 Begründung des Regierungsentwurfs zum BauROG 1998, BR-DRS. 13/6392, S. 83; Dallhammer, in: Cholewa/Dyong/v.d. Heide/Arenz, Bd. 1, § 7 Rn. 64.
363 Dallhammer, in: Cholewa/Dyong/v.d. Heide/Arenz, Bd. 1, § 7 Rn. 65.
364 Dallhammer, in: Cholewa/Dyong/v.d. Heide/Arenz, Bd. 1, § 7 Rn. 79.
365 Dallhammer, in: Cholewa/Dyong/v.d. Heide/Arenz, Bd. 1, § 7 Rn. 67.

lichen Stellen und Personen des Privatrechts nach § 4 Abs. 3 ROG enthalten sollen, die zur Aufnahme in Raumordnungspläne geeignet und nach Maßgabe von § 7 Abs. 7 ROG zur Koordinierung von Raumansprüchen erforderlich sind und die durch Ziele oder Grundsätze der Raumordnung gesichert werden können.

1. Festlegungen zur Siedlungsstruktur

Siedlungsräume und Freiräume bilden gemeinsam den Gesamtraum und sind untrennbar miteinander verwoben. Unter Siedlungsräumen sind im Gegensatz zu den Freiräumen besiedelte Flächen zu verstehen. Hinsichtlich dieser Flächen haben Raumordnung und Landesplanung die anzustrebende Siedlungsstruktur in ihre Planwerke aufzunehmen, wozu insbesondere die Festlegung von Raumkategorien, zentralen Orten, besonderen Gemeindefunktionen, Siedlungsentwicklungen und Achsen gehört (§ 7 Abs. 2 Satz 1 Nr. 1 ROG). Vor allem den Grundsätzen in § 2 Abs. 2 Nr. 1 und 2 ROG ist zu entnehmen, wie diese anzustrebende Siedlungsstruktur zu entwickeln und zu sichern ist.
Unter dem Gesichtspunkt des vorbeugenden Hochwasserschutzes, der in erster Linie auf Flächen im Freiraum angewiesen ist, sind Festlegungen zur Siedlungsstruktur gemäß § 7 Abs. 2 Satz 1 Nr. 1 ROG nicht in dem Maße geeignet, wie die Festlegungen nach § 7 Abs. 2 Satz 1 Nr. 2 ROG. Als Schlagwort sei an dieser Stelle jedoch der Begriff der Innenentwicklung genannt, worunter die Unterbringung neuen Flächenbedarfs für bauliche Nutzungen innerhalb des geschlossenen Siedlungsraumes zur Vermeidung bzw. Reduzierung von Freirauminanspruchnahme zu verstehen ist[366]. Einen wichtigen Beitrag kann hierbei die vorrangige Wiedernutzung brachgefallener Siedlungsflächen vor der Inanspruchnahme von Freiflächen leisten (§ 2 Abs. 2 Nr. 2 ROG). Auf diese Weise kann die weitere Bodenversiegelung verhindert oder zumindest eingeschränkt werden, wodurch der Wasserrückhalt im besiedelten Raum erhalten wird. Allerdings führt die Innenentwicklung zur Verdichtung eines Baugebietes, wobei auch bisher bestehende Baulücken in Anspruch genommen werden, die im Einzelfall einen positiven Beitrag zum Kleinklima, der Retention oder als Artenrefugium leisten und deshalb besonders hochwertig sind. In aller Regel wird die Umsetzung von Bauvorhaben im bereits besiedelten Raum die natürlichen Ressourcen aber weit weniger in Anspruch nehmen als eine Bebauung des Freiraums. Daher scheint es angebracht zu sein, der Innenentwicklung einen grundsätzlichen, nicht aber einen ausnahmslosen Vorrang einzuräumen. Neben den angesprochenen Aspekten kann die Innenentwicklung weitere positive Nebeneffekte mit sich bringen, da Baulückenbebauung, Ruinengebäudeabriss, Umnutzung sowie Wiederherstellung ungenutzten Bestandes das Straßen- und Ortsbild in ästhetischer Hinsicht verbessern können und in der Folge zu steigender Lebendigkeit, Urba-

[366] Franz, S. 36; vgl. auch Albers, Stichwort: Innenentwicklung, in: ARL, Handwörterbuch der Raumordnung, S. 498 f.

nität, vermehrten Dienstleistungsangeboten und Lebensqualität beitragen[367]. Dass die Forderung nach der Verwirklichung der Innenentwicklung, welcher der Gedanke ökologischen Planens und Bauens zugrunde liegt, oftmals auf Widerstand stößt, ist bereits in Kapitel 3 (S. 84 ff.) erörtert worden und bedarf hier keiner näheren Erörterung mehr.

2. Festlegungen zur anzustrebenden Freiraumstruktur

Mit dem Begriff Freiraum wird der Teil der Erdoberfläche bezeichnet, der in einem naturnahen Zustand ist oder dessen Nutzung überwiegend mit seinen ökologischen Grundfunktionen überwiegend verträglich ist[368]. Den Grundsätzen der Raumordnung in § 2 Abs. 2 Nr. 1 und 3 ROG ist zu entnehmen, welche Freiraumstruktur anzustreben und durch Festlegungen in den Raumordnungsplänen zu entwickeln und zu sichern ist. Daraus ergibt sich, dass der Freiraum nicht nur ökologische Funktionen erfüllt, sondern ebenso wirtschaftliche und soziale Nutzungen gewährleisten muss. Dies entspricht der Leitvorstellung einer nachhaltigen Raumentwicklung (§ 1 Abs. 2 ROG).
Im Gegensatz zu § 7 Abs. 2 Satz 1 Nr. 1 ROG gibt Nr. 2 dem Planungsträger keine Instrumente zur Erreichung der anzustrebenden Freiraumstruktur an die Hand. Es werden lediglich mögliche Inhalte aufgezeigt. Hieraus lässt sich ableiten, dass der Siedlungsstruktur in vergangener Zeit eine größere Bedeutung beigemessen wurde und sich daher ein eigenständigeres inhaltliches Instrumentarium herausgebildet hat[369]. Bislang wird im Rahmen der Festlegungen zur Freiraumstruktur hauptsächlich auf die allgemeinen Instrumente der Raumordnungsgebiete zurückgegriffen, wobei allerdings auch neue Ansätze wie die Ausweisung von Grünzügen und Grünzäsuren – bei ihnen handelt es sich übrigens um multifunktionale Planelemente – im Voranschreiten begriffen sind.

a) Großräumig übergreifende Freiräume und Freiraumschutz

Die Gesetzesbegründung zum BauROG 1998 führt zu § 7 Abs. 2 Nr. 2a ROG aus, dass großräumig übergreifende Freiräume künftig verstärkt in Raumordnungsplänen festgelegt werden sollen[370]. Mit der Festlegung derartiger Räume bezweckt der Gesetzgeber den Aufbau eines ökologischen Verbundsystems, also eines funktional zusammenhängenden Netzes ökologisch bedeutsamer Freiräume, das etwa 15% der nicht für Siedlungszwecke genutzten Flächen umfassen soll. Diese müssen, über Gemeindegrenzen hinausgehend, ökologisch miteinan-

[367] Franz, S. 63.
[368] Ritter, Stichwort: Freiraum, in: ARL, Handwörterbuch der Raumordnung, S. 315.
[369] Vgl. dazu auch Dallhammer, in: Cholewa/Dyong/v.d. Heide/Arenz, Bd. 1, § 7 Rn. 93.
[370] Begründung des Regierungsentwurfs zum BauROG 1998, BT-Drucks. 13/6392, S. 83; vgl. auch Entschließung der MKRO vom 27.11.1992, GMBl. 1993, S. 49.

der verbunden und landesplanerisch gesichert werden[371]. Hinsichtlich des „Wie" der Umsetzung dieser Vorgaben sind die Länder frei; nur sie entscheiden, mit welchem Instrumentarium dieses Verbundsystem geschaffen wird.

In diesem Zusammenhang ist auf die Regelungen zum Biotopverbund im BNatSchG hinzuweisen. Nach § 3 Abs. 1 Satz 1 BNatSchG haben die Länder ein Netz verbundener Biotope zu schaffen, das mindestens 10% der Landesfläche umfassen soll. Ziel ist unter anderem die Bewahrung, Wiederherstellung und Entwicklung funktionsfähiger ökologischer Wechselbeziehungen (§ 3 Abs. 2 BNatSchG). In Erfüllung dieser Aufgabe regeln die Länder das Verbot von Maßnahmen, die zur erheblichen oder nachhaltigen Beeinträchtigung bestimmter Biotope führen können (§ 30 Abs. 1 Satz 1 BNatSchG). Hierunter sind auch natürliche oder naturnahe Bereiche von Fließgewässern einschließlich ihrer Ufer und der dazugehörigen uferbegleitenden natürlichen oder naturnahen Vegetation sowie ihrer natürlichen oder naturnahen Verlandungsbereiche, Altarme und regelmäßig überschwemmten Bereiche zu verstehen (§ 30 Abs. 1 Satz 1 Nr. 1 BNatSchG). Der vorbeugende Hochwasserschutz kann also mit Hilfe der Festlegungen zur anzustrebenden Siedlungsstruktur verwirklicht werden. Die Bedeutung gerade der großräumig übergreifenden Freiräume für den Hochwasserschutz wird zudem durch die Regelung des § 31 BNatSchG verdeutlicht. Danach haben die Länder sicherzustellen, „dass die oberirdischen Gewässer einschließlich ihrer Gewässerrandstreifen und Uferzonen [...] erhalten bleiben und so weiter entwickelt werden, dass sie ihre großräumige Vernetzungsfunktion auf Dauer erfüllen können. Voraussetzung für die Maßnahmen aufgrund des Naturschutzrechts ist die Sicherung entsprechender Flächen, die durch planungsrechtliche Festlegungen in Raumordnungsplänen und dabei in erster Linie durch die Ausweisung von Vorranggebieten erreicht werden kann[372]. Schließlich bleibt darauf hinzuweisen, dass aufgrund des § 2 Abs. 2 Nr. 8 Satz 2 ROG den Erfordernissen des Biotopverbundes Rechnung zu tragen ist.

Als weiterer Inhalt der Raumordnungspläne ist der Freiraumschutz zu nennen, der nicht nur die klassischen ökologischen Schutzaufgaben aus Naturschutz und Landschaftspflege beinhaltet, sondern sich auch auf Bereiche wie Grundwassersicherung, Klimaschutz etc. erstreckt[373]. Während bei den klassischen ökologischen Schutzaufgaben die Sicherung bzw. der Schutz hochwertiger und empfindlicher Landschaften oder Landschaftsteile im Vordergrund der Zielformulierungen stehen (vgl. hierzu auch die obigen Ausführungen zum Biotopverbund), geht es bei den weiteren Schutzaufgaben um einen ganz konkreten Schutz-

---

[371] Entschließung der MKRO vom 27.11.1992, Aufbau eines ökologischen Verbundsystems in der räumlichen Planung, abgedruckt in: Bielenberg/Runkel/Spannowsky, Bd. 1, B 320 Nr. 20, S. 56; Dallhammer, in: Cholewa/Dyong/v.d. Heide/Arenz, Bd. 1, § 7 Rn. 95.

[372] Vgl. auch Gassner, in: Gassner/Bendomir-Kahlo/Schmidt-Räntsch, § 3 Rn. 10 und Rn. 12.

[373] Dallhammer, in: Cholewa/Dyong/v.d. Heide/Arenz, Bd. 1, § 7 Rn. 97; in diesem Sinne auch Ritter, Stichwort: Freiraum, in: ARL, Handwörterbuch der Raumordnung, S. 316.

zweck. Anzuführen ist diesbezüglich z.B. die Schaffung von Trenngrün und Grünzäsuren zum Zweck der Verhinderung des Zusammenwachsens von Ortslagen. Trotz der genannten Unterschiede wird zur Erfüllung der Aufgaben auf ein gemeinsames Instrumentarium zurückgegriffen, wobei die Festlegung von Vorrang- bzw. Vorbehaltsgebieten als wirksamstes Mittel anzusehen ist.
Aus den Ursachen und Entstehungsfaktoren der Hochwasserereignisse an Fließgewässern lässt sich ableiten, dass sowohl mit den klassischen ökologischen Schutzaufgaben als auch mit den weiteren Schutzaufgaben der Entstehung von Hochwassergefahren entgegengewirkt werden kann. Insbesondere die dem § 2 Abs. 2 Nr. 8 Satz 7 ROG zu entnehmenden Maßnahmen des vorbeugenden Hochwasserschutzes (Sicherung und Rückgewinnung von Auen, Rückhaltebereichen und überschwemmungsgefährdeten Bereichen) können mittels Festlegungen zum Freiraumschutz umgesetzt werden. In Betracht kommt die Ausweisung bestimmter Vorrang- und Vorbehaltsgebiete, auf die noch an späterer Stelle umfassend einzugehen sein wird[374].
Das gewählte Beispiel des Biotopverbunds nach § 3 BNatSchG macht zudem das Zusammenspiel von Raumordnungsplanung und Fachplanung deutlich, das für den Schutz und die Entwicklung von Freiraumfunktionen besonders bedeutsam ist. Hierbei kann die Raumordnungsplanung Festsetzungen der Fachplanungen ergänzen, denn sie geht als Gesamtplanung darüber hinaus; sie kann insoweit als Vorsorgeplanung bezeichnet werden[375].

b) Nutzungen im Freiraum

Gerade der Freiraum bietet sich für Raumnutzungen an, die typischerweise nicht im besiedelten Raum stattfinden[376] (z.B. Gewinnung standortgebundener Rohstoffe, Land- und Forstwirtschaft, Erholung). Derartige Vorhaben werden aufgrund ihrer besonderen Wirkungen vielfach dem baurechtlichen Außenbereich zugeordnet. Solche Nutzungen können den ökologischen Funktionen des Raums und im Bereich des vorbeugenden Hochwasserschutzes insbesondere der Sicherung und Wiederherstellung von Auen und anderen natürlichen bzw. naturnahen Rückhalteflächen entgegenstehen. Aus diesem Grund wurde in § 2 Abs. 2 Nr. 3 Satz 3 ROG die Forderung verankert, wirtschaftliche und soziale Nutzungen des Freiraums nur unter Beachtung seiner ökologischen Funktionen zu gewähren. Die Gewährleistung wirtschaftlicher und sozialer Nutzungen im Freiraum steht damit unter dem Vorbehalt, dass die ökologischen Funktionen die Nutzungen noch zulassen[377]. Es muss folglich im Rahmen der landesplanerischen Entschei-

---

[374] Vgl. dazu Kapitel 5, S. 140 ff.
[375] Runkel, in: Bielenberg/Runkel/Spannowsky, Bd. 2, § 2 Rn. 43.
[376] Dallhammer, in: Cholewa/Dyong/v.d. Heide/Arenz, Bd. 1, § 7 Rn. 92.
[377] Runkel, in: Bielenberg/Runkel/Spannowsky, Bd. 2, § 2 Rn. 51; v.d. Heide, in: Cholewa/Dyong/v.d. Heide/Arenz, Bd. 1, § 2 Abs. 2 Nr. 3 Rn. 16.

dung hinsichtlich der Festlegungen zur anzustrebenden Freiraumstruktur eine Güterabwägung stattfinden, bei der sämtliche Ansprüche an den Raum mit dessen Funktionen in Einklang gebracht werden. Die Schwierigkeiten, die sich bei den entsprechenden Festlegungen ergeben können – an dieser Stelle sei besonders auf eventuelle Zielkonflikte und deren Folgen bei der Ausweisung sich räumlich überschneidender Vorranggebiete hingewiesen – werden noch zu erörtern sein[378].

c) Festlegungen zur Sanierung und Entwicklung von Raumfunktionen

Zu den Festlegungen der anzustrebenden Freiraumstruktur kann nach § 7 Abs. 2 Satz 1 Nr. 2c ROG auch die Sanierung und Entwicklung von Raumfunktionen gehören. Damit sollen Bereiche, die in ihren ökologischen Funktionen beeinträchtigt sind, zum Zweck der Sanierung festgelegt werden. Sanierung bedeutet Wiederherstellung im Sinne des Schaffens eines besseren, „gesunden" Zustands. Die Sanierung der Raumfunktionen ist zwar traditionellerweise nicht Aufgabe der Raumordnung[379], sie entspricht aber der neuen Leitvorstellung nachhaltiger Raumentwicklung. Als Beispiel für ein gesetzlich geregeltes Wiederherstellungsgebot sei der bundesrechtliche Raumordnungsgrundsatz des § 2 Abs. 2 Nr. 8 Satz 5 ROG genannt, wonach die Leistungsfähigkeit des Bodens bei dauerhaft nicht mehr genutzten Flächen wiederherzustellen ist. Sanierungsgebote sind dem Raumordnungsgesetz – jedenfalls seit dem BauROG 1998 – also doch nicht fremd. Da gemäß § 2 Abs. 1 ROG die Grundsätze der Raumordnung im Sinne der Leitvorstellung anzuwenden sind, ist aus dem Bestehen und dem Inhalt der Vorschrift des § 2 Abs. 2 Nr. 8 Satz 5 ROG zu folgern, dass die Sanierung der Raumfunktionen im Sinne einer Wiederherstellung gesunder Zustände der Verwirklichung der Leitvorstellung des § 1 Abs. 2 ROG dient. Gemäß § 1 Abs. 2 Satz 2 Nr. 2 ROG sind bei der Erfüllung der Aufgabe der Raumordnung die natürlichen Lebensgrundlagen, wozu unter anderem die Umweltmedien Boden, Wasser und Luft sowie Lebensräume für Pflanzen und Tiere gehören, zu schützen und zu entwickeln. Weil diese natürlichen Lebensgrundlagen Raumfunktionen darstellen und § 7 Abs. 2 Satz 1 Nr. 2c ROG von der Sanierung und Entwicklung von Raumfunktionen spricht, kann sich dessen Bedeutung in erster Linie nicht nur auf die Sanierung und Entwicklung brachgefallener Gebiete, die einer neuen Nutzung zugeführt werden sollen, beschränken, wie es in der Begründung des Gesetzesentwurfs des BauROG 1998 anklingt[380]. Durch Festlegungen nach § 7 Abs. 2 Satz 1 Nr. 2c ROG können und sollten also neben der Wiederherstellung von nicht mehr genutzten Brachflächen gerade auch auf Flächen, die bisher noch nicht genutzt wurden, in deren Bereich jedoch Raumfunk-

[378] Vgl. dazu Kapitel 5, S. 211 ff.
[379] Runkel, in: Bielenberg/Runkel/Spannowsky, Bd. 2, § 1 Rn. 70.
[380] Begründung zum Regierungsentwurf des BauROG 1998, BR-Drs. 635/96, S. 83.

tionen (wie der Hochwasserschutz) beeinträchtigt wurden, Sanierungs- und Entwicklungsmaßnahmen eingeleitet werden. Als problematisch erweist sich allerdings die Tatsache, dass das ROG diesbezüglich nicht über ein Durchführungsinstrumentarium zur Umsetzung solcher Festlegungen verfügt. Daher verbleibt lediglich die allgemeine Regelung des § 15 ROG, wonach die Träger der Raumplanung auf die Verwirklichung der Raumordnungspläne hinzuwirken haben[381].

d) Freiräume zur Gewährleistung des vorbeugenden Hochwasserschutzes

Der durch das Gesetz zur Verbesserung des vorbeugenden Hochwasserschutzes geänderte § 7 Abs. 2 Satz 1 Nr. 2 ROG beinhaltet in seinem neuen Buchstaben d) nun auch eine ausdrückliche hochwasserschutzrechtliche Regelung. Danach können zu den Festlegungen zur anzustrebenden Freiraumstruktur insbesondere auch Freiräume zur Gewährleistung des vorbeugenden Hochwasserschutzes gehören.
Da es sich dabei um ein Beispiel zur Erläuterung eines der Kerninhalte der Raumordnungspläne handelt, erstere jedoch nur Anregungen für den Landesgesetzgeber darstellen, sind die Planungsträger nicht verpflichtet, Freiräume zur Gewährleistung des vorbeugenden Hochwasserschutzes in ihren Raumordnungsplänen festzulegen. Mit der Aufnahme des neuen Buchstaben d) ins ROG wird lediglich der bundesrechtliche Grundsatz der Raumordnung in § 2 Abs. 2 Nr. 8 Satz 7 ROG konkretisiert[382], der für den vorbeugenden Hochwasserschutz im Binnenland vor allem die Sicherung oder Rückgewinnung von Auen, Rückhalteflächen und überschwemmungsgefährdeten Bereichen vorsieht. Es wird klargestellt, dass Freiräume für den vorbeugenden Hochwasserschutz zur Freiraumstruktur gehören können. Obwohl mit dem neuen Buchstaben d) keine darüber hinaus gehende Regelung getroffen wurde, ist die Bedeutung der Vorschrift trotzdem nicht zu unterschätzen. Denn mit den in § 7 Abs. 2 Satz 1 ROG aufgezählten Beispielen hat der Gesetzgeber solche Festlegungsmöglichkeiten gewählt, denen in Raumordnung und Landesplanung eine besondere Bedeutung zukommt, ähnlich dem System zentraler Orte oder dem Achsensystem. Durch § 7 Abs. 2 Satz 1 Nr. 2d ROG wird daher die Wichtigkeit und Dringlichkeit, Freiräume zur Gewährleistung des vorbeugenden Hochwasserschutz in Raumordnungsplänen festzulegen, herausgestellt.
Die zentralen Forderungen an einen effektiven Hochwasserschutz liegen darin, den Flüssen mehr Raum zu geben sowie das Hochwasser dezentral zurück zu

[381] Runkel, in: Bielenberg/Runkel/Spannowsky, Bd. 2, § 2 Rn. 45.

[382] So auch die Begründung zum Regierungsentwurf eines Gesetzes zur Verbesserung des vorbeugenden Hochwasserschutzes, BR-Drucks. 268/04, S. 34; in diesem Sinne auch Dallhammer in: Cholewa/Dyong/v.d. Heide/Arenz, Bd. 1, § 7 Rn. 68, der ganz allgemein die Eigenschaft der Raumordnungsgrundsätze als Beispiele zur Ausfüllung der Kerninhalte ansieht.

halten. Hierfür bedarf es möglichst unbesiedelter Räume größerer Ausdehnung und damit Freiräume im Sinne des § 7 Abs. 2 Satz 1 Nr. 2d ROG. Bei diesen Freiräumen handelt es sich hauptsächlich, wie nun schon mehrfach dargelegt wurde, um natürliche Überflutungs- und Rückhalteflächen. Sollten keine derartigen natürlichen Flächen vorhanden sein, muss versucht werden, diese wieder herzustellen.

3. Festlegungen zu den zu sichernden Standorten und Trassen für Infrastruktur

Der dritte Kerninhalt befasst sich mit der Festlegung von zu sichernden Standorten und Trassen für die Infrastruktur. Beispielhaft werden unter Buchstabe a) die Verkehrsinfrastruktur und Umschlaganlagen von Gütern sowie unter Buchstabe b) die Ver- und Entsorgungsinfrastruktur genannt. Unter Infrastruktur ist die „Gesamtheit der materiellen, institutionellen und personellen Einrichtungen und Gegebenheiten [zu verstehen], die der arbeitsteiligen Wirtschaft zur Verfügung stehen und dazu beitragen, dass in der Marktwirtschaft gleiche Faktorentgelte für gleiche Faktorleistungen bei zweckmäßiger Allokation der Ressourcen gezahlt werden“[383].
Auf den ersten Blick scheint es keine Anhaltspunkte zu geben, wie diese Festlegungen dem vorbeugenden Hochwasserschutz dienen könnten, da es der Vorschrift ihrem Wortlaut nach um die Sicherung der Standorte und Trassen für die Infrastruktur geht. Damit würde ökonomischen und sozialen Ansprüchen an den Raum, nicht aber ökologischen Funktionen Genüge getan werden. Allerdings kommt der Raumplanung zunehmend nicht mehr nur die Aufgabe des Nachzeichnens der Fachplanungen – also beispielsweise der Verkehrsplanung – oder einer Initiativ- oder Moderatorenfunktion zu. Gerade bei Verkehrsvorhaben ist sie nicht mehr nur auf die Sicherung der Trassenführung zu beschränken[384]. Entsprechend ihres Auftrags, den Raum nicht nur zu ordnen und zu sichern, sondern auch zu entwickeln (§ 1 Abs. 1 Satz 1 ROG), kann die Raumordnung und Landesplanung vielmehr auch landespolitisch bedeutsame Infrastrukturvorhaben als Ziele der Raumordnung festlegen[385].
Zudem gibt die Raumordnung im Verhältnis zu den Fachplanungen der jeweiligen Bedarfsplanung und der Planfeststellung zu berücksichtigende Grundsätze mit auf den Weg, hält ihr eventuell bestimmte Trassen und Standorte gegenüber konkurrierenden Nutzungen frei und führt im Einzelfall – bezogen auf mögliche Trassen – ein Raumordnungsverfahren nach § 15 ROG durch, dessen Ergebnis als sonstiges Erfordernis der Raumordnung im Planfeststellungsverfahren zu

---

[383] Jochimsen, Theorie der Infrastruktur. Grundlagen der marktwirtschaftlichen Entwicklung, 1966, zit. nach v.d.Heide, in: Cholewa/Dyong/v.d. Heide/Arenz, § 2 Grundsatz Nr. 4 Rn. 2.
[384] Dallhammer, in: Cholewa/Dyong/v.d. Heide/Arenz, Bd. 1, § 7 Rn. 104; anderer Ansicht ist wohl Runkel, UPR 1997, 1 (6).
[385] So auch Goppel, DVBl. 2000, 86 (88).

berücksichtigen ist[386]. Die Fachplanung hat daneben sonstige bzw. andere Ziele der Raumordnung zu beachten, kann aber z.B. ohne Zielabweichungs- oder Zieländerungsverfahren eine Trasse nicht durch ein Vorranggebiet für Natur- und Landschaft legen.
Zum Bereich der sozialen Infrastruktur zählen beispielsweise auch Einrichtungen für Freizeit und Erholung, welche häufig aus weitläufigen Grünflächen etc. bestehen und damit, jedenfalls auch, dem Wasserrückhalt bzw. als Pufferzone zwischen Fließgewässern und bebauten Bereichen dienen können. Insofern sei auf die obigen Ausführungen zu den Festlegungen zur anzustrebenden Freiraumstruktur verwiesen. Unmittelbar dem Hochwasserschutz können konkrete Standortfestlegungen, z.B. für Talsperren, dienen. Hierauf wird im Rahmen der Ausführungen zu den Vorranggebieten für den Hochwasserschutz genauer einzugehen sein.

4. Festlegungen zu Ausgleich, Ersatz und Minderung unvermeidbarer Beeinträchtigungen des Naturhaushalts oder des Landschaftsbildes

Zu den Kerninhalten der Raumordnungspläne gehören Festlegungen zu der anzustrebenden Freiraumstruktur, insbesondere Festlegungen zu Nutzungen im Freiraum, wie Standorte für die vorsorgende Sicherung sowie die geordnete Aufsuchung und Gewinnung von standortgebundenen Rohstoffen (vgl. § 7 Abs. 2 Nr. 2b ROG). Gerade die Inanspruchnahme des Raums zur Gewinnung von Rohstoffen kann jedoch erhebliche Auswirkungen auf die ökologischen Funktionen des Raums mit sich bringen. Deshalb sieht § 7 Abs. 2 Satz 2 ROG vor, dass bei Festlegungen nach Satz 1 Nr. 2 zugleich bestimmt werden kann, dass in derartigen Gebieten unvermeidbare Beeinträchtigungen der Leistungsfähigkeit des Naturhaushalts oder des Landschaftsbildes an anderer Stelle ausgeglichen, ersetzt oder gemindert werden können[387]. Durch die Vorschrift „soll dem Umstand Rechnung getragen werden, dass die naturschutzrechtliche Eingriffs-/Ausgleichsproblematik künftig auch im regionalen Maßstab auf der Grundlage gesamträumlicher Vernetzungskonzepte behandelt werden kann“[388]. Es geht somit um die räumliche und zeitliche Entkoppelung von Eingriff und Ausgleich, der auch in § 1a Abs. 3 BauGB angelegt ist und nun auf die Ebene insbesondere der Regionalplanung erstreckt werden soll[389]. In Betracht kommt hierbei zum einen die Möglichkeit, Eingriff und Ausgleich im Rahmen eines Verbundsystems zu betreiben. Dabei könnte im Rahmen der Festlegungen für die anzustre-

---

386 Runkel, in: Bielenberg/Runkel/Spannowsky, Bd. 2, § 2 Rn. 56.

387 Vgl. hierzu auch die fast inhaltsgleiche Regelung in § 2 Abs. 1 Nr. 7 BNatSchG, die über § 7 Abs. 2 Satz 2 ROG hinaus einen Katalog möglicher Ausgleichsmaßnahmen enthält.

388 Begründung des Gesetzesentwurfs zum BauROG 1998, BT-Drucks. 13/6392, S. 83.

389 Dallhammer, in: Cholewa/Dyong/v.d. Heide/Arenz, Bd. 1, § 7 Rn. 106; Runkel, NuR 1998, 449 (451 f.).

bende Freiraumstruktur in den Raumordnungsplänen ein Konzept für ein vernetztes Biotop- und Ausgleichskonzept, ähnlich dem Achsenkonzept, entwickelt werden („Grüne Achsen")[390]. Auf diese Weise kann anstelle planloser, lediglich auf verfügbare freie Flächen bezogener Ausgleichsmaßnahmen ein wirkungsvolleres raumplanerisches Gesamtkonzept für den Freiraum entwickelt und künftige Ausgleichsmaßnahmen auf den bereitstehenden Flächen des Freiraumkonzepts durchgeführt werden[391].

Neben der Möglichkeit dieses Verbundsystems kann auch eine gezielte Lenkung auf die bereits dargestellten Gebiete zur Sanierung und Entwicklung von Raumfunktionen i.S.d. § 7 Abs. 2 Nr. 2c ROG stattfinden.

Die Schwierigkeiten bei Ausgleichsmaßnahmen im Rahmen des vorbeugenden Hochwasserschutz bestehen darin, dass die Ausgleichsflächen zwingend an Fließgewässern gelegen sein müssen, um als Retentionsbereiche Wirkung zu entfalten. Auf derartigen Flächen muss allerdings mit verschiedenen bereits vorhandenen Nutzungsformen gerechnet werden, die dem Hochwasserschutz entgegenstehen können. Zu denken ist hierbei vor allem an bestehende bauliche Anlagen und die damit verbundene eigentumsrechtliche Problematik, auf die bei der Untersuchung der Vorranggebiete für den Hochwasserschutz genauer eingegangen wird.

II. Festlegungen nach § 7 Abs. 3 ROG

1. Aussagen zu fachplanerischen Planungen und Maßnahmen

Gemäß § 7 Abs. 3 Satz 1 ROG sollen die Raumordnungspläne solche Festlegungen zu raumbedeutsamen Planungen und Maßnahmen von öffentlichen Stellen und Personen des Privatrechts nach § 4 Abs. 3 ROG enthalten, die zur Aufnahme in Raumordnungspläne geeignet und nach Maßgabe von § 7 Abs. 7 ROG zur Koordinierung von Raumansprüchen erforderlich sind und die durch Ziele oder Grundsätze der Raumordnung gesichert werden können. Satz 2 der Vorschrift enthält eine nicht abschließende Aufzählung der wichtigsten Fachplanungen[392], die auf eine Integration in Raumordnungsplänen angewiesen sind[393]. Dabei ist zu beobachten, dass es hier überwiegend um solche Planungen geht, die dem Schutz ökologischer Raumfunktionen dienen und somit für die Bewältigung des Hochwasserschutzes in Frage kommen.

---

[390] Dallhammer, in: Cholewa/Dyong/v.d. Heide/Arenz, Bd. 1, § 7 Rn. 107.
[391] Dallhammer, in: Cholewa/Dyong/v.d. Heide/Arenz, Bd. 1, § 7 Rn. 108.
[392] So auch Dallhammer, in: Cholewa/Dyong/v.d. Heide/Arenz, Bd. 1, § 7 Rn. 115.
[393] Begründung zum Regierungsentwurf des BauROG 1998, BR-Drs. 635/96, S. 83.

a) Das Verhältnis der Raumordnung zur Fachplanung

Da Raumordnung und Landesplanung aufgrund des § 7 Abs. 3 ROG Festlegungen treffen sollen, die den Bereich der jeweiligen Fachplanung berühren, stellt sich die Frage, wie das Verhältnis zwischen diesen Planungen ausgestaltet ist. Insbesondere ist zu klären, wie konkret die Festlegungen in den Raumordnungsplänen formuliert werden dürfen, ohne den kompetenzrechtlichen Rahmen des Art. 75 Nr. 4 GG zu sprengen.

Gemäß § 4 Abs. 1 Satz 1 ROG sind die Ziele der Raumordnung von öffentlichen Stellen bei ihren raumbedeutsamen Planungen und Maßnahmen zu beachten. Die Bindungswirkung wird allerdings durch § 5 ROG für raumbedeutsame Planungen und Maßnahmen des Bundes geschwächt. Weitere Regelungen des Verhältnisses von Raumordnung und Fachplanung sind in den einzelnen Fachgesetzen enthalten. Als Beispiel für den Bereich der Verkehrswegeplanung sei § 16 FStrG erwähnt. Daraus ergibt sich, dass die Ziele der Raumordnung grundsätzlich Vorrang vor der Fachplanung haben[394].

Aufgrund dessen, dass es sich bei der Raumordnung und Landesplanung um eine übergeordnete und zusammenfassende Planung handelt (vgl. § 1 Abs. 1 Satz 1 ROG)[395], ist es ihre Aufgabe, die raumbeeinflussende Tätigkeit der fachlichen Stellen mit Blick auf eine möglichst ausgeglichene Ordnung des Gesamtraums zu koordinieren[396]. Die Begründung zum Gesetzentwurf des BauROG 1998 bestätigt diese Ansicht im Hinblick auf die Fachplanung, wenn es darin heißt, dass § 7 Abs. 3 ROG dem Integrationsanspruch räumlicher Planungen Rechnung trägt und dessen Satz 1 sicherstellen soll, dass Fachplanungen in ihren raumbedeutsamen Aussagen mit den Raumordnungsplänen koordiniert und mit deren Mitteln (Grundsätzen und Zielen der Raumordnung) gesichert werden[397]. Das ist darauf zurück zu führen, dass es sich bei den Fachplanungen mitunter um informelle Planungen handelt, die einer Absicherung bedürfen. Es darf allerdings nicht vergessen werden, dass die Raumordnung aufgrund ihrer Aufgabenstellung die Fachplanung nicht ersetzen, sondern über konkurrierende Raumansprüche verschiedener Planungen entscheiden soll. Insofern ist die Raumordnung auf diesen Kompetenzbereich des Überfachlichen beschränkt und darf nicht das spezifisch Fachliche des jeweiligen Fachplanungsträgers an sich ziehen[398]. Gleichwohl ist es der Raumordnung aus kompetenzrechtlichen bzw. aufgaben-

---

[394] So auch Stüer/Hönig, UPR 2002, 333 (334).

[395] Dallhammer, in: Cholewa/Dyong/v.d. Heide/Arenz, Bd. 1, § 7 Rn. 114, spricht in diesem Zusammenhang von der Raumordnung als „Planung der Planungen" oder „Mutter aller Planungen".

[396] BayVerfGH, Urt. v. 14.8.1987 – Vf. 55 – IX – 87, NVwZ 1988, 242 (243); ähnlich Goppel, DVBl. 2000, 86 (87); Stüer/Hönig, UPR 2002, 333 (334).

[397] Begründung zum Regierungsentwurf des BauROG 1998, BR-Drs. 635/96, S. 83.

[398] Stüer/Hönig, UPR 2002, 333 (335).

bezogenen Gründen nicht verwehrt, sich im einzelnen mit Planungen zu befassen, die später durch Fachplanungen förmlich festgestellt werden[399]. Ihr ist nur das Ersetzen der Fachplanung ohne Ermächtigung versagt[400]. Die Festlegung von Erfordernissen der Raumordnung, die sich insbesondere aus der Sicht eines raumordnerischen Gesamtkonzepts ergeben, fällt in den Bereich der Raumordnung. Letztendlich verläuft die Grenze zwischen Raumordnung und Landesplanung auf der einen und Fachplanung auf der anderen Seite dort, wo „bei objektiver Betrachtung das fachliche Problem keiner Einordnung in ein raumordnerisches Gesamtkonzept bedarf"[401].

b) Integration der Fachplanung in Raumordnungspläne

Speziell für die Integration der Fachplanungen in die Raumordnungspläne sieht § 7 Abs. 3 ROG drei Voraussetzungen vor. Zum Ersten können nur raumbedeutsame Planungen und Maßnahmen derjenigen Planungsträger Gegenstand der Festlegung in Raumordnungsplänen sein, die durch Ziele der Raumordnung überhaupt gebunden werden können. Zum Zweiten muss es sich um fachplanerische Maßnahmen oder Aussagen handeln, die zur Aufnahme in Raumordnungspläne geeignet und zur Koordinierung von Raumansprüchen erforderlich sind sowie durch Grundsätze oder Ziele der Raumordnung gesichert werden können. Das ist dann der Fall, wenn die fachplanerische Maßnahme oder Aussage insgesamt, insbesondere im Hinblick auf ihre Maßstäblichkeit und Raumbedeutsamkeit, den übrigen typischen Festlegungen in Raumordnungsplänen im Sinne des § 7 Abs. 2 ROG entspricht und Nutzungen oder Funktionen des Raumes zum Gegenstand hat[402]. Letzte Voraussetzung ist, dass die Aufnahme in den Raumordnungsplan nach Maßgabe des § 7 Abs. 7 ROG, das heißt nach dessen Abwägungsvorgaben, erfolgt. Findet eine Abwägung hinsichtlich des Ob und des Wie der Aufnahme einer fachplanerischen Maßnahme oder Aussage in den Raumordnungsplan nicht statt, so kann es sich bei den Festlegungen nicht um Grundsätze oder Ziele der Raumordnung, sondern allenfalls um eine nachrichtliche Übernahme handeln[403]. Diese wäre als solche zu kennzeichnen und nimmt, da es sich bei ihr nicht um ein Erfordernis der Raumordnung handelt (vgl. § 3 Nr. 1 ROG), nicht an der Bindungswirkung des § 4 ROG teil[404].
An dieser Stelle soll ausdrücklich darauf hingewiesen werden, dass durch die Aufnahme von Festlegungen aus Fachplänen in Raumordnungspläne nach § 7

[399] Ähnlich Stüer/Hönig, UPR 2002, 333 (336).
[400] Goppel, DVBl. 2000, 86 (97); Stüer/Hönig, UPR 2002, 333 (336).
[401] Goppel, DVBl. 2000, 86 (88); Stüer/Hönig, UPR 2002, 333 (336).
[402] Dallhammer, in: Cholewa/Dyong/v.d. Heide/Arenz, Bd. 1, § 7 Rn. 116.
[403] Dallhammer, in: Cholewa/Dyong/v.d. Heide/Arenz, Bd. 1, § 7 Rn. 117.
[404] Dallhammer, in: Cholewa/Dyong/v.d. Heide/Arenz, Bd. 1, § 7 Rn. 117; Schmidt-Aßmann, DÖV 1986, 985 (990).

Abs. 3 ROG die Inhalte der Fachpläne als Grundsätze oder Ziele der Raumordnung integraler Bestandteil der Raumordnungspläne werden, nicht aber die Bindungswirkung der Fachpläne erweitert wird[405].

2. Darstellungen in Fachplänen des Wasserrechts

Zu den Festlegungen i.S.v. § 7 Abs. 3 Satz 1 ROG gehören auch die Darstellungen in den Fachplänen des Wasserrechts (§ 7 Abs. 3 Satz 2 ROG). Für den Hochwasserschutz von besonderem Interesse ist dabei das neue Planungsinstrument der Hochwasserschutzpläne nach § 31d WHG n.F. Der Gesetzgeber führt hierzu aus, dass die Beherrschung der Hochwassergefahren ohne eine vorsorgende Planung nicht möglich ist und setzt mit der Vorschrift einen bundesrechtlichen Rahmen[406]. In die Hochwasserschutzpläne sind insbesondere Maßnahmen zum Erhalt oder zur Rückgewinnung von Rückhalteflächen, zu deren Flutung und Entleerung nach den Anforderungen des optimierten Hochwasserabflusses in Flussgebietseinheiten, zur Rückverlegung von Deichen, zum Erhalt oder zur Wiederherstellung von Auen sowie zur Rückhaltung von Niederschlagswasser aufzunehmen (§ 31 d Abs. 1 Satz 3 WHG n.F.).
Während die Hochwasserschutzpläne nach dem ersten Entwurf der Regelung dem Ziel dienen sollten, die Gefahren, die mindestens von einem statistisch einmal in 200 Jahren zu erwartenden Hochwasser ausgehen, soweit wie möglich zu minimieren, sieht die nunmehr geltende Fassung ein Bemessungshochwasser von HQ100 vor. Zur Begründung der Änderung wurde ausgeführt, „eine Hochwasserschutzplanung, die gegenüber der Bevölkerung mit der Botschaft verbunden wäre, Schutz vor 200-jährlichem Hochwasser garantieren zu können (wie dies die vorgeschlagene Regelung unterstellt), würde zu einer Desensibilisierung der Betroffenen führen, ohne dass tatsächlich ein absoluter Schutz erreichbar ist“[407]. Die vorliegende Untersuchung hat zwar gezeigt, dass staatliche Hochwasserschutzmaßnahmen in bestimmten Maße eine Ursache für fehlendes Gefahrenbewusstsein sein und zur Ansammlung von Werten hinter technischen Schutzanlagen führen können[408]. Allerdings spricht dies nicht gegen die ursprüngliche Fassung des § 31 d WHG n.F. Es ist nicht einleuchtend, warum das Gefahrenbewusstsein bei einem „nur“ 100-jährigem Schutzniveau wesentlich höher sein sollte als bei einem 200-jährigen. Dass die Bürger bestimmte persönliche Konsequenzen aus einem Schutzniveau HQ100 sowie andere Konsequenzen aus einem Schutzniveau HQ200 ziehen, erscheint unwahrscheinlich. Der

---

405 Dallhammer, in: Cholewa/Dyong/v.d. Heide/Arenz, Bd. 1, § 7 Rn. 117.

406 Begründung des Regierungsentwurfs zum Gesetz zur Verbesserung des vorbeugenden Hochwasserschutzes, BR-Drucks. 268/04, S. 30.

407 Empfehlungen der Ausschüsse zum Gesetz zur Verbesserung des vorbeugenden Hochwasserschutzes, BR-Drucks. 645/1/04, S. 15.

408 Vgl. dazu Kapitel 3, S. 79 f.

Vergleich des Wortlauts von ursprünglicher und geltender Fassung legt vielmehr den Schluss nahe, dass die Reduzierung des Schutzniveaus allein aus Gründen der Verhältnismäßigkeit erfolgte, insbesondere, um eigentumsrechtlichen Problemen aus dem Wege zu gehen.

3. Darstellungen in Landschaftsprogrammen und -rahmenplänen

In § 7 Abs. 3 Satz 2 Nr. 1 ROG wird bestimmt, dass die Festlegungen in Raumordnungsplänen insbesondere solche raumbedeutsamen Erfordernisse und Maßnahmen des Naturschutzes und der Landschaftspflege enthalten sollen, die gemäß § 14 Abs. 1 Satz 1 BNatSchG in Landschaftsprogrammen und Landschaftsrahmenplänen darzustellen sind.

a) Allgemeine Aussagen zur Landschaftsplanung

Aufgabe der mit den Instrumenten der Landschaftsprogramme und -rahmenpläne umzusetzenden Landschaftsplanung ist es, die Erfordernisse und Maßnahmen des Naturschutzes und der Landschaftspflege für den jeweiligen Planungsraum darzustellen. Damit dient die Landschaftsplanung der Verwirklichung der Ziele und Grundsätze des Naturschutzes und der Landschaftspflege auch in den Planungen und Verwaltungsverfahren, deren Entscheidungen sich auf Natur und Landschaft im Planungsraum auswirken können (§ 13 Abs. 1 BNatSchG).
In § 15 Abs. 1 Satz 1 BNatSchG wird zur Landschaftsplanung näher ausgeführt, dass die überörtlichen Erfordernisse und Maßnahmen für den Bereich eines Landes im Landschaftsprogramm und für Teile des Landes in Landschaftsrahmenplänen dargestellt werden. Diese Einteilung entspricht derjenigen der Raumordnungspläne in Landesentwicklungsprogramme und Regionalpläne, was explizit durch § 14 Abs. 1 Satz 3 BNatSchG klargestellt wird[409].
Indem § 14 Abs. 1 Satz 1 BNatSchG lediglich davon spricht, die Erfordernisse und Maßnahmen des Naturschutzes und der Landschaftspflege in Landschaftsprogrammen und Landschaftsrahmenplänen darzustellen, kommt zum Ausdruck, dass diese Pläne keine Außenverbindlichkeit besitzen. Anderenfalls würde die Vorschrift den Begriff „Festsetzung" bzw. „festsetzen" verwenden[410]. Damit steht zugleich fest, dass es der Raumordnung und Landesplanung mit ihrem verbindlichen Instrumentarium der Erfordernisse der Raumordnung bedarf, um die Darstellungen in den Landschaftsprogrammen und -rahmenplänen zu sichern. Hinsichtlich der dadurch verbundenen Integration der Landschaftsplanung in die Raumordnungspläne ist zu beachten, dass nur ein in sich geschlossenes Plan-

[409] So auch Gassner, in: Gassner/Bendomir-Kahlo/Schmidt-Räntsch, § 14 Rn. 4.
[410] Gassner, in: Gassner/Bendomir-Kahlo/Schmidt-Räntsch, § 14 Rn. 5.

werk eine solche Integration erlaubt, da ansonsten den Anforderungen des § 14 Abs. 2 BNatSchG nicht Rechnung getragen werden kann[411].

Bei der Aufstellung der Landschaftsprogramme und -rahmenpläne sind nach § 15 Abs. 1 Satz 2 BNatSchG die Ziele der Raumordnung zu beachten sowie die Grundsätze und sonstigen Erfordernisse der Raumordnung zu berücksichtigen. Dies ergibt sich jedoch schon aus § 4 Abs. 1 und Abs. 2 ROG, weshalb die naturschutzrechtliche Regelung lediglich deklaratorischer Natur ist. Zum Integrationsauftrag des § 15 Abs. 2 BNatSchG ist anzumerken, dass dieser einen Beitrag zur Ökologisierung der räumlichen Gesamtplanung leistet. Der Begriff der Raumbedeutsamkeit ist auch hier im Sinne des § 3 Nr. 6 ROG zu verstehen. Gemäß § 7 Abs. 3 Satz 1 ROG bedarf es jedoch – wie soeben erläutert wurde – weiterer Voraussetzungen, damit die Erfordernisse des Naturschutzes und der Landschaftspflege in die Raumordnungspläne aufgenommen werden können. In § 15 Abs. 2 BNatSchG wird erklärend darauf hingewiesen, dass die raumbedeutsamen Erfordernisse und Maßnahmen nach § 15 Abs. 1 BNatSchG unter Abwägung mit anderen raumbedeutsamen Planungen und Maßnahmen nach Maßgabe der landesplanungsrechtlichen Vorschriften der Länder in die Raumordnungspläne aufzunehmen sind. Auch hier zeigt sich wieder die Verzahnung von übergeordneter Raumordnung als koordinierender Planung mit der Fachplanung.

Gemäß § 7 Abs. 3 Satz 2 Nr. 1 Halbsatz 2 ROG können die Raumordnungspläne auch unmittelbar die Funktion von Landschaftsprogrammen und Landschaftsrahmenplänen übernehmen, weshalb in diesem Fall von Primärintegration gesprochen wird[412]. Diese Regelung ist nicht unumstritten. So forderte beispielsweise der Bundesrat im Gesetzgebungsverfahren bis zu Letzt die Streichung dieser Vorschrift, da es Sache der Länder sei, in den Fachgesetzen für Naturschutz und Landschaftspflege zu regeln, wie über überörtliche Erfordernisse und Maßnahmen des Naturschutzes und der Landschaftspflege Landschaftsprogramme und -rahmenpläne erstellt werden[413]. In einigen Bundesländern, wie z.B. Bayern, wird ausschließlich das Modell der Primärintegration verwirklicht (vgl. Art 3 Abs. 1 BayNatSchG). Mithin ist sowohl für das Landschaftsprogramm als auch für den Landschaftsrahmenplan kein eigenes Verfahren vorgesehen. Sie werden vielmehr von vornherein als Teil der jeweiligen Raumordnungspläne behandelt. Hinsichtlich dieses Modells werden Bedenken dahin gehend geäußert, dass die fachspezifischen Kriterien ihre Wirkung nicht gänzlich entfalten können[414], also vor der umfassenden (externen) Abwägung keine interne Optimierung aller Belange des Naturschutzes und der Landschaftspflege durchgeführt wird und damit

---

411 Gassner, in: Gassner/Bendomir-Kahlo/Schmidt-Räntsch, § 14 Rn. 5.

412 Dallhammer, in: Cholewa/Dyong/v.d. Heide, Bd. 1, § 7 Rn. 115; Koch/Hendler, S. 50 Rn. 32.

413 Begründung zum Regierungsentwurf des BauROG 1998, BT-Drs. 13/6392, S. 124.

414 Gassner, in: Gassner/Bendomir-Kahlo/Schmidt-Räntsch, § 15 Rn. 9.

die Landschaftsplanung nicht als Ganzes zur Wirkung kommt[415]. Allerdings wird in den meisten Ländern, die das Modell der Primärintegration verwirklichen, de facto gewährleistet, dass die soeben erwähnte interne Optimierung vor der allseitigen Abwägung statt findet[416].

b) Die Bedeutung der Landschaftsplanung für den vorbeugenden Hochwasserschutz

aa) Die überörtlichen Erfordernisse in der Landschaftsplanung (§ 15 Abs. 1 Satz 1 BNatSchG)

Hinsichtlich des vorbeugenden Hochwasserschutzes ergeben sich die für eine Integration in die Raumordnung notwendigen überörtlichen Erfordernisse in vielfältiger Weise. Insbesondere sind oberirdische Fließgewässer fast ausnahmslos von überörtlicher Bedeutung, denn sie berühren regelmäßig die Gebiete mehrerer Gemeinden. Gerade die durch die Wasserrechtsrahmenrichtlinie und das reformierte WHG geforderte Betrachtung als Flussgebietseinheiten lässt es nicht zu, Flüsse nur abschnittsweise innerhalb der Gemeindegrenzen zu beurteilen und zu behandeln. Dies hat seinen Grund darin, dass sich die für die natürlichen Funktionen besonders wichtigen Flussabschnitte nicht an kommunalen Grenzen orientieren. Die Funktion eines Flusses als Lebensraum, Klimafaktor oder landschaftsgliedernder Bestandteil ist vielmehr nur aus überörtlicher Sicht sowohl in der ökologischen Analyse als auch in den Entwicklungszielen und Schutzmaßnahmen zu beurteilen[417]. Jedoch auch dann, wenn es sich um Gewässer handelt, die sich innerhalb nur einer Gemeinde befinden, kann diesen gleichwohl überörtliche Bedeutung zukommen, denn solche Gewässer können in ihrer Eigenschaft als Vorfluter nach starken Regenfällen oder während der Schneeschmelze große Mengen Wasser in die Flüsse transportieren und somit die Situation der Unterliegergemeinden nachteilig beeinflussen. Schließlich gilt es ganz allgemein zu bedenken, dass sich Gefährdungen bzw. Beeinträchtigungen sowohl der Gewässer als auch der Retentionsflächen nur selten punktuell, sondern häufig großflächig auswirken[418].

bb) Einzelne Grundsätze des Naturschutzes und der Landschaftspflege

§ 14 Abs. 1 Satz 2 BNatSchG macht Vorgaben zu den erforderlichen Angaben der Landschaftsprogramme und Landschaftsrahmenpläne. Wie es für jede Planung sinnvoll und anzustreben ist, müssen als Grundvoraussetzungen der Ist-

---

[415] Vgl. Gassner, in: Gassner/Bendomir-Kahlo/Schmidt-Räntsch, § 15 Rn. 6.
[416] Gassner, in: Gassner/Bendomir-Kahlo/Schmidt-Räntsch, § 15 Rn. 9.
[417] Thurn, S. 224.
[418] In diesem Sinne auch Thurn, S. 225.

und Sollzustand (Nr. 1) sowie eine Beurteilung dieses Zustandes (Nr. 3) enthalten sein. Im Hinblick auf den zu erreichenden Zustand von Natur und Landschaft sind des weiteren die konkretisierten Ziele und Grundsätze des Naturschutzes und der Landschaftspflege aufzunehmen (Nr. 2). Für den hier zu behandelnden Hochwasserschutz können insbesondere die Grundsätze des § 2 Abs. 1 Nr. 3 und 4 sowie Nr. 10 und 11 BNatSchG einen wertvollen Beitrag leisten, weshalb nun einige Aussagen hierzu getroffen werden sollen.

(1) § 2 Abs. 1 Nr. 3 BNatSchG

§ 2 Abs. 1 Nr. 3 BNatSchG behandelt den Erhalt der Böden. Dabei fallen unter den Begriff Boden, über das bloße Bodensubstrat hinaus, auch die Bodenstruktur sowie die Bodenfunktionen[419]. Deshalb sind im Rahmen dieses Grundsatzes insbesondere Erosionen zu vermeiden und natürliche oder von Natur aus geschlossene Pflanzendecken sowie Ufervegetationen[420] zu sichern. Auf diese Weise werden in erster Linie Bodenbeeinträchtigungen abgewehrt und somit dem Vorsorgegebot Rechnung getragen. Neben den soeben erwähnten Faktoren Ufervegetation und Erosion, werden von § 2 Abs. 1 Nr. 3 BNatSchG weitere Komponenten erfasst, die für die Hochwasserentstehung sowie den Hochwasserverlauf von Bedeutung sind. Zu nennen sind Bodenversiegelung bzw. -verdichtung, welche die wichtige Pufferfunktion des Bodens für Niederschlagswasser beeinträchtigen. Zu verwirklichen sind die genannten Direktiven zum Beispiel anhand der Ausweisung von Schutzgebieten oder durch die Entwicklung „maßgeschneiderter“ Schutzmaßnahmen im Rahmen der Landschaftsplanung. Hierfür kommen Anpflanzungen, Gestaltung von Uferstreifen, Entsiegelungen etc. in Betracht.

(2) § 2 Abs. 1 Nr. 4 BNatSchG

Am relevantesten für den vorbeugenden Hochwasserschutz dürfte Nr. 4 sein, wonach natürliche oder naturnahe Gewässer sowie deren Uferzonen und natürliche Rückhalteflächen zu erhalten, zu entwickeln oder wiederherzustellen sind. Der Gewässerausbau soll so naturnah wie möglich erfolgen, das heißt im Sinne eines Optimierungsgebotes, wie es die Rechtsprechung in ähnlicher Weise für § 50 BImSchG festgestellt hat[421]. Danach verleihen Vorschriften, die (nur) eine

---

[419] Gassner, in: Gassner/Bendomir-Kahlo/Schmidt-Räntsch, § 2 Rn. 48.

[420] Der weit gefasste Begriff der Ufervegetation beinhaltet u.a. geschlossene Pflanzendecken z.B. in Form von Schilf- und Röhrichtbeständen, Gebüschkomplexen, Auwäldern etc., Gassner, in: Gassner/Bendomir-Kahlo/ Schmidt-Räntsch, § 2 Rn. 53.

[421] BVerwG, Urt. v. 22.3.1985 – 4 C 73.82 –, BVerwGE 71, 163 (165); BVerwG, Urt. v. 4.5.1988 – 4 C 2/85 –, NVwZ 1989, 151 (152); Gassner, in: Gassner/Bendomir-Kahlo/Schmidt-Räntsch, § 2 Rn. 56; Jarass, BImSchG, § 50 Rn. 16.

Berücksichtigung oder Optimierung öffentlicher Belange fordern, diesen Belangen ein besonderes Gewicht, dem bei der Abwägung Rechnung zu tragen ist; eine weitergehende Rechtsbindung ergibt sich aus ihnen nicht[422]. Die Erhaltung, Entwicklung und Wiederherstellung natürlicher Rückhalteflächen steht in engem Zusammenhang mit dem naturnahen Gewässerausbau. Nur durch die Beachtung beider Direktiven lassen sich Hochwasserereignisse bewältigen. Aus diesem Grund ist der Auftrag nach Nr. 4 Satz 1 für alle hoheitlichen Planungen relevant, die fachlich einschlägig sind[423].

(3) § 2 Abs. 1 Nr. 11 BNatSchG

Hinsichtlich des Problems der zunehmenden Flächenversiegelung und der damit verschlechterten Aufnahme von Niederschlagswasser in den Boden verpflichtet § 2 Abs. 1 Nr. 11 BNatSchG dazu, unbebaute Bereiche zu erhalten und nicht mehr benötigte versiegelte Flächen zu renaturieren oder – für den Fall, dass dies nicht möglich oder nicht zumutbar ist – der natürlichen Entwicklung zu überlassen. Die Erhaltung unbebauter Bereiche und damit der Freiraumstruktur ist auch ein wichtiger Teil der Raumordnung. So verlangt § 2 Abs. 2 Nr. 3 ROG in Satz 1, dass die großräumige und übergreifende Freiraumstruktur zu erhalten und zu sichern ist. In Satz 2 wird die ökologische Bedeutung der Freiräume herausgestellt und gefordert, dass die Freiräume in ihrer Bedeutung für funktionsfähige Böden, für den Wasserhaushalt etc. zu sichern und wieder herzustellen sind. Der naturschutzrechtliche Grundsatz entspricht in seinem Satz 2 damit inhaltlich weitgehend § 2 Abs. 2 Nr. 8 Satz 5 ROG.

(4) § 2 Abs. 1 Nr. 10 BNatSchG

Schließlich kann durch § 2 Abs. 1 Nr. 10 BNatSchG eine Hochwasserverschärfung in besiedelten Gebieten verhindert, wenn nicht sogar in Einzelfällen eine Reduzierung des Hochwasserrisikos erreicht werden, indem auf diesen Flächen noch vorhandene Naturbestände wie Wald, Hecken, Wegraine, Saumbiotope, Bachläufe, Weiher sowie sonstige ökologisch bedeutsame Kleinstrukturen zu erhalten und zu entwickeln sind. In diesem Zusammenhang wurde bereits darauf hingewiesen, dass jede noch so geringe Absenkung des Hochwasserscheitels – sei es auch nur um einen Zentimeter – im konkreten Einzelfall über die Überflutung von technischen Hochwasserschutzeinrichtungen entscheiden kann. Daher sollte jede Möglichkeit genutzt werden, Überflutungen zu vermeiden. Zudem ergeben sich auch hier Synergieeffekte, aufgrund derer neben dem Hochwasser-, Natur- und Landschaftsschutz auch die Attraktivität der Städte und ihres Umlands gefördert wird. Zur Verwirklichung der Maßgaben der Nr. 10 eignen sich

[422] BVerwG, Urt. v. 22.3.1985 – 4 C 73/82 –, BVerwGE 71, 163 (165).
[423] Gassner, in: Gassner/Bendomir-Kahlo/Schmidt-Räntsch, § 2 Rn. 56.

aus raumordnerischer Sicht beispielsweise Grünbereiche als Elemente des Freiraumverbundes (vgl. § 2 Abs. 2 Nr. 5 Satz 4 ROG). Hierbei ist insbesondere an ein Konzept regionaler Grünzüge zu denken, die den besiedelten Bereich durchziehen, Siedlungszäsuren darstellen, dem regionalen Klima zugute kommen und der Naherholung dienen[424]. Des Weiteren kommt im Rahmen des Entwicklungsgebots der Nr. 10 die Wiederfreilegung verrohrter Wasserläufe in Siedlungsgebieten in Betracht[425], wodurch diese wieder einen natürlichen bzw. naturnahen Charakter erhalten und damit die Abflussgeschwindigkeit des Niederschlagswasser verringert wird. Das auch hierfür eine Kompetenz aus Art. 75 Nr. 4 GG abgeleitet werden kann, ergibt sich aus den Auswirkungen derartiger Maßnahmen. Selbst wenn die Maßnahme nur innerorts vorgenommen wird, können deren Auswirkungen durchaus überörtliche Dimensionen aufweisen. Zu denken ist hier an die Unterlieger der Flüsse, auf die sich der Gewässerausbau im Hinblick auf eine Hochwasserbetroffenheit sowohl positiv als auch negativ auswirken kann. Außerdem sind nach § 2 Abs. 2 Nr. 8 Satz 1 ROG Natur und Landschaft einschließlich Gewässer und Wald zu schützen, zu pflegen und zu entwickeln. Da das Gesetz dabei nicht nur Natur und Landschaft im Freiraum oder gar im Freiraum ländlicher Gebiete anspricht, gilt der Grundsatz auch für besiedelte Bereiche einschließlich der verdichteten Räume[426].

Der Vergleich der naturschutzrechtlichen Grundsätze mit den bundesrechtlichen Raumordnungsgrundsätzen lässt eine starke Ähnlichkeit beider Materien erkennen. Vor allem der Grundsatz des § 2 Abs. 2 Nr. 8 ROG deckt sich inhaltlich fast vollständig mit den soeben dargestellten Grundsätzen des Naturschutzrechts. Es bietet sich deshalb an, über die Vorschrift des § 7 Abs. 3 ROG, welche die Integration der Fachplanungen in die Raumordnungspläne bezweckt, gerade den vorbeugenden nichttechnischen Hochwasserschutzes zu forcieren.

4. Die raumbedeutsamen Erfordernisse und Maßnahmen des vorbeugenden Hochwasserschutzes nach den Vorschriften des Wasserhaushaltsgesetzes

Die Vorschrift des § 7 Abs. 3 Satz 2 Nr. 5 ROG n.F. wurde aufgrund des Gesetzes zur Verbesserung des vorbeugenden Hochwasserschutzes neu in das ROG aufgenommen und ist eine der drei Regelungen des ROG, die sich ausdrücklich mit dem Hochwasserschutz beschäftigen. Danach gehören zu den Festlegungen im Sinne des § 7 Abs. 3 Satz 1 ROG neben den Darstellungen in Fachplänen des

---

[424] Runkel, in: Bielenberg/Runkel/Spannowsky, Bd. 2, § 2 Rn. 74; Dallhammer, in: Cholewa/Dyong/v.d. Heide/Arenz, Bd. 1, § 7 Rn. 93; Bürklein, Stichwort: Grün- und Freiflächen, in: ARL, Handwörterbuch der Raumordnung, S. 446.
[425] Gassner, in: Gassner/Bendomir-Kahlo/ Schmidt-Räntsch, § 2 Rn. 82.
[426] Runkel, in. Bielenberg/Runkel/Spannowsky, Bd. 2, § 2 Rn. 93; v.d. Heide, in: Cholewa/Dyong/v.d. Heide/Arenz, Bd. 1, § 2 Abs. 2 Nr. 8 Rn. 68.

Verkehrsrechts sowie des Wasser- und Immissionsschutzrechts insbesondere auch die raumbedeutsamen Erfordernisse und Maßnahmen des vorbeugenden Hochwasserschutzes nach den Vorschriften des Wasserhaushaltsgesetzes.

a) Überblick über die Neuregelung des Hochwasserschutzes im WHG

Ebenfalls durch das Artikelgesetz zur Verbesserung des vorbeugenden Hochwasserschutzes neu gefasst wurden die hier bedeutsamen Vorschriften des WHG zum Hochwasserschutz, welche nunmehr die §§ 31a ff. umfassen. Darin werden nicht nur die Grundsätze des Hochwasserschutzes dargestellt (§ 31a WHG), sondern auch Aussagen zur Festlegung von Überschwemmungsgebieten (§ 31b WHG), der neuen Kategorie der überschwemmungsgefährdeten Gebiete (§ 31c WHG) und der Nutzung dieser Gebiete getroffen (§ 31b Abs. 2 bis 4 WHG). Nicht ganz stimmig erscheint der Standort der raumordnerischen Regelung unter systematischen Gesichtspunkten, da § 7 Abs. 3 Satz 2 ROG mit der Einleitung beginnt „Neben den Darstellungen in Fachplänen des Verkehrsrechts sowie des Wasser- und Immissionsschutzrechts gehören hierzu insbesondere ...". Mit § 31d WHG n.F. werden als neues Instrument des Hochwasserschutzes die Hochwasserschutzpläne in das Wasserrecht aufgenommen. Dabei handelt es sich gerade um Darstellungen des Wasserrechts im Sinne des § 7 Abs. 3 Satz 2 ROG. Allerdings können anhand der neuen Nr. 5 auch solche Erfordernisse und Maßnahmen in die Raumordnungspläne aufgenommen werden, die bislang noch nicht in den Fachplänen des Wasserrechts enthalten sind und somit beispielsweise der vorsorglichen Absicherung im Hinblick auf spätere fachplanerische Darstellungen dienen. Insofern ist die anfangs getroffene Aussage zu relativieren.

b) Die wasserrechtlichen Vorschriften im Einzelnen

aa) Die Grundsätze des Hochwasserschutzes (§ 31a WHG n.F.)

Mit § 31a WHG n.F. werden erstmals bundesweit einheitliche Grundsätze des Hochwasserschutzes aufgestellt sowie die allgemeinen Grundsätze des § 1a WHG ergänzt und zugleich konkretisiert. Die Wasserbehörden werden durch § 31a WHG n.F. verpflichtet, ihre Bewirtschaftungsmaßnahmen an den Erfordernissen der Rückhaltung, des schadlosen Abflusses von Hochwasser und der vorbeugenden Verhinderung von Hochwasserschäden auszurichten sowie die von Hochwasser bedrohten Gebiete nach Maßgabe der Vorschriften des Vierten Abschnitts im Zweiten Teil des WHG zu schützen.
Besondere Beachtung ist der in Absatz 1 Satz 1 verankerten Rückhaltung des Hochwassers zu schenken, welche als ausdrückliche Leitlinie der Gewässerbewirtschaftung zu verstehen ist. Gleichwohl besitzt Absatz 1 nur klarstellenden Charakter und führt nicht zu einer Einschränkung des bisher bestehenden Rege-

lungsspielraums der Länder[427]. Neu ist die Einführung einer allgemeinen Schadensminderungspflicht in Abs. 2, der allerdings für den Hochwasserschutz durch Raumordnung und Landesplanung, welche sich in der Regel nicht unmittelbar an Personen des Privatrechts richtet, keine weitere Bedeutung zukommt.

bb) Überschwemmungsgebiete (§ 31b WHG n.F.)

Durch § 31b WHG n.F. wird die bisherige Regelung des § 32 WHG a.F. hinsichtlich der Überschwemmungsgebiete neu gefasst. Im Anschluss an die in Abs. 1 enthaltene Definition der Überschwemmungsgebiete verpflichtet Absatz 2 die Länder, als Überschwemmungsgebiete solche Gebiete festzulegen, in denen ein Hochwasserereignis statistisch mindestens einmal in hundert Jahren zu erwarten ist (Bemessungshochwasser) und gibt ihnen des Weiteren auf, die dem Schutz vor Hochwassergefahren dienenden Vorschriften zu erlassen. Grund für die Aufnahme der recht konkreten Detailvorgaben sind die negativen Erfahrungen mit den vergangenen Hochwasserereignissen, die gezeigt haben, dass Maßnahmen zum vorbeugenden Hochwasserschutz bisher in völlig unzureichender Weise in der Praxis verwirklicht wurden. Ein effektiver vorbeugender Hochwasserschutz kann aber nur durch eine strikte Einhaltung der Vorschriften gewährleistet werden.

Von großer Relevanz aus raumplanerischer Sicht sind die Absätze 3 und 4, die Aussagen zur räumlichen Nutzung innerhalb der Überschwemmungsgebiete im Sinne des Absatz 2 treffen. Ursprünglich sollte durch Absatz 3 der Ackerbau in diesen Gebieten ab dem 01. Januar 2013 ausgeschlossen werden[428], um Bodenerosionen sowie eine weitere Verdichtung des Bodens zu verhindern. Da ein vollständiges Verbot des Ackerbaus jedoch weitreichende wirtschaftliche Konsequenzen mit sich gebracht hätte, waren Ausnahmen von diesem Verbot vorgesehen. Unter dem gleichen Gesichtspunkt war auch Absatz 3 Satz 3 der Entwurfsfassung zu verstehen, worin den Ländern der Auftrag erteilt werden sollte, für unzumutbare wirtschaftliche Nachteile durch das in den Abflussbereichen ausnahmslos geltende Ackerbauverbot verfassungsrechtlich gebotene Ausgleichsregelungen zu schaffen. Hierbei hätte es sich um eine ausgleichspflichtige Inhaltsbestimmung gehandelt, mit der dem Fall hätte Rechnung getragen werden sollen, dass der wesentliche Teil der Anbauflächen eines Landwirts in den Abflussbereichen liegt. Aufgrund der erheblichen Kritik an dieser weitrei-

[427] Begründung des Regierungsentwurfs eines Gesetzes zur Verbesserung des vorbeugenden Hochwasserschutzes, BR-Drucks. 286/04, S. 24.

[428] Die Frist des § 31b Abs. 3 WHG (Entwurfsfassung) war an den Vorgaben der EG-Wasserrahmenrichtlinie ausgerichtet, vgl. Art 11 Abs. 7 der Richtlinie 2000/60/EG vom 23.10.2000 zur Schaffung eines Ordnungsrahmens für Maßnahmen der Gemeinschaft im Bereich der Wasserpolitik.

chenden Regelung im Laufe des Gesetzgebungsverfahrens[429], das deswegen beinahe gescheitert wäre, wurde § 31b Abs. 3 WHG n.F. dahingehend abgeschwächt, dass für landwirtschaftlich genutzte und sonstige Flächen durch Landesrecht geregelt wird, wie mögliche Erosionen oder erheblich nachteilige Auswirkungen auf Gewässer insbesondere durch Schadstoffeinträge zu vermeiden oder zu verringern sind.

Die Ausweisung neuer Baugebiete durch Bauleitpläne in Gebieten nach Absatz 2 wird gemäß Absatz 4 grundsätzlich verboten und die Errichtung und Erweiterung baulicher Anlagen nach den §§ 30, 34 und 35 BauGB nur unter engen Voraussetzungen möglich sein. Zum einen verhindert die Vorschrift somit die fortschreitende Flächenversiegelung und damit die Verschlechterung des Rückhaltevermögens des Bodens. Zum anderen wird das Schadenspotential in den flussnahen Gebieten nicht durch eine zunehmende Bebauung weiter erhöht. Hinsichtlich der auf diese Weise erfolgenden Eingriffe in das Grundeigentum ist zu sagen, dass diese dem Schutz von Leben und Sachwerten sowie dem Schutz von Natur und Umwelt dienen. Zudem wird das Bauen nicht generell verboten, sondern nur aus unabweisbaren Gründen des Hochwasserschutzes eingeschränkt. Das heißt, die Regelung ist als Inhalts- und Schrankenbestimmung im Sinne des Artikels 14 Abs. 1 Satz 2 GG anzusehen und der Eingriff unter Umständen durch eine finanzielle Entschädigung auszugleichen[430]. Durch § 31b Abs. 4 WHG n.F. wird mithin der Forderung nachgekommen, den Flüssen mehr Raum zu lassen.

Die Ermittlung, kartografische Darstellung und vorläufige Sicherung noch nicht förmlich festgesetzter Überschwemmungsgebiete im Sinne des Absatz 2 hat gemäß Absatz 5 Satz 1 das Landesrecht zu regeln. Diese vom Gesetzgeber vorgeschriebene vorläufige Sicherung erfordert Darstellungen mit einem bestimmten Verbindlichkeitsgrad. Aufgrund der momentan vorhandenen wasserrechtlichen Vorschriften der Länder scheint dies nicht möglich zu sein, es bedarf vielmehr eines weiteren neuen Planwerks. Daher stellt sich die Frage, weshalb die Neuregelung des § 31 b WHG nicht auf die bewährten Gebietsdarstellungen der Regionalplanung verweist, die gerade für diesen Bereich geeignet erscheinen. Die Aufgabe von Raumordnung und Landesplanung besteht schließlich auch darin, Teilräume zu sichern und dabei Vorsorge für einzelne Raumfunktionen zu treffen (vgl. § 1 Abs. 1 Satz 1 und Satz 2 Nr. 2 ROG). Die Tatsache, dass es sich bei der Sicherung noch nicht förmlich festgesetzter Überschwemmungsgebiete um Gebietsfestlegungen handelt, die entsprechend § 31b Abs. 2 bis 4 WHG n.F. bestimmte raumbedeutsame Funktionen vorsehen und gleichzeitig damit nicht

---

[429] Insbesondere wurde geltend gemacht, die Regelung verstoße in ihrer Absolutheit gegen das Übermaßverbot und damit gegen das Rechtsstaatsprinzip, BR-Drucksache, 645/1/04, S. 3.

[430] So auch die Begründung des Regierungsentwurfs des Gesetzes zur Verbesserung des vorbeugenden Hochwasserschutzes, BR-DS 268/04, S. 28; in diesem Sinne für die Regelung des § 32 WHG a.F.: BVerwG, Urt. v. 22.7.2004 – 7 CN 1.04 –, NVwZ 2004, 1507 ff.; .

vereinbare andere Nutzungen und Funktionen ausschließen, spricht dafür, diesen Gebieten einen Vorrang im Sinne des § 7 Abs. 4 Satz 1 Nr. 1 ROG zuzusprechen. Darauf wird jedoch an anderer Stelle dieses Kapitels noch ausführlich eingegangen.
Ebenso wie § 31b Abs. 5 WHG n.F. kann § 31b Abs. 6 WHG n.F. mit Hilfe der Instrumente der Raumordnung und Landesplanung umgesetzt werden. Dieser verlangt in Satz 1, Überschwemmungsgebiete im Sinne der Abs. 1, 2 und 5 in ihrer Funktion als Rückhalteflächen zu erhalten (Halbsatz 1) bzw. – falls dem überwiegende Gründe des Allgemeinwohls entgegenstehen – rechtzeitig die notwendigen Ausgleichsmaßnahmen zu schaffen (Halbsatz 2). Auch hier bietet sich die Ausweisung von Raumordnungsgebieten nach § 7 Abs. 4 ROG an, um die raumbedeutsame Funktion der Rückhalteflächen zu erhalten. Hierauf stellt der Raumordnungsgrundsatz des § 2 Abs. 2 Nr. 8 Satz 7 ROG ausdrücklich ab, wenn er im Rahmen des vorbeugenden Hochwasserschutzes im Binnenland unter anderem die Sicherung von Auen und Rückhalteflächen verlangt. § 31b Abs. 6 Satz 2 WHG n.F. fordert, dass frühere Überschwemmungsgebiete, die als Rückhalteflächen geeignet sind, so weit wie möglich wieder hergestellt werden, wenn überwiegende Gründe des Wohls der Allgemeinheit nicht entgegenstehen. Dieses Optimierungsgebot, aus dem sich für die Länder keine strikte Verpflichtung ergibt[431], deckt sich wiederum teilweise mit § 2 Abs. 2 Nr. 8 Satz 7 ROG, der neben der Sicherung von Rückhalteflächen und Auen auch die Rückgewinnung derselben verlangt. Die Raumordnungsgebiete nach § 7 Abs. 4 ROG sind auch hier geeignete Umsetzungsinstrumente, die durch „einfache" Ziele und Grundsätze der Raumordnung in Textform flankiert werden.

cc) Überschwemmungsgefährdete Gebiete (§ 31c WHG n.F.)

Mit § 31c WHG n.F. wird die neue Kategorie der überschwemmungsgefährdeten Gebiete eingeführt. Dabei handelt es sich um Gebiete, die Überschwemmungsgebiete im Sinne des § 31b Abs. 1 WHG n.F. sind, aber keiner Festsetzung nach dessen Absatz 2 Satz 1 bedürfen oder die bei Versagen von öffentlichen Hochwasserschutzeinrichtungen, insbesondere Deichen, überschwemmt werden können. Auf diese Weise wird dem hohen, bisher nicht geregelten Schutzbedürfnis solcher Gebiete Rechnung getragen, die über die festgesetzten Überschwemmungsgebiete auf der Grundlage von HQ 100 hinausreichen oder die überflutet werden, wenn öffentliche Hochwasserschutzeinrichtungen (Deiche, Dammbalkensysteme, mobile Einrichtungen etc.[432]) versagen und deshalb im Falle einer Gefährdung besondere Schutzmaßnahmen erfordern.
Die weiteren Bestimmungen hinsichtlich der überschwemmungsgefährdeten Ge-

---

[431] Czychowski/Reinhardt, § 32 Rn. 17.

[432] Unter die öffentlichen Hochwasserschutzeinrichtungen im hier gemeinten Sinne fallen allerdings nicht Stauanlagen im Sinne der DIN 19700-10, wie z.B. Talsperren.

biete sind vom Landesgesetzgeber zu regeln. Hierzu gehören gemäß Absatz 1 Satz 2 die Ermittlung und die kartografische Darstellung der Gebiete nach Absatz 1 Satz 1, in denen durch Überschwemmungen erhebliche Schäden entstehen können. Nach Absatz 2 haben die Länder Maßnahmen zur Vermeidung und Verminderung von Schäden vorzusehen, die in ihrer Regelungsintensität unter denen des § 31b WHG n.F. anzusiedeln sind[433]. Grund dafür ist die in den Gebieten nach § 31c Abs. 1 Satz 1 WHG n.F. bestehende geringere Hochwassergefährdung.
Da für die Erhaltung und Sicherung der Überschwemmungsgebiete des § 31b WHG n.F. das Instrumentarium der Raumordnungsgebiete, insbesondere Vorranggebiete nach § 7 Abs. 4 Satz 1 Nr. 1 ROG in Frage kommt, überschwemmungsgefährdete Gebiete aber einen weniger strikten Schutz erfordern, kann für diese die Ausweisung von Vorbehaltsgebieten in Betracht gezogen werden. Auch hierzu wird auf die späteren eingehenden Ausführungen verwiesen[434].

dd) Hochwasserschutzpläne (§ 31d WHG n.F.)

Mit § 31d WHG n.F. wird den Ländern aufgegeben, Hochwasserschutzpläne aufzustellen, die dem Ziel dienen, die Gefahren, die mindestens von einem statistisch einmal in einhundert Jahren zu erwartenden Hochwasser ausgehen, so weit wie möglich zu minimieren (Abs. 1 Satz 2). Die Hochwasserschutzpläne haben insbesondere Maßnahmen zum Erhalt oder zur Rückgewinnung von Rückhalteflächen, zur Rückverlegung von Deichen, zum Erhalt oder zur Wiederherstellung von Auen sowie zur Rückhaltung von Niederschlagswasser enthalten (Abs. 1 Satz 3). Diese Darstellungen in den Hochwasserschutzplänen, die fachliche Pläne im Sinne des § 7 Abs. 3 Satz 2 ROG sind, sollen – falls die Voraussetzungen des § 7 Abs. 3 Satz 1 ROG erfüllt sind – in den Raumordnungsplänen der Länder enthalten sein.

C. Rechtsdogmatische Überlegungen zu den Raumordnungsgebieten des § 7 Abs. 4 ROG

Es wurde bereits mehrfach darauf hingewiesen, dass die Anforderungen an einen vorbeugenden Hochwasserschutz anhand der Festlegung von Raumordnungsgebieten nach § 7 Abs. 4 ROG erfüllt werden können, die rechtliche Einordnung dieser Gebiete jedoch nicht unumstritten ist. Die folgenden Überlegungen sollen den aktuellen Meinungsstand aufzeigen und kritisch hinterfragen.

---

[433] Begründung zum Regierungsentwurf des Gesetzes zur Verbesserung des vorbeugenden Hochwasserschutzes, BR-DS. 268/04, S. 29.
[434] Kapitel 5, S. 131 ff.

I. Vorranggebiete nach § 7 Abs. 4 Satz 1 Nr. 1 ROG

1. Zweck der Ausweisung von Vorranggebieten

Als Vorranggebiete werden Gebiete festgelegt, die für bestimmte, raumbedeutsame Funktionen oder Nutzungen vorgesehen sind und andere raumbedeutsame Nutzungen in diesem Gebiet ausschließen, soweit diese mit den vorrangigen Funktionen, Nutzungen oder Zielen der Raumordnung nicht vereinbar sind (§ 7 Abs. 4 Satz 1 Nr. 1 ROG). Zweck der Regelung ist also der Schutz der in den Vorranggebieten ausgewiesenen Funktionen oder Nutzungen. Für den hier zu behandelnden Hochwasserschutz kommt in erster Linie der Schutz von Raumfunktionen in Frage.
In der raumplanerischen Praxis werden Vorranggebiete insbesondere zur Sicherung standortgebundener Nutzungen oder Funktionen oder deren gezielter Entwicklung in einem bestimmten Gebiet festgelegt, wobei der Schwerpunkt der Sicherungsfunktion zukommt[435]. So legt § 1 Abs. 1 Satz 2 Nr. 2 ROG ausdrücklich fest, dass Vorsorge für einzelne Raumfunktionen und Raumnutzungen zu treffen ist. Die Grundsätze der Raumordnung des § 2 Abs. 2 ROG verlangen häufig die Sicherung insbesondere der Freiräume. Dies ist darauf zurückzuführen, dass standortgebundene Nutzungen und Funktionen gerade auf den jeweiligen Standort angewiesen sind und demzufolge an der Stelle gesichert werden müssen, an der sie vorzufinden sind[436]. Hierbei ist beispielsweise an Rohstofflagerstätten, wertvolle landwirtschaftliche Böden, klimatische Verhältnisse oder überschwemmungsgefährdete Flächen zu denken. In letzter Zeit gewinnt jedoch die Ausweisung von Vorranggebieten zur gezielten Entwicklung bestimmter Raumnutzungen und -funktionen – letztlich auch durch die Aufnahme der Leitvorstellung einer nachhaltigen Raumentwicklung in das ROG bedingt – zunehmend an Bedeutung. Vor allem der mittel- bis langfristige Zeitraum, in welchem die Planungsgrundsätze zu konkretisieren und zu verwirklichen sind, lässt Raumordnung und Landesplanung zu einem idealen Mittel zur Entwicklung des Raums werden. Wie bereits erläutert worden ist, nimmt die Entwicklung der ökologischen Funktionen des Raums mindestens einen mittelfristigen Zeitraum in Anspruch, worin gleichzeitig ein Schwachpunkt des Hochwasserschutzes durch Raumordnung und Landesplanung liegt. Dieser wird jedoch durch die Nachhaltigkeit der einmal eingeleiteten Maßnahmen, deren Erfolge es langfristig zu sichern gilt, aufgewogen.

---

[435] So auch Dallhammer, in: Cholewa/Dyong/v.d. Heide/Arenz, Bd. 1, § 7 Rn. 126; Steiner, Raumordnungs- und Landesplanungsrecht, S. 852 Rn. 56.
[436] Dallhammer, in: Cholewa/Dyong/v.d. Heide/Arenz, Bd. 1, § 7 Rn. 126.

2. Vorranggebiete als Ziele der Raumordnung

Hinsichtlich der Einordnung von Vorranggebieten als Ziele der Raumordnung besteht Einigkeit[437]. Aufgrund dessen, dass innerhalb eines solchen Gebiets andere raumbedeutsame Nutzungen oder Funktionen, die mit den vorrangigen Nutzungen, Funktionen oder Zielen der Raumordnung nicht vereinbar sind, ausgeschlossen sind, trifft die zuständige Landesplanungsbehörde gegenüber den nachgeordneten Planungsträgern eine verbindliche Vorgabe in Form von abschließend abgewogenen textlichen und/oder zeichnerischen Festlegungen in einem Raumordnungsplan, welche der Entwicklung, Ordnung und Sicherung des Raumes dienen (vgl. § 3 Nr. 2 ROG).

Das heißt, die Festlegung eines bestimmten Nutzungsvorrangs kann in nachfolgenden Abwägungsentscheidungen nicht zugunsten hiermit unvereinbarer Belange überwunden bzw. relativiert werden. Insbesondere im Rahmen der Bauleitplanung folgt aus der Anpassungspflicht des § 1 Abs. 4 BauGB, dass Raumordnungsziele nicht dem Regime des § 1 Abs. 7 BauGB unterstellt sind. Die Stellung des § 1 Abs. 4 BauGB und somit die Gesetzessystematik zeigt, dass der Standort der Ziele der Raumordnung in der Bauleitplanung nicht im Abwägungsprogramm zu suchen, sondern diesem vielmehr vorgelagert ist[438].

II. Vorbehaltsgebiete nach § 7 Abs. 4 Satz 1 Nr. 2 ROG

Im Gegensatz zu Vorranggebieten bezeichnen die Festlegungen nach § 7 Abs. 4 Satz 1 Nr. 2 ROG Gebiete, in denen bestimmten, raumbedeutsamen Funktionen oder Nutzungen bei der Abwägung mit konkurrierenden raumbedeutsamen Nutzungen besonderes Gewicht beigemessen werden soll. Auch sie dienen wie die Vorranggebiete der Sicherung und Entwicklung von raumbedeutsamen Nutzungen oder Funktionen, weshalb insoweit auf die obigen Ausführungen verwiesen werden kann. Allerdings werden in Literatur und Rechtsprechung unterschiedliche Ansichten bezüglich der Frage vertreten, ob es sich bei Vorbehaltsgebieten um Grundsätze[439] oder Ziele[440] der Raumordnung handelt. Die Entscheidung der

---

[437] Runkel, in: Bielenberg/Runkel/Spannowsky, Bd. 2, J 630, S. 18; Dallhammer, in: Cholewa/Dyong/v.d. Heide/Arenz, Bd. 1, § 7 Rn. 127; Bartlsperger,in: ARL, Zur Novellierung des Landesplanungsrechts aus Anlass des Raumordnungsgesetzes 1998, S. 157; Hendler, in: Jarass (Hrsg.), Raumordnungsgebiete, S. 105; Hoppe, in: Hoppe/Bönker/Grotefels, S. 97 Rn. 2; Koch/Hendler, S. 50 Rn. 34; Steiner, Raumordnungs- und Landesplanungsrecht, S. 764 Rn. 56.

[438] BVerwG, Beschl. v. 20.8.1992 – 4 NB 20.91, DVBl. 1992, 1438 (1439).

[439] BVerwG, Urt. v. 13.3.2003 – 4 C 4/02 –, NVwZ 2003, 738 (742); BayVGH, Urt. v. 8.12.2003 – 20 N 01.2612 – NuR 2004, 315 (316); Dallhammer, in: Cholewa/Dyong/v.d. Heide/Arenz, Bd. 1, § 7 Rn. 131; Runkel, in: Bielenberg/Runkel/Spannowsky, Bd. 2, § 3 Rn. 185; ders., WiVerw 1997, 289; Bartlsperger, in: ARL, Zur Novellierung des Landesplanungsrechts aus Anlass des Raumordnungsgesetzes 1998, S. 157; Lehners, S. 42; Hoppe, in: Hop-

Frage ist wegen der unterschiedlichen Bindungswirkung von Grundsätzen und Zielen der Raumordnung und damit der Umsetzung bzw. Durchsetzbarkeit der Planziele von entscheidender Bedeutung.

1. Auslegung nach dem Wortlaut

Den ersten Ansatzpunkt einer Einordnung bietet der Wortlaut des § 7 Abs. 4 Satz 1 Nr. 2 ROG, wonach bei der Festlegung von Vorbehaltsgebieten eine Abwägung zwischen den darin bestimmten Funktionen oder Nutzungen mit konkurrierenden Nutzungen stattzufinden hat. Das spricht zunächst für eine Qualifikation als Raumordnungsgrundsatz, da Ziele bereits abschließend abgewogen, Grundsätze dagegen bloße Vorgaben für nachfolgende Abwägungs- und Ermessensentscheidungen sind (vgl. § 3 Nr. 2 und Nr. 3 ROG)[441].

2. Die Merkmale der Grundsätze der Raumordnung

Wie § 3 Nr. 3 ROG zu entnehmen ist, sind Grundsätze der Raumordnung im Gegensatz zu Raumordnungszielen lediglich allgemeine Aussagen, die Vorgaben für nachfolgende Abwägungs- oder Ermessensentscheidungen bilden. Eine abschließende Entscheidung darüber, wie die Entwicklung, Ordnung und Sicherung des Raums im Einzelnen zu erfolgen hat, wird durch das Aufstellen eines Grundsatzes der Raumordnung (noch) nicht getroffen.

Wenn § 7 Abs. 4 Satz 1 Nr. 2 ROG nun davon spricht, dass den in Vorbehaltsgebieten festgelegten Funktionen oder Nutzungen bei der Abwägung ein besonderes Gewicht beizumessen ist, könnte das die Einordnung als Ziel der Raumordnung rechtfertigen. In dieser Beimessung eines besonderen Gewichts könnte eine vom Träger der Landes- oder Regionalplanung bereits getroffene Letztentscheidung gesehen werden. In diesem Sinne betrachtet auch der 26. Senat des BayVGH die Festlegung von Vorbehaltsgebieten[442] und führt dazu aus, dass es landesplanerische Ziele gibt, „deren Bindungswirkung darin besteht, dass ein bestimmter Belang mit einem besonderen Gewicht in die Abwägung eingestellt werden muss“[443]. Nach diesem Verständnis würde die von § 3 Nr. 2 ROG geforderte abschließende Abwägung nur für die Ebene der Landes- und Regionalpla-

---

pe/Bönker/Grotefels, S. 99 Rn. 6; Schink, in: Jarass (Hrsg.), Raumordnungsgebiete, S. 58; Steiner, Raumordnungs- und Landesplanungsrecht, S. 765 Rn. 57; Schroeder, UPR 2000, 52 (54); Wolff, BayVBl. 2001, 737 (740).

440 BayVGH, Urt. v. 21.1.1998 – 26 N 95.1632, BayVBl. 1998, 436 (437); Goppel, in: Jarass (Hrsg.), Raumordnungsgebiete, S. 30; ders., BayVBl. 1997, 503 f.; ders., BayVBl. 1998, 289 (291); Hendler, in: Jarass (Hrsg.), Raumordnungsgebiete, S. 111; Koch/Hendler, 51 Rn. 35.

441 So auch Dallhammer, in: Cholewa/Dyong/v.d. Heide/Arenz, Bd. 1, § 7 Rn. 131.

442 BayVGH, Urt. v. 21.1.1998 – 26 N 95.1632, BayVBl. 1998, 436 ff.

443 BayVGH, Urt. v. 21.1.1998 – 26 N 95.1632, BayVBl. 1998, 436 (437).

nung bestehen[444]. Das würde bedeuten, der Träger der Regionalplanung entscheidet nach vorausgegangener Abwägung auf landesplanerischer Ebene abschließend darüber, dass dem betreffenden Belang ein besonderes Gewicht zukommt. Bindungswirkung bestünde dahingehend, dass die nachgeordnete Planungsebene die Nutzung mit dem Gewicht, das sie durch die Festsetzung im Raumordnungsplan erhalten hat, in ihre Abwägungsentscheidung einstellen müsste. Mithin würde nicht das Ziel „Vorbehaltsgebiet" auf der nachfolgenden Ebene abgewogen, vielmehr fände eine Abwägung aufgrund eines Raumordnungsziels statt[445]. Auf diese Weise wird auch im Schrifttum der Charakter der Vorbehaltsgebiete als Raumordnungsziele zu begründen versucht[446] und zudem vorgetragen, der Begriff des abschließenden Abgewogenseins bzw. der landesplanerischen Letztentscheidung sei im mehrstufigen System räumlicher Gesamtplanung ebenenspezifisch zu verstehen[447]. Des Weiteren solle es der Wortlaut des § 3 Nr. 2 ROG zulassen, planerische Festlegungen, die nur hinsichtlich eines Bestandteils abschließend abgewogen sind, den Raumordnungszielen zuzurechnen; ein anderes Verständnis würde die Regelung einengend auslegen, wofür hinreichende sachliche Gründe vorliegen müssten[448].

Dieser Ansicht in Rechtsprechung und Literatur kann jedoch nicht gefolgt werden. Es genügt für die Qualifizierung als Raumordnungsziel nicht allein, dass mit der Festlegung von Vorbehaltsgebieten bindende Vorgaben für eine Abwägungsentscheidung getroffen werden. Auch Grundsätze der Raumordnung enthalten insoweit bindende Vorgaben für nachfolgende Abwägungsentscheidungen, als sie gemäß § 4 Abs. 2 und Abs. 4 ROG zu berücksichtigen sind[449]. Bereits die Systematik der §§ 3 Nr. 2, Nr. 3 und 4 Abs. 1, Abs. 2 ROG macht deutlich, dass die ebenenspezifische Betrachtungsweise nicht zutreffend sein kann. Indem § 3 Nr. 3 ROG ausdrücklich die Geltung der Grundsätze für die „nachfolgende" Abwägung betont, können Ziele der Raumordnung als verbindliche Vorgaben gerade keiner weiteren Abwägung zugänglich sein[450]. Diese Ansicht ist bereits der Begründung des Gesetzesentwurfs zum BauROG 1998 zu entnehmen, denn dort heißt es, „Vorbehaltsgebiete zielen auf nachfolgende Abwägungsentscheidungen" ab und „der Vorbehalt [bleibt] grundsätzlich durch Abwägung überwindbar"[451]. Die in § 3 Nr. 2 ROG verwendete Formulierung „abschließend" darf also nicht als auf die Planungsebene des die Ziele enthaltenden Raumordnungsplanes bezogen verstanden werden, sondern vielmehr auf die

[444] Wolff, BayVBl. 2001, 737 (740).
[445] Goppel, in: Jarass (Hrsg.), Raumordnungsgebiete, S. 30; Wolff, BayVBl. 2001, 737 (740).
[446] Goppel, in Jarass (Hrsg.), Raumordnungsgebiete, S. 29; Hendler, ebenda, S. 107.
[447] Goppel, in: Jarass (Hrsg.), Raumordnungsgebiete, S. 29.
[448] Hendler, in: Jarass (Hrsg.), Raumordnungsgebiete, S. 108.
[449] Dallhammer, in: Cholewa/Dyong/v.d. Heide/Arenz, Bd. 1, § 7 Rn 131; Runkel, WiVerw 1997, 267 (289); Schroeder, UPR 2000, 52 (54); Wolff, BayVBl. 2001, 737 (740).
[450] Wolff, BayVBl. 2001, 737 (740).
[451] Begründung des Regierungsentwurfs des BauROG 1998, BR-DS 635/96, S. 84.

nachgeordneten Planungsebenen, wie dies auch bei den Raumordnungsgrundsätzen der Fall ist[452].

Des Weiteren ist zu beachten, dass es sich bei Planungsentscheidungen um gestaltende Entscheidungen handelt, denen ein Abwägungsvorgang immanent ist. Das heißt, Festsetzungen eines Planes müssen immer abgewogen sein. Sie beziehen sich dabei auf den jeweiligen Plan. Die Tatsache, dass auch die in Raumordnungsplänen enthaltenen Grundsätze auf einer Planungsentscheidung beruhen, gibt ihnen daher den Charakter einer auf ihrer Planungsebene abschließend abgewogenen Vorgabe. So ist denn auch gemäß § 7 Abs. 7 Satz 1 ROG für die Aufstellung der Raumordnungspläne vorzusehen, „dass die Grundsätze der Raumordnung gegeneinander und untereinander abzuwägen sind". Es ist daher nicht ersichtlich, weshalb die Formulierung „abschließend abgewogen" in § 3 Nr. 2 ROG diese Selbstverständlichkeit betonen sollte. Der Regelung geht es somit vielmehr darum, klarzustellen, dass sich die Wendung „abschließend abgewogen" auf die nachfolgende Planungsebene bezieht[453].

Wenn daher, wie auch der 8. Senat des BayVGH ausführt, für die entsprechenden Flächen des Vorbehaltsgebiets allein mit der Beimessung eines besonderen Gewichts noch keine abschließende Abwägung über die Art der Bodennutzung getroffen wurde, bleibt die abschließende Abwägungsentscheidung den nachfolgenden Planträgern überlassen[454]. Damit kann in der Ausweisung von Vorbehaltsgebieten nicht die Festsetzung eines Ziels, sondern lediglich eines Grundsatzes der Raumordnung gesehen werden[455]. In diesem Sinne hat auch das Bundesverwaltungsgericht in einem jüngeren Urteil entschieden und betont, dass Vorbehaltsgebiete als Gewichtungsvorgaben auf nachfolgende Abwägungs- und Ermessensentscheidungen einwirken und durch öffentliche oder private Belange von höherem Gewicht überwunden werden können[456]. Das Gericht folgt daher der Auffassung, dass § 7 Abs. 4 Satz 1 Nr. 2 ROG die Vorbehaltsgebiete ausdrücklich den Grundsätzen und nicht den Zielen der Raumordnung zuordnet. Dem schloss sich der 20. Senat des BayVGH an und hob nochmals hervor, dass sich die Bedeutung von Vorbehaltsgebieten darin erschöpfe, als Direktiven für nachfolgende Abwägungsentscheidungen zu dienen, so dass die letztendliche Entscheidung einer weiteren Abwägung auf einer nachgeordneten Planungsstufe vorbehalten bleibe[457].

Dem Wortlaut des § 3 Nr. 2 ROG ist auch nicht zu entnehmen, dass planerische Festlegungen, die nur hinsichtlich eines Bestandteils abschließend abgewogen sind, ohne weiteres als Ziele der Raumordnung anzusehen sind. Soll die gesamte

---

[452] Wolff, BayVBl. 2001, 737 (740).
[453] Wolff, BayVBl. 2001, 737 (740).
[454] BayVGH, Urt. v. 4.4.1995 – 8 N 92.1819 und 8 N 90.1696 –, BayVBl. 1996, 81 (82).
[455] BayVGH, Urt. v. 4.4.1995 – 8 N 92.1819 und 8 N 90.1696 –, BayVBl. 1996, 81 (82).
[456] BVerwG, Urt. v. 13.3.2003 – 4 C 4/02 –, NVwZ 2003, 738 (742).
[457] BayVGH, Urt. v. 8.12.2003 – 20 N 01.2612 – NuR 2004, 315 (316).

Festlegung – also die Festlegung eines Vorbehaltsgebietes nach § 7 Abs. 4 Satz 1 Nr. 2 ROG – den Charakter eines Ziels der Raumordnung besitzen, hat auch eine umfassende Abwägung statt zu finden, in die sämtliche Belange einzustellen und im Sinne der oben genannten Entscheidung des BVerwG abzuwägen sind. Selbst wenn die raumordnerische Abwägung aufgrund ihrer regelmäßigen Grobmaschigkeit keine „erschöpfende" Abwägung wie beispielsweise im Recht der Bauleitplanung sein sollte[458], verlangt das Gebot der planerischen Konfliktbewältigung jedoch, lösbare Konflikte nicht in nachfolgende Planungsstufen hineinzutragen. Eventuell bestehende Zielkonflikte müssen vielmehr ausgetragen und bereinigt sein[459]. Kommt es allerdings überhaupt nicht zur Ermittlung aller möglichen Konflikte, sondern werden nur einzelne Bestandteile der planerischen Festlegung bezüglich der Beimessung des besonderen Gewichts in die Abwägungsentscheidung einbezogen, kann somit auch keine ausreichende Konfliktbewältigung hinsichtlich der gesamten Festlegung erfolgt sein.
Daraus folgt, dass durch die bloße Abwägung nur eines Bestandteils der planerischen Festlegung „Vorbehaltsgebiet" eine abschließende Abwägung im Sinne einer landesplanerischen Letztentscheidung im Hinblick auf die Festlegung eines Vorbehaltsgebietes als ganzes noch nicht stattgefunden hat. Die von *Hendler*[460] entwickelte Konstruktion kann die Einordnung der Vorbehaltsgebiete als Raumordnungsziele nicht rechtfertigen. Ginge man trotzdem von der Annahme aus, Vorbehaltsgebiete seien Ziele der Raumordnung, so müssten auch die Eignungsgebiete konsequenterweise inner- und außergebietlich als Ziele der Raumordnung betrachtet werden[461], was allerdings umstritten ist und von der wohl überwiegenden Meinung verneint wird[462].

3. § 7 Abs. 4 Satz 1 Nr. 2 ROG als Soll-Vorschrift

Dem etwaigen Zielcharakter von Vorbehaltsgebieten kann des Weiteren der Wortlaut der Regelung entgegengehalten werden, wonach das besondere Gewicht lediglich beigemessen werden „soll". Damit ist wiederum auf das bereits behandelte Problem, ob Raumordnungsziele in Form von Soll-Vorschriften er-

---

[458] In diesem Sinne Runkel, in: Ernst/Zinkahn/Bielenberg, Bd. 1, § 1 Rn. 51b.
[459] Hoppe, DVBl. 1993, 681 (682).
[460] Hendler, in: Jarass (Hrsg.), Raumordnungsgebiete, S. 108.
[461] So auch Hendler, in: Jarass (Hrsg.), Raumordnungsgebiete, S. 115, der die Ansicht vertritt, dass den raumbedeutsamen Maßnahmen, die auf den außergebietlichen Flächen des Eignungsgebiets ausgeschlossen sind, in den Binnenflächen ein erhöhtes Gewicht zukommt und dieses wiederum auf einer abschließenden landesplanerischen Abwägung beruht.
[462] VG Dessau, Urt. v. 21.11.2000 – 1 A 121/99 DE –, NVwZ-RR 2001, 423 (424); Dallhammer, in: Cholewa/Dyong/v.d. Heide/Arenz, Bd. 1, § 7 Rn. 136; Hoppe, in: Hoppe/Bönker/Grotefels, S. 102 Rn. 10; Schink, in: Jarass (Hrsg.), Raumordnungsgebiete, S. 59; Steiner, Raumordnungs- und Landsplanungsrecht, S. 853 Rn. 58; Erbguth, DVBl. 1989, 209 ff.; Spiecker, BayVBl. 2001, 673; a.A. Goppel, in: Jarass, Raumordnungsgebiet, S. 26 (33 f.).

lassen werden können, zurückzukommen, was dahingehend beantwortet wurde, Soll-Vorschriften keinen Zielcharakter zuzuweisen[463].

4. Der Charakter von „Festlegungen“ in Raumordnungsplänen

Auch das Argument, § 7 Abs. 4 ROG spreche von „Festlegungen“ und verwende somit einen in § 3 Nr. 2 ROG, nicht aber in § 3 Nr. 3 ROG vorkommenden Begriff, kann nicht für die Annahme des Zielcharakters von Vorbehaltsgebieten fruchtbar gemacht werden. Insbesondere kann daraus nicht abgeleitet werden, § 7 Abs. 4 ROG beziehe sich insgesamt nur auf Zielfestlegungen[464]. Vertreter der darauf abstellenden Meinung führen ins Feld, es würde „einen schwer nachvollziehbaren systematischen Bruch bedeuten, wenn Festlegungen im Sinne des § 7 Abs. 4 ROG zwar in den Nummern 1 und 3 unbestritten Zielcharakter aufwiesen, nicht aber im Falle der Nr. 2“[465]. Zunächst muss klar verneint werden, dass Eignungsgebiete nach § 7 Abs. 4 Satz 1 Nr. 3 ROG unbestritten Zielcharakter aufweisen. Vorerst bleibt diesbezüglich nur darauf hinzuweisen, dass Eignungsgebieten eine inner- als auch eine außergebietliche Wirkung zukommt, wobei zumindest der ersten von einer Ansicht Zielqualität[466], von einer anderen die Qualität eines Grundsatzes der Raumordnung[467] zugesprochen wird. Betrachtet man zweitens den Wortlaut des § 7 Abs. 3 Satz 1 ROG, so wird auch dort von „Festlegungen“ gesprochen. Die Vorschrift beinhaltet jedoch weiter, dass besagte Festlegungen sowohl durch Ziele als auch durch Grundsätze gesichert werden können[468], das heißt, in Raumordnungsplänen können auch solche Festlegungen getroffen werden, die keine Ziele sind.

5. Fazit

Festzuhalten bleibt demnach, dass die Beimessung eines bestimmten Gewichts eine Vorgabe für nachfolgende Abwägungs- und Ermessensentscheidungen ent-

---

463 Vgl. dazu Kapitel 3, S. 70 f.

464 Wolff, BayVBl. 2001, 737 (741).

465 Goppel, in: Jarass (Hrsg.), Raumordnungsgebiete, S. 28.

466 Runkel, in: Bielenberg/Runkel/Spannowsky, Bd. 2, § 3 Rn. 55; Hendler, in: Jarass, S. 112 ff.; Peine, S. 81 Rn. 237; Heitsch, NuR 2004, 21 f.

467 Grotefels, Vorrang-, Vorbehalts- und Eignungsgebiete in der Raumordnung (§ 7 Abs. 4 ROG), in: FS Hoppe, S. 380 ff.; Hoppe, in: Hoppe/Bönker/Grotefels, S. 102 Rn. 10; Spiecker, S. 245; Steiner, Raumordnungs- und Landesplanungsrecht, S. 852 Rn. 58; Erbguth, DVBl. 1998, 209 (214).

468 So auch Bartlsperger, in: ARL, Zur Novellierung des Landesplanungsrechts aus Anlass des Raumordnungsgesetzes 1998, S. 149, der gleichzeitig betont, dass es neben Grundsätzen und Zielen der Raumordnung keine dritte Kategorie von Festlegungen in Raumordnungsplänen geben kann.

hält, die sich aus zwei Komponenten zusammensetzt[469]. Erstens soll ein bestimmter raumbedeutsamer Belang räumlicher und sachlicher Art berücksichtigt werden. Zweitens soll diese Berücksichtigung in der Weise geschehen, dass diesem Belang in der Abwägung ein besonderes Gewicht beigemessen wird. Damit bleibt er einer nachfolgenden Abwägung zugänglich und ist überwindbar, wobei die Anforderungen an eine derartige Überwindung jedoch höher sind als bei einem „normalen" Grundsatz[470]. Im Ergebnis handelt es sich bei Vorbehaltsgebieten nach § 7 Abs. 4 Satz 1 Nr. 2 ROG nicht um Ziele, sondern um Grundsätze der Raumordnung. Bei einer anderen Auffassung würden Vorbehaltsgebiete einen – vom Gesetzgeber nicht vorgesehenen – „gespaltenen Festlegungsinhalt" aufweisen[471], womit eine Relativierung des raumordnerischen Letztentscheidungs- und Verbindlichkeitscharakters der zielförmigen Raumordnungsplanung verbunden wäre.

III. Eignungsgebiete nach § 7 Abs. 4 Satz 1 Nr. 3 ROG

Durch Eignungsgebiete im Sinne des § 7 Abs. 4 Satz 1 Nr. 3 ROG können Gebiete festgelegt werden, die für bestimmte, raumbedeutsame Maßnahmen geeignet sind, die städtebaulich nach § 35 BauGB zu beurteilen sind und an anderer Stelle im Planungsraum ausgeschlossen werden. Schon der Wortlaut der Vorschrift deutet darauf hin, dass Eignungsgebieten sowohl eine innergebietliche als auch eine außergebietliche Wirkung zukommt. In diesem Zusammenhang wird von der „Janusköpfigkeit"[472], also einer gespaltenen Wirkungsweise der Eignungsgebiete gesprochen[473]. Innergebietlich entfalten Eignungsgebiete Eignungswirkung, außergebietlich Ausschlusswirkung[474]. Uneinigkeit besteht allerdings darüber, ob die Eignungsgebiete den Charakter von Grundsätzen oder Zielen der Raumordnung besitzen. Um diese Frage zu beantworten ist zwischen innergebietlichen und außergebietlichen Flächen zu unterscheiden. Nach anderer Auffassung sind Eignungsgebiete als einheitliches Rechtsinstitut zu verstehen, weshalb ihre raumordnerische Einordnung ebenfalls einheitlich zu erfolgen habe[475].

Da der raumordnungsrechtlichen Kategorie der Eignungsgebiete für den Hochwasserschutz jedoch keine Bedeutung zukommt, wird auf ein näheres Eingehen

[469] Runkel, in: Bielenberg/Runkel/Spannowsky, Bd. 2, § 3 Rn. 185.

[470] Runkel, in: Bielenberg/Runkel/Spannowsky, Bd. 2, § 3 Rn. 185.

[471] Bartlsperger, S. 175.

[472] Erbguth, DVBl. 1998, 212 (214).

[473] Hendler, in: Jarass, Raumordungsgebiete, S. 111; Koch/Hendler, S. 52 Rn. 37.

[474] Hendler, in: Jarass, Raumordungsgebiete, S. 111; Hoppe, in: Hoppe/Bönker/Grotefels, S. 241 Rn. 44; Schink, in: Jarass, Raumordungsgebiete, S. 59.

[475] Goppel, in: Jarass, Raumordnungsgebiete, S. 33 f.

auf den Streitstand sowie auf die Darstellung der durch § 7 Abs. 4 Satz 2 ROG ermöglichten Kombination von Vorrang- und Einigungsgebiet verzichtet.

§ 2: Konkrete Umsetzung des vorbeugenden Hochwasserschutzes durch die Festlegung von Raumordnungsgebieten

Die allgemeinen Ausführungen zu den Raumordnungsgebieten im Sinne des § 7 Abs. 4 ROG haben gezeigt, dass für den Hochwasserschutz die Ausweisung von Vorrang- und Vorbehaltsgebieten in Betracht kommen kann.
Des Weiteren hat sich herausgestellt, dass den einzelnen Raumordnungsgebieten aufgrund ihrer unterschiedlichen Rechtsqualität (Vorranggebiete als Ziele der Raumordnung, Vorbehaltsgebiete als Grundsätze der Raumordnung) auch eine unterschiedliche Bindungswirkung zukommt. Diese Rechtswirkung hat Einfluss auf die Entscheidung, welche Schutzmaßnahme durch welches raumordnerische Instrument umzusetzen ist. Die strikte Beachtenspflicht der Vorranggebietsausweisung im Vergleich zur bloßen Berücksichtigungspflicht hinsichtlich der Vorbehaltsgebietsausweisungen wird einen eher restriktiven Einsatz verlangen und damit stärker am Grundsatz der Verhältnismäßigkeit zu orientieren sein. Welches Raumordnungsgebiet im Einzelfall, insbesondere unter Berücksichtigung von Häufigkeit und Ausmaß der Überschwemmungen sowie des Schadenspotentials einzusetzen ist, um einen effektiven vorbeugenden Hochwasserschutz zu gewährleisten, soll nun dargestellt werden.

A. Hochwasserschutz durch Ausweisung von Vorranggebieten

In der bisherigen Planungspraxis wurden raumordnerische Vorranggebiete zu vielfältigen Zwecken eingesetzt. Diese reichen von der Sicherung von Rohstofflagerstätten über den Schutz von Grundwasservorkommen bis hin zum Schutz von Natur und Landschaft, um nur einige Beispiele zu nennen. Vorranggebiete, die unmittelbar dem Hochwasserschutz dienen, waren in den Regionalplänen allerdings kaum zu finden. Die bisherige Untersuchung ergab, dass es im Zuge der Vorsorge für andere Raumfunktionen (z.B. Natur und Wasserhaushalt) sowie für andere Raumnutzungen (z.B. Land- und Forstwirtschaft) zu Synergieeffekten kommen kann, wodurch Wasserrückhalt und -abfluss ebenfalls beeinflusst werden. Die folgenden Ausführungen befassen sich daher mit Vorranggebieten, die dem Hochwasserschutz sowohl unmittelbar als auch mittelbar dienen, wobei das Hauptaugenmerk allerdings auf die dem Hochwasserschutz unmittelbar dienenden Vorranggebiete gelegt wird.

I. Vorranggebiete für den vorbeugenden Hochwasserschutz

Im Jahr 1999, das heißt nachdem es in Deutschland sowohl 1993, 1995 als auch 1997 zu Hochwasserkatastrophen größeren Ausmaßes kam sowie insbesondere von IKSR, MKRO und LAWA verschiedene Strategien zum Hochwasserschutz erarbeitet worden waren, stellten die regionalen Entwicklungsprogramme in Sachsen-Anhalt als einzige explizit Vorranggebiete für den Hochwasserschutz dar[476]. Die MKRO schlug im Jahr 2000 aufgrund der in fast allen Raumordnungsplänen bestehenden Defizite hinsichtlich des Hochwasserschutzes ausdrücklich Vorranggebiete im Sinne des § 7 Abs. 4 Satz 1 Nr. 1 ROG als wirksame Instrumente zur Sicherung und Rückgewinnung von Überschwemmungsbereichen, zur Risikovorsorge in potentiellen Überschwemmungsbereichen sowie zum Rückhalt im Einzugsgebiet vor[477]. Gerade die frühzeitige Sicherung hochwasserrelevanter Flächen soll damit sachgerecht erfüllt werden können[478]. Mittlerweile wurde diese Empfehlung von den regionalen Planungsträgern aufgegriffen und mit der Aufnahme von Vorranggebieten für den vorsorgenden Hochwasserschutz in die Regionalpläne begonnen. Zum Teil ist die diesbezügliche Fortschreibung der Raumordnungspläne bereits abgeschlossen.
Bevor im Einzelnen auf den Inhalt, die rechtlichen Anforderungen und die rechtliche Wirkung der Vorranggebiete für den vorbeugenden Hochwasserschutz eingegangen wird, soll zunächst deren Herleitung aus den Grundsätzen der Raumordnung erfolgen.

1. Vorranggebiete für den Hochwasserschutz als Konkretisierung des § 2 Abs. 2 Nr. 8 ROG

Das Raumordnungsgesetz sieht in § 2 Abs. 2 Nr. 8 Satz 7 vor, dass für den vorbeugenden Hochwasserschutz zu sorgen ist, vor allem durch Sicherung oder Rückgewinnung von Auen, Rückhalteflächen und überschwemmungsgefährdeten Bereichen. Hierbei handelt es sich um einen bundesrechtlichen Grundsatz der Raumordnung, der einer weiteren Konkretisierung durch die Raumordnungspläne der Länder bedarf (§ 7 Abs. 1 Satz 1 ROG). Aufgrund der Ermächtigungsnorm des § 2 Abs. 3 ROG sind auch die Länder in der Lage, weitere raumordnerische Grundsätze aufzustellen, soweit diese nicht gegen die §§ 1 und 2 Abs. 2 ROG verstoßen. Bayern hat bezüglich des Hochwasserschutzes von dieser Möglichkeit in Art. 2 Nr. 9b BayLPlG Gebrauch gemacht. Weitere

---

[476] Umweltbundesamt, Anforderungen des vorsorgenden Hochwasserschutzes an Raumordnung, Landes-/Regionalplanung, Stadtplanung und die Umweltfachplanungen, S. 115.
[477] MKRO , Handlungsempfehlungen zum vorbeugenden Hochwasserschutz vom 14.6.2000, aaO, S. 107.
[478] MKRO , Handlungsempfehlungen zum vorbeugenden Hochwasserschutz vom 14.6.2000, aaO, S. 107.

Grundsätze können in den Raumordnungsplänen der Länder enthalten sein (§ 2 Abs. 3 HS. 2 ROG).
Die vorliegende Untersuchung hat in Kapitel 4 gezeigt, dass insbesondere die Sicherung und Wiederherstellung von Retentionsflächen in Überschwemmungsgebieten und überschwemmungsgefährdeten Bereichen den natürlichen Wasserrückhalt sowie den natürlichen Wasserabfluss positiv beeinflussen. Zudem werden Schadensrisiken durch den Ausschluss der bauleitplanerischen Inanspruchnahme hochwassergefährdeter Gebiete reduziert. Der effektive vorsorgende Hochwasserschutz in Raumordnung und Landesplanung bedarf folglich eines Instruments, das die Raumfunktion Hochwasserschutz vor anderen konkurrierenden, nicht mit dem Hochwasserschutz zu vereinbarenden Nutzungen schützt. Von § 7 Abs. 4 Satz 1 Nr. 1 ROG wird den Trägern der Landesplanung mit dem Instrument der Vorranggebiete eben diese Möglichkeit eröffnet. Sie können damit Gebiete bezeichnen, die für bestimmte, raumbedeutsame Funktionen oder Nutzungen vorgesehen sind und andere raumbedeutsame Nutzungen in diesem Gebiet ausschließen, soweit diese mit den vorrangigen Funktionen, Nutzungen oder Zielen der Raumordnung nicht vereinbar sind.

2. Zielsetzung und Inhalt der Vorranggebiete für den Hochwasserschutz

Die MKRO sieht die vordringlichste Aufgabe des Hochwasserschutzes in der Erhaltung noch vorhandener Überschwemmungsbereiche sowie deren Vergrößerung entweder durch Rückgewinnung ehemaliger oder durch Schaffung neuer Überschwemmungsflächen[479]. Wird in Raumordnungsplänen von Überschwemmungsbereichen gesprochen, so sind damit diejenigen Bereiche gemeint, die sich zwischen Gewässerlauf und Deichen bzw. bei Deichsystemen zwischen Gewässerlauf und Winterdeichen befinden[480]. Umfasst werden des Weiteren überschwemmungsgefährdete, nicht deichgeschützte Bereiche entlang der Fließgewässer. In die regionalplanerische Darstellung von Überschwemmungsbereichen sind zudem Flächen einzubeziehen, die durch Deichrückverlegungen oder andere Maßnahmen als Überschwemmungsfläche hinzugewonnen werden sollen. Diese Flächen sind für den Rückhalt und den Abfluss des Hochwassers zu sichern und von wasserempfindlichen Nutzungen frei zu halten, wobei das Schadenspotential durch Berücksichtigung des Risikos bei der Raumnutzung zu vermindern ist.

---

[479] MKRO , Handlungsempfehlungen zum vorbeugenden Hochwasserschutz vom 14.6.2000, aaO, S. 105.
[480] MKRO , Handlungsempfehlungen zum vorbeugenden Hochwasserschutz vom 14.6.2000, aaO, S. 109.

a) Sicherung und Rückgewinnung von Überschwemmungsbereichen

aa) Die wasserrechtlichen Überschwemmungsgebiete

(1) Die Regelung des § 31 b WHG n.F.

Überschwemmungsgebiete sind gemäß § 31 b Abs. 1 WHG n.F. Bereiche zwischen oberirdischen Gewässern und Deichen oder Hochufern und sonstige Gebiete, die bei Hochwasser überschwemmt oder durchflossen oder die für Hochwasserentlastung oder Rückhaltung beansprucht werden. § 31 b Abs. 2 Satz 1 WHG n.F. verlangt, dass durch Landesrecht die Gewässer oder Gewässerabschnitte, bei denen durch Hochwasser nicht nur geringfügige Schäden entstanden oder zu erwarten sind, bestimmt werden. Als Überschwemmungsgebiete im förmlichen Sinn, sind von den Länder mindestens die Gebiete festzusetzen, in denen ein Hochwasserereignis statistisch einmal in 100 Jahren zu erwarten ist (§ 31 b Abs. 2 Satz 3 WHG n.F.).

Im Rahmen des Verfahrens zur Festsetzung der wasserrechtlichen Überschwemmungsgebiete dürfen nur solche Flächen erfasst werden, die „bei Hochwasser überschwemmt oder durchflossen oder die für Hochwasserentlastung oder Rückhaltung beansprucht werden" (vgl. § 31 b Abs. 1 WHG n.F.). Unter letztere fallen beispielsweise nicht hochwasserfrei eingedeichte Flächen[481] oder hochgelegene Standorte, die von der Überschwemmung nicht erreicht werden[482]. Im Gegensatz zu § 32 WHG a.F. trifft § 31 b Abs. 2 Satz 3 WHG n.F. nun eine ausdrückliche Aussage darüber, an welchem Bemessungshochwasser die Bestimmung der räumlichen Grenzen eines Überschwemmungsgebiets zu messen ist. Ob darüber hinaus gehende Gebiete ebenfalls förmlich als Überschwemmungsgebiet festgesetzt werden, bleibt dem Landesrecht vorbehalten und wird sich grundsätzlich an den besonderen Verhältnissen des jeweiligen Einzelfalls unter Berücksichtigung der gesetzlichen Zweckbestimmung orientieren[483]. Zu diesen Einzelfallumständen zählt unter anderem die Schutzwirkung von Anlagen zum technisch-infrastrukturellen Hochwasserschutz. Bislang wurde häufig ein einheitliches Wiederkehrintervall von 100 Jahren[484], vereinzelt (z.B. am Oberrhein) von 200 Jahren, verwendet. Es kann davon ausgegangen werden, dass auch die Novellierung des Wasserrechts nicht zu einer Änderung der momenta-

---

[481] Czychowski/Reinhardt, § 32 Rn. 29; Corell, UPR 1996, 246 (247).

[482] Czychowski/Reinhardt, § 32 Rn. 29; Peine, UTR 1995, 254.

[483] Czychowski/Reinhardt, § 32 Rn. 29; Becker, BayVBl. 1995, 453 (458).

[484] So ausdrücklich § 69 Abs. 1 Satz 2 HessWG; siehe auch BayVGH, Beschl. v. 29.9.2004 – 15 ZB 02.2958 –, NVwZ-RR 2005, 171; BayVGH, Urt. v. 16.1.1997 – 22 B 96/3491 –, ZfW 1997, 240 (241); BayVGH, Urt. v. 19.2.1992 – 22 B 90/1322 –, ZfW 1992, 499; Czychowski/Reinhardt, § 32 Rn. 29; Knopp, in: Sieder/Zeitler/Dahme/Knopp, Art. 32 Rn. 13 u. 28.

nen Praxis führen wird. Das bedeutet, dass sowohl bei Versagen technischer Schutzeinrichtungen, z.B. dem Bruch von Deichen, als auch bei Hochwasserereignissen größeren Ausmaßes, wie beispielsweise im August 2002, ein ausreichender Hochwasserschutz nicht gewährleistet ist.

Die Rechtswirkung der Festsetzung wasserrechtlicher Überschwemmungsgebiete nach § 31 b Abs. 2 WHG n.F. ist dessen Satz 5 als auch § 31 b Abs. 3, 4 und 6 WHG n.F. zu entnehmen. Nach § 31 Abs. 2 Satz 5 WHG n.F. haben die Länder die dem Schutz vor Hochwassergefahren dienenden und zu den abschließend aufgezählten Zwecken erforderlichen Vorschriften zu erlassen. Besondere Bedeutung kommt der Regelung in § 31 b Abs. 4 WHG n.F. zu. Darin wird bestimmt, dass in Überschwemmungsgebieten nach Absatz 2 Satz 3 und 4 durch Bauleitpläne grundsätzlich keine neuen Baugebiete ausgewiesen werden dürfen. In den abschließend aufgeführten Fällen kann die zuständige Landesplanungsbehörde gleichwohl eine Ausnahme zulassen. Auch dürfen bauliche Anlagen nach den §§ 30, 34 und 35 BauGB nur noch dann in den förmlich festgesetzten Überschwemmungsgebieten genehmigt werden, wenn diese den Anforderungen des § 31 b Abs. 4 Satz 4 WHG n.F. genügen, also den Hochwasserschutz nicht negativ beeinflussen. Hinsichtlich der damit einhergehenden eigentumsrechtlichen Problematik wird in der Gesetzesbegründung ausgeführt, dass aufgrund der Tatsache, dass das Bauen nicht generell verboten, sondern nur aus unabweisbaren Gründen des Hochwasserschutzes eingeschränkt wird, die Regelung des § 31 b Abs. 4 Satz 4 WHG n.F. als Inhalts- und Schrankenbestimmung im Sinne des Artikels 14 Abs. 1 Satz 2 GG anzusehen ist und die darin vorgesehenen Eingriffe dem Schutz von Leben und Sachwerten sowie dem Schutz von Natur und Umwelt dienen[485]. Schließlich sieht § 31 b Abs. 6 WHG n.F. vor, dass Überschwemmungsgebiete nach Absatz 1, 2 und 5 in ihrer Funktion als Rückhalteflächen zu erhalten sind. Ausnahmen gelten nur, soweit dem überwiegende Gründe des Wohls der Allgemeinheit entgegenstehen[486]. In diesem Fall sind rechtzeitig die notwendigen Ausgleichsmaßnahmen zu treffen. Des Weiteren sollen frühere Überschwemmungsgebiete, die als Rückhalteflächen geeignet sind, so weit wie möglich wieder hergestellt werden, wenn überwiegende Gründe des Wohls der Allgemeinheit nicht entgegenstehen.

Die Gewässer selbst und deren Ufer gehören bundesrechtlich nicht zum Überschwemmungsgebiet[487], werden aber durch die Vorschriften über Unterhaltung

---

[485] Entwurfsbegründung zum Gesetz zur Verbesserung des vorbeugenden Hochwasserschutzes, BR-DS 268/04, S. 28.

[486] „Entgegenstehen" verlangt mehr als ein bloßes „Beeinträchtigen", wodurch dem Hochwasserschutz ein besonderes Gewicht verliehen wird; BayVGH, Beschl. v. 29.9.2004 – 15 ZB 02.2958 –, NVwZ-RR 2005, 171; BayVGH, Urt. v. 27.4.2004 – 26 N 02.2437 –, NuR 2005, 109 f.

[487] Czychowski/Reinhardt, § 32 Rn. 3.

und Ausbau (§§ 28 ff. WHG) sowie die landesrechtlichen Bestimmungen über Anlagen in und an Gewässern (Art. 59 ff. BayWG) geschützt[488].

(2) Vorranggebietsausweisungen nicht förmlich festgesetzter Überschwemmungsgebiete

Die noch nicht von der Wasserwirtschaft förmlich festgelegten Überschwemmungsgebiete bedürfen der vorsorglichen Sicherung, um die zukünftige fachgesetzliche Festsetzung vorzubereiten. Bis zur Novellierung des Wasserhaushaltsgesetzes enthielt dieses keine entsprechende Vorschrift. Da es sich um eine Gebietsfestlegung handelt, die der Sicherung einer raumbedeutsamen Funktion dient und andere widersprechende Nutzungen ausschließen soll, kam daher die Ausweisung eines entsprechenden Vorranggebiets nach § 7 Abs. 4 Satz 1 Nr. 1 ROG als wirksames Instrument der Raumordnung in Betracht[489]. Dies galt auch insbesondere deshalb, weil für die raumordnerische Festlegung eines Vorranggebiets im Gegensatz zur wasserrechtlichen Festsetzung nach § 32 Abs. 1 Satz 2 WHG a.F.[490] kein dementsprechender Erforderlichkeitsnachweis zu erbringen war[491], die Sicherung der entsprechenden Gebiete also schneller behördenverbindlich vorgenommen werden konnte als durch die Fachplanung[492].
Nunmehr bestimmt § 31 b Abs. 5 WHG n.F., dass die Länder die noch nicht nach Absatz 2 Satz 3 und 4 festgesetzten Überschwemmungsgebiete zu ermitteln, in Kartenform darzustellen und vorläufig zu sichern haben sowie dass für nach Satz 1 ermittelte, in Kartenform dargestellte und vorläufig gesicherte Gebiete die Absätze 2 bis 4 entsprechend gelten. Es stellt sich somit die Frage, ob die vorsorgliche Sicherung der zukünftigen wasserrechtlichen Überschwemmungsgebiete nach § 31 b Abs. 2 Satz 4 WHG n.F. noch mittels des Instruments der Vorranggebiete für Hochwasserschutz durchzuführen ist. Hierfür spricht, dass die Festlegung von Vorranggebieten bis zur Umsetzung der rahmenrechtlichen Vorschriften in Landesrecht die effektivste Möglichkeit der vorläufigen Sicherung bietet.
Selbst dann, wenn die Länder Überschwemmungsgebiete nach § 31 WHG umfassend festgesetzt haben, können sich die Abflussverhältnisse des Hochwassers,

---

488 Czychowski/Reinhardt, § 32 Rn. 3.

489 MKRO, Handlungsempfehlungen zum vorbeugenden Hochwasserschutz v. 14.6.2000, aaO, S. 109; ARGEBAU, Handlungsanleitung für den Einsatz rechtlicher und technischer Instrumente zum vorbeugenden Hochwasserschutz, S. 8 f.; Knopp, in: Sieder/Zeitler/Dahme/Knopp, § 32 Rn. 35; Runkel, in: Bielenberg/Runkel/Spannowsky, Bd. 2, § 2 Rn. 110; Greiving, S. 48.

490 § 32 Abs. 1 Satz 2 WHG a.F.: „Die Länder setzen die Überschwemmungsgebiete fest und erlassen die dem Schutz vor Hochwassergefahren dienenden Vorschriften, soweit es [...] erforderlich ist".

491 Corell, UPR 1996, 246 (248).

492 Lüers, UPR 1996, 241.

beispielsweise durch den Ausbau eines Gewässers, den Bau einer Talsperre oder zunehmende Besiedlung, in einem Maße geändert haben, dass – gerade unter dem Aspekt der Erforderlichkeit im Sinne des § 31 b WHG n.F. – eine neue Festsetzung erfolgen muss bzw. bislang förmlich festgesetzte Überschwemmungsgebiete nicht länger als solche bestehen bleiben können[493]. In solchen Fällen kann eine Sicherung der künftigen neuen Überschwemmungsgebiete durch die Ausweisung von Vorranggebieten in Frage kommen. Aber auch die förmlich festgesetzten Überschwemmungsgebiete, welche aufgrund geänderter Abflussverhältnisse die Voraussetzungen des § 31 b WHG n.F. nicht mehr erfüllen, können gleichwohl der Erfüllung des § 2 Abs. 2 Nr. 8 Satz 7 ROG dienen.

(3) Vorranggebietsausweisungen bereits förmlich festgelegter Überschwemmungsgebiete

Durch die Einbeziehung förmlich festgesetzter Überschwemmungsgebiete in raumordnerische Vorrangausweisungen für den Hochwasserschutz konnte zumindest unter Geltung des § 32 WHG a.F. eine Verstärkung oder Veränderung des Schutzstatus der entsprechenden Gebiete nicht bewirkt werden[494]. Ganz im Gegenteil könnte vorgebracht werden, der Zweck der Ausweisung von Vorranggebieten sei mit der förmlichen Festsetzung erreicht und das Ziel somit erfüllt. Die weitere Existenz der entsprechenden Vorranggebiete wäre danach planerisch nicht mehr gerechtfertigt und eine Änderung des Regionalplans in dem Sinne vorzunehmen, der entsprechenden Fläche den Charakter eines Vorranggebiets zu nehmen.
Andererseits erfüllt die Doppelabsicherung, das heißt das Nebeneinander von Vorranggebieten für den Hochwasserschutz sowie förmlich festgelegter Überschwemmungsgebiete auf ein und derselben Fläche, wie die obigen Ausführungen gezeigt haben, einen weiteren, über den der bloßen Sicherung der Fachplanung hinausgehenden Zweck. Von der Erreichung des Ziels kann daher nicht gesprochen werden; dieses muss vielmehr bestehen bleiben, um seine übrigen Funktionen weiterhin zu erfüllen. Dies gilt auch deshalb, weil Schwierigkeiten praktischer Art auftreten können, wenn ein Vorranggebiet für den Hochwasserschutz festgelegt wurde, das entsprechende wasserrechtliche Überschwemmungsgebiet jedoch nur einen Teil dieses Vorranggebiets ausfüllt. Bei den verbleibenden Flächen des Vorranggebiets wird es sich häufig um relativ kleinräumige Bereiche handeln. Die zeichnerische Darstellung wird daher (vor allem wenn die Vorranggebiete nicht größer als 10 ha sind) zu Ungenauigkeiten führen, die auf der Ebene der Planadressaten zu Rechtsunsicherheit und Vollzugs-

[493] Vgl. Czychowski/Reinhardt, § 32 Rn. 23.
[494] MKRO, Handlungsempfehlungen zum vorbeugenden Hochwasserschutz v. 14.6.2000, aaO, S. 109; für eine raumordnerische Sicherung der fachgesetzlichen Überschwemmungsgebiete Greiving, S. 48.

defiziten führen kann. Abbildung (2) soll die Problematik verdeutlichen. Gerade dort, wo das Vorranggebiet sehr schmal ist, kann anhand der grafischen Darstellung nicht mehr eindeutig ermittelt werden, ob es sich um ein Vorrang- oder ein Vorbehaltsgebiet handelt, denn beide Schraffuren sind einander ähnlich. Die Zielfestlegung wäre damit in räumlicher Hinsicht nicht mehr ausreichend bestimmt bzw. bestimmbar und deshalb unwirksam. Der Planungsbehörde bliebe deshalb für solche Regionalpläne, für die eine Doppelabsicherung nicht zugelassen ist (so z.B. Bayern, vgl. Art. 18 Abs. 2 Nr. 3 BayLPlG), nur die Möglichkeit, das verbleibende Vorranggebiet gänzlich aus dem Raumordnungsplan herauszunehmen. Die Aufgabe der Raumordnung und Landesplanung, auch für den vorbeugenden Hochwasserschutz zu sorgen, könnte aus Praktikabilitätsgründen nur zum Teil erfüllt werden. Eine Einbeziehung bereits festgesetzter Überschwemmungsgebiete in die Vorrangausweisung erscheint deshalb angesichts des Maßstabs der Regionalplanung zweckmäßig[495]. Aus den vorgenannten Gründen ist folglich eine doppelte Absicherung sinnvoll.
Andererseits regeln die §§ 31a ff. WHG n.F. den Hochwasserschutz umfassender als die Vorgängervorschrift des § 32 WHG a.F., so dass es an der Notwendigkeit einer Ausweisung dieser Bereiche als Vorranggebiete für den vorsorgenden Hochwasserschutz gleichwohl fehlen könnte. Hierbei sei beispielsweise auf die erstmalig gesetzlich verankerte zusätzliche Kategorie der überschwemmungsgefährdeten Gebiete nach § 31 c WHG n.F. verwiesen. Auch hier bedarf es jedoch zumindest bis zur landesgesetzlichen Ausfüllung der genannten Rahmenvorschriften einer Absicherung durch regionalplanerische Festlegungen. Wird die Einbeziehung der förmlichen Überschwemmungsgebiete in Vorranggebiete für den Hochwasserschutz dennoch abgelehnt, dann ist jedenfalls eine nachrichtliche Übernahme der durch das Wasserrecht förmlich festgesetzten Überschwemmungsgebiete in den Regionalplan zweckmäßig. Auf diese Weise wird die Bedeutung des Hochwasserschutzes hervorgehoben und den Planadressaten vor Augen geführt. Zu beachten gilt es allerdings, dass einer reinen nachrichtlichen Übernahme nicht die Wirkung von Zielen der Raumordnung, das heißt keine über die bereits bestehenden Rechtsfolgen der wasserrechtlichen Festsetzung hinausgehende Bedeutung zukommt[496].

[495] So auch MKRO, Handlungsempfehlungen zum vorbeugenden Hochwasserschutz v. 14.6.2000, aaO, S. 109.
[496] Dallhammer, in: Cholewa/Dyong/v.d. Heide/Arenz, Bd. 1, § 7 Rn. 117; Schmidt-Aßmann, DÖV 1986, 985 (990).

Abbildung 2: Zeichnerische Darstellung von Vorranggebieten für den vorbeugenden Hochwasserschutz (vergrößerter Ausschnitt)

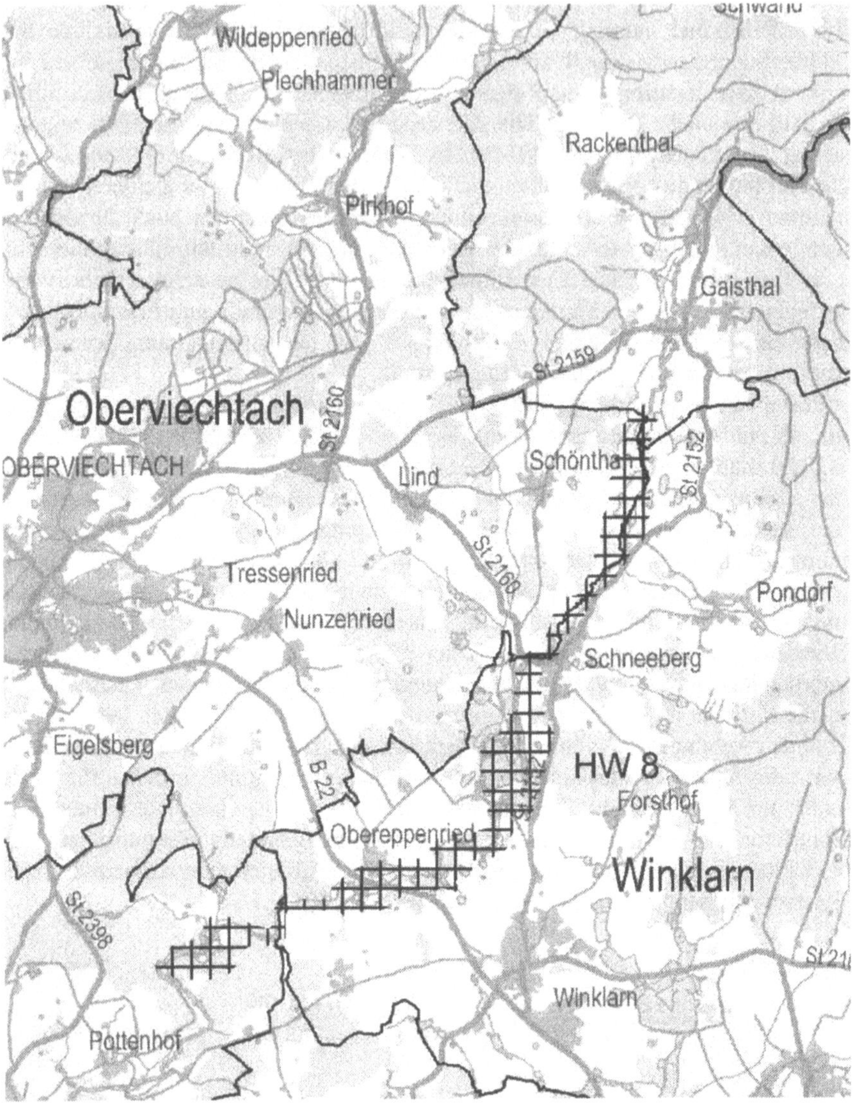

Quelle: Blatt 6 der Texturkarte zu Karte 2 „Siedlung und Versorgung" der 13. Änderung des Regionalplans Region Oberpfalz-Nord (6) vom 06.09.2006 (© Landesamt für Vermessung und Geoinformation Bayern, Nr. 5212/06).

bb) Rückgewinnbare bzw. zusätzliche Überschwemmungsflächen

(1) Bedeutung

Gebiete, die über die Grenzen der wasserrechtlichen Überschwemmungsgebiete hinausgehen, können nicht durch förmliche Festsetzungen i.S. des § 31b Abs. 2 WHG n.F. und den entsprechenden landesrechtlichen Regelungen gesichert werden. Gleichwohl kann ihnen erhebliche Bedeutung als rückgewinnbare zusätzliche Retentionsflächen zufallen. Die diesen Gebieten später zukommende Funktion als Abfluss- und Retentionsraum ist der Gefahr ausgesetzt, durch vorherige widersprechende Nutzungen unmöglich gemacht zu werden. Daher besteht die Notwendigkeit, derartige Flächen frühzeitig zu sichern.
Es bedarf hierzu eines regionalplanerischen Instruments, das die Verbesserung des bestehenden Schutzzustands durch die Fachplanung ermöglicht. Dazu müssen die entsprechenden Gebiete vor der Inanspruchnahme durch solche Raumnutzungen geschützt werden, die mit der zukünftigen Raumfunktion Hochwasserschutz unvereinbar sind. Die Rückgewinnung von Überschwemmungsflächen bzw. die zusätzliche Schaffung von Überschwemmungsflächen, die nicht schon auf der Grundlage des § 31b Abs. 2 WHG n.F. förmlich festgesetzt worden sind, können am wirksamsten anhand von Vorranggebietsausweisungen nach § 7 Abs. 4 Satz 1 Nr. 1 ROG gesichert werden. Hinzu kommt, dass derartige Vorrangausweisungen nicht nur zu einer Verbesserung der Raumfunktionen führen, sondern anschließend auch die neu gewonnenen Überschwemmungsflächen schützen, so dass eine erneute diesbezügliche Fortschreibung des Regionalplans nicht mehr erforderlich ist.

(2) Kenntnis der Überschwemmungsbereiche als Voraussetzung der landesplanerischen Letztentscheidung

Vorranggebiete weisen Zielcharakter auf, weshalb der Ausweisung eines Vorranggebiets eine abschließende Abwägung voranzugehen hat. Daher müssen sämtliche abwägungserheblichen Belange ermittelt werden und in die Entscheidung einbezogen werden. Mithin muss die Abgrenzung der betreffenden Überschwemmungsbereiche hinreichend bekannt sein[497]. Wie auch bei anderen räumlichen Ansprüchen, bedient sich die Raumordnung im Rahmen der Sicherung von Überschwemmungsbereichen der entsprechenden Vorschläge der Fachplanung, hier also in erster Linie der Wasserwirtschaft. Diese hat mögliche Überschwemmungsgebiete abzugrenzen und der Raumordnung als Planungsgrundlage zur Verfügung zu stellen. Die Planungspraxis verwendet hierfür in zunehmendem Maße Hochwassergefahrenkarten. Dabei handelt es sich um für alle

[497] MKRO, Handlungsempfehlungen zum vorbeugenden Hochwasserschutz v. 14.6.2000, aaO, S. 110.

relevanten Gewässer flächendeckende standardisierte Karten, die auf hydrologischen und hydraulischen Grunddaten sowie digitalen Geländemodellen auf der Grundlage von Laser-Scan-Befliegungen beruhen. Die Karten werden meist nicht nur der Verwaltung, sondern auch der Öffentlichkeit, z.B. über das Internet zur Verfügung gestellt, wodurch das Gefahrenbewusstsein und die Eigeninitiative der Bevölkerung erhöht werden können.

Fehlen bei der Aufstellung des Regionalplans die erforderlichen wasserwirtschaftlichen Grundlagen, kann ein Vorranggebiet nicht ausgewiesen werden; ihm würde der Letztentscheidungscharakter fehlen. In solchen Fällen ist die Regionalplanung auf die Festlegung der grundsätzlich erkennbaren Rückgewinnungsbereiche als Vorbehaltsgebiete angewiesen[498]. Als Grundsätze der Raumordnung enthalten sie jedoch lediglich allgemeine Aussagen, welche die Vorgaben für nachfolgende Abwägungs- oder Ermessensentscheidungen bilden (§ 3 Nr. 3 ROG). Gleichwohl ist der raumordnerischen Darstellung einer Überschwemmungsfläche als Vorbehaltsgebiet für Hochwasserschutz gemäß § 7 Abs. 4 Satz 1 Nr. 2 ROG bei Planungen und Maßnahmen nachgeordneter Planungsträger im Rahmen der Abwägung mit konkurrierenden raumbedeutsamen Nutzungen ein besonderes Gewicht beizumessen.

(3) Deichrückverlegung

Vielerorts wurden hochwassergefährdete Gebiete durch nahe an den Flüssen errichtete Deiche geschützt, um dem Hochwasserschutz möglichst wenig bebaubare Fläche zu „opfern“. Auf diese Weise wurde der natürliche Retentionsraum erheblich reduziert, so dass im Überschwemmungsfall eine weitere Ausbreitung der Überflutungsfläche nicht mehr möglich ist. Somit wird der Wellendurchfluss im Hauptgerinne bei Hochwasser nur relativ schwach verringert und die Hochwassergefahr für die Unterlieger erhöht. Gleichzeitig wurde durch die Anlage von flussnahen Deichen das Schadenspotential für die Hinterlieger der Deiche für den Fall ihrer Überflutung oder Zerstörung ungewollt vergrößert, da sich die nun besiedelten Gebiete in ehemaligen natürlichen Retentionsräumen befinden.

Um natürliche Rückhalteflächen zurückzugewinnen und ausgedehnte Auenbereiche zu schaffen sowie dadurch den Abfluss der Hochwasserwelle in die Vorländer zu ermöglichen, kann eine Deichrückverlegung sinnvoll sein, wobei sich die Entscheidung hierüber an den Umständen des jeweiligen Einzelfalles zu orientieren hat. Zu beachten ist dabei, dass die freie Flutung einer Aue nur solange eine nennenswerte Retentionswirkung hat, wie sich die Überflutungsfläche mit

---

498 ARGEBAU, Handlungsanleitung für den Einsatz rechtlicher und technischer Instrumente zum Hochwasserschutz, S. 10.

ansteigender Welle vergrößert[499]. Extreme Hochwasserwellen werden durch freie Flutung nur in geringerem Maße abgemindert.
Um eine Deichrückverlegung vorzubereiten, können durch die Ausweisung von Vorranggebieten für den Hochwasserschutz entsprechende Flächen gesichert werden, die den späteren neu gewonnenen natürlichen Retentionsraum bilden. Hierbei ist allerdings zu beachten, dass eine Deichrückverlegung nur dann zulässig und sinnvoll ist, wenn bestehende Siedlungsflächen, unter Umständen auch bestimmte landwirtschaftliche Flächen, nicht der Gefahr einer Überflutung ausgesetzt werden, die Leib, Leben und erhebliche Sachwerte bedroht.

cc) Übrige Überschwemmungsbereiche

Unter dem Begriff der übrigen Überschwemmungsbereiche werden tatsächlich überschwemmungsgefährdete Gebiete verstanden, die wegen vorhandener Bebauung oder weil sie über die im Regelfall zugrunde gelegten Grenzen für Überschwemmungsgebiete – in der Regel HQ100 – hinausgehen, zumeist nicht gemäß § 31b Abs. 2 WHG n.F. wasserrechtlich gesichert werden[500], aber wegen ihres Überschwemmungsrisikos in die regionalplanerisch dargestellten Überschwemmungsbereiche einbezogen werden[501]. Verbreitet wird in diesen Fällen die Auffassung vertreten, als angemessenes Instrument der Raumordnung käme nicht das Vorranggebiet, sondern das Vorbehaltsgebiet in Betracht[502]. Praxisanalysen haben jedoch gezeigt, dass Vorbehaltsgebieten lediglich eine geringe faktische Wirkung zukommt, weshalb ihre Ausweisung nur dann empfohlen wird, wenn sie entweder Absichten geringer Priorität verfolgen oder aus rechtlichen Gründen nicht wirksam festgelegt werden können[503]. An dieser Stelle ist darauf hinzuweisen, dass Vorbehaltsgebiete nach der hier vertretenen Auffassung keine Ziele, sondern Grundsätze der Raumordnung darstellen und damit lediglich Vorgaben für die der Regionalplanung nachgeordneten Abwägungs- und Ermessensentscheidungen darstellen, letztlich also überwunden werden können.
Es stellt sich nun zum einen die Frage, ob ein Überschwemmungsbereich, der ausschließlich von Hochwasserereignissen mit einem Wiederkehrintervall

---

[499] BMU, Anforderungen an des vorsorgenden Hochwasserschutzes an Raumordnung, Landes-/Regionalplanung, Stadtplanung und die Umweltfachplanungen, S. 24.
[500] Zur Festsetzung eines Überschwemmungsgebiets nach § 32 WHG a.F. auch für Flächen innerhalb eines im Zusammenhang bebauten Ortsteils oder im Geltungsbereich eines Bebauungsplans vgl. OVG Koblenz, Urt. v. 30.10.2003 – 1 C 10100/03 –, UPR 2004, 194 ff.; BVerwG, Urt. v. 22.7.2004 – 7 CN 1.04 –, NVwZ 1994, 1507 ff.
[501] MKRO, Handlungsempfehlungen zum vorbeugenden Hochwasserschutz v. 14.6.2000, aaO, S. 110.
[502] MKRO, Handlungsempfehlungen zum vorbeugenden Hochwasserschutz v. 14.6.2000, aaO, S. 110.
[503] Heiland, S. 293.

HQ>100 betroffen ist, allein aus diesem Grund nicht als Vorranggebiet für den Hochwasserschutz ausgewiesen werden kann. Zum anderen ist zu untersuchen, ob eine vorhandene Bebauung bzw. Bebaubarkeit die Ausweisung eines Vorranggebiets für den Hochwasserschutz verbietet[504].

Verträte man den Standpunkt, durch Vorranggebiete für den Hochwasserschutz könnten stets nur die Bereiche gesichert werden, welche von keiner größeren Hochwassergefahr als einem 100-jährigen Hochwasser betroffen sind, so wären solche hochwassergefährdeten Flächen ungeschützt, auf denen Wohnbebauung oder gewerbliche Anlagen errichtet wurden und die bei Hochwasser mit einem Wiederkehrintervall, das 100 Jahre übersteigt, betroffen sind. Eine derartige Situation besteht beispielsweise am Oberrhein, wo sowohl Siedlungs- als auch siedlungsnahe Flächen aufgrund des möglichen Auftretens außergewöhnlicher Beeinträchtigungen[505] eines Schutzgrades von HQ200 oder (bei Extremhochwasser) darüber bedürfen. Vor allem bei so genannten offenen Systemen, also Gebieten ohne Hochwasserschutzbauwerke, die durch eine natürliche Überflutungsdynamik gekennzeichnet und damit frei überschwemmbar sind, besteht im Gegensatz zu geschlossenen Systemen ein hoher Gefährdungsgrad.

Auch in diesen Bereichen werden grundsätzlich Flächen für die Hochwasservorsorge benötigt, z.B. bei der Umwandlung eines offenen in ein geschlossenes Schutzsystem. Die Sicherung entsprechender Gebiete für den späteren Bau von Deichen oder Flutmulden ist folglich eine sinnvolle Maßnahme, die anhand von Vorrangausweisungen eingeleitet werden könnte. Abgesehen von dieser Sicherung des technischen Hochwasserschutzes bieten sich des Weiteren Maßnahmen des natürlichen Rückhalts in der Fläche an, indem eine weitere Bebauung ausgeschlossen, jedenfalls aber bestehende Grünstrukturen nicht beseitigt werden. Eine Sicherung entsprechender Flächen für den Schutz bzw. die Wiederherstellung von Auenbereichen oder natürlichen Uferbereichen ist ebenfalls denkbar. Insoweit wird auf die obigen Ausführungen verwiesen.

Die Ausdehnung von Vorranggebieten für den Hochwasserschutz auf Flächen, die von Hochwasserereignissen mit einem Wiederkehrintervall von HQ>100 betroffen sind, sollte aus Gründen der Verhältnismäßigkeit gleichwohl nicht zur Regel werden. Neben dem bereits erwähnten Fall, dass Flächen für den Bau technischer Hochwasserschutzeinrichtungen benötigt werden, kommen für derartige Festlegungen solche Gebiete in Betracht, die eines besonderen Schutzes bedürfen. Zu denken ist hierbei an Gebiete, in denen außergewöhnliche Beeinträchtigungen auftreten können.

---

504 Gegen die Möglichkeit einer Vorranggebietsausweisung sind bspw. Heiland, S. 77; MKRO, Handlungsempfehlungen zum vorbeugenden Hochwasserschutz v. 14.6.2000, aaO, S. 114.

505 Unter außergewöhnlichen Beeinträchtigungen sind z.B. anzusehen: Lebensgefahr durch hohe Fließgeschwindigkeiten oder schnell ansteigende Wasserstände, lang anhaltende Wasserstände usw.

b) Risikovorsorge in potentiellen Überflutungsbereichen

Bereiche historisch gewachsener Siedlungen, die von Überschwemmungen betroffen sind, werden fast ausschließlich durch technische Anlagen, wie Deiche, Schutzmauern usw., gegen Hochwasser geschützt. Diese Schutzeinrichtungen sind in der Regel für Ereignisse mit einem Wiederkehrintervall von 100 Jahren bemessen und gebaut, damit sie auch einem lang anhaltenden Wasserdruck standhalten können. Gleichwohl bietet der technische Hochwasserschutz keine absolute Sicherheit, denn die Vergangenheit hat gezeigt, dass Deiche aufweichen und brechen oder überströmt werden können. Deshalb muss ein umfassender Hochwasserschutz auch für solche potentiell gefährdeten Gebiete (potentielle Überflutungsbereiche) Vorsorge treffen.

aa) Das wasserrechtliche Instrumentarium

Mit dem bisher vorhandenen Instrumentarium des Wasserrechts war es nicht möglich, eine derartige Hochwasservorsorge zu leisten[506], da die geschützten Gebiete bei Zugrundelegung eines Bemessungshochwassers von regelmäßig HQ100 nicht wie von § 32 Abs. 1 WHG a.F. gefordert, tatsächlich überschwemmt werden. Ihre förmliche Festsetzung nach dem Wasserhaushaltsgesetz ist daher nicht erforderlich im Sinne von § 32 Abs. 1 Satz 2 WHG a.F. und damit unzulässig gewesen. Auch die auf dem Artikelgesetz zur Verbesserung des vorbeugenden Hochwasserschutzes beruhende Neuregelung in § 31b WHG n.F., in der nun ausdrücklich ein Wiederkehrintervall von 100 Jahren festgeschrieben worden ist, ändert daran nichts. Ein wasserrechtliches Novum bildet allerdings § 31c WHG, der die Kategorie der „Überschwemmungsgefährdeten Gebiete“ erstmalig im Gesetz erwähnt. Dabei handelt es sich um Gebiete, die Überschwemmungsgebiete im Sinne des § 31b Abs. 1 WHG n.F. sind, aber keiner Festsetzung nach § 31b Abs. 2 Satz 1 WHG n.F. bedürfen oder die bei Versagen von öffentlichen Hochwasserschutzeinrichtungen, insbesondere Deichen überschwemmt werden können. Sie umfassen also unter anderem auch die soeben beschriebenen potentiellen Überflutungsbereiche. Gemäß § 31c Abs. 1 Satz 2 WHG n.F. haben die Länder entsprechende Gebiete zu ermitteln und in Kartenform darzustellen. Im Anschluss daran ist es Aufgabe des Landesgesetzgebers, die notwendigen Maßnahmen zur Vermeidung oder Verminderung von Schäden durch Überschwemmungen zu regeln (§ 31 Abs. 2 WHG n.F.). Hierbei ist, wiederum aus Gründen der Verhältnismäßigkeit, aufgrund des geringeren Gefahren- und Schadenspotentials eine im Vergleich zu § 31b WHG n.F. abgestuftere Regelung angemessen[507].

---

506 So auch Heiland, S. 80.

507 Begründung des Gesetzentwurfs für ein Gesetz zur Verbesserung des vorbeugenden Hochwasserschutzes i.d.F. des Kabinettsbeschlusses v. 03.03.2004, BR-Drs. 268/04, S. 29.

bb) Die Sicherung der Fachplanung durch die Instrumente der Raumordnung

Bis die Länder ihrer Pflicht zur Ermittlung und Darstellung der überschwemmungsgefährdeten Bereiche im Sinne des Art. 31c WHG n.F. nachkommen und Regelungen zur Hochwasservorsorge getroffen haben, wird noch geraume Zeit vergehen. Der momentane schutzlose Zustand der potentiellen Überflutungsgebiete ist jedoch nicht hinzunehmen, da eine weitere Ausweisung von Baugebieten bzw. eine weitere Bebauung im Katastrophenfall das Gefahrenpotential erhöhen würde. Diese fortschreitende Bauleitplanung wäre allenfalls durch einen verstärkten (teils unvertretbar hohen) technischen Aufwand sowohl im Hinblick auf die üblichen Hochwasserschutzvorrichtungen als auch bezüglich einer hochwasserangepassten Bauweise beherrschbar. Zudem müssten zunehmend Bereiche, die ein geringes Schadenspotential aufweisen, im Katastrophenfall gegebenenfalls zur Entlastung von Bereichen mit hohem Schadenspotential geflutet werden[508].

Um dem entgegen zu wirken und damit die wasserrechtlich darzustellenden und zu schützenden Gebiete zu sichern sowie das Bewusstsein für das immer bestehende Restrisiko in deichgeschützten Bereichen zu schärfen[509], sind die potentiellen Überflutungsbereiche raumordnerisch auszuweisen. Bislang existierten für solche Bereiche jedoch hinsichtlich der raumordnerischen Gefahrenvorsorge keine Standards[510]. Der Bereich der Schadensvorsorge in deichgeschützten Gebieten stellt hinsichtlich der Festlegung von Raumordnungszielen wohl das umstrittenste Handlungsfeld im Bereich des Hochwasserschutzes durch Raumordnung dar. Ein Erfordernis hierfür ist nicht unmittelbar aus dem ROG abzuleiten, da dieses weder eine Regelung hinsichtlich der Gefahrenvorsorge enthält, noch § 2 ROG ein ausdrücklicher Auftrag entnommen werden kann, Gebiete bzw. die Gesellschaft vor bestimmten Risiken zu schützen[511]. Es stellt sich daher insbesondere die Frage, ob die weitreichende Ausschlusswirkung der Vorranggebiete deren Ausweisung in deichgeschützten und somit häufig besiedelten Bereichen zulässt[512]. Erforderlich erscheint somit eine Abstufung des Einsatzes raumordnerischer Instrumente nach dem bestehenden Schadenspotential, wobei eine grobe Einteilung in Gesundheits- und Sachschäden und bei letzteren eine weitere Differenzierung nach der Höhe der betroffenen Sachwerte sowie dem finanziellen Aufwand eventueller baulicher Schutzmaßnahmen erfolgen könnte. Auch die

---

508 MKRO, Handlungsempfehlungen zum vorbeugenden Hochwasserschutz v.14.6.2000, aaO, S. 114.

509 Vgl. ARGEBAU, Handlungsanleitung für den Einsatz rechtlicher und technischer Instrumente zum Hochwasserschutz, S. 11.

510 Heiland, S. 80.

511 Heiland, S. 81.

512 Vgl. zur Ausweisung von Vorranggebieten in bebauten oder bebaubaren Bereichen Kapitel 5, S. 176 ff.

MKRO empfiehlt die raumordnerische Steuerung der Nutzung in deichgeschützten Risikogebieten in Abhängigkeit von der jeweiligen Gefahrenlage, wobei sie zwischen Gebieten mit sehr hohem Risiko und Gebieten mit geringem Risiko unterscheidet[513].

(1) Bereiche mit hohem Risiko für Leib, Leben und Sachgüter

Gerechtfertigt ist die Ausweisung des grundsätzlich restriktiv zu handhabenden Instruments der Vorranggebiete in denjenigen Bereichen, in denen im Katastrophenfall ein hohes Risiko für Leib, Leben und Sachgüter besteht[514], welches nur durch technische Schutzmaßnahmen, die einen unvertretbar hohen Aufwand erfordern, beherrscht werden kann, um eine weitere Besiedlung oder – allgemeiner gefasst – eine Erhöhung des Schadenspotentials zu verhindern[515].

(2) Unbesiedelte Bereiche mit niedrigem Schadenspotential

Gerade die bereits vorhandene Ansiedlung hoher Werte in überschwemmungsgefährdeten Gebieten sowie die nicht absehbaren Verschärfungen der Hochwasserproblematik durch Klimaveränderungen sind der Anlass, Bereiche, die ein geringes Schadenspotential aufweisen, im Katastrophenfall zur Entlastung von Bereichen mit hohem Schadenspotential zu fluten. Dabei werden die Hochwasserspitzen in geringwertige Teile potentieller Überschwemmungsbereiche geleitet, welche als so genannte Katastrophenpolder im Sinne einer Vorhaltung gesichert werden müssen.
Raumordnerisch erfolgt die Sicherung durch die Ausweisung von Vorranggebieten für den Hochwasserschutz, da die jederzeit mögliche Flutung der Bereiche alle entgegenstehenden Nutzungen, insbesondere baulicher Art, ausschließt. Ein trotzdem vorhandenes Schadenspotential kann auf der einen Seite ein reines Naturschadenspotential sein. Eine Flutung beeinträchtigt dort keinerlei vom Menschen geschaffene wirtschaftliche Werte. Auf der anderen Seite können aber auch landwirtschaftlich genutzte Flächen betroffen sein.
Hier stellt sich wiederum die Frage nach der eigentumsrechtlichen Problematik, die im Rahmen der Entstehung des Gesetzes zur Verbesserung des vorbeugenden Hochwasserschutzes kontrovers diskutiert wurde und zur Änderung des ursprünglichen Gesetzesentwurfs führte. So sah die Entwurfsfassung des Gesetzes in § 31 b Abs. 3 Satz 1 WHG vor, den Ackerbau in den nach § 31 b Abs. 2 WHG festgesetzten Überschwemmungsgebieten – abgesehen von den abschlie-

513 MKRO, Handlungsempfehlungen zum vorbeugenden Hochwasserschutz v. 14.6.2000, aaO, S. 113 f.
514 Greiving, S. 48.
515 MKRO, Handlungsempfehlungen zum vorbeugenden Hochwasserschutz v. 14.6.2000, aaO, S. 114.

ßend genannten Ausnahmen – einzustellen[516]. In seiner endgültigen Fassung bestimmt § 31 b Abs. 3 WHG n.F. lediglich, dass durch Landesrecht geregelt wird, wie in den Gebieten nach § 31 b Abs. 2 Satz 3 und 4 WHG n.F. für landwirtschaftlich genutzte und sonstige Flächen mögliche Erosionen oder erheblich nachteilige Auswirkungen auf Gewässer insbesondere durch Schadstoffeinträge zu vermeiden oder zu verringern sind. Auf diese Weise sind allerdings keine, bezogen auf die Erosion wohl nur geringe positiven Auswirkungen auf den Wasserrückhalt bzw. Wasserabfluss im Sinne einer Verbesserung des Hochwasserschutzes zu erwarten[517]. Die Ausweisung eines Vorranggebiets für den Hochwasserschutz kann deshalb neben der wasserrechtlichen Regelung nach § 31 b Abs. 3 WHG n.F. für die Sicherung bzw. Rückgewinnung von Rückhalteflächen und überschwemmungsgefährdeten Gebieten geboten sein. In welcher Form der Hochwasserschutz im einzelnen zu erfolgen hat – etwa auf der Grundlage eines Ackerbauverbots und der Verpflichtung zu extensiver Grünladbewirtschaftung –, muss die Fachplanung entscheiden. Der im Rahmen des Gesetzgebungsverfahrens zum Hochwasserschutzgesetz geäußerten Meinung, ein Ackerbauverbot bringe keine Vorteile für den Hochwasserschutz[518], kann nicht gefolgt werden[519]. Grundsätzlich sind landwirtschaftliche Nutzungen in Überschwemmungsbereichen jedoch möglich, soweit sie der Hochwasserjährlichkeit sowie der zu erwartenden Fließgeschwindigkeit angepasst werden[520]. Hierzu wird mehr im Abschnitt über die räumliche Überlagerung von Vorranggebieten auszuführen sein[521]. Bezüglich der eigentumsrechtlichen Gesichtspunkte im Hinblick auf die landwirtschaftlich genutzten Flächen wird auf die Darstellung zur Ausweisung von Vorranggebieten in bebaubaren Bereichen verwiesen[522]. Im Vorgriff auf die dortigen Ausführungen zur Situationsgebundenheit des Eigentums kann an dieser Stelle festgehalten werden, dass die Inanspruchnahme der landwirtschaftlichen Fläche eine Inhaltsbestimmung i.S. des Art. 14 Abs. 1 Satz 2 GG darstellt. Daher ist in Fällen, in denen es zu einer unzumutbaren Belastung eines Landwirts kommt, eine Ausgleichspflicht vorzusehen.

---

516 Begründung des Regierungsentwurfs für ein Gesetz zur Verbesserung des vorbeugenden Hochwasserschutzes, BR-DS 268/04, S. 3 f.

517 So im Ergebnis auch die Empfehlung der Ausschüsse zum Gesetz zur Verbesserung des vorbeugenden Hochwasserschutzes v. 14.09.2004, BR-DS 645/1/04, S. 9.

518 Empfehlung der Ausschüsse zum Gesetz zur Verbesserung des vorbeugenden Hochwasserschutzes v. 14.09.2004, BR-DS 645/1/04, S. 9.

519 LAWA, Leitlinien für einen zukunftsweisenden Hochwasserschutz, S. 9; MKRO, Handlungsempfehlungen zum vorbeugenden Hochwasserschutz vom 14.6.2000, aaO, S. 113; Vgl. dazu auch die Ausführungen in Kapitel 2, S. 14 f.

520 MKRO, Handlungsempfehlungen zum vorbeugenden Hochwasserschutz vom 14.6.2000, aaO, S. 113.

521 Kapitel 5, S. 211 ff.

522 Kapitel 5, S. 177 ff.

(3) Sonstige Bereiche

Schließlich existieren Bereiche, die im Katastrophenfall nur in relativ geringer Höhe überflutet werden und in denen die damit verbundenen Hochwasserschäden und Hochwassergefahren mit vertretbarem Aufwand durch bauliche Maßnahmen abgewehrt werden können. Hier kommt die Ausweisung von Vorranggebieten aus Gründen der Verhältnismäßigkeit von vornherein nicht in Betracht; vorgeschlagen wird stattdessen das Instrument des Vorbehaltsgebiets[523].

cc) Inhaltliche Reichweite der Ausweisung von Vorranggebieten für den Hochwasserschutz im Vergleich zur Festlegung überschwemmungsgefährdeter Gebiete

Da Gebiete gemäß § 31c Abs. 1 WHG n.F. grundsätzlich ein geringeres Gefahren- und Schadenspotential als solche nach § 31b Abs. 2 Satz 3 und 4 WHG n.F. aufweisen, ist hinsichtlich der im Sinne des § 31c Abs. 2 WHG n.F. zu treffenden Maßnahmen eine im Vergleich zu § 31b Abs. 4 WHG n.F. abgestuftere Regelung angemessen. Das bedeutet, dass ein Verbot der Ausweisung neuer Baugebiete in überschwemmungsgefährdeten Gebieten durch die Landeswassergesetze nicht in Betracht kommen wird.
Die Ausführungen im vorangegangenen Abschnitt haben gezeigt, dass gleichwohl ein Bedürfnis nach restriktiven Regelungen in potentiellen Überflutungsbereichen besteht. Aus diesem Grund dient die Ausweisung bestimmter potentieller Überflutungsbereiche als Vorranggebiete für den Hochwasserschutz nicht nur der Sicherung der Fachplanung, sondern stellt vielmehr den selbständigen Regelungsgegenstand der aktiven Risikovorsorge dar.

c) Rückhalt im Einzugsgebiet

Ein Ansatzpunkt für die Beeinflussung der Entstehung von Hochwasser und somit des Hochwasserschutzes liegt darin, das Wasser möglichst am Ort des Niederschlags am Abfluss zu hindern oder den Abfluss zu verzögern, wodurch die Abflusswelle verkleinert werden kann[524]. Dies entspricht der Forderung, nicht nur an Flüssen und ihren Abfluss- und Retentionsbereichen, sondern auch im gesamten Einzugsgebiet Maßnahmen zum Wasserrückhalt zu ergreifen[525]. Dem liegt zugrunde, dass Wasser auf allen Flächen integraler Bestandteil der Raum-

---

523 MKRO, Handlungsempfehlungen zum vorbeugenden Hochwasserschutz vom 14.6.2000, aaO, S. 114.

524 UBA, Anforderungen des vorsorgenden Hochwasserschutzes an Raumordnung, Landes-/Regionalplanung, Stadtplanung und die Umweltfachplanungen, S. 25.

525 MKRO, Handlungsempfehlungen zum vorbeugenden Hochwasserschutz v. 14.06.2000, aaO, S. 116.

struktur und demzufolge von allen raumrelevanten Nutzungen zu berücksichtigen ist. Das bedeutet die Aufgabe, die Nutzungen im Einzugsgebiet, die prozessualen Abläufe des Wasserhaushalts sowie die Erfordernisse des vorsorgenden Hochwasserschutzes in Einklang zu bringen[526]. Hierbei kommt zum einen die dezentrale Einflussnahme auf die Oberflächenbeschaffenheit und das Entwässerungssystem von Flächen und zum anderen die Errichtung von technischen Rückhalteeinrichtungen (Rückhaltbecken, Talsperren etc.) in Betracht.

aa) Sicherung von Freiräumen und Freiraumfunktionen

Der anzustrebende Wasserrückhalt im gesamten Einzugsgebiet der Flüsse deckt sich zum Teil mit der traditionell der Raumordnung zukommenden Aufgabe der Sicherung von Freiräumen und Freiraumfunktionen[527]. So verlangt § 2 Abs. 2 Nr. 3 ROG, die großräumige und übergreifende Freiraumstruktur zu erhalten und zu entwickeln, wobei die Freiräume in ihrer Bedeutung für funktionsfähige Böden, für den Wasserhaushalt, die Tier- und Pflanzenwelt sowie das Klima zu sichern oder in ihrer Funktion wiederherzustellen sind. Beim Vergleich dieser Zweckbestimmung mit den Anforderungen an den Hochwasserschutz zeigt sich, dass insbesondere die Sicherung von Wald- und Agrarbereichen mit dem vorbeugenden Hochwasserschutz in Einklang stehen. Zudem ergeben sich Überlagerungen mit weiteren Schutzfunktionen wie Schutz von Natur und Landschaft, Grundwasserschutz, Sicherung und Entwicklung regionaler Grünzüge etc. Diese Sicherung des Freiraums und seiner Funktionen in dem soeben dargestellten Umfang ist deswegen verstärkt unter dem Gesichtspunkt der positiven Wirkungen für Wasserrückhalt und -abfluss fortzuführen.
Die Verwirklichung der raumordnerischen Grundsätze, welche die Sicherung und Entwicklung der Freiraumfunktionen betreffen, erfolgt durch Festlegungen in Raumordnungsplänen und gehört zu deren Kerninhalten (§ 7 Abs. 2 Nr. 2 ROG). Dies wird in erster Linie anhand von Zielen und Grundsätzen, z.B. durch die Festlegung von Raumordnungsgebieten für die entsprechenden Freiraumfunktionen und -nutzungen, geschehen, denn dem Wasserrückhalt und -abfluss kommt dabei in der Regel lediglich mittelbare Bedeutung zu[528]. Die Ausweisung von Vorranggebieten für den Hochwasserschutz ist in diesen Fällen zumeist überflüssig und würde – je nach Darstellungsweise – die Übersichtlichkeit der Texturkarten des jeweiligen Regionalplans beeinträchtigen. Die Sicherung der Freiraumfunktionen stellt demnach eine den Hochwasserschutz flankierende

[526] MKRO, Handlungsempfehlungen zum vorbeugenden Hochwasserschutz v. 14.06.2000, aaO, S. 116.
[527] ARGEBAU, Handlungsanleitung für den Einsatz rechtlicher und technischer Instrumente zum Hochwasserschutz, S. 12.
[528] ARGEBAU, Handlungsanleitung für den Einsatz rechtlicher und technischer Instrumente zum Hochwasserschutz, S. 13.

Maßnahme dar. Die Festlegung beispielsweise von an die Vorranggebiete für den Hochwasserschutz grenzenden Grünzüge bildet neben ihrer hauptsächlichen Funktion als Schutz vor Zersiedelung und vor Beeinträchtigungen des Wasserhaushalts oder klimatischer Verhältnisse sowie zur Erholung ein Mittel zur natürlichen Retention. Gleichzeitig kann auf diese Art eine Pufferzone zwischen Vorranggebieten und besiedelten Gebieten geschaffen werden.

Eine Ausweisung von Vorranggebieten könnte im Rahmen der Festlegungen der anzustrebenden Freiraumstruktur dann in Betracht kommen, wenn es um die Entwicklung und Sanierung von Raumfunktionen gemäß § 7 Abs. 2 Nr. 2c ROG geht. Da auch der Hochwasserschutz eine Raumfunktion darstellt und eine Sanierung dieser Raumfunktion, das heißt die Wiederherstellung eines besseren, leistungsfähigeren Hochwasserschutzes im Gegensatz zu den bereits erwähnten bloßen (sich nicht widersprechenden) Überlagerungen verschiedener Freiraumnutzungen und -funktionen den Hochwasserschutz nicht nur mittelbar, sondern unmittelbar betrifft, erscheint in diesem Zusammenhang die Ausweisung von Vorranggebieten für den Hochwasserschutz sinnvoll. Zweck der Festsetzung eines solchen Vorranggebiets ist es, dem Hochwasserschutz dienende, diesem jedoch aktuell nicht genügende Flächen zu sichern, um sie anschließend anhand des fachplanerischen Instrumentariums zu sanieren. Die Festlegung eines Vorranggebiets für den Hochwasserschutz ist demnach nur bis zu dem Zeitpunkt aufrechtzuerhalten, an welchem die Flächen saniert sind. Dies entspricht auch dem Charakter der Raumordnung und Landesplanung als mittelfristiger Planung.

bb) Standortsicherung für technische Rückhalteeinrichtungen

Hinsichtlich des technischen Wasserrückhalts im großen Ausmaß besteht die Möglichkeit des Baus von Talsperren und Hochwasserrückhaltebecken. Das in der Talsperre gespeicherte Wasser ist dem Hochwasser vollständig entzogen und entlastet die Hochwassersituation damit insgesamt, während durch den Betrieb von Rückhaltebecken der Wasserabfluss lediglich verzögert wird[529]. Im Gegensatz zu den Talsperren werden Hochwasserrückhaltebecken nur während eines Hochwassers gefüllt und anschließend wieder entleert. Für den Betrieb von Talsperren gilt es zu beachten, dass eine ausreichende Vorhersagezeit über die Entwicklung der Hochwasserwelle benötigt wird, um die Stauräume zielgerichtet zur Kappung der Hochwasserscheitel einzusetzen. Hinzu kommt, dass eine zielgerichtete Bewirtschaftung des Stauraums zur Verbesserung des Hochwasserschutzes der Unterlieger in der Regel aufgrund vielfältiger miteinander konkurrierender Nutzungsansprüche wie Trinkwasserversorgung, Energiegewinnung etc. unmöglich ist. Dies führt vor allem bei Extremhochwassern dazu, dass der

[529] LAWA, Leitlinien für einen zukunftsweisenden Hochwasserschutz, S. 12.

Stauraum bereits im anlaufenden Ast der Hochwasserwelle gefüllt wird und die Talsperre weitgehend ihre Wirksamkeit verliert[530]. Bezüglich der Rückhaltebecken, die regelmäßig an den Zuflüssen errichtet werden, ist zu bemerken, dass diese für den Hochwasserschutz am Hauptgewässer kaum von Bedeutung sind, denn sie besitzen einen deutlich geringeren Stauraum als Talsperren. Hochwasserrückhaltebecken an den Nebengewässern dienen in erster Linie dem lokalen Hochwasserschutz.

Die Standorte geplanter, aber auch bereits vorhandener Talsperren und Rückhaltebecken sowie deren Einzugsgebiete bedürfen der Sicherung. Das wasserrechtliche Instrumentarium bietet auch nach dem Inkrafttreten des Gesetzes zur Verbesserung des vorbeugenden Hochwasserschutzes kein ausreichendes Mittel hierfür. Dies liegt unter anderem daran, dass das Wasserrecht in den §§ 31a ff. WHG n.F. die Sicherung und Rückgewinnung tatsächlich überschwemmter Flächen und nicht die Standortsicherung für technische Rückhalteeinrichtungen in den Vordergrund des Hochwasserschutzes stellt. Im Hinblick darauf, dass § 7 Abs. 2 ROG, also diejenige Norm, welche die zwingenden Kerninhalte der Raumordnungspläne enthält, mehrfach beispielhaft Festlegungen zu anzustrebenden und zu sichernden Standorten nennt (§ 7 Abs. 2 Satz 1 HS. 2 Nr. 2b und Nr. 3 ROG), sind auch die Standorte für Talsperren und Rückhaltebecken anhand des raumordnerischen Instrumentariums zu sichern. Wirksamstes Instrument für die Sicherung der künftigen Standorte solcher geplanter technischer Schutzeinrichtungen ist die Ausweisung von Vorrangflächen, denn der spätere Bau einer Talsperre oder eines Wasserrückhaltebeckens schließt zunächst jegliche andere Nutzung des betreffenden Freiraums aus.

Durch Ausweisung eines Vorranggebiets für den Hochwasserschutz, das der Standortsicherung für Wasserrückhaltebecken dient, könnte allerdings einer hiervon betroffenen Gemeinde die Planungshoheit für die entsprechende Fläche genommen und damit Art. 28 Abs. 2 GG verletzt werden, falls im Regionalplan ein bestimmter Standort festlegt wird. Der Raumordnung ist ein Durchgriff auf den örtlichen Bereich im Hinblick auf Art. 28 Abs. 2 GG aber verwehrt, weshalb Ziele der Raumordnung grundsätzlich nur gemeindescharf, nicht aber parzellenscharf festgesetzt werden dürfen[531]. Jedoch ist es gerade das Wesensmerkmal standortgebundener Raumfunktionen, dass sie auf einen ganz bestimmten Standort angewiesen sind[532]. Hinzu kommt, dass insbesondere Talsperren in mehrfacher Hinsicht Aufgaben überörtlicher Art erfüllen. Neben ihrer hier im Vordergrund stehenden Funktion als Stauraum dienen sie aufgrund ihrer Größe der E-

---

[530] UBA, Anforderungen des vorsorgenden Hochwasserschutzes an Raumordnung, Landes/Regionalplanung, Stadtplanung und die Umweltfachplanungen, S. 28.

[531] Dyong, in: Cholewa/Dyong/v.d. Heide/Arenz, Bd. 1, § 4 Rn. 42; Runkel, in: Bielenberg/Runkel/Spannowsky, Bd. 2, § 3 Rn. 47; Ernst/Suderow, S. 18; Steiner, Raumordnungs- und Landesplanungsrecht, S. 856 Rn. 65; Schmidt-Aßmann, DÖV 1981, 237 (244 ff.).

[532] Dallhammer, in: Cholewa/Dyong/v.d. Heide/Arenz, Bd. 1, § 7 Rn. 126.

nergiegewinnung und Trinkwasserversorgung nicht nur einzelner Kommunen, sondern bringen gewichtige überörtliche Belange zur Geltung. Deshalb ist es der Landesplanung in derartigen Fällen gestattet, eine „Flächennutzungsplanung“ im gemeindlichen Bereich gebietsscharf festzulegen[533].
Neben der soeben beschriebenen Funktion der Standortsicherung für Maßnahmen des Wasserrückhalts kann durch Vorranggebiete zudem ein Ausgleich für durch Baumaßnahmen verursachte und aus überwiegenden Gründen des Wohls der Allgemeinheit zulässige Beeinträchtigungen des natürlichen Wasserrückhalts, wie beispielsweise eine andernorts verringerte Retentionsfläche, geschaffen werden[534]. Allerdings kann die Realisierung der genannten technischen Schutzeinrichtungen selbst mit erheblichen Eingriffen in Natur und Landschaft verbunden sein, weshalb der Sicherung und Entwicklung natürlicher Retentionsräume der Vorrang einzuräumen ist[535].

3. Sachliche und räumliche Bestimmtheit der Vorranggebietsausweisungen

Die Begriffsbestimmungsnorm des § 3 Nr. 2 ROG definiert Raumordnungsziele als räumlich und sachlich bestimmte oder bestimmbare Festlegungen in Raumordnungsplänen. Damit Vorranggebiete als Ziele der Raumordnung Letztentscheidungscharakter aufweisen und die für sie typische strikte Beachtenspflicht auslösen können, müssen sie räumlich und sachlich bestimmt bzw. bestimmbar sein[536]. Würde dem rechtsstaatlichen Gebot hinreichender Bestimmtheit nicht genüge getan werden, wäre für die Zieladressaten nicht erkennbar, in welchem territorialen Bereich sie welche Vorgaben bei ihren raumbedeutsamen Planungen und Maßnahmen als verbindlich zu beachten haben[537].
Bestimmt oder bestimmbar ist ein Ziel der Raumordnung dann, wenn es unter Berücksichtigung der allgemeinen Auslegungsregeln bzw. aufgrund einer gefestigten Rechtsprechung einer eindeutigen Auslegung zugänglich ist[538]. Da der Raumordnung jedoch die Aufgabe einer überörtlichen Querschnittsplanung zukommt, den nachgeordneten Planungsträgern daher für eigene Planungen grund-

[533] Steiner, Raumordnungs- und Landesplanungsrecht, S. 856 Rn. 65.
[534] MKRO, Handlungsempfehlungen zum vorbeugenden Hochwasserschutz v. 14.06.2000, aaO, S. 117.
[535] MKRO, Handlungsempfehlungen zum vorbeugenden Hochwasserschutz v. 14.06.2000, aaO, S. 117.
[536] Runkel, in: Bieleberg/Runkel/Spannowsky, Bd. 2, § 3 Rn. 28 ff.; derselbe, in: Ernst/Zinkahn/Bielenberg, Bd. 1, § 1 Rn. 50a; Lehners, S. 12; Spiecker, S. 73; Erbguth, RuR 1997, 270 (273); Hendler, UPR 2003, 256 (257).
[537] BVerwG, Urt. v. 20.5.1958 – I C 193/57 –, BVerwGE 6, 342 (344); Runkel, in: Bieleberg/Runkel/Spannowsky, Bd. 2, § 3 Rn. 29; derselbe, in: Ernst/Zinkahn/Bielenberg, Bd. 1, § 1 Rn. 50a; Folkerts, S. 61 u. S. 135 f.; Paßlick, S. 109 f. u. S. 112; Spiecker, S. 73; Hendler, UPR 2003, 256 (257).
[538] Spiecker, S. 73; Hoppe, Städte- und Gemeinderat 1994, 332 (337).

sätzlich ein weiterer Gestaltungsspielraum verbleiben muss[539], kann ein Höchstmaß an Konkretheit, insbesondere im Hinblick auf das durch Art. 28 Abs. 2 GG geschützte kommunale Selbstverwaltungsrecht, nicht verlangt werden[540]. Das sich auf diese Weise ergebende Spannungsverhältnis zwischen rechtsstaatlichem Bestimmtheitsgebot einerseits und Zieloffenheit andererseits[541] lässt die Wahl des schon bzw. noch zulässigen Konkretisierungsgrades einer Zielfestlegung nicht selten zu einer Gratwanderung werden[542], die in der Planungspraxis teils nur schwierig zu meistern ist und den umfassenden Vollzug gerade der Regionalpläne gefährden kann. Ist die beabsichtigte raumordnerische Zielfestlegung nicht hinreichend bestimmt oder bestimmbar, ist sie fehlerhaft; es handelt sich dann nicht um ein Ziel der Raumordnung[543]. Unter Umständen kann in einem solchen Fall eine Umdeutung in einen Grundsatz der Raumordnung möglich und sinnvoll sein[544].

a) Sachliche Bestimmtheit

Sachlich bestimmt bzw. bestimmbar sind Zielfestlegungen in Raumordnungsplänen dann, wenn sie eine konkrete raumordnerische Entscheidung treffen[545] und die nachgeordneten Planungsträger im Rahmen ihrer Zielumsetzung deren grundlegende Intentionen erkennen können[546]. Die Festlegung von Vorranggebieten dürfte hinsichtlich ihrer sachlichen Bestimmtheit keine größeren Probleme bereiten, da die grundlegende Intention von Vorrangausweisungen, der Ausschluss anderer widersprechender Raumnutzungen, bereits § 7 Abs. 4 Satz 1 Nr. 1 ROG entnommen werden kann. Zu beachten ist, dass die Festlegung des Vorrangs nur für bestimmte, raumbedeutsame Funktionen oder Nutzungen zulässig ist, weshalb der Träger der Regionalplanung grundsätzlich eine für die Zieladressaten konkretisierungsfähige, sachlich-funktionale Bestimmung des Vorrangs vorzunehmen hat[547]. Für die hier zu untersuchenden Vorranggebiete für den Hochwasserschutz würde insoweit die bloße Formulierung „Vorranggebiet für

---

[539] BVerwG, Urt. v. 20.8.1992 – 4 NB 20.91 -, BVerwGE 90, 329 (334 f.); Runkel, in: Ernst/Zinkahn/Bielenberg, Bd. 1, § 1 Rn. 50c; Folkerts, S. 62; Paßlick, S. 113; Hoppe, Städte- und Gemeinderat 1994, 332 (336 f.).

[540] Spiecker, S. 74; Halama, in: FS Schlichter, S. 201 (220 f.); Hendler UPR 2003, 256 (257).

[541] Runkel, in: Ernst/Zinkahn/Bielenberg, Bd. 1, § 1 Rn. 50b.

[542] Spiecker, S. 74.

[543] Runkel, in: Bielenberg/Runkel/Spannowsky, Bd. 2, § 3 Rn. 2, 29; derselbe, in: Ernst/Zinkahn/Bielenberg, Bd. 1, § 1 Rn. 50a.

[544] Runkel, in: Bielenberg/Runkel/Spannowsky, Bd. 2, § 3 Rn. 20, 29; Koch/Hendler, S. 56 Rn. 56; Hoppe, DVBl. 2001, 81 (87 f.).

[545] v.d. Heide, in: Cholewa/Dyong/v.d. Heide/Arenz, Bd. 1, § 3 Rn. 14; Hoppe, in: Hoppe/Bönker/Grotefels, S. 226 Rn. 9; Lehners, S. 12 f.; Spiecker, S. 76.

[546] Lehners, S. 7.

[547] Lehners, S. 28.

den vorbeugenden Hochwasserschutz“ in sachlicher Hinsicht genügen. Trotzdem sollte die textliche Darstellung weitere Aussagen enthalten. Diese können in der Vorrangausweisung selbst oder einem weiteren Ziel enthalten sein und Aussagen zu Bedeutung und Funktion der Vorranggebiete für den Hochwasserschutz treffen sowie hervorheben, dass solche raumbedeutsamen Nutzungen und Funktionen, die den Wasserrückhalt und den Wasserabfluss negativ beeinflussen, in erster Linie also eine bauliche Nutzung, in dem Vorranggebiet ausgeschlossen sind.

b) Räumliche Bestimmtheit

Schon dem Begriff der räumlichen Bestimmtheit bzw. Bestimmbarkeit ist zu entnehmen, dass diese einen geografischen Bezug der Zielfestlegung[548] erfordert. Aus dem Raumordnungsplan muss hervorgehen, auf welchen Teilraum, Bereich oder Standort sich eine Festlegung bezieht. Dabei hat sich die Festlegung nicht notwendigerweise nur auf einen räumlichen Bereich oder eine Gemarkung zu beziehen, sie kann vielmehr verschiedene konkrete Bereiche betreffen[549], die vom Planungsgeber umschrieben werden. Aus der Festlegung muss aber mit Hilfe der allgemeinen Auslegungsmethoden ermittelt werden können, um welchen Bereich es sich dabei handelt[550]. Die hinreichende räumliche Bestimmtheit bzw. Bestimmbarkeit von Raumordnungszielen kann sowohl durch textliche als auch zeichnerische Festlegungen erreicht werden. Beide Möglichkeiten weisen Vor- und Nachteile auf, die im Folgenden erläutert werden.

aa) Textliche Festlegungen

Die Umschreibung räumlicher Bereiche kann durch textliche Festlegungen erreicht werden. Dabei ist zu beachten, dass sich die Bestimmtheit bzw. Bestimmbarkeit aus der Sicht des Zieladressaten und nicht aus der des Zielgebers beurteilen muss[551]. Aufgrund der Tatsache, dass es sich bei ersteren meist um öffentliche Stellen handeln wird, kann im Rahmen der Auslegung der textlichen Festlegungen davon ausgegangen werden, dass der Betrachter mit öffentlichen Planwerken vertraut ist und auch die dazugehörige Begründung sowie darin enthaltene Verweisungen auf Unterlagen, zum Beispiel bei den Fachplanungsträgern, heranzieht. In den Fällen einer ausschließlich textlichen Festlegung wird das

---

[548] v.d. Heide, in: Cholewa/Dyong/v.d. Heide/Arenz, Bd. 1, § 3 Rn. 14; Hoppe, in: Hoppe/Bönker/Grotefels, S. 226 Rn. 9; Spiecker, S. 74.

[549] Runkel, in: Bielenberg/Runkel/Spannowsky, Bd. 2, § 3 Rn. 31; derselbe, in: Ernst/Zinkahn/Bielenberg, Bd. 1, § 1 Rn. 50a; v.d. Heide, in: Cholewa/Dyong/v.d. Heide/Arenz, Bd. 1, § 3 Rn. 14.

[550] Spiecker, S. 75.

[551] Runkel, in: Bielenberg/Runkel/Spannowsky, Bd. 2, § 3 Rn. 40.

Ziel der Raumordnung in der Regel zwar nicht bestimmt, jedenfalls aber bestimmbar sein.

Die Ausweisung von Vorranggebieten für den vorsorgenden Hochwasserschutz erfolgt üblicherweise durch eine zeichnerische Darstellung in den Texturkarten, die Bestandteil des jeweiligen Regionalplans sind (hierzu sogleich im nächsten Abschnitt). Eine rein textliche Darstellung könnte gleichwohl erfolgen, würde aber eine sehr detaillierte Beschreibung des entsprechenden Gebiets voraussetzen und die Raumordnungspläne unnötig aufblähen. Abhilfe brächte ein Verweis auf bereits von der Wasserwirtschaft erarbeitetes Kartenmaterial, in welchem die jeweiligen Überschwemmungsgebiete eingezeichnet sind[552]. Hierzu zählen beispielsweise förmlich festgesetzte Überschwemmungsgebiete nach dem Wasserhaushaltsgesetz. Damit für die Zieladressaten die geografischen Grenzen des Vorranggebiets erkennbar und damit räumlich bestimmt, jedenfalls aber bestimmbar sind und letztlich eine effektive Verwirklichung des vorsorgenden Hochwasserschutzes ermöglichen, sollte auf zeichnerische Darstellungen zurückgegriffen und zusätzlich textliche Festlegungen zur näheren Beschreibung und Erläuterung verwendet werden. Auch unter dem Gesichtspunkt der vielfach gestellten Forderung nach Deregulierung und Verwaltungsvereinfachung[553], erscheint es angebracht, von allzu detaillierten räumlichen Umschreibungen abzusehen und so eine Verschlankung der Raumordnungspläne zu erreichen.

bb) Zeichnerische Festlegungen

Die obigen Ausführungen zu den textlichen Festlegungen bezüglich der räumlichen Bestimmtheit von Vorranggebieten ergaben, dass sich die Grenzen solcher Flächen besser durch zeichnerische Darstellungen festlegen lassen. Gerade in diesem Bereich gewinnt das Spannungsverhältnis zwischen gebotenem Mindestmaß an Bestimmtheit und Wahrung des rahmensetzenden Charakters der Raumordnungsplanung besondere Bedeutung. Anhand zeichnerischer Festlegungen ist es möglich, einen sehr hohen räumlichen Konkretisierungsgrad zu erzielen. Die Frage, ob bei einer zeichnerischen Festlegung das zulässige Höchstmaß an Bestimmtheit eingehalten wurde, hängt insbesondere von der Verwendung bestimmter Maßstäbe der Texturkarten, der Art der zeichnerischen

---

552 Hinsichtlich der Bestimmtheit des räumlichen Geltungsbereichs einer Schutzverordnung lässt es Art. 51 Abs. 3 Satz 1 BayLPlG genügen, wenn die Verordnung die Grenzen des Bereichs grob umschreibt und im übrigen auf Karten eines bestimmten Maßstabs oder Verzeichnisse Bezug nimmt; in diesem Sinne bzgl .des räumlichen Geltungsbereichs einer Naturdenkmalverordnung BayVGH, Normenkontroll-Urt. v. 3.4.1984 – 9 N 83 A.1461 –, BayVBl. 1984, 532.

553 Vgl. z.B. die Begründung des Gesetzentwurfs zum Bayerischen Landesplanungsgesetz, LT-DS 15/1667, S. 14.

Darstellung sowie der Strichdicke ab. Je gröber der gewählte Maßstab ist, umso ungenauer werden die Festlegungen unter geografischen Aspekten. In Regionalplänen wird meist ein Maßstab von 1:100.000 (z.B. in Bayern) oder 1:50.000 (z.B. in Nordrhein-Westfalen) verwendet. Bereits dadurch wird die Aussageintensität, die auf die Regelungssubstanz einwirkt, herabgesetzt[554].
Die zeichnerische Kennzeichnung in den Karten der Regionalpläne kann mit Schraffuren, Flächensignaturen oder Punktsignaturen erfolgen. Zur Vermeidung einer Überkonkretisierung sollten offene Gebietsschraffuren verwendet werden, wovon in der Praxis auch zum überwiegenden Teil Gebrauch gemacht wird[555]. Allerdings können aufgrund des häufig in Regionalplänen verwendeten Maßstabs von 1:100.000 durch Gebietsschraffuren nur die Kernbereiche des jeweiligen Gebiets bestimmt werden Die genaue Begrenzung nehmen die Zieladressaten auf der nachgeordneten Planungsebene wahr. Wird auf diese Weise vor allem den Gemeinden als Träger der Bauleitplanung ein ausreichender Gestaltungsspielraum für eigene Planungen und Maßnahmen belassen[556], so sind andererseits Unschärfen vor allem an den Randbereichen der Vorranggebiete vorprogrammiert, welche in räumlicher Hinsicht zu Lasten der Zielaussagen gehen[557]. Gleichwohl kann auf diese Weise eine größere Akzeptanz bei den Zieladressaten erreicht werden, was wiederum der Verwirklichung des Hochwasserschutzes zugute kommt. Abbildung (3) verdeutlicht das soeben Gesagte.

cc) Räumlicher Detaillierungsgrad der Vorranggebiete

(1) Problemstellung

Auch wenn es sich bei Vorranggebieten um Ziele der Raumordnung handelt, steht fest, dass diese einer weiteren Konkretisierung durch die nachfolgenden Planungsträger zugänglich sein müssen, um die Gemeinden nicht in ihren Rechten aus Art. 28 Abs. 2 Satz 1 GG zu verletzen. Dabei stellt sich die Frage, wie konkret die Landesplanungsbehörde die Vorranggebiete in räumlicher Hinsicht festlegen darf, insbesondere ob kleinräumige Vorranggebiete auch gebiets- oder parzellenscharf festgelegt werden dürfen.

---

554 Schmidt-Aßmann, Fortentwicklung, S. 59.

555 Runkel, in: Bielenberg/Runkel/Spannowsky, Bd. 2, § 3 Rn 35; derselbe, in: Ernst/ Zinkahn/Bielenberg, Bd. 1, § 1 Rn. 50a.

556 Schmidt-Aßmann, Fortentwicklung, S. 59, spricht in diesem Zusammenhang zutreffend von einer Filterung der Aussageintensität, die auf die Regelungssubstanz einwirkt.

557 Runkel, in: Bielenberg/Runkel/Spannowsky, Bd. 2, § 3 Rn 35; derselbe, in: Ernst/ Zinkahn/Bielenberg, Bd. 1, § 1 Rn. 50a.

Abbildung 3: Zeichnerische Darstellung von Vorranggebieten für den vorbeugenden Hochwasserschutz

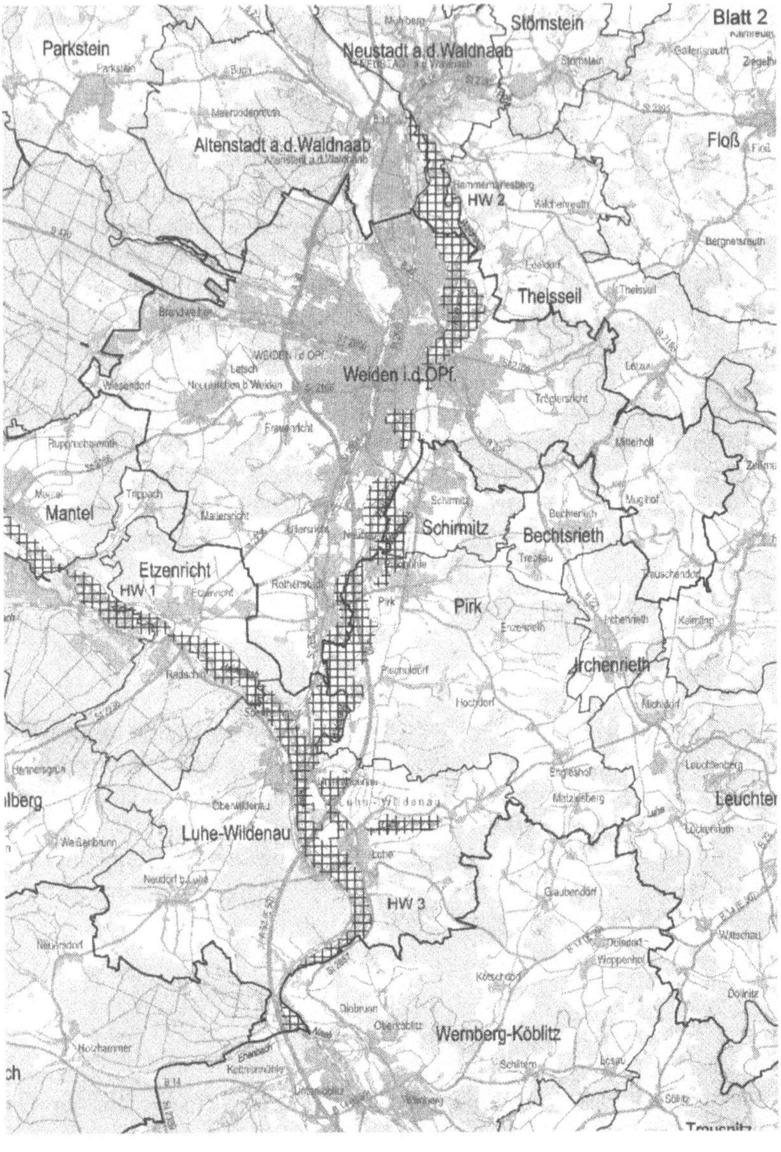

Quelle: Blatt 2 der Texturkarte zu Karte 2 „Siedlung und Versorgung" der 13. Änderung des Regionalplans Region Oberpfalz-Nord (6) vom 06.09.2006 (© Landesamt für Vermessung und Geoinformation Bayern, Nr. 5212/06).

Dahingegen beschränken sich die landesplanerischen Aussagen bei gebietsscharfen Ausweisungen auf Teile eines Gemeindegebietes[559]. Sie können sich gegebenenfalls jedoch auch über Gebiete mehrerer Gemeinden erstrecken. Im Vergleich zu gemeindescharfen Bestimmungen ist der Planungsspielraum der Gemeinde hinsichtlich der von ihr zu treffenden Darstellungen bzw. Festsetzungen bereits eingeschränkt[560]. Mit parzellenscharfen Ausweisungen wird der kommunalen Bauleitplanung die zulässige Nutzung für eine einzelne Parzelle vorgegeben[561] und somit am stärksten in ihre Planungshoheit eingegriffen.

(3) Die Zulässigkeit der einzelnen räumlichen Dimensionierungen

Hinsichtlich der übergemeindlichen und gemeindescharfen Bestimmungen besteht Einigkeit darüber, dass derartige Festlegungen in Raumordnungsplänen zulässig sind[562]. Da Raumordnung und Landesplanung eine übergeordnete und damit auch eine überörtliche Planung darstellen, ist es gerade Aufgabe der Landesplanung, für die von den genannten Bereichen umfassten Gebieten Aussagen, insbesondere in den Regionalplänen, zu treffen[563]. Umstritten ist allerdings, inwieweit die Regionalplanung gebietsscharfe und parzellenscharfe Aussagen enthalten kann.
Ausgangspunkt der folgenden Überlegungen ist, dass den Gemeinden durch die „Über-Präzisierung" von Raumordnungszielen nicht jeglicher Spielraum für die eigene Planung genommen werden darf[564]. An dieser Stelle muss darauf hingewiesen werden, dass die Problematik gebietsscharfer Aussagen in Raumordnungsplänen sowohl die Aussagesituation als auch die Aussageintensität betrifft. Es geht also um das Verhältnis von Bestimmtheit und Überörtlichkeit raumordnerischer Festlegungen, das durch den Mittel-Zweck-Gedanken gleichsam mediatisiert wird[565]. Im Schrifttum wird des Öfteren einseitig auf die Überörtlichkeit gebietsscharfer Festlegungen abgestellt. Diese werden daher nur dann für zulässig erachtet, wenn gewichtige überörtliche Belange[566] zur Geltung gebracht

559 Erbguth/Schoeneberg, S. 58 Rn. 53; Spiecker, S. 69.
560 Cholewa/Dyong/v.d. Heide/Arenz, Bd. 1, Vorbem. X Rn. 1.
561 Spiecker, S. 70.
562 Cholewa/Dyong/v.d. Heide/Arenz, Bd. 1, Vorbem. X Rn. 2; Runkel, in: Bielenberg/Runkel/Spannowsky, Bd. 2, § 3 Rn. 47; Manssen, Öffentliches Baurecht und Raumordnungsrecht, in: Manssen/Schütz, Staats- und Verwaltungsrecht für Mecklenburg-Vorpommern, S. 299; Steiner, Raumordnungs- und Landesplanungsrecht, S. 856 Rn. 65.
563 So auch Cholewa/Dyong/v.d. Heide/Arenz, Bd. 1, Vorbem. X Rn. 2.
564 Ähnlich BVerwG, Urt. v. 20.1.1984 – 4 C 70/79 – , BVerwGE 68, 319 (321); BVerwG, Urt. v. 12.7.1985 – 4 C 40/83 –, NVwZ 1985, 736 f.; Erbguth/Schoeneberg, S. 58 Rn. 53; Steiner, Raumordnungs- und Landesplanungsrecht, S. 856 Rn. 65.
565 Schmidt-Aßmann, Fortentwicklung, S. 60.
566 BVerfG, DVBl. 1988, 41 (44), das von überörtlichen Interessen von höherem Gewicht spricht; NRWVerfGH, DVBl. 1993, 428 ff. mit Anm. Erbguth (aaO, S. 649 f.).

werden müssen[567]. Da der regionalplanerische „Durchgriff" auf Gemeindegebiete an verfassungsrechtliche Voraussetzungen gebunden ist[568], hat der Träger der Landesplanung den allgemeinen Grundsatz der Verhältnismäßigkeit gerade angesichts der Bedeutung der kommunalen Planungshoheit[569] zu beachten und eine Güterabwägung vorzunehmen[570]. Hierbei ist auf die konkreten Umstände des Einzelfalles, insbesondere die Situationsgebundenheit einer Kommune, abzustellen. Danach sind einer Gemeinde Eingriffe in ihre Planungshoheit umso eher zumutbar, je stärker sie aufgrund ihrer geografischen Lage einer Situationsgebundenheit unterliegt[571].

Von einer solchen Situationsgebundenheit der Kommunen ist gerade bei Maßnahmen des Hochwasserschutzes auszugehen. Die geografische Lage einer Gemeinde in einem Überschwemmungsgebiet und damit die Hochwassergefährdung ist ein Merkmal, das einen Eingriff in die Selbstverwaltungsgarantie rechtfertigen kann. Speziell für den Freiraumschutz wurde bereits entschieden, dass hier bei der Prüfung der Zulässigkeit überörtlicher Planungseingriffe in die kommunale Planungshoheit und deren Verhältnismäßigkeit die Wertung landesverfassungsrechtlicher Regelungen ins Gewicht fällt[572]. So stellt beispielsweise Art. 3 Abs. 2 BayVerf die natürlichen Lebensgrundlagen unter den besonderen Schutz des Landes. Das bedeutet zum einen, dass die dem Land zur Verfügung stehenden Planungsinstrumentarien – also auch die Regionalplanung – zur Verfolgung dieses Zieles eingesetzt werden dürfen. Des Weiteren kann die verfassungsrechtliche Anerkennung dieses herausragenden Ziels wegen des Grundsatzes der Einheit der Landesverfassung es rechtfertigen, andere ebenfalls auf der Ebene der Verfassung garantierten Rechte wie die Selbstverwaltung einzuschränken[573]. Zudem wird sowohl dem Rang der Selbstverwaltung als auch dem Grundsatz der Verhältnismäßigkeit dadurch entsprochen, dass im Rahmen der Aufstellung von Raumordnungsplänen (§§ 1 Abs. 3, 7 Abs. 6, 9 Abs. 4 ROG, Art. 13 Abs. 1, 19 Abs. 1 BayLPlG) eine eingehende Beteiligung der Gemein-

---

[567] Erbguth/Schoeneberg, S. 59 Rn. 54; Halama, in: FS Schlichter, S. 210 (219); Koch/Hendler, S. 125; Manssen, Öffentliches Baurecht und Raumordnungsrecht, in: Manssen/Schütz, S. 299; Spiecker, S. 69; Steiner, Raumordnungs- und Landesplanungsrecht, S. 856 Rn. 65.

[568] BVerwG, Urt. v. 15.5.2003 – 4 CN 9.01 –, UPR 2003, 358; Koch/Hendler, S. 125.

[569] BVerwG, Urt. v. 15.5.2003 – 4 CN 9.01 –, UPR 2003, 358.

[570] BVerwGE 56, 298 (316 f.); 76, 107 (119 f.); 103, 332 (356 ff.); BVerwG, Urt. v. 15.5.2003 – 4 CN 9.01 –, UPR 2003, 358.

[571] BVerwG, Urt. v. 15.5.2003 – 4 CN 9.01 –, UPR 2003, 358; Urt. v. 14.12.2000 – 4 C 13.99 –, UPR 2000, 153; Beschl. v. 20.8.1992 – 4 NB 20.91 –, UPR 1992, 447; NRWVerfGH, Urt. v. 15.12.1989 – VerfGH 5/88 –, NVwZ 1990, 456; Erbguth/Schoeneberg, S. 58 Rn. 54; Schmidt-Aßmann, Fortentwicklung, S. 54; Spiecker, S. 69.

[572] NRWVerfGH, Urt. v. 15.12.1989 – VerfGH 5/88 –, NVwZ 1990, 456 (457).

[573] NRWVerfGH, Urt. v. 15.12.1989 – VerfGH 5/88 –, NVwZ 1990, 456 (457).

den vorgesehen ist[574]. Auf diese Weise wird sichergestellt, dass der untergesetzliche Normgeber umfassend über die in die Abwägung eingestellten Belange, vor allem diejenigen von überörtlichem Gewicht, unterrichtet wird. Hinsichtlich der gebietsscharfen Festlegungen in Regionalplänen ist daher festzuhalten, dass diese dann zulässig sind, wenn gewichtige überörtliche Interessen, die insbesondere auf die Situationsgebundenheit zurückzuführen sein können, berührt sind. Die Aussage, die Landesplanung sei auf gemeindescharfe Festsetzungen beschränkt, kann daher nur eine Faustregel sein[575]. Die Träger der Raumordnung und Landesplanung werden von der kommunalen Selbstverwaltungsgarantie nicht dazu genötigt, sozusagen an den Grenzen der einzelnen Gemeinden Halt zu machen, denn Eingriffe der überörtlichen Planung in die gemeindliche Planungshoheit liegen, da Gemeindegebiete und Teilräume im Sinne des § 1 Abs. 1 Satz 1 ROG deckungsgleich sind, im System des Raumplanungsrechts begründet[576]. Für die vorliegende Untersuchung bedeutet dies, dass raumordnerische Vorranggebiete für den Hochwasserschutz auch gebietsscharf festgelegt werden können. Hierunter fallen insbesondere Standortfestlegungen[577] für technische Schutzeinrichtungen wie Talsperren, die regional bedeutsam sind. Geht es um die flächenfreihaltenden Ausweisungen, kann sich der Nachweis eines überörtlichen Sachinteresses als schwieriger herausstellen, wobei derartige Ausweisungen zumindest in Problemgebieten anerkannt werden (z.B. Vorranggebiete zugunsten von Natur und Landschaft, Wasservorkommen, Land- und Forstwirtschaft sowie zur Vorbereitung späterer staatlicher Flächennutzungsmaßnahmen)[578].

Da parzellenscharfe Festlegungen einen noch höheren Konkretisierungsgrad aufweisen als gebietsscharfe Festlegungen und sich sehr stark an die Bodennutzungsregelung annähern[579], werden sie regelmäßig als unzulässig erachtet[580]. Eine endgültige Bodennutzungsregelung sei ein Reservat des Bebauungsplanes, die darin gebündelten Entscheidungen gehörten zum verfassungsfesten Selbstverwaltungsbereich[581]. Bei genauer Betrachtung zeigt sich, dass auch hier die Unzulässigkeit in erster Linie auf dem Fehlen eines überörtlichen Interesses und

---

[574] NRWVerfGH, Urt. v. 15.12.1989 – VerfGH 5/88 –, NVwZ 1990, 456 (457); a.A.: Erbguth/Schoeneberg, S. 58 Rn. 54, wonach kommunale Mitwirkungsrechte nicht geeignet sind, durchgängig gebietsscharfe Ausweisungen im Wege der Landesplanung zu kompensieren.

[575] Erbguth/Schoeneberg, S. 58 Rn. 54; Schmidt-Aßmann, Fortentwicklung, S. 62.

[576] Halama, in: FS Schlichter, S. 201 (218); Paßlick, S. 68 f.; Wahl, DÖV 1981, 597 (603).

[577] Schmidt-Aßmann, Fortentwicklung, S. 54 f. u. 62; Spiecker, S. 70.

[578] Halama, in: FS Schlichter, S. 201 (219); Schmidt-Aßmann, Fortentwicklung, S. 62 f.

[579] Folkerts, S. 42; Schmidt-Aßmann, Fortentwicklung, S. 62; Spiecker, S. 70.

[580] Erbguth/Schoeneberg, S. 59 Rn. 54; Manssen, Öffentliches Baurecht und Raumordnungsrecht, in: Manssen/Schütz, S. 299; Schmidt-Aßmann, Fortentwicklung, S 62, der parzellenscharfe Ausweisungen in jedem Fall für unzulässig ansieht; Spiecker, S. 70.

[581] Schmidt-Aßmann, Fortentwicklung, S. 62.

damit an der Erforderlichkeit derartiger Aussagen beruht[582]. Das heißt, eine parzellenscharfe Festlegung ist in Ausnahmefällen erforderlich und gerechtfertigt, wenn sie von überörtlichem Interesse ist[583]. Gleichwohl wird die Auffassung vertreten, dass es sich auch dann, wenn landesplanerische Aussagen situationsbedingt Parzellenschärfe erkennen lassen, um eine „tatsächliche Nebenfolge, einen überschießenden Erklärungsgehalt ohne rechtliche Bindungswirkung" handele[584]. Dies wird damit begründet, dass eine Gemeinde keinesfalls enger gebunden werden könne, als es dem Konkretisierungsrahmen zwischen Flächennutzungsplan und Bebauungsplan entspricht, denn dieser Rahmen stecke die parzellenscharfe Ausplanung ab[585]. Gerade bei überörtlich relevanten Großprojekten, die zwingend auf die Verwirklichung auf einer bestimmten Grundstücksparzelle angewiesen sind, fragt sich jedoch, weshalb nicht ebenso wie bei gebietsscharfen Festlegungen verfahren werden kann, denn die Ausweisung hat für die betreffende Gemeinde regelmäßig nur freihaltende Bedeutung[586]. Zudem wird eine lagebedingte Standortplanung infolge ihrer Situationsbedingtheit häufig keine Alternativen zulassen, weshalb eine aus dem Gebot kompetenzieller Rücksichtnahme zu entnehmende planerische Ersetzungsbefugnis nicht in Betracht kommt[587].

Des Weiteren sehen sich die Gemeinden in solchen Fällen nicht nur der Landesplanung gegenüber. Sie sind in einem erheblich stärkeren Umfang mit den überörtlichen Fachplanungen konfrontiert, die zudem viel konkretere und eingreifendere planerische Festlegungen vornehmen können[588]. Deshalb scheint es gerechtfertigt, landesplanerische parzellenscharfe Aussagen dann zuzulassen, wenn sich diese an natürlichen Grenzen und topografischen Gegebenheiten orientieren[589]. Hinsichtlich konkreter parzellenscharfer raumordnerischer Festlegungen, die im Einzelfall nicht erforderlich sind, wird gelegentlich die Ansicht vertreten, aufgrund einer verfassungskonformen Interpretation könne der insoweit überschießende Erklärungsgehalt als nicht strikt verbindlich gewollt und damit auch als nicht verbindlich angesehen werden[590]. Demnach würde die betroffene Gemeinde bei der Umsetzung des (überörtlichen) Ziels der Raumordnung einen Spielraum zur Modifikation besitzen und im Interesse ihrer eigenen planerischen Konzeption in Detailfragen von der Raumordnungsplanung gering-

---

582 Spiecker, S. 70.

583 Spiecker, S. 70.

584 Schmidt-Aßmann, Fortentwicklung, S. 62; im Ergebnis ebenso: Erbguth/Schoeneberg, S. 59 Rn. 54.

585 Erbguth/Schoeneberg, S. 59 Rn. 54; Schmidt-Aßmann, Fortentwicklung, S. 62.

586 Schmidt-Aßmann, DÖV 1981, 237 (244).

587 Brohm, S. 655 Rn. 39.

588 Wahl, DÖV, 1981, 597 (598).

589 Spiecker, S. 71; ähnlich Brohm, S. 234 Rn. 16, S. 654 Rn. 39.

590 Brohm, S. 653 Rn. 37.

fügig abweichen[591]. Den Zieladressaten einen derartigen Spielraum zuzuerkennen, ist allerdings bedenklich, da Raumordnungsziele landesplanerische Letztentscheidungen darstellen, die im Wege einer nachfolgenden Abwägungs- oder Ermessensentscheidung nicht überwunden werden können. Die vorgeschlagene Abänderungsmöglichkeit kann auch nicht mit der vom Bundesverwaltungsgericht anerkannten Konkretisierungsfähigkeit der Raumordnungsziele durch die gemeindliche Bauleitplanung[592] gleichgesetzt werden, denn die Einstufung eines Ziels der Raumordnung als parzellenscharf wird kaum durch geringfügige Abweichungen in den Details der Durchführung auf kommunaler Ebene beeinflusst werden. Eine derartige „geltungserhaltende Reduktion" kann die Unzulässigkeit einer parzellenscharfen, jedoch nicht erforderlichen, raumordnerischen Festlegung nicht verhindern.

Unter Berücksichtigung der Tatsache, dass die Raumordnung rahmensetzenden Charakter hat und die Raumordnungsplanung somit einen ausreichenden Spielraum für die Bauleitplanung wahren muss, bleibt festzuhalten, dass dieses Gebot kein Diktat für jedes einzelne Ziel der Raumordnung darstellt[593]. In erster Linie kommt es darauf an, ob die Raumordnungsplanung in der Summe ihrer Vorgaben diesen rahmenrechtlichen Charakter wahrt[594]. Das führt dazu, dass sie bei einzelnen gebiets- oder parzellenscharfen Festlegungen, jedenfalls sofern diese aus überörtlicher Sicht erforderlich sind, bezogen auf den gesamten Planungsraum und das gesamte Gemeindegebiet gleichwohl lediglich rahmensetzend tätig ist[595]. Da die Vorranggebietsfestlegungen für den Hochwasserschutz überörtliche Interessen von einigem Gewicht zur Geltung bringen, sind sie auch dann zulässig, wenn sie sich in räumlicher Hinsicht auf bestimmte Gemeindeteile oder gar einzelne Parzellen beschränken.

4. Einbeziehung nach Baurecht bebaubarer Grundstücke in Vorranggebietsausweisungen für den Hochwasserschutz

Da der vorsorgende Hochwasserschutz in erster Linie nur im Freiraum verwirklicht werden kann, kommen für entsprechende Vorranggebiete zumeist nur Außenbereichsflächen i.S.d. § 35 BauGB in Betracht. Erstreckt sich die Ausweisung neuer Vorranggebiete für den Hochwasserschutz auf innerhalb der im Zusammenhang bebauten Ortsteile (vgl. § 34 BauGB) oder den Geltungsbereich eines Bebauungsplans, sind Konflikte mit Gemeinden sowie Grundstückseigentümern zu erwarten. Die Kommunen werden sich vor allem in ihrem Selbstver-

---

591 Brohm, S. 654 Rn. 37.
592 BVerwG, Beschl. v. 20.8.1992 – 4 NB 20/91 –, BVerwGE 90, 329 ff.
593 Spiecker, S. 71.
594 Brohm, S. 653 Rn. 34; Spiecker, S. 71.
595 Spiecker, S. 71.

waltungsrecht nach Art. 28 Abs. 2 GG verletzt sehen. Die betroffenen Grundstückseigentümer werden die mit der Vorrangausweisung einhergehende Nutzungsbeschränkung ihrer Grundstücke nicht hinnehmen wollen und sich auf ihr Eigentumsrecht aus Art. 14 Abs. 1 Satz 1 GG berufen. Abgesehen von möglichen Eingriffen in geschützte Rechtspositionen kann die zeichnerische Darstellung der Vorranggebiete gerade in bebaubaren Bereichen wegen des groben Maßstabs der Regionalpläne zu Schwierigkeiten tatsächlicher Art führen. Außerdem stellt sich die Frage, ob die Maßnahmen des vorsorgenden Hochwasserschutzes auf bebauten oder bebaubaren Flächen den Wasserabfluss bzw. die Retention überhaupt merklich beeinflussen können und damit sinnvoll sind.

a) Gemeindliche Planungshoheit

Erstreckt sich ein Vorranggebiet auf Flächen, die im Geltungsbereich eines Bebauungsplans liegen, so könnte die auf Art. 28 Abs. 2 GG beruhende Planungshoheit der innerhalb des entsprechenden Vorranggebiets befindlichen Gemeinde insofern eingeschränkt werden, als die Kommune gemäß § 1 Abs. 4 BauGB zur Anpassung ihres Bauleitplans an die Zielausweisung verpflichtet ist. Die Ausweisung eines Vorranggebiets für den Hochwasserschutz kann – je nach Planungsstand in der Kommune – unterschiedliche Folgen für deren Bauleitplanung haben.

aa) Unbeplanter Innenbereich

Existiert für das betroffene Gebiet kein Bebauungsplan, so ist zu überlegen, ob die Gemeinde zur erstmaligen Aufstellung eines Bebauungsplans verpflichtet ist, der Festlegungen der Art enthält, dass innerhalb des Vorranggebiets eine künftige Bebauung ausgeschlossen ist. Solche Festlegungen könnten insbesondere dann geboten sein, wenn sich das Vorranggebiet auf im Zusammenhang bebaute Ortsteile erstreckt, denn nach § 34 Abs. 1 Satz 1 BauGB sind dort diejenigen Vorhaben zulässig, die „sich nach Art und Maß der baulichen Nutzung [...] in die Eigenart der näheren Umgebung einfügen". Die Ziele der Raumordnung haben zwar über die Anpassungspflicht des § 1 Abs. 4 BauGB hinaus grundsätzlich auch Bedeutung für die bauplanungsrechtliche Beurteilung von Vorhaben i.S.d. § 29 BauGB[596]. Eine Einschränkung ergibt sich jedoch für den Innenbereich insoweit, als die Ziele der Raumordnung für die Zulassung dortiger Vorhaben keinen unmittelbaren Maßstab darstellen[597]. Sie entfalten ihre Wirkung nur über einfache, nach § 1 Abs. 4 BauGB angepasste Bebauungsplä-

[596] Steiner, Raumordnungs- und Landesplanungsrecht, S. 857 Rn. 66.

[597] BVerwG, Urt. v. 11.2.1993 – 4 C 15/92 –, DVBl. 1993, 658 (659 f.); Krautzberger, in: Battis/Krautzberger/Löhr, § 34 Rn. 29; Kern, S. 116; Steiner, Raumordnungs- und Landesplanungsrecht, S. 857 Rn. 67.

ne[598]. Dies führt dazu, dass im Falle eines fehlenden Bebauungsplans vorhandene Baulücken bebaut bzw. Ersatzbauten auf durch Abriss alter Gebäude neu geschaffenen Flächen errichtet werden könnten[599], sofern die Voraussetzungen des § 34 Abs. 1 BauGB, insbesondere das Einfügen des Vorhabens in die nähere Umgebung, vorliegen. Die Anpassungspflicht nach § 1 Abs. 4 BauGB in Form einer Erstplanungspflicht wird von den Gemeinden folglich nur dann erfüllt, wenn ein Bebauungsplan aufgestellt wird, der eine künftige Bebauung ausschließt. Dies hat in erster Linie durch die Aufnahme von Festsetzungen nach § 9 Abs. 1 BauGB zu geschehen, wonach beispielsweise Flächen, die von Bebauung freizuhalten sind (Nr. 10), Flächen für die Rückhaltung und Versickerung von Niederschlagswasser (Nr. 14) und Flächen für die Regelung des Wasserabflusses (Nr. 16) festgesetzt werden können[600].

Hiergegen könnte zwar eingewandt werden, die Anforderungen an den Hochwasserschutz würden im Rahmen der Vorhabengenehmigung ausreichend durch § 34 Abs. 1 Satz 2 BauGB geschützt, denn dieser sieht vor, dass bei Innenbereichsvorhaben die Anforderungen an gesunde Wohn- und Arbeitsverhältnisse gewahrt bleiben müssen. Danach wären Bauvorhaben innerhalb von Überschwemmungsgebieten selbst ohne die förmliche Festsetzung eines wasserrechtlichen Überschwemmungsgebiets bzw. eines Vorranggebiets für den Hochwasserschutz unzulässig, da gesunde Wohn- und Arbeitsverhältnisse bei einer potentiellen Gefahr für Leib und Leben kaum vorliegen werden. Die Ausweisung von Vorranggebieten könnte demnach nicht erforderlich und damit unverhältnismäßig sein. Insofern ist es nicht unwahrscheinlich, dass sich die von der Festlegung eines Vorranggebiets betroffenen Gemeinden darauf berufen, sie werden in ihrer von Art. 28 Abs. 2 GG gewährten Selbstverwaltungsgarantie eingeschränkt. Die Ausführungen zu Gegenstand und Reichweite des kommunalen Selbstverwaltungsrechts haben gezeigt, dass ungeklärt ist, ob die Bauleitplanung überhaupt zum Kernbereich der Selbstverwaltungsgarantie gehört[601]. Das BVerfG hat bislang lediglich das Anhörungsrecht einer Gemeinde, die in ihrer Planungshoheit betroffen ist, dem Kernbereich der kommunalen Selbstverwaltung zugerechnet[602]. Ein Eingriff ist jedoch – ohne dass es darauf ankommt, ob der Kernbereich der kommunalen Selbstverwaltung verletzt wird – bereits dann verfassungsrechtlich unzulässig, wenn die das Recht aus Art. 28 Abs. 2 GG einschränkende Norm gegen das Gemeinwohlerfordernis, das Übermaßverbot oder den Vertrauensgrundsatz verstößt[603].

---

598 Steiner, Raumordnungs- und Landesplanungsrecht, S. 858 Rn. 69.

599 ARGEBAU, Handlungsanleitung für den Einsatz rechtlicher und technischer Instrumente zum Hochwasserschutz, S. 35.

600 Vgl. dazu im Einzelnen: Kern, S. 76 ff.

601 Vgl. dazu Kapitel 3, S. 54 ff.

602 BVerfG, Beschl. v. 7.10.1980 – 2 BvR 584, 598, 599, 604/76 –, BVerfGE 56, 298 (320 f.).

603 Stern, Staatsrecht, Bd. I, S. 415.

Grundsätzlich stellt die Einschränkung der Planungshoheit einer Gemeinde im Vergleich zu anderen Gemeinden eine Sonderbelastung dar[604], die nach rechtsstaatlichen Grundsätzen nicht willkürlich sein darf, also „einen zureichenden Grund in der Wahrung überörtlicher Interessen besitzen" muss[605]. Der Hochwasserschutz kann wohl unstreitig als eine Gemeinwohlaufgabe von hohem Rang bezeichnet werden[606], welche in Form der Ausweisung von Vorranggebieten für den Hochwasserschutz zwar eine Einschränkung der kommunalen Planungshoheit darstellt, aber nicht willkürlich ist, sondern der Wahrung des Gemeinwohls dient.

Die Einbeziehung bebauter Ortsteile in die Vorranggebietsausweisung schränkt die kommunale Planungshoheit auch nicht unverhältnismäßig ein, da sowohl die Planungsentscheidungen der Kommunen als auch deren Vorstellungen über die künftige Entwicklung ihres Gemeindegebiets nicht losgelöst von den natürlichen Gegebenheiten möglich sind, sondern ihnen zu folgen haben[607]. Die Hochwasserkatastrophen der Vergangenheit haben gezeigt, dass eine ordnungsgemäße Erfüllung des Hochwasserschutzes durch die Gemeinden nicht erfolgte, so dass es deswegen zur Sicherstellung dieser Aufgabe zulässig ist, die Planungshoheit der Gemeinden aus Gründen des Gemeininteresses zu beschränken[608]. Zudem wird den Gemeinden auch nach der Ausweisung von Vorranggebieten für den Hochwasserschutz ausreichend Spielraum für die eigene Bauleitplanung verbleiben. Es ist kaum vorstellbar, dass ein Vorranggebiet für den Hochwasserschutz den überwiegenden Teil des Gemeindegebiets umfasst und damit gänzlich von weiterer Bebauung ausschließt. Mithin ist nicht zu erwarten, dass den Gemeinden durch die Ausweisung von Vorranggebieten für den Hochwasserschutz ihre Planungshoheit vollständig entzogen wird. Das bedeutet, dass eine Verletzung des Art. 28 Abs. 2 GG in aller Regel ausgeschlossen ist, denn nur eine Regelung, die den Kommunen jedwede Einflussnahme im Bereich der Bauleitplanung entzieht ist verfassungswidrig[609]. Allein die Tatsache, dass erhebliche Teile des Gemeindegebiets für ein Überschwemmungsgebiet in Anspruch genommen werden, lässt eine derartige Gebietsfestlegung nicht ohne Weiteres gegen den Grundsatz der Verhältnismäßigkeit verstoßen[610]. Von einem Verstoß

---

604 BVerfG, Beschl. v. 7.10.1980 – 2 BvR 584, 598, 599, 604/76 –, BVerfGE 56, 298 (313); BVerfG, Beschl. v. 23.6.1987 – 2 BvR 826/83 –, BVerfGE 76, 107 (119).

605 BVerfG, Beschl. v. 23.6.1987 – 2 BvR 826/83 –, BVerfGE 76, 107 (119).

606 In diesem Sinne: BVerwG, Urt. v. 22.7.2004 – 7 CN 1.04 –, NVwZ 2004, 1507 (1509); in der Begründung des Regierungsentwurfs zum Gesetzes zur Verbesserung des vorbeugenden Hochwasserschutzes wird dieser zu den herausragenden Aufgaben des Staates gezählt, BR-DS 286/04, S. 11.

607 BVerwG, Urt. v. 22.7.2004 – 7 CN 1.04 –, NVwZ 2004, 1507 (1509).

608 Vgl. BVerfG, Beschl. v.23.11.1988 – 2 BvR 1619, 1628/83 –, BVerfGE 79, 127 (153).

609 Oldiges, Baurecht, in: Steiner, Besonderes Verwaltungsrecht, S. 545 Rn. 25.

610 BayVGH, Urt. v. 8.3.1996 – 22 N 95.3073 –, NVwZ-RR 1997, 611 (612) für die Inanspruchnahme von 50% (1000 ha) eines Gemeindegebiets für ein Wasserschutzgebiet; ebenso

gegen die kommunale Selbstverwaltungsgarantie kann auch deshalb nicht gesprochen werden, weil die Gemeinden selbst ohne die Ausweisung eines Vorranggebiets bei der Überplanung von Überschwemmungsflächen solche Gebiete von Nutzungen freihalten müssen, die einem schadlosen Hochwasserabfluss oder der erforderlichen Wasserrückhaltung entgegenstehen, da bei der Aufstellung von Bauleitplänen im Rahmen der Abwägung von § 1 Abs. 7 BauGB insbesondere Belange des Umweltschutzes (§ 1 Abs. 6 Nr. 7 BauGB) zu berücksichtigen sind[611], wozu auch der Hochwasserschutz zu rechnen ist. Zudem ist bei der Abwägung nach § 1 Abs. 7 BauGB die Bodenschutzklausel des § 1a Abs. 1 BauGB zu beachten, wonach mit Grund und Boden sparsam und schonend umgegangen werden soll und Bodenversiegelungen auf das notwendige Maß zu beschränken sind. Auch sie leistet einen Beitrag zum Hochwasserschutz, da die Versiegelung von Flächen mit dem Verlust an versickerungsfähigen Böden bzw. Retentionsräumen einhergeht[612].

Festzuhalten bleibt also, dass die Ausweisung von Vorranggebieten für den Hochwasserschutz, die sich mit Teilen des unbeplanten Innenbereichs einer Gemeinde decken, nicht ohne weiteres zur Verletzung des Art. 28 Abs. 2 GG führt und daher verfassungswidrig ist. Es ist davon auszugehen, dass den Kommunen schon aufgrund des groben Maßstabs der Texturkarten (häufig 1:100.000) sowie der Art der zeichnerischen Darstellung der Vorranggebiete im Regionalplan (Verwendung von offenen Schraffuren)[613], auch nach deren Festlegung im unbeplanten Innenbereich ausreichende Möglichkeiten zur Verwirklichung ihrer Planungshoheit verbleiben. Die Ausweisung von Vorranggebieten für den Hochwasserschutz ist daher nicht per se unverhältnismäßig oder willkürlich, sondern dient der Erfüllung der Leitvorstellung der Raumordnung und Landesplanung, die Raumfunktion Hochwasserschutz mit den sozialen und wirtschaftlichen Ansprüchen an den Raum in Einklang zu bringen (vgl. § 1 Abs. 2 Satz 1 ROG).

bb) Geltungsbereich eines Bebauungsplans

Im Geltungsbereich eines Bebauungsplans richtet sich die Erfüllung der Anpassungspflicht aufgrund des § 1 Abs. 4 BauGB grundsätzlich danach, ob die betroffene Fläche bereits bebaut ist oder nicht.

Sind keine Gebäude vorhanden oder würden bei Wegfall des Bebauungsplans vorhandene Gebäude als Außenbereichsbebauung zu qualifizieren sein, so ge-

---

OVG Rh.-Pf., Urt. v. 9.3.2000 – 1 C 12087/98 –, NuR 2000, 387; Knopp, in: Sieder/Zeitler/Dahme/Knopp, § 32 Rn. 25.

611 BVerwG, Urt. v. 22.7.2004 – 7 CN 1.04 –, NVwZ 2004, 1507 (1509).

612 ARGEBAU, Handlungsanleitung für den Einsatz rechtlicher und technischer Instrumente zum Hochwasserschutz, S. 24.

613 Vgl. dazu Kapitel 5, S. 146 ff.

nügt die Gemeinde ihrer Anpassungspflicht zumeist schon dann, wenn sie den entsprechenden Bebauungsplan bzw. Teile davon aufhebt[614].

Befindet sich im Geltungsbereich des Bebauungsplans allerdings eine solche Anzahl von Gebäuden, dass diese (zusammenhängende) Bebauung im Falle des Wegfalls des Bebauungsplans als Innenbereich i.S.d. § 34 BauGB einzustufen wäre, dann wird die bloße Aufhebung des Bebauungsplans nicht zum Erreichen der in § 1 Abs. 4 BauGB geregelten Anpassungspflicht führen[615]. Der Grund liegt darin, dass die Ziele der Raumordnung im unbeplanten Innenbereich nach § 34 BauGB nicht zur Geltung kommen und damit kein Zulässigkeitskriterium darstellen[616]. Statt der Aufhebung des Bebauungsplans ist daher bei Vorhandensein einer Bebauung i.S. von § 34 Abs. 1 BauGB dessen Änderung erforderlich. Der angepasste Bebauungsplan hat Festsetzungen zu enthalten, die eine weitere Bebauung des Gebiets ausschließen. An dieser Stelle sei auf die obigen Ausführungen zur Ausweisung von Vorranggebieten im unbeplanten Innenbereich verwiesen, die auch hier zur Geltung kommen.

Damit steht fest, dass die Ausweisung von Vorranggebieten, die sich auf Flächen im Geltungsbereich eines Bebauungsplans erstrecken, nicht von vornherein gegen Art. 28 Abs. 2 GG verstoßen und insoweit verfassungswidrig sind. Es kommt auch hier darauf an, dass den betroffenen Gemeinden ihre Planungshoheit nicht vollständig entzogen und nicht jegliche weitere Bauleitplanung unmöglich gemacht wird.

b) Vorranggebietsausweisung und Eigentum

Durch die Einbeziehung von Flächen i.S.d. §§ 30 und 34 Abs. 1 BauGB in Vorranggebietsausweisungen für den vorsorgenden Hochwasserschutz kann den betroffenen Grundstückseigentümern das Recht, ihre Grundstücke wie bisher zu nutzen, entzogen werden. Dabei ist zwischen bebauten und unbebauten Grundstücken zu unterscheiden.

aa) Bebaute Grundstücke

Ein Vorranggebiet für den Hochwasserschutz schließt Nutzungen aus, die dem Hochwasserschutz widersprechen. Bestehende bauliche Anlagen sind in der Regel als eine dem Hochwasserschutz widersprechende Nutzung zu qualifizieren,

---

[614] ARGEBAU, Handlungsanleitung für den Einsatz rechtlicher und technischer Instrumente zum Hochwasserschutz, S. 35.

[615] ARGEBAU, Handlungsanleitung für den Einsatz rechtlicher und technischer Instrumente zum Hochwasserschutz, S. 35.

[616] BVerwG, Urt. v. 11.2.1993 – 4 C 15/92 –, DVBl. 1993, 658 (659 f.); Krautzberger, in: Battis/Krautzberger/Löhr, § 34 Rn. 29; Kern, S. 116; Steiner, Raumordnungs- und Landesplanungsrecht, S. 857 Rn. 67.

da sie sowohl den Wasserrückhalt als auch den Wasserabfluss negativ beeinflussen können. Zudem stellen sie ein erhebliches Schadenspotential dar, das im Rahmen des Hochwasserschutzes verringert werden soll. Diese grundsätzliche Unvereinbarkeit von Bebauung und Hochwasserschutz findet ihren Ausdruck auch darin, dass in förmlich festgesetzten Überschwemmungsgebieten i.S.d. § 31b Abs. 2 Satz 3 und 4 WHG n.F. sowohl die Ausweisung neuer Baugebiete als auch die Genehmigung baulicher Anlagen nur in Ausnahmefällen zulässig ist (§ 31b Abs. 4 Satz 1 und 4 WHG n.F.). Die Umsetzung der raumordnerischen Zielfestlegung „Vorranggebiet für den Hochwasserschutz" auf der nachgeordneten Planungsebene müsste in Form eines Rückbaus erfolgen.

(1) Geltungsbereich eines Bebauungsplans

Für den Geltungsbereich eines Bebauungsplans sieht § 179 Abs. 1 Satz 1 Nr. 1 BauGB ein Rückbaugebot vor, wenn eine bauliche Anlage den Festsetzungen eines Bebauungsplans widerspricht und ihnen nicht angepasst werden kann. Da ein Bebauungsplan jedoch nur Wirkung für die Zukunft entfaltet[617], werden nach vorherigem Recht legal errichtete Bauwerke von einer Anpassung des Bebauungsplans an die Ziele der Raumordnung (§ 1 Abs. 4 BauGB) nicht betroffen. Diese genießen – selbst wenn sie den neuen Festsetzungen im Bebauungsplan widersprechen – Bestandsschutz, das heißt, sie dürfen in ihrem bisherigen Umfang weiter genutzt werden[618]. Darüber hinaus sind auch die Instandhaltung und Reparatur, ja selbst eine Modernisierung mit kleinen baulichen Änderungen zulässig[619], soweit letztere nicht die Identität der baulichen Anlage ändert[620]. Die ursprüngliche Rechtsprechung zum Bestandsschutz wurde zwar grundsätzlich aufgegeben, soweit dieser einen verfassungsunmittelbaren Genehmigungsanspruch begründete[621]. Nach der Rechtsprechung des BVerwG ist ein Bestandsschutz, soweit damit eine eigenständige Anspruchsgrundlage gemeint sein soll, zu verneinen, wenn eine gesetzliche Regelung i.S.d. Art. 14 Abs. 1 Satz 2 GG vorhanden ist[622]. Allerdings nimmt das BVerfG einen direkten, durch Art. 14 I

---

[617] Löhr, in: Battis/Krautzberger/Löhr, § 30 Rn. 12.

[618] Löhr, in: Battis/Krautzberger/Löhr, § 30 Rn. 12; Söfker, in: Ernst/Zinkahn/Bielenberg, Bd. 2, § 35 Rn. 178; Oldiges, Baurecht, in: Steiner, Besonderes Verwaltungsrecht, S. 649 Rn. 237.

[619] BVerwG, Urt. v. 19.10.1966 – 4 C 16/66 –, BVerwGE 25,161 (162 f.); BVerwG, Urt. v. 22.9.1967 – 4 C 109/65 –, BVerwGE 27, 341 (343 f.).

[620] BVerwG, Urt. v. 25.11.1970 – 4 C 119/68 –, BVerwGE 36, 296 (300); BVerwG, Urt. v. 18.10.1974 – 4 C 75/71 –, DVBl. 1975, 501 (502); Löhr, in: Battis/Krautzberger/Löhr, § 30 Rn. 12.

[621] BVerwG, Urt. v. 7.11.1997 – 4 C 7/97 –, NVwZ 1998, 735 (736 f.); Brohm, S. 429 Rn. 4; Just, in: Hoppe/Bönker/Grotefels, S. 62; Sendler, WiVerw 1993, 235 (253 ff.).

[622] BVerwG, Urt. v. 15.2.1990 – 4 C 23/86 –, BVerwGE 84, 322 (334); BVerwG, Urt. v. 10.8.1990 – 4 C 3/90 –, BVerwGE 85, 289 (294); BVerwG, v. 22.2.1991 – 4 CB 6/91 –, NVwZ 1991, 984 (985); dem wurde überwiegend auch im Schrifttum gefolgt: Just, in: Hop-

GG bewirkten Bestandsschutz für den Fall an, dass der Bestand zu irgendeinem Zeitpunkt genehmigt oder jedenfalls genehmigungsfähig gewesen ist[623]. Insoweit kommt ein Rückbau nach § 179 Abs. 1 Satz 1 Nr. 1 BauGB nicht in Betracht. Nach § 179 Abs. 1 Satz 1 Nr. 2 BauGB hat allerdings ein Grundstückseigentümer einen Rückbau aber auch dann zu dulden, wenn Missstände oder Mängel i.S.d. § 177 Abs. 2 und Abs. 3 Satz 1 BauGB vorliegen, die weder durch eine Modernisierung noch eine Instandsetzung behoben werden können. Ein solcher Missstand liegt z.B. dann vor, wenn die bauliche Anlage nicht den allgemeinen Anforderungen an gesunde Wohn- und Arbeitsverhältnisse entspricht (§ 177 Abs. 2 BauGB). Das ist beispielsweise dann der Fall, wenn bauliche Anlagen, die in einem Überschwemmungsbereich liegen, erheblichen Hochwassergefahren ausgesetzt sind, die Schäden an Leib und Leben befürchten lassen. Gleichwohl kann auf die dargestellte Regelung im Bereich des Hochwasserschutzes nicht zurückgegriffen werden, da § 177 Abs. 1 Satz 1 BauGB ausdrücklich darauf abstellt, dass die bauliche Anlage nach ihrer äußeren oder inneren Beschaffenheit Missstände oder Mängel aufweist. Die der Ausweisung eines Vorranggebiets für den vorbeugenden Hochwasserschutz widersprechende bauliche Nutzung lässt Schäden an Leib und Leben aber durch ihre Lage im Überschwemmungsbereich befürchten.

(2) Innenbereich

Die soeben dargestellten Grundsätze hinsichtlich des Bestandsschutzes gelten gleichfalls für bauliche Anlagen im unbeplanten Innenbereich. Auch hier gewährleistet der Bestandsschutz, dass bauliche Anlagen, die im Einklang mit dem materiellen Baurecht errichtet worden sind, auch dann rechtmäßig bleiben und sich grundsätzlich in ihrer bisherigen Funktion behaupten können, wenn sich das maßgebliche Recht später ändert und die Anlagen dem geänderten Recht nicht mehr entsprechen. Der den Rückbau betreffende § 179 BauGB findet im unbeplanten Innenbereich keine Anwendung, da sich die betroffene bauliche Anlage im Geltungsbereich eines Bebauungsplans befinden muss[624]. Hat eine Gemeinde aufgrund der Anpassungspflicht nach § 1 Abs. 4 BauGB erstmalig einen Bebauungsplan aufzustellen und bezieht dieser vorher unbeplante Bereiche in seinen Geltungsbereich ein, so ist § 179 BauGB dann zwar grundsätzlich anwendbar, gleichwohl sind dessen übrige Voraussetzungen – wie bereits oben ausgeführt

pe/Bönker/Grotefels, S. 64; Wahl, Abschied von den „Ansprüchen aus Art. 14 GG“, in: FS Redeker, S. 245 (248 f.); Sarnighausen, DÖV 1993, 758 (761 ff.); Sendler, WiVerw 1993, 235 (253 ff.).

[623] BVerfG, Beschl. v. 15.12.1995 – 1 BvR 1713/92 –, BauR 1996, 235; BVerfG, Beschl. v. 24.7.2000 – 1 BvR 151/99 –, NVwZ 2001, 424.

[624] So auch Runkel, in: Bielenberg/Runkel/Spannowsky, Bd. 2, § 2 Rn. 45.

wurde – nicht vollständig erfüllt. Ein Rückbau kann auch insoweit nicht durchgesetzt werden.

(3) Fazit

Es kann festgehalten werden, dass eine Vorrangfestlegung für den Hochwasserschutz sowohl im Geltungsbereich eines Bebauungsplans als auch im unbeplanten, bebauten Innenbereich nach § 34 BauGB, der Baulücken aufweist, die von künftiger Bebauung freigehalten werden sollen, die Nutzung bestandsgeschützter baulicher Anlagen nicht ausschließen darf. Dies ist mit der Aufnahme einer ausdrücklichen Ausnahmeregelung in den entsprechenden Regionalpan zu bewerkstelligen, bei der es sich um ein Ziel der Raumordnung handeln muss. Eine solche Ausnahme könnte folgendermaßen formuliert werden: „In den Vorranggebieten für den vorbeugenden Hochwasserschutz befindliche bestehende bauliche Anlagen, die Bestandsschutz genießen, werden von der Ausschlusswirkung nach § 7 Abs. 4 Satz 1 Nr. 1 ROG nicht betroffen.“.

bb) Unbebaute Grundstücke

Eine andere Situation besteht allerdings für Grundstückseigentümer, deren in einem Vorranggebiet für den Hochwasserschutz gelegene Grundstücke nicht bebaut sind. Ein Bestandschutz im oben dargestellten Sinn besteht für sie nicht. Zwar entwickelte das BVerwG im Rahmen seiner Rechtsprechung zum Bestandsschutz die Rechtsfigur der „eigentumskräftig verfestigten Anspruchsposition“[625], wonach die Eigentumsgarantie des Art. 14 Abs. 1 Satz 1 GG bei einem unbebauten Grundstück zu einem Anspruch auf eine nach geändertem Recht nicht mehr zulässige Nutzung führen konnte[626]. Voraussetzung dafür war, dass erstens zum Zeitpunkt des Inkrafttretens der die Nutzung ausschließenden rechtlichen Regelung ein Anspruch auf Zulassung der Nutzung bestanden haben musste und zweitens, dass diese Nutzung „in der Situation des Grundstücks in einer Weise angelegt gewesen sein [musste], dass sie sich der darauf reagierenden Verkehrsauffassung als angemessen aufdrängte, dass die Verkehrsauffassung sie geradezu vermisst“. Diese „Erweiterung“ des Bestandsschutzes[627] ist jedoch inzwischen aufgegeben worden[628]. Zudem handelte es sich dabei nicht

[625] BVerwG, Urt. v. 27.1.1967 – 4 C 33/65 –, BVerwGE 26, 111 (117 f.); BVerwG, Urt. v. 18.10.1974 – 4 C 75/71 –, BVerwGE 47, 126 (131); vgl. dazu auch Sendler, WiVerw 1993, 235 (267); Söfker, in: Ernst/Zinkahn/Bielenberg, Bd. 2, § 35 Rn. 184; Fickert, in: FS Weyreuther, S. 319 (327 f.).

[626] BVerwG, Urt. v. 13.4.1983 – 4 C 76/80 –, BVerwGE 67, 93 (96 f.).

[627] Brohm, S. 432 Rn. 9.

[628] BVerwG, Urt. v. 15.2.1990 – 4 C 23/86 –; BVerwG, Urt. v. 10.8.1990 – 4 C 3/90 –, BauR 1991, 51; BVerwG, Beschl. v. 3.12.1990 – 4 B 145/90 –, UPR 1991, 271; Söfker, in: Ernst/Zinkahn/Bielenberg, Bd. 2, § 35 Rn. 184.

um einen Bestandsschutz im eigentlichen Sinne[629], sondern beschränkte sich – jedenfalls in der Praxis – auf eine einem Grundstück zugebilligte Genehmigung zum Wiederaufbau eines zerstörten Bauwerks. Diese wurde für bestimmte Bereiche, i.S. einer erleichterten Genehmigungsmöglichkeit, einer gesetzlichen Regelung zugeführt (vgl. für den Innenbereich § 34 Abs. 3a Nr. 1 BauGB, für den Außenbereich § 35 Abs. 4, insbesondere Nr. 3 und 4). Die Normen bringen zum Ausdruck, dass der Bestandsschutz nur für bereits zulässigerweise errichtete bauliche Anlagen bestehen soll.

Demgegenüber wird den Grundstückseigentümern mit der Ausweisung von Vorranggebieten für den vorbeugenden Hochwasserschutz bzw. mit der Umsetzung dieses Raumordnungsziels auf der Ebene der kommunalen Bauleitplanung das Recht entzogen, ihre Grundstücke für künftige bauliche Maßnahmen zu nutzen. Darin könnte eine Enteignung i.S.d. Art. 14 Abs. 3 GG gesehen werden, die nur zum Wohle der Allgemeinheit zulässig ist (Satz 1) und nur durch Gesetz oder auf Grund eines Gesetzes erfolgen darf, das Art und Ausmaß der Entschädigung regelt (Satz 2). Andererseits wäre es auch möglich, die Einschränkung der Bebaubarkeit von Grundstücken als Ausformung von Inhalt und Schranken des Eigentums i.S.d. Art. 14 Abs. 1 Satz 2 GG einzustufen, die im Rahmen des Zumutbaren entschädigungslos hinzunehmen ist. Treffend stellt *Burgi* zu diesem Problemkreis fest, es sei interessant, „dass sich das Grundstückseigentum als ein Bündel von Befugnissen präsentiert, von denen einige das bevorzugte ′Opfer′ moderner Eigentumseinwirkungen sind, deren Qualifizierung als Enteignung oder als Inhalts- und Schrankenbestimmungen ungeklärt ist“[630].

Allerdings stellen Raumordnungsziele für die Zulässigkeit von Vorhaben Privater im Innenbereich nach § 34 Abs. 1 BauGB keinen unmittelbaren Maßstab dar[631]. Es besteht daher ein Anspruch auf Genehmigung, wenn sich das Vorhaben in die Eigenart der näheren Umgebung einfügt und die Erschließung gesichert ist. Allerdings würde die Ausweisung eines Vorranggebiets für den Hochwasserschutz Anlass für eine genaue Prüfung der Frage sein, ob die Anforderungen an gesunde Wohn- und Arbeitsverhältnisse gewahrt bleiben (vgl. § 34 Abs. 1 Satz 2 BauGB), was bei im Hochwasserfall bestehenden Gefahren für Leib und Leben nicht der Fall wäre. Eine unmittelbare Wirkung erlangen die Ziele der Raumordnung lediglich über nach § 1 Abs. 4 BauGB angepasste Bebauungspläne sowie im Außenbereich nach § 35 Abs. 3 Satz 2 Halbsatz 1, § 35 Abs. 3 Satz 2 Halbsatz 2 und § 35 Abs. 3 Satz 3 BauGB.

---

629 Brohm, S. 432 Rn. 9; Just, in: Hoppe/Bönker/Grotefels, S. 62 Rn. 65.

630 Burgi, NVwZ 1994, 527 (531).

631 Runkel, in: Ernst/Zinkahn/Bielenberg, Bd. 1, § 1 Rn. 79; Steiner, Raumordnungs- und Landesplanungsrecht, S. 858 Rn. 69.

(1) Abgrenzung der Enteignung von der Inhalts- und Schrankenbestimmung

Als Enteignung wird die vollständige oder teilweise Entziehung vermögenswerter Rechtspositionen i.S.d. Art. 14 Abs. 1 Satz 1 GG aufgrund eines gezielten hoheitlichen Rechtsakts verstanden, welcher der Erfüllung bestimmter öffentlicher Aufgaben dient[632]. Fraglich ist nun, ob der aus der Ausweisung eines Vorranggebiets für Hochwasser resultierende Ausschluss der dem Hochwasserschutz widersprechenden Nutzungen den Tatbestand der Enteignung erfüllt.
Die den von der Vorrangausweisung betroffenen Grundstückseigentümern zustehenden Nutzungsmöglichkeiten müssten eine geschützte Rechtsposition, ein vermögenswertes Recht, i.S.d. Art. 14 Abs. 1 Satz 1 GG darstellen. Das Grundeigentum i.S.d. bürgerlichen Rechts wird als gesetzliches Leitbild für die Interpretation des Art. 14 GG angesehen[633] und stellt ein vermögenswertes Recht des Privatrechts dar[634]. Allerdings wird nicht jeder vermögenswerte Vorteil von Art. 14 GG erfasst, weshalb es hoheitliche Maßnahmen gibt, die sich zwar nachteilig auf ein Grundstück auswirken, aber nicht als Eigentumsverletzung einzustufen sind[635]. Das heißt, dass die Enteignung zwar den Entzug konkreter Rechtspositionen voraussetzt, jedoch nicht jeder Entzug zugleich als Enteignung anzusehen ist[636].
Im hier zu untersuchenden Fall wird durch die Vorrangausweisung die Nutzung bestimmter Grundstücke eingeschränkt. Um eine Enteignung kann es sich dabei nur handeln, wenn zum einen die bloße Möglichkeit, ein Grundstück im Rahmen der gesetzlichen Bedingungen zu bebauen, die Baufreiheit Ausfluss des Grundeigentums und damit ein vermögenswertes Recht ist. Die Frage ist in der Literatur umstritten, wird aber sowohl von der herrschenden Meinung[637] als auch von der Rechtsprechung[638] bejaht. Weil die bauliche Nutzungsmöglichkeit

---

[632] BVerfG, Urt. v. 18.12.1968 – 1 BvR 638, 673/64 und 200, 238, 249/65 –, BVerfGE 24, 367 (394); BVerfG, Urt. v. 8.7.1976 – 1 BvL 19 und 20/75, 1 BvR 148/75 –, BVerfGE 42, 263 (299); BVerfG, Beschl. v. 2.3.1999 – 1 BvL 7/91 –, BVerfGE 100, 226 (239 f.); BVerwG, Urt. v. 22.5.1987 – 4 C 17 - 19/87 –, BVerwGE 77, 295 (297 f.); BVerwG, Urt. v. 12.11.1993 – 7 C 7/93 –, BVerwGE 94, 279 (283); st. Rspr.; Wieland, in: Dreier, Bd. I, Art. 14 Rn. 69; Maurer, S. 717 Rn. 41 m.w.N.

[633] Wieland, in: Dreier, Bd. I, Art. 14 Rn. 31.

[634] Leisner, in: Isensee/Kirchhof, Bd. VI, S. 1061 Rn. 102; Maurer, S. 718 Rn. 43.

[635] Maurer, S. 720 Rn. 45.

[636] BVerfG, Beschl. v. 22.5.2001 – 1 BvR 1512/97, 1 BvR 1677/97 –, BVerfGE 104, 1 (10); BVerfG, Beschl. v. 7.12.2004 – 1 BvR 1804/03 –, NJW 2005, 879 (880).

[637] Leisner, in: Isensee/Kirchhof, Bd. VI, S. 1062 Rn. 104; Krautzberger, in: Battis/Krautzberger/Löhr, § 1 Rn. 7 ff.; Peine, S. 104 Rn. 325; Papier, S. 220 f.; Hendler, DVBl. 2001, 1233 (1239); Leisner, DVBl. 1992, 1065 (1068); Manssen, Staatsrecht II – Grundrechte, S. 187 Rn. 730; a.A.: Wieland, in: Dreier, Bd. I, Art. 14 Rn. 32; Burgi, NVwZ 1994, 527 (532); Breuer, S. 158 ff.

[638] BVerfG, v. 19.6.1973 – 1 BvL 38/69 und 14/72 –, BVerfGE 35, 263 (276 f.); BVerwG, Urt. v. 6.6.1975 – 4 C 15.73 –, BVerwGE 48, 271 (273 f.); BVerwG, Urt. v. 5.7.1974 – 4 C

den entscheidenden Wertbestimmungsfaktor des Grundeigentums bilde[639], würde letzteres weitestgehend leer laufen, wenn es keine Baufreiheit verliehe[640]. Auch historisch gesehen umfasste das Recht am Boden stets auch das Recht zum Bauen[641]. Die Baufreiheit ist also durch die Eigentumsgarantie des Art. 14 Abs. 1 Satz 1 GG verfassungsrechtlich geschützt.
Weitere Voraussetzung einer Enteignung ist der vollständige oder teilweise Entzug der als Eigentum geschützten vermögenswerten Rechtsposition. Ein Vollentzug zeichnet sich dadurch aus, dass das Zuordnungsverhältnis des Eigentümers zu einem bestimmten Eigentumsgegenstand vollständig aufgehoben wird, so dass ihm weder Nutzungs- noch Verfügungsbefugnisse verbleiben[642]. Im Rahmen der Vorranggebietsausweisungen ist lediglich die Nutzung der in dem betreffenden Bereich befindlichen Grundstücke insoweit ausgeschlossen, als sie dem vorbeugenden Hochwasserschutz widerspricht, ein Vollentzug liegt nicht vor.
Die Nutzungsbeschränkung könnte allenfalls als teilweiser Entzug eines vermögenswerten Rechts angesehen werden. Die Beantwortung der Frage, was unter einer solchen teilweisen Entziehung zu verstehen ist, wirft gewisse Probleme auf; die Maßnahme ist gelegentlich nur schwer gegen eine Inhalts- und Schrankenbestimmung i.S.d. Art. 14 Abs. 1 Satz 2 GG abzugrenzen[643]. Ein Teilentzug stellt den Zugriff auf eine selbständige Teilposition dar, wobei zwischen sachlichem und rechtlichem Teilentzug unterschieden werden kann[644]. Eine sachliche Teilentziehung liegt bei einer reinen Nutzungsbeschränkung nicht vor, weil nicht Teile des Grundstücks abgetrennt werden. Damit verbleibt vorliegend die Möglichkeit einer rechtlichen Teilentziehung, welche rechtlich selbständige oder nach objektiven Kriterien verselbständigungsfähige Teile der als Eigentum geschützten Rechtsposition betrifft[645]. Das heißt, aus dem Vollrecht muss ein Teil herausgelöst werden, was wiederum eine rechtliche Abtrennbarkeit erfordert[646]. Nutzungsbeschränkungen, etwa im Bereich des Bauplanungsrechts, sollen nach

---

50.72 –, BVerwGE 45, 309 (324); BVerfG, Beschl. v. 22.5.2001 - – 1 BvR 1512/97, 1 BvR 1677/97 –, BVerfGE 104, 1 (11).

639 Just, in: Hoppe/Bönker/Grotefels, S. 57 Rn. 56; Leisner, in: Isensee/Kirchhof, Bd. VI, S. 1062 f. Rn. 104; derselbe, in DVBl. 1992, 1065 (1068); Manssen, Öffentliches Baurecht, in: Becker/Heckmann/Kempen/Manssen, S. 404 Rn. 53.

640 Leisner, in: Isensee/Kirchhof, Bd. VI, S. 1062 f. Rn. 104; derselbe, in DVBl. 1992, 1065 (1068).

641 Just, in: Hoppe/Bönker/Grotefels, S. 57 Rn. 56; Peine, S. 103 ff.; Hoppe, DVBl. 1964, 165 (167).

642 Burgi, NVwZ 1994, 527 (529).

643 Wieland, in: Dreier, Bd. I, Art. 14 Rn. 71; Pieroth/Schlink, S. 253 Rn. 990; Burgi, NVwZ 1994, 527; Hendler, DVBl. 2001, 1233 (1237).

644 Maurer, S. 720 Rn. 45.

645 Maurer, S. 721 Rn. 47.

646 Wieland, in: Dreier, Bd. I, Art. 14 Rn. 71; Maurer, S. 721 f. Rn, 47; Pieroth/Schlink, S. 254 Rn. 990; Burgi, NVwZ 1994, 527 (530).

allerdings umstrittener Auffassung nicht unter den Begriff der teilweisen Entziehung fallen, sofern sie nicht rechtlich erstarkte und verselbständigte Positionen betreffen[647]. Bei ihnen handele sich um eine Konkretisierung der Inhalts- und Schrankenbestimmung (vgl. Art. 14 Abs. 1 Satz 2 GG)[648]. Diese auf das Vorliegen des Entzugs einer rechtlich verselbständigten Teilposition abstellende Rechtskonstruktion ist zwar als rechtsdogmatisch konsequent zu begrüßen, geht allerdings mit subtilen, die Rechtsanwendung beträchtlich erschwerenden Abgrenzungsproblemen einher[649]. Insoweit verwundert es nicht, wenn selbst das BVerfG und auch die obersten Fachgerichte Nutzungs- und Verfügungsbeschränkungen mittlerweile durchweg als Inhalts- und Schrankenbestimmungen klassifizieren[650], die Begründung dieses Ergebnisses jedoch häufig durch argumentative Sparsamkeit gekennzeichnet ist und damit in die Nähe einer bloßen Behauptung rückt[651]. Eine nähere Auseinandersetzung mit der Frage, warum eine erfolgte Nutzungsbeschränkung nicht als Entziehung konkreter Rechtspositionen zu beurteilen ist und infolgedessen auch keine Enteignung darstellt, fehlt. Da dieses Abgrenzungsproblem gleichwohl gelöst werden muss, ist eine Möglichkeit zu suchen, die nicht mit einer derart großen Rechtsunsicherheit verbunden ist. Es wird deshalb vorgeschlagen, den verfassungsrechtlichen Enteignungsbegriff am Beispiel der klassischen Enteignung[652] auszurichten, das heißt, ihn auf hoheitlich veranlasste Güterbeschaffungsvorgänge zu konzentrieren[653]. Letztere zeichnen sich durch die „Koinzidenz von staatlich veranlasstem Rechtsverlust (beim Eigentümer) und Rechtserwerb (beim Dritten)“ aus[654]. Das privatrechtliche Erwerbsgeschäft wird also durch einen Hoheitsakt ersetzt. Der klassischen Enteignung steht die so genannte Aufopferungsenteignung gegen-

---

647 Wieland, in: Dreier, Bd. I, Art. 14 Rn. 71; Maurer, S. 722 Rn. 47; Burgi, NVwZ 1994, 527 (529); Pieroth/Schlink, S. 253, Rn. 990; ferner die Rechtsprechung im Bereich des Denkmal- und Naturschutzes, vgl. BVerwG, Urt. v. 15.2.1990 – 4 C 47/89 –, BVerwGE 84, 361 (370 f.); BVerwG, Urt. v. 24.6.1993 – C 26/92 –, DVBl. 1993, 1141 (1142); BGH Urt. v. 26.1.1984 – III ZR 216/82 –, BGHZ 90, 17 (24 f.), jeweils m.w.N.

648 Maurer, S. 722 Rn. 47.

649 Hendler, DVBl. 2001, 1233 (1238).

650 BVerfG, Beschl. v. 12.1.1967 – 1 BvR 169/63 –, BVerfGE 21, 73 (82 f.); BVerfG, Beschl. v. 12.6.1979 – 1 BvL 19/76 –, BVerfGE 52, 1 (32 f.); BGH, Urt. v 20.12.1956 – III ZR 82/55 –, BGHZ 23, 30 (35); BGH, Urt. v. 5.3.1981 – III ZR 9/80 –, BGHZ 80, 111 (116); BGH, Urt. v. 26.1.1984 – III ZR 179/82 –, BGHZ 90, 4 (15); BVerwG, Urt. v. 22.7.2004 – 7 CN 1.04 –, NVwZ 2004, 1507 ff.; VGH Mannheim, Urt. v. 20.04.1994 – 8 S 2449/93, NVwZ-RR 1995, 191.

651 In diesem Sinne auch Hendler, DVBl. 2001, 1233 (1237).

652 Vgl. hierzu BVerfG, Beschl. v. 12.11.1974 – 1 BvR 32/68 –, BVerfGE 38, 175 (179).

653 Hendler, DVBl. 2001, 1233 (1238); Lege, JZ 1994, 431 (438); Osterloh, DVBl. 1991, 906 (912); Manssen, Staatsrecht II – Grundrechte, S. 192 Rn. 748; als Abkehr von rechtlicher Klarheit wird die Erweiterung des Enteignungsbegriffs auch von Leisner, Sozialbindung des Eigentums, S. 17 ff. und Papier, in: Maunz/Dürig, Bd. II, Art. 14 Rn. 354 betrachtet.

654 Hendler, DVBl. 2001, 1233 (1237).

über, wonach dem Eigentümer lediglich Restriktionen seiner Dispositionsfreiheit über Eigentumsgegenstände, insbesondere Verfügungs- und Nutzungsbeschränkungen, auferlegt werden. Das BVerfG vertritt nun die Auffassung, für eine Enteignung sei nicht das Vorliegen eines Güterbeschaffungsvorganges entscheidend, es komme vielmehr auf den Entzug des Eigentums und den dadurch bewirkten Rechts- und Vermögensverlust, nicht aber auf die Übertragung des entzogenen Objekts an[655]. Damit hat es sich zwar verbal für die Aufopferungsenteignung entschieden, in der bisherigen bundesverfassungsgerichtlichen Spruchpraxis sind dafür jedoch keine Anzeichen zu entdecken. In der Literatur wird daher die Ansicht vertreten, das BVerfG vermittele so den Eindruck, sich de facto auf Enteignungen i.S. von Güterbeschaffungsvorgängen zu beschränken[656]. Die Entscheidung des BVerfG vom 22.5.2001 (Baulandumlegung)[657] kann sogar in dem Sinne verstanden werden, dass mit der darin erfolgten ausdrücklichen Beschränkung der Enteignung auf Fälle, in denen Güter hoheitlich beschafft werden, mit denen ein konkretes öffentliches Vorhaben durchgeführt werden soll[658], eine deutliche Rückkehr zum klassischen Enteignungsbegriff vollzogen wurde[659]. Hierfür spricht auch die ausdrückliche Verweisung auf den Beschluss des BVerfG vom 12.11.1974, in welchem das Gericht offensichtlich den klassischen Enteignungsbegriff verwendete[660].
Geht man daher bei der Beantwortung der Frage, ob die mit einer Vorrangausweisung verbundene Nutzungsbeschränkung für Grundstücke als Enteignung zu verstehen ist, davon aus, eine solche liege nur bei Güterbeschaffungsvorgängen vor, so muss die Frage verneint werden. Zu untersuchen ist daher, ob es sich um eine zulässige Inhalts- und Schrankenbestimmung i.S.d. Art. 14 Abs. 1 Satz 2 GG handelt.

Unter einer Inhalts- und Schrankenbestimmung ist im Gegensatz zur Enteignung „die generelle und abstrakte Festlegung von Rechten und Pflichten durch den Gesetzgeber hinsichtlich solcher Rechtsgüter [zu verstehen], die als Eigentum i.S. der Verfassung“ gelten[661]. Solche Gesetze können nicht nur Parlamentsgesetze, sondern auch Gesetze im materiellen Sinne (Satzungen und Verordnungen) sein, die auf gesetzlicher Grundlage ergehen[662]. Vorranggebiete für den Hochwasserschutz werden in Regionalplänen festgelegt, deren Rechtscharakter

---

[655] BVerfG, Beschl. v. 9.1.1991 – 1 BvR 929/89 –, BVerfGE 83, 201 (211 m.w.N.).
[656] Hendler, DVBl. 2001, 1233 (1237).
[657] BVerfG, Beschl. v. 22.5.2001 – 1 BvR 1512/97 –, BVerfGE 104, 1.
[658] BVerfG, Beschl. v. 22.5.2001 – 1 BvR 1512/97 –, BVerfGE 104, 1 (10); in diesem Sinne bereits BVerfG, Urt. v. 23.11.1999 – 1 BvF 1/94 –, BVerfGE 101, 239 (259).
[659] Papier, in: Maunz/Dürig, Bd. II, Art. 14 Rn. 355.
[660] BVerfG, Beschl. v. 12.11.1974 – 1 BvR 32/68 –, BVerfGE 38, 175 (179).
[661] BVerfG Beschl. v. 15.7.1981 – 1 BvL 77/78 –, BVerfGE 58, 300 (330); BVerfG, Beschl. v. 12.3.1986 – 1 BvL 81/79 –, BVerfGE 72, 66 (76).
[662] Wieland, in: Dreier, Bd. I, Art. 14 Rn. 78; Pieroth/Schlink, S. 256 Rn. 995.

in den Landesplanungsgesetzen häufig nicht geklärt ist, die jedoch, soweit sie Ziele der Raumordnung enthalten, in materiell-rechtlicher Hinsicht als Rechtsvorschriften zu qualifizieren sind[663]. Das novellierte Bayerische Landesplanungsgesetz sieht in Art. 19 Abs. 1 Satz 2 nun ausdrücklich vor, dass der Regionalplan eine Rechtsverordnung ist. Regionalpläne sind demnach Gesetze, durch die Inhalt und Schranken des Eigentums bestimmt werden können.

Im Rahmen dieser Festlegung hat der Gesetzgeber die grundsätzliche Anerkennung des Privateigentums in Art. 14 Abs. 1 GG einerseits und die Sozialbindung des Art. 14 Abs. 2 GG unter Berücksichtigung des Grundsatzes der Verhältnismäßigkeit, des Vertrauensschutzprinzips, des Gleichheitssatzes und des Wesensgehalts des Eigentums (Art. 19 Abs. 2 GG) andererseits zu beachten[664]. Insbesondere muss der Gesetzgeber die Eigenart des vermögenswerten Rechts beachten, wodurch solche Inhalts- und Schrankenbestimmungen gerechtfertigt werden, die um der Sozialbindung willen notwendig sind[665]. Die Verpflichtung aus Art. 14 Abs. 2 GG, eine am Gemeinwohl orientierte Eigentumsordnung zu schaffen, bedeutet insbesondere, dass durch das öffentliche Baurecht, in erster Linie durch das Recht der Bauleitplanung, der Situationsgebundenheit des Grundeigentums Rechnung zu tragen ist[666].

In diesem Zusammenhang entwickelte der BGH die Lehre von der Situationsgebundenheit des Eigentums, die hinsichtlich der Beurteilung der Zulässigkeit entschädigungsloser Verbote darauf abstellt, ob ein vernünftiger und einsichtiger Eigentümer von sich aus mit Rücksicht auf die natürliche Situation die verbotene Nutzung überhaupt ins Auge fassen würde[667]. In ähnlicher Weise entschied das BVerfG: „Die Tatsache, dass der Grund und Boden unvermehrbar und unentbehrlich ist, verbietet es, seine Nutzung dem unübersehbaren Spiel der freien Kräfte und dem Belieben des Einzelnen vollständig zu überlassen; eine gerechte Rechts- und Gesellschaftsordnung zwingt vielmehr dazu, die Interessen der Allgemeinheit beim Boden in weit stärkerem Maße zur Geltung zu bringen als bei anderen Vermögensgütern“[668]. Die Rechtsprechung von BVerwG und BGH stimmt darauf aufbauend überein, dass Regelungen, welche die Nutzung von Grundstücken aus Gründen des Natur- und Landschaftsschutzes beschränken,

---

[663] Vgl. dazu ausführlich Kapitel 7, S. 250 ff.

[664] Papier, in: Maunz/Dürig, Bd. 2, Art. 14 Rn. 308 ff.; Just, in: Hoppe/Bönker/Grotefels, S. 65 Rn. 71; Maurer, S. 727 Rn. 57 ff.; Papier, DVBl. 2000, 1398 (1401).

[665] Pieroth/Schlink, S. 256 Rn. 995.

[666] Battis, S. 66 f.; Finkelnburg/Ortloff, Bd. 1, S. 21 ff.; Just, in: Hoppe/Bönker/Grotefels, S. 64 Rn. 69; Leisner, Die Situationsgebundenheit des Eigentums, passim; Weyreuther, passim; Schönfeld, BayVBl. 1996, 673 (674f.).

[667] BGH, Urt. v. 20.12.1956 – III ZR 82/55 –, BGHZ 23, 30 (35); BGH, Urt. v. 5.3.1981 – III ZR 9/80 –, BGHZ 80, 111 (116); BGH, Urt. v. 26.1.1984 – III ZR 179/82 –, BGHZ 90, 4 (15).

[668] BVerfG, Beschl. v. 12.1.1967 – 1 BvR 169/63 –, BVerfGE 21, 73 (82 f.); BVerfG, Beschl. v. 12.6.1979 – 1 BvL 19/76 –, BVerfGE 52, 1 (32 f.).

grundsätzlich keine Enteignungen i.S.d. Art. 14 Abs. 3 GG, sondern Bestimmungen von Inhalt und Schranken des Eigentums i.S.d. Art. 14 Abs. 1 Satz 2 GG darstellen[669].

Das gleiche gilt nach einem jüngeren Urteil des BVerwG auch für die Festsetzung eines Überschwemmungsgebiets nach § 32 WHG a.F.[670]. Das Gericht stellte fest, dass es mit dem Eigentumsbegriff vereinbar sei, bebaute oder nach Bauplanungsrecht bebaubare Grundstücke in ein Überschwemmungsgebiet einzubeziehen und stützte seine Entscheidung vor allem darauf, dass der Hochwasserschutz eine Gemeinwohlaufgabe von hohem Rang sei, die das grundsätzliche Bauverbot im Überschwemmungsgebiet rechtfertige. Die Bebauung derartiger Gebiete erhöhe die Gefahr einer Ausweitung des Hochwassers, indem sie die bisher vorhandenen Rückhalteflächen verringere und zugleich eine eventuell vorhandene Bebauung der Gefahr einer Beeinträchtigung durch Hochwasser aussetze. Das Bauverbot knüpfe deshalb insbesondere an die natürliche Lage des Grundstücks, dessen Situationsgebundenheit, an[671]. Auch der Gesetzgeber hält die Festsetzung förmlicher Überschwemmungsgebiete nicht nur im Außenbereich, sondern auch im beplanten und unbeplanten Innenbereich für zulässig (vgl. § 31 b Abs. 4 Satz 2 WHG n.F.). Damit setzte er sich gegen die im Gesetzgebungsverfahren geäußerten Bedenken verschiedener Ausschüsse durch, welche die flächendeckende Festsetzung von Überschwemmungsgebieten vor dem Hintergrund der planungsrechtlichen Zulässigkeit von Vorhaben im Bereich der §§ 30 und 34 BauGB sowie der kommunalen Planungshoheit auf den Außenbereich beschränken wollten[672].

In einem Urteil des VGH Mannheim, dem eine behördliche Anordnung zugrunde lag, in einem Überschwemmungsgebiet liegende Grundstücke, die bisher als Ackerflächen benutzt wurden, in Dauergrünland umzuwandeln, entschied das Gericht, dass es sich dabei um eine Bestimmung von Inhalt- und Schranken des Eigentums gemäß Art. 14 Abs. 1 Satz 2 GG handelt und führte dazu aus, „dass

---

669 BVerwG, DVBl. 1993, 1141 (1143); BVerwGE 84, 361 (370 f.); BGHZ 90, 17 (24 f.), jeweils m.w.N.

670 BVerwG, Urt. v. 22.7.2004 – 7 CN 1.04 –, NVwZ 2004, 1507 ff.; ähnlich VGH Mannheim, Urt. v. 20.04.1994 – 8 S 2449/93, NVwZ-RR 1995, 191 (191 f.) im Hinblick auf Regelungen, die die Nutzung von Grundstücken aus Gründen des Überschwemmungsschutzes beschränken; im Ergebnis ebenso Knopp, in: Sieder/Zeitler/Dahme, § 32 Rn. 25 und 37a, 37b.

671 Nach Knopp, in: Sieder/Zeitler/Dahme, § 32 Rn. 41 stellen nicht nur situationsbedingte Nutzungsbeschränkungen, sondern sogar der Entzug konkreter Rechtspositionen durch Regelungen in Überschwemmungsgebietsverordnungen keine Enteignung i.S.d. Art. 14 Abs. 3 GG, sondern Bestimmungen von Inhalt und Schranken des Eigentums nach Art. 14 Abs. 1 Satz 2 GG dar.

672 Empfehlungen der Ausschüsse zum Gesetz zur Verbesserung des vorbeugenden Hochwasserschutzes v. 14.09.2004, BR-DS 645/1/04, S. 6 f.

jedes Grundstück durch seine Lage und Beschaffenheit sowie die Einbettung in seine Umgebung, also durch seine jeweilige Situation, geprägt wird"[673].

(2) Übertragung der Rechtsprechung zu den förmlich festgesetzten Überschwemmungsgebieten nach § 32 WHG a.F. auf Vorranggebiete für den Hochwasserschutz

Die Vorrangausweisungen für den Hochwasserschutz lassen eine vergleichbare Ausgangs- und Interessenlage insbesondere zu der förmlichen Festsetzung von Überschwemmungsgebieten nach den wasserrechtlichen Bestimmungen erkennen. Trotzdem ist die Rechtsprechung des BVerwG auf Vorranggebietsausweisungen nicht ohne Weiteres übertragbar.

So dürfen Überschwemmungsgebiete nach dem Wasserhaushaltsgesetz nur dann festgesetzt werden, soweit sie für einen wirksamen Hochwasserschutz erforderlich sind (§ 31 b Abs. 2 Satz 6 WHG n.F.). Die Frage nach der Erforderlichkeit wird unter anderem anhand der Zugrundelegung eines bestimmten Wiederkehrintervalls[674] und der Berücksichtigung vorhandener technischer Schutzanlagen beantwortet. Das festgesetzte Gebiet muss im Rahmen eines solchen Hochwasserereignisses tatsächlich überschwemmt werden. Nun sollen Vorranggebiete für Hochwasser nach der hier vertretenen Ansicht zum einen Flächen sichern, die bereits wasserrechtlich als Überschwemmungsgebiete festgesetzt sind. Insoweit werden durch die Vorrangausweisung Inhalt und Schranken des Eigentums bestimmt, so dass eine Enteignung nach Art. 14 Abs. 3 GG nicht vorliegt. Auch solange es sich dabei um Flächen handelt, die gemäß § 31b Abs. 2 WHG n.F. erst noch als Überschwemmungsflächen festzusetzen sind, ist in der Vorrangausweisung ebenfalls eine Inhalts- und Schrankenbestimmung zu sehen. Zum anderen sollen aber auch Flächen gesichert werden, die über die förmlichen Überschwemmungsgebiete hinausgehen, um beispielsweise ehemalige Retentionsflächen zurückzugewinnen bzw. zusätzliche Retentionsflächen zu schaffen. Nach der Novellierung des Wasserhaushaltsgesetzes handelt es sich um solche Flächen, in denen entgegen § 31b Abs. 2 Satz 1 WHG n.F. bei Hochwasser nur geringfügige Schäden entstanden oder zu erwarten sind. Dafür kommen Gebiete in Betracht, die von Hochwasser in der Regel nur dann betroffen sind, wenn Hochwasserschutzanlagen versagen oder wenn das Wiederkehrintervall dasjenige, welches den wasserrechtlichen Überschwemmungsgebieten zugrunde gelegt wurde, überschritten wird (vgl. § 31c Abs. 1 Satz 1 WHG n.F.), eine förmliche Festsetzung also gerade nicht erforderlich wäre. Erstrecken sich Vorranggebiete für den Hochwasserschutz auf solche Bereiche und handelt es sich um bebauba-

[673] VGH Mannheim, Urt. v. 20.04.1994 – 8 S 2449/93, NVwZ-RR 1995, 191.

[674] Den Überschwemmungsgebiete nach § 31b Abs. 2 Satz 2 WHG n.F. wird ein Bemessungshochwasser von HQ 100 zugrunde gelegt.

re Flächen, so könnte die mit der Vorrangsausweisung verbundene Nutzungseinschränkung die Eigentümerinteressen unverhältnismäßig beeinträchtigen.

Allerdings lag der genannten Entscheidung des BVerwG § 32 WHG a.F. zugrunde, der nicht auf den Grad des zu erwartenden Schadens abstellte. Dementsprechend ist auch die Ausweisung der Vorranggebiete für den Hochwasserschutz nicht unmittelbar an eine derartige Voraussetzung gebunden. Gleichwohl hängt die Zulässigkeit der Einbeziehung bebaubarer Gebiete in Vorranggebiete für den Hochwasserschutz von deren Hochwassergefährdung und damit dem zugrunde gelegten Bemessungshochwasser ab. Aufgrund der Situationsgebundenheit eines Grundstücks ist dem jeweiligen Eigentümer die Ausweisung eines Vorranggebiets für den Hochwasserschutz umso eher zumutbar, je häufiger und stärker ein bebaubares oder bebautes Grundstück von Überschwemmungen betroffen ist. Zu beachten ist jedoch, dass die Frage der Verhältnismäßigkeit im Rahmen einer Inhalts- und Schrankenbestimmung nur hinsichtlich der Frage, ob ein Ausgleich vorzunehmen ist oder nicht, letztlich für die Verfassungsmäßigkeit der Regelung eine Rolle spielt[675], den Charakter als Inhalts- und Schrankenbestimmung aber nicht beeinflusst[676]. Eine unverhältnismäßige Belastung der Grundstückseigentümer kann beispielsweise durch Übergangsregelungen, Ausnahme- und Befreiungsvorschriften sowie den Einsatz sonstiger administrativer und technischer Vorschriften vermieden werden[677]. Allerdings werden Beschränkungen in Überschwemmungsgebieten im Hinblick auf die Situationsgebundenheit grundsätzlich nicht als ausgleichspflichtig angesehen[678]. Werden die raumordnerischen Festlegungen zum Hochwasserschutz von den Gemeinden im Rahmen der Anpassungspflicht nach § 1 Abs. 4 BauGB vollzogen, und wird dabei die Zumutbarkeitsschwelle im Einzelfall doch überschritten, greift also die Festsetzung eines Bebauungsplans über das nach Art. 14 Abs. 1 GG zulässige Maß schwer und unerträglich in privates Eigentum ein, müssen dem betroffenen Grundstückseigentümer aus Gründen der Verhältnismäßigkeit Ausgleichs- und Entschädigungsansprüche eingeräumt werden. Hierfür kommt das Planungs-

---

675 BVerfG, Beschl. v. 14.7.1981 – 1 BvL 24/78 –, BVerfGE 58, 137 (145); BVerfG, Beschl. v. 30.11.1988 – 1 BvR 1301/84 –, BVerfGE 79, 174 (192); BVerfG, Beschl. v. 2.3.1999 – 1 BvL 7/91 –, BVerfGE 100, 226 (240); BVerfG, Beschl. v. 16.2.2000 – 1 BvR 242/91, 315/99 –, DVBl. 2000, 1275 (1276); Battis, in: Battis/Krautzberger/Löhr, Vorb. §§ 85 bis 122 Rn. 4; Just, in: Hoppe/Bönker/Grotefels, S.65 Rn. 72; Papier, DVBl. 2000, 1399 (1401 ff.).

676 Papier, in: Maunz/Dürig, Bd. II, Art. 14 Rn. 328; ders., DVBl. 2000, 1398 (1399); Just, in: Hoppe/Bönker/Grotefels, S. 65 Rn. 72; Manssen, Staatsrecht II – Grundrechte, S. 191 Rn. 744; Hendler, DVBl. 2001, 1233 (1236).

677 Knopp, in: Sieder/Zeitler/Dahme/Knopp, § 32 Rn. 42.

678 VGH Bad.-Württ., Urteil vom 20.4.1994 – 8 S 2449/93s –, ESVGH 44, 247; Knopp, in: Sieder/Zeitler/Dahme/Knopp, § 32 Rn. 42.

schadensrecht mit den §§ 39 ff. BauGB in Frage, das sich in die dargestellte Regelungsstruktur einfügt[679].

Im Unterschied zu der Ausweisung von Vorranggebieten für den Hochwasserschutz stellt die Festsetzung wasserrechtlicher Überschwemmungsgebiete eine rechtlich gebundene Entscheidung ohne planerische Entscheidungsfreiheit dar[680]. Aus diesem Grund muss ein Gebiet, das die Merkmale des § 31b Abs. 2 Satz 3 WHG n.F. erfüllt und zudem zur Erreichung der in § 31b Abs. 2 Satz 6 WHG n.F. genannten Zwecke erforderlich ist, als Überschwemmungsgebiet festgesetzt werden. Im Gegensatz dazu handelt es sich bei der Ausweisung eines Vorranggebietes für Hochwasserschutz – jedenfalls bezüglich der räumlichen Grenzen[681] – um eine Ermessensentscheidung des zuständigen Trägers der Regionalplanung. Des Weiteren ermöglichen die Landeswassergesetze bislang Ausnahmen vom Verbot einer künftigen Bebauung. Die Festsetzung nach § 32 WHG a.F. schließt daher nicht jegliche Nutzung des Grundstücks von vornherein aus. Auch § 31b Abs. 4 WHG n.F. sieht Ausnahmen vom grundsätzlichen Verbot der Ausweisung neuer Baugebiete vor, wobei diesbezügliche landesgesetzliche Regelungen erst geschaffen werden müssen. Diese Ausnahmeregelung spricht aber nicht gegen eine Vorrangausweisung, denn auch die Regionalpläne können Ausnahmeregelungen, bei denen es sich allerdings um Ziele der Raumordnung handeln muss[682], zulassen. Hierbei ist zu beachten, dass von der Formulierung von Soll-Vorschriften abgesehen wird, da diese lediglich Grundsätze der Raumordung darstellen und somit von nachgeordneten Planungsträgern überwunden werden können. Zudem sorgt die ausdrückliche Aufnahme konkreter Ausnahmetatbestände für mehr Rechtssicherheit.

Hinsichtlich der Situationsgebundenheit der betroffenen Grundstücke ist auszuführen, dass diese sowohl bei Überschwemmungsgebieten i.S.d. Wasserrechts als auch bei Vorranggebieten für den Hochwasserschutz – in Abhängigkeit von dem jeweils zugrunde gelegten Bemessungshochwasser – durch eine mitunter permanente Gefährdungssituation gekennzeichnet ist[683]. Auch sich allmählich ändernde Einflüsse auf die Hochwassersituation, wie die zunehmende Versiegelung der Landschaft, globale klimatische Veränderungen oder ähnliche Entwicklungen, ändern an der Situationsbezogenheit eines Grundstücks, das in einem Überschwemmungsbereich liegt, nichts[684]. Ebenso wenig stellt die Tatsache, dass die zuständigen Behörden erst langsam die Gefährdungspotentiale auflis-

---

679 Just, in: Hoppe/Bönker/Grotefels, S. 65 Rn. 72; Schieferdecker, in: Hoppe/Bönker/Grotefels, S. 412 Rn. 3.

680 OVG Koblenz, Urt. v. 30.10.2003 – 1 C 10100/03 –,UPR 2004, 194 ff.

681 Das Bayerische Landesentwicklungsprogramm 2003 beispielsweise, verpflichtet die Regionalplanung zur Ausweisung von Vorranggebieten für den Hochwasserschutz.

682 Vgl. dazu Kapitel 3, S. 62.

683 Vgl. VGH Mannheim, Urt. v. 20.04.1994 – 8 S 2449/93, NVwZ-RR 1995, 191 (193).

684 VGH Mannheim, Urt. v. 20.04.1994 – 8 S 2449/93, NVwZ-RR 1995, 191 (193).

ten, entsprechende Überschwemmungsverordnungen erarbeiten etc., in Frage, dass einem Grundstückseigentümer von vornherein bewusst sein muss, in welcher besonderen geografischen Situation sich sein Grundstück befindet[685].
Aus den angeführten Gründen ergibt sich, dass die Entscheidung des BVerwG zur Einbeziehung von nach Baurecht bebaubaren Grundstücken in förmliche wasserrechtliche Überschwemmungsgebiete vom Grundgedanken her auf die Vorranggebietsausweisungen übertragbar ist. Durch diese wird also kein vermögenswertes Recht i.S.d. Art. 14 Abs. 1 GG entzogen, sondern lediglich der Inhalt des Eigentums nach Art. 14 Abs. 1 Satz 2 GG bestimmt. Die Einordnung als Inhaltsbestimmung wird durch die Auffassung unterstützt, die Beschränkung oder der Entzug planungsrechtlicher Nutzungsmöglichkeiten durch einen Bebauungsplan sei eine (ggf. ausgleichspflichtige) Inhaltsbestimmung des Eigentums[686], denn ein Bebauungsplan könne zwar möglicherweise eine Enteignung vorbereiten, stelle jedoch selbst keine Enteignung dar[687], weil die getroffenen Festsetzungen nicht auf die vollständige oder teilweise Entziehung konkreter subjektiver Rechtspositionen abzielen[688]. Das gleiche muss für den durch Bebauungsplan umzusetzenden Raumordnungsplan bzw. dessen Festlegungen gelten, da ein Rahmenplan auf einer höheren planerischen Ebene anzusiedeln ist und des Vollzugs durch die Planadressaten, beim Regionalplan z.B. durch die Bauleitplanung, bedarf.

(3) Zulässigkeit der Inhalts- und Schrankenbestimmung

Gerade die Situationsgebundenheit der in Überschwemmungsbereichen gelegenen Grundstücke führt dazu, dass die Ausweisung von Vorranggebieten für den Hochwasserschutz grundsätzlich als zulässige Inhalts- und Schrankenbestimmung nach Art. 14 Abs. 1 Satz 2 GG eingestuft werden kann. Gleichwohl ist die Dispositionsfreiheit des Gesetzgeber auch bei der Bestimmung von Inhalt und Schranken des Eigentums nicht schrankenlos. Er hat vielmehr die grundgesetzliche Anerkennung der Privatnützigkeit nach Art. 14 Abs. 1 GG sowie die Sozialpflichtigkeit nach Art. 14 Abs. 2 GG zu beachten. Dies geschieht in der Weise, dass ein gerechter Ausgleich zwischen den konkurrierenden privaten und öffentlichen Belangen hergestellt wird[689].
Neben der Institutsgarantie ist dabei die von Art. 14 Abs. 1 Satz 1 GG umfasste

---

685 VGH Mannheim, Urt. v. 20.04.1994 – 8 S 2449/93, NVwZ-RR 1995, 191 (193).
686 BVerfG, Beschl. v. 22.9.1999 – 1 BvR 565/91 -, NVwZ 1999, 979 f.; Battis, in: Battis/Krautzberger/Löhr, Vorb. § 39 bis 44 Rn. 5; Bielenberg/Runkel, in: Ernst/Zinkahn/Bielenberg, Vorb. §§ 39 bis 44 Rn. 49; Manssen, Öffentliches Baurecht, in: Becker/Heckmann/Kempen/Manssen, S. 404 Rn. 53; Papier, in: FS Hoppe, S. 213 (214); Schieferdecker, in: Hoppe/Bönker/Grotefels, S. 411 Rn. 2.
687 Manssen, Öffentliches Baurecht, in: Becker/Heckmann/Kempen/Manssen, , S. 405 Rn. 55.
688 Schieferdecker, in: Hoppe/Bönker/Grotefels, S. 412 Rn. 2.
689 Manssen, Staatsrecht II – Grundrechte, S. 193 Rn. 755.

Bestandsgarantie zu beachten. Sie schützt das konkrete Eigentum in der Hand des Einzelnen und vermittelt ihm ein subjektives Recht gegen Beeinträchtigung seiner vermögensrechtlichen Stellung[690]. Durch die Ausweisung von Vorranggebieten für den Hochwasserschutz wird in erster Linie die Freihaltung von Flächen zum Erhalt oder zur Verbesserung der Retention bezweckt. Es geht daher vornehmlich um die Verhinderung künftiger Bebauung. In den vorhandenen Bestand baulicher Anlagen soll in der Regel nicht eingegriffen werden[691]. Allerdings schließt das zum Eigentumsbegriff gehörende Merkmal der Privatnützigkeit die Befugnis ein, das Eigentum zum privaten Vorteil zu nutzen, wozu auch die spätere bauliche Nutzung eines Grundstücks gehört. Gleichwohl verliert ein Grundstück, das im Bereich eines Vorranggebiets für den Hochwasserschutz gelegen ist, nicht zwingend jegliche Nutzbarkeit. Dem Eigentümer verbleiben in der Regel andere private Nutzungsarten als eine Bebauung. Je nach den konkreten Umständen des Einzelfalles können Verwendungen, z.B. im Bereich der Grünlandbewirtschaftung oder im Bereich Freizeit und Erholung, zulässig sein[692]. Diese Verweisung auf andere, dem Hochwasserschutz angepasste Nutzungen entspricht zudem der Auffassung, dass das Eigentumsrecht des Art. 14 Abs. 1 GG nicht die einträglichste Eigentumsnutzung garantiert[693]. Hinzu kommt die Möglichkeit, im Regionalplan eine dem § 31b Abs. 4 Satz 4 WHG n.F. ähnliche Regelung aufzunehmen, um Ausnahmen von dem Verbot der Errichtung baulicher Anlagen zuzulassen.
Seit der Pflichtexemplar-Entscheidung des BVerfG[694] steht fest, dass der Gesetzgeber bei der Bestimmung von Inhalt und Schranken des Eigentums i.S. von Art. 14 Abs. 1 Satz 2 GG an den Grundsatz der Verhältnismäßigkeit und den Gleichheitssatz gebunden ist. Die Zulässigkeit einer Inhalts- und Schrankenbestimmung kann insbesondere von der Gewährung einer Ausgleichsleistung abhängig sein, wenn die Anwendung des Gesetzes ausnahmsweise zu einer unzumutbaren Belastung des Eigentümers führt, diesem also ein gleichheitswidriges Sonderopfer auferlegt[695]. Diese kann in Form einer Geldleistung, einer Entschädigung oder eines Anspruchs auf Übernahme des Eigentumsobjekts bestehen. Allerdings gilt es zu beachten, dass Ausgleichsregelungen, die den Grundsatz der Verhältnismäßigkeit in besonderen Härtefällen wahren sollen, dann unzureichend sind, wenn sie dem Betroffenen lediglich eine Entschädigung anbieten[696].

[690] Hendler, DVBl. 2001, 1233 (1238).
[691] Vgl. zum Bestandsschutz im Einzelnen die Ausführungen in diesem Kapitel, S. 177 ff.
[692] In diesem Sinne auch IKSR, Hochwasservorsorge. Maßnahmen und ihre Wirksamkeit, S. 19.
[693] BVerfG, Beschl. v. 2.3.1999 – 1 BvL 7/91 –, BVerfGE 100, 226 (242 f.); BVerwG, Urt. v. 13.3.2003 – 4 C 4/02 –, NVwZ 2003, 738 (741); OVG Lüneburg, Urt. v. 28.10.2004 – 1 KN 155/03 –, NVwZ-RR 2005, 162 (166).
[694] BVerfG, Beschl. v. 15.7.1981 – 1 BvL 77/78 –, BVerfGE 58, 137 ff.
[695] BVerfG , Beschl. v. 2.3.1999 – 1 BvL 7/91 –, BVerfGE 100, 226 (244).
[696] BVerfG , Beschl. v. 2.3.1999 – 1 BvL 7/91 –, BVerfGE 100, 226 (245).

Vielmehr verlangt die Bestandsgarantie des Art. 14 Abs. 1 Satz 1 GG, in erster Linie solche Vorkehrungen zu treffen, durch die eine unverhältnismäßige Belastung des Betroffenen real vermieden und somit die Privatnützigkeit des Eigentums weitestgehend erhalten bleibt[697]. Demnach kommt ein finanzieller Ausgleich nur dann in Frage, wenn Übergangsregelungen, Ausnahme- und Befreiungsvorschriften sowie der Einsatz sonstiger administrativer und technischer Vorkehrungen nicht oder nur mit unverhältnismäßig hohem Aufwand möglich sind.

Nach mittlerweile herrschender Meinung muss ein Eigentümer eine sich nach Lage der Dinge objektiv anbietende oder aufdrängende Nutzungsmöglichkeit seines Grundstücks daher nicht kompensationslos hinnehmen[698]. Raumordnungsziele mit Bindungswirkung gegenüber Privaten dürfen somit, wenn Ausgleichsvorschriften für raumordnerische Eingriffe in das Privateigentum gesetzlich nicht verankert sind, nicht aufgestellt werden, sobald sie die Privatnützigkeit eines Grundstücks völlig aufheben oder ohne Übergangsregelung eine rechtmäßig ausgeübte Nutzung des Grundstücks ausschließen bzw. eine sich nach Lage der Dinge objektiv anbietende oder aufdrängende Nutzungsmöglichkeit desselben beseitigen[699]. Will ein Privater eine derartige Nutzungsmöglichkeit verwirklichen, wird ihm jedoch die dafür erforderliche Genehmigung aufgrund eines entgegenstehenden Ziels der Raumordnung verwehrt, so steht ihm aus verfassungsrechtlicher Sicht grundsätzlich ein Ausgleichsanspruch zu[700]. Dieser sei – solange es sich nicht um die Anpassung rechtsverbindlicher Bebauungspläne an die Ziele der Raumordnung handelt[701] – einfachgesetzlich nicht vorgesehen, weshalb sich die Frage nach der Wirksamkeit einer solchen raumordnerischen Zielfestlegung stelle[702]. Grundsätzlich wäre in diesen Fällen von deren Unwirksamkeit auszugehen. Hierzu ist zu bemerken, dass auch dann, wenn es nicht um die Anpassung (bestehender) rechtsverbindlicher Bebauungspläne geht, Entschädigungspflichten ausgelöst werden können. Zum einen knüpft § 42 BauGB ganz allgemein an die Aufhebung oder Änderung einer zulässigen Nutzung

---

[697] BVerfG , Beschl. v. 2.3.1999 – 1 BvL 7/91 –, BVerfGE 100, 226 (245).

[698] BVerwG, Beschl. v. 17.1.2000 – 6 BN 2/99 –, NuR 2000, 267; BVerwG, Beschl. v. 30.9.1996 – 4 NB 31 und 32/96 –, NVwZ 1997, 887 (890); BVerwG, Urt. v. 24.6.1993 – C 26/92 –, DVBl. 1993, 1141 (1144 f.); BGH, Urt. v. 15.2.1996 – III ZR 49/95 –, DVBl. 1996, 671 (673 f.); BGH, Urt. v. 7.7.1994 – III ZR 5/93 –, DVBl. 1995, 104 (105 f.).

[699] Bartlsperger, in: ARL, Zur Novellierung des Landesplanungsrechts aus Anlass des Raumordnungsgesetzes 1998, S. 119 (146 f.); Hendler, DVBl. 2001, 1233 (1239).

[700] Hendler, DVBl. 2001, 1233 (1239).

[701] Vgl. hierzu Art. 30 Abs. 2 BayLPlG, der auf die Entschädigungspflichten nach §§ 39 ff. BauGB verweist und damit eine gesetzliche Anordnung der Entschädigung darstellt, wie sie vom BVerfG beispielsweise im Beschl. v. 2.3.1999 – 1 BvL 7/91 –, BVerfGE 100, 226 (245) gefordert wird.

[702] Hendler, DVBl. 2001, 1233 (1239).

an[703], ohne dass es eines bestehenden Bebauungsplans bedarf. Zum anderen können die Ziele der Raumordnung eine Erstplanungspflicht der Gemeinden auslösen. Die Anpassungspflicht des § 1 Abs. 4 BauGB setzt also keinen rechtsverbindlichen Bebauungsplan voraus.

Festzuhalten bleibt, dass die Festlegungen eines Raumordnungsplans in der Regel der Umsetzung auf einer nachgeordneten Planungsebene bedürfen. Gerade im Verhältnis zu Personen des Privatrechts besteht eine oft nur mittelbare Bindungswirkung der Ziele der Raumordnung. Werden raumordnerische Zielfestlegungen im Rahmen des Anpassungsgebots nach § 1 Abs. 4 BauGB verwirklicht, so regelt das in den §§ 39 ff. BauGB normierte Planungsschadensrecht die im Falle der Unzumutbarkeit verfassungsrechtlich gebotenen, einfachgesetzlichen Anspruchsgrundlagen für eine Entschädigung. Werden die Ziele der Raumordnung nicht im Wege der Anpassungspflicht nach § 1 Abs. 4 BauGB umgesetzt und kommen die §§ 39 ff. BauGB nicht zur Anwendung, zeigt sich bei genauer Betrachtung, dass im Rahmen der Aufstellung eines Ziels der Raumordnung unterschiedliche Möglichkeiten bestehen, den Anforderungen des Art. 14 GG gleichwohl gerecht zu werden. Dabei handelt es sich in erster Linie um die Regelung von Ausnahmen von den Zielen der Raumordnung. Zum einen ist an die Formulierung von Soll-Zielen bzw. In-der-Regel-Zielen zu denken, von denen in atypischen Einzelfällen von einer verbreiteten Meinung abgewichen werden kann. Allerdings stellen derartige Regelungen nach der hier vertretenen Ansicht keine Ziele der Raumordnung i.S.d. § 3 Nr. 2 ROG dar[704]. Eine weitere Möglichkeit bildet die Aufnahme ausdrücklicher Ausnahmeregelungen in Raumordnungspläne, die dann zur Anwendung kommen, wenn eine Zielbefolgung zu einer unzulässigen Eigentumsbeschränkung führen würde. Des Weiteren ist auf § 35 Abs. 3 Satz 3 BauGB zu verweisen, durch dessen In-der-Regel-Formulierung Ausnahmen vom Ausschluss bestimmter Nutzungen gemacht werden können. Auch mit Hilfe des Zielabweichungsverfahrens nach § 12 ROG kann den Anforderungen des Art. 14 GG Rechnung getragen werden. Die bundesgesetzliche Regelung schließt ein Antragsrecht Privater zwar nicht aus, allerdings sehen die Landesplanungsgesetze ein solches für Personen des Privatrechts i.S.d. § 4 Abs. 3 ROG hinaus nicht vor (vgl. z.B. Art. 29 Abs. 2 BayLPlG). Schließlich ist an eine verfassungskonforme Auslegung eines Ziels der Raumordnung dahingehend zu denken, dass dieses keine ausgleichspflichtigen Nutzungsbeschränkungen erfasst[705]. Nur dann, wenn keine der dargestellten Möglichkeiten zum Erfolg führt, sind solche Ziele der Raumordnung, die unter dem Gesichtspunkt des verfassungsrechtlichen Eigentumsschutzes eine Ausgleichsleistung

[703] BVerwG, Urt. v. 27.1.2005 – 4 C 5/04 –, NVwZ 2005, 578 (579); Bielenberg/Runkel, in: Ernst/Zinkahn/Bielenberg, Bd. 2, § 42 Rn. 27 ff.; Schieferdecker, in: Hoppe/Bönker/Grotefels, S. 420 Rn. 22.

[704] Vgl. dazu Kapitel 3, S. 71 f.

[705] Hendler, DVBl. 2001, 1233 (1240).

erfordern, die einfachgesetzlich aber nicht gewährt wird, unwirksam. Dies wird jedoch kaum der Fall sein.

c) Schwierigkeiten bei der zeichnerischen Darstellung in Regionalplänen

Der unter anderem auch in bayerischen Regionalplänen für Texturkarten verwendete Maßstab von 1:100.000 führt zu Schwierigkeiten bei der Bestimmung der räumlichen Ausdehnung von Vorranggebieten. Dabei kann insbesondere der Einsatz von offenen Schraffuren die Beantwortung der Frage unmöglich machen, ob ein Vorranggebiet sich (noch) auf bestimmte bebaute bzw. bebaubare Bereiche einer Gemeinde erstreckt. Abbildung (4) soll dies verdeutlichen.

Die Unschärfe der Gebietsausweisung steht zwar im Einklang mit dem Erfordernis einer weiteren Konkretisierbarkeit raumordnerischer Zielfestlegungen durch deren Adressaten, bietet den Kommunen als Trägern der Bauleitplanung aber zugleich die Möglichkeit, die zielinterne Konkretisierung in den Randbereichen der Gebietsfestlegungen in einer ihnen günstigen Weise durchzuführen. Das heißt: Wurde ein Vorranggebiet für den Hochwasserschutz zeichnerisch anhand einer offenen Schraffur dargestellt, welche Randbereiche eines Gebiets nach § 30 Abs. 1 oder § 34 Abs. 1 BauGB erfasst, ist es den Gemeinden möglich, ihre nach § 1 Abs. 4 BauGB anzupassenden Bebauungspläne so zu gestalten, dass die genannten Bereiche nicht von der Vorrangausweisung betroffen werden. Zugegebenermaßen wird es sich dabei aber um kleinere Gebiete handeln, deren Bedeutung für den Wasserrückhalt und Wasserabfluss eher gering sein dürfte. Hierauf soll im folgenden Abschnitt eingegangen werden.

d) Die wasserwirtschaftliche Bedeutung bebauter bzw. bebaubarer Flächen für den Hochwasserschutz

Neben den bisher dargestellten Problemen, die eine Ausweisung von Vorranggebieten für den Hochwasserschutz in bebaubaren Bereichen mit sich bringen kann, ist im Rahmen der raumordnerischen Abwägung (vgl. § 3 Nr. 2 ROG) auch zu berücksichtigen, ob das festzulegende Gebiet einen sinnvollen Beitrag zum Hochwasserschutz leisten kann. Eine Aussage hierüber kann nicht allgemein, sondern nur für jeden Einzelfall gesondert getroffen werden, wobei jeweils vom Schutzziel der Freihaltung von Bebauung, das heißt dem Rückhalt des Wassers sowie dem natürlichen Wasserabfluss, auszugehen ist.

Abbildung 4: Zeichnerische Darstellung von Vorranggebieten für den vorbeugenden Hochwasserschutz anhand offener Schraffuren (vergrößerter Ausschnitt)

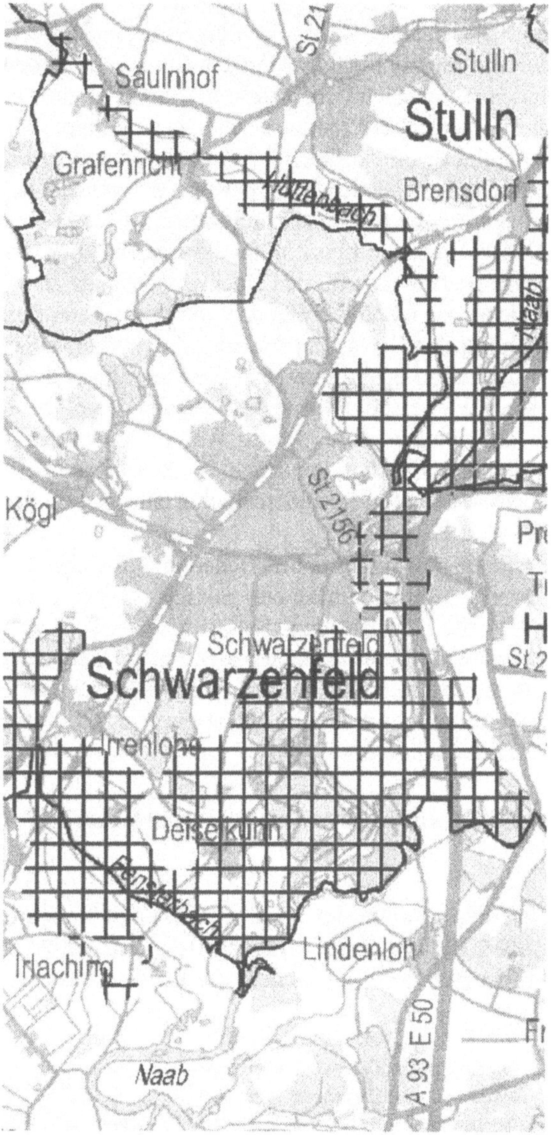

Quelle: Blatt 5 der Texturkarte zu Karte 2 „Siedlung und Versorgung" der 13. Änderung des Regionalplans Region Oberpfalz-Nord (6) vom 06.09.2006 (© Landesamt für Vermessung und Geoinformation Bayern, Nr. 5212/06).

Die Ausführungen zur Entstehung von Hochwasser und den entsprechenden Handlungsmöglichkeiten[706] haben für die hier zu untersuchende Problematik folgendes gezeigt: Durch die Bebauung eines Gebiets wird der direkte Oberflächenabfluss deutlich verstärkt, wobei der Flächenversiegelung hauptsächlich in kleinen Gebieten mit räumlich eng begrenzten Starkregen Bedeutung zukommt. Die dort stattfindende intensive Urbanisierung kann zu einer Verdreifachung der Höhe und einer Halbierung der Laufzeit des Scheitels führen[707]. Sie kann damit das Schadenspotential in diesen Bereichen erheblich erhöhen. In großen Flussgebieten mit weiträumiger Überregnung geringerer Intensität spielt der Einfluss der Flächenversiegelung auch bei nahezu gesättigten Böden eine deutlich geringere Rolle[708]. Des Weiteren ist hinsichtlich der Einschätzung der Bedeutung bebauter bzw. bebaubarer Flächen für den Hochwasserschutz zu beachten, dass die außerörtliche Wiederherstellung größerer natürlicher Retentionsgebiete in der Regel eine Erhöhung der Gewässersohle und die Verlangsamung der Fließgeschwindigkeit mit sich bringen kann. Dem Gewässer muss deshalb zugestanden werden, dass sein Wasserstand insgesamt steigen kann, zumal Hochwasserschutz durch Wasserrückhalt dort, wo das Wasser zurück gehalten wird immer höhere Wasserstände als vorher verursacht[709]. Auf diese Weise kann sich die bisherige Hochwassersituation für innerörtliche, nahe der Fließgewässer gelegene Bereiche verändern.
Da die Wasserstände von erheblicher Bedeutung für den Hochwasserschutz sind, können bereits wenige Zentimeter ausschlaggebend dafür sein, ob ein Fließgewässer über die Ufer tritt bzw. Schutzdeiche überflutet werden[710]. Insofern scheidet zumindest in kleineren Gebieten mit intensiver Urbanisierung die Ausweisung von Vorranggebieten für den Hochwasserschutz nicht schon allein deswegen aus, weil damit zum Teil nur eine geringe Reduzierung der Wasserstände erreicht werden kann.

5. Vorranggebiete für den Hochwasserschutz in bayerischen Raumordnungsplänen

Das Landesentwicklungsprogramm Bayern 2003 enthält nunmehr erstmalig das Ziel, Gebiete außerhalb wasserrechtlich festgesetzter Überschwemmungsgebiete sowie geeignete (re)aktivierbare Flächen, die für den vorbeugenden Hochwas-

[706] Vgl dazu Kapitel 2, S. 20 ff., Kapitel 4, S. 89 ff.
[707] Mendel, H.-G./Fischer, P., in: Deutsch/Pörtge, S. 4.
[708] Mendel, H.-G./Fischer, P., in: Deutsch/Pörtge, S. 3.
[709] LAWA, Leitlinien für einen zukunftsweisenden Hochwasserschutz, S. 10.
[710] Patt, S. 5; nach Knopp, in: Sieder/Zeitler/Dahme/Knopp, § 32 Rn. 25 entfällt die Erforderlichkeit eines Überschwemmungsgebiets (i.S.v. § 32 Abs. 1 WHG a.F.) nicht allein deshalb, weil die Einbeziehung bestimmter Flächen nur zu einer im Millimeterbereich liegenden Verringerung des Hochwasserscheitels führt; ebenso Czychowski/Reinhardt, § 32 Rn. 22.

serschutz benötigt werden, als Vorranggebiete für den Hochwasserabfluss und -rückhalt (Vorranggebiete Hochwasser) in den Regionalplänen zu sichern[711]. In Ausführung dieses Auftrages werden die bayerischen Regionalpläne zur Zeit fortgeschrieben und die entsprechenden Vorranggebiete ausgewiesen. Dabei gehen die einzelnen Planungsverbände, insbesondere bezüglich der textlichen Festsetzungen, in unterschiedlicher Weise vor.

Bevor auf die Zielfestlegungen in verschiedenen bayerischen Regionalplänen bzw. Entwürfen zur Abänderung von Regionalplänen eingegangen wird, sollen einführend einige Besonderheiten der Landesplanung in Bayern dargestellt werden.

a) Besonderheiten der Landesplanung in Bayern

aa) Vorranggebiete für den Hochwasserschutz als zwingender Inhalt bayerischer Regionalpläne

Der Katalog des Art. 18 Abs. 2 BayLPlG zählt abschließend den Inhalt der bayerischen Regionalpläne auf. Nach dessen Nr. 3 kann ein Regionalplan regionsweit raumbedeutsame Festlegungen, unter anderem zur Freiraumsicherung, enthalten. In der Gesetzesbegründung heißt es, dass darunter auch solche Festlegungen fallen, „die in Teilaspekten mehreren Fachbereichen zuzuordnen sind“[712]. Hierzu sollen etwa die Festlegungen der Wasserwirtschaft gehören, wobei ausdrücklich Vorranggebiete für den Hochwasserschutz genannt werden[713]. Im Zusammenhang mit der Ausweisung von Vorranggebieten ist zu erwähnen, dass Art. 11 Abs. 2 Satz 2 BayLPlG den Einsatz dieses Instruments nur noch dann erlaubt, wenn dies im Landesentwicklungsprogramm ausdrücklich zugelassen ist. Für den Hochwasserschutz findet sich eine entsprechende Ermächtigung in Ziel B I 3.3.1.2 des LEP Bayern 2003.

bb) Verbot der Doppelabsicherung

Sowohl das Bayerische Landesplanungsgesetz als auch das Bayerische Landesentwicklungsprogramm sehen ein Verbot der doppelten Planung vor. Nach Art. 18 Abs. 2 Nr. 3 BayLPlG können die in dieser Vorschrift bezeichneten Festlegungen nur noch dann getroffen werden, wenn nicht die jeweiligen Belange fachrechtlich hinreichend gesichert sind.

---

711 Landesentwicklungsprogramm Bayern 2003, B I 3.3.1.2.

712 Begründung des Gesetzentwurfs zum Bayerischen Landesplanungsgesetz, LT-DS 15/1667, S. 20.

713 Begründung des Gesetzentwurfs zum Bayerischen Landesplanungsgesetz, LT-DS 15/1667, S. 20.

Das bedeutet für die Vorranggebiete für den Hochwasserschutz, dass diese lediglich außerhalb förmlich festgesetzter Überschwemmungsgebiete ausgewiesen werden dürfen, was auch im Landesentwicklungsprogramm in Ziel B I 3.3.1.2 klargestellt wird. Der Ausschluss von Doppelregelungen im Raumordnungsrecht soll sowohl der Vereinfachung und Beschleunigung der Verfahren als auch der Straffung der landesplanerischen Instrumente dienen[714].
In der Tat ist eine weitere Ausweisung der förmlich von der Wasserwirtschaft festgesetzten Überschwemmungsgebiete in Form von Vorranggebietsfestlegungen nicht unbedingt erforderlich, da eine Veränderung bzw. Verstärkung des betreffenden Schutzstatus der Gebiete nicht erreicht wird[715]. Gründe der Zweckmäßigkeit sprechen jedoch dafür, festgesetzte Überschwemmungsgebiete angesichts des Maßstabs der Regionalplanung als Vorranggebiete darzustellen[716].

cc) Soll-Vorschriften

Durch die Novellierung des Bayerischen Landesplanungsgesetzes wurde für die bayerische Planungspraxis die Frage nach dem Charakter von Soll-Formulierungen in Raumordnungsplänen beantwortet. In Art. 3 Abs. 2 Satz 2 BayLPlG ist nun ausdrücklich geregelt, dass textliche Ziele grundsätzlich als Soll-Vorschriften zu formulieren sind[717]. Das bedeutet: Nur in begründeten Einzelfällen können für die bayerischen Raumordnungspläne auch andere als Soll-Formulierungen für die Zielbefolgung verwendet werden[718]. Dadurch soll ein wichtiges Anliegen der bayerischen Landesplanung im Verhältnis zum Bundesrecht verdeutlicht werden: Bei der Anwendung der Ziele der Raumordnung soll erforderlichenfalls auch dem atypischen Einzelfall Rechnung getragen werden können[719]. Dass auf diese Weise das Instrument des Zielabweichungsverfahrens (§ 11 ROG, Art. 29 BayLPlG) unzulässigerweise umgangen wird und derartige raumordnerische Festlegungen aufgrund ihrer Überwindbarkeit durch die Zieladressaten lediglich Grundsätze der Raumordnung darstellen, wurde ausführlich in Kapitel 3 (S. 42 ff.) dargelegt. Zudem wird der ohnehin umstrittene Typus der

---

714 Begründung des Gesetzentwurfs zum Bayerischen Landesplanungsgesetz, LT-Drucksache 15/1667, S. 14.
715 So auch MKRO, Handlungsempfehlungen zum vorbeugenden Hochwasserschutz vom 14.6.2000, aaO, S. 109.
716 So auch MKRO, Handlungsempfehlungen zum vorbeugenden Hochwasserschutz vom 14.6.2000, aaO, S. 109.
717 Bereits vor der Verankerung im BayLPlG wurde in Bayern diese Ansicht für das damals geltende Planungsrecht vertreten: vgl. nur Goppel, BayVBl. 1998, 289 ff.; derselbe: BayVBl. 2002, 449 f.
718 Goppel/Schreiber, BayVBl. 2005, 353 (354).
719 Begründung des Gesetzentwurfs zum Bayerischen Landesplanungsgesetz, LT-DS 15/1667, S. 15 f.

Soll-Ziele nun landesgesetzlich zum Regelfall und Ziele mit stringenter Bindungswirkung zur Ausnahme erklärt, was dem Charakter des § 3 Nr. 2 ROG als unmittelbar geltendem Bundesrecht widerspricht[720]. Unverständlich erscheint, weshalb sich der bayerische Gesetzgeber gegen die in jüngster Zeit von BVerwG und BayVGH vertretene Ansicht entschieden hat, zumal auch im Schrifttum der Vorschlag unterbreitet wurde, Soll-Vorschriften in Raumordnungsplänen für Ziele der Raumordnung zu untersagen[721].
Es bleibt daher festzuhalten, dass eine wirksame Umsetzung des vorsorgenden Hochwasserschutzes durch die Verwendung von Soll-Vorschriften zumindest gefährdet wird.

dd) Vorbehaltsgebiete

Art. 11 Abs. 2 Satz 1 Nr. 2 BayLPlG sieht ausdrücklich Gebietsausweisungen in Form von Vorbehaltsgebieten im Sinne des § 7 Abs. 4 Satz 1 Nr. 2 ROG vor. Gleichzeitig wird deren Einsatz durch Satz 2 der Vorschrift nur insofern erlaubt, als die Ausweisung im Landesentwicklungsprogramm ausdrücklich zugelassen ist. Im LEP Bayern 2003 sind Vorbehaltsgebiete für den Hochwasserschutz jedoch nicht erwähnt, ihre Ausweisung in bayerischen Regionalplänen ist daher nicht möglich. Der Streitpunkt, ob Vorbehaltsgebieten die Wirkung von Zielen oder Grundsätzen der Raumordnung zukommt, erübrigt sich insoweit. Trotzdem soll darauf hingewiesen werden, dass Vorbehaltsgebiete in Bayern entgegen der eindeutigen Aussage des BVerwG[722] als raumordnerische Zielfestlegungen eingestuft werden[723], obwohl das Landesrecht bezüglich dieser Einordnung dem Bundesrecht unterworfen ist und über keine eigene Definitionskompetenz verfügt[724].

b) Beispiele für die Ausweisung von Vorranggebiete für den Hochwasserschutz in Bayern

Anlässlich des neu gefassten bayerischen Landesentwicklungsprogramms 2003 sowie der Novellierung des Bayerischen Landesplanungsgesetzes ist es erforderlich, die bayerischen Regionalpläne hinsichtlich des Hochwasserschutzes zu ändern bzw. zu ergänzen. Im Folgenden werden die Raumordnungspläne dreier

[720] Hoppe, BayVBl. 2005, 356 (357 f.).
[721] Bartlsperger, in: ARL, Zur Novellierung des Landesplanungsrechts aus Anlass des ROG 1998, S. 39 ff, S. 45, S. 56.
[722] BVerwG, Urt. v. 13.3.2003 – 4 C 4/02 –, NVwZ 2003, 738 ff.
[723] BayVGH, Urt. v. 14.10.1996 – 14 N 94/4159 –, BayVBl. 1997, 178 ff.; Goppel, BayVBl. 1998, 289 (291); vgl. auch Dallhammer, in: Cholewa/Dyong/v.d. Heide/Arenz, Bd. 1, § 7 Rn. 123; vgl. die Nachweise bei Wolff, BayVBl. 2001, 737 (739 Fn. 24 ff.); a.A. BayVGH, Urt. v. 8.12.2003 – 20 N 01.2612 – NuR 2004, 315 (316).
[724] Manssen, BayVBl. 2005, 485 (486).

bayerischer Regionen unter dem Blickwinkel des Hochwasserschutzes untersucht und deren Festlegungen mit den bereits gewonnen Erkenntnissen verglichen.

aa) Region Oberpfalz-Nord

Zum Zeitpunkt der vorliegenden Untersuchung war die Teilfortschreibung des Regionalplans noch nicht abgeschlossen, es lag lediglich ein Entwurf des Raumordnungsplans[725] sowie die diesbezügliche Zustimmung des Planungsausschusses vor. Gleichwohl soll der Entwurf herangezogen werden, da er im Gegensatz zu den beiden nachfolgenden durch die Kürze seiner textlichen Darstellungen positiv auffällt.
Mit der Änderung des Regionalplans werden für die Region zum ersten Mal Vorranggebiete für den Hochwasserschutz ausgewiesen. Auf die Festlegung von Vorbehaltsgebieten musste – wie in allen bayerischen Regionalplänen – aufgrund der fehlenden ausdrücklichen Erwähnung im Landesentwicklungsprogramm (vgl. Art. 11 Abs. 2 Satz 2 BayLPlG) verzichtet werden. Festgelegt werden sollen neun Vorranggebiete, die sowohl textlich aufgeführt als auch zeichnerisch anhand einer offenen Schraffur dargestellt werden. Dabei wird restriktiv verfahren und unter Beachtung des Verbots der doppelten planerischen Absicherung von der Ausweisung bereits nach Wasserrecht förmlich festgelegter Überschwemmungsbereiche abgesehen. Aufgrund des Maßstabs der Texturkarten von 1:100.000 und der verwendeten Schraffur erfolgt die Ausweisung lediglich für die Bereiche der Gewässer erster und zweiter Ordnung. Maßgebend für die räumliche Abgrenzung der Vorranggebiete ist das 100-jährliche Hochwasser. Daraus ergibt sich, dass nur eine verhältnismäßig geringe Fläche der Region von den Ausweisungen betroffen ist.
Mit seinem Ziel B XI 6.1, wonach die „Überschwemmungsgebiete in den Talräumen der Region [...] für den Hochwasserabfluss und als Wasserrückhalteräume freigehalten werden" sollen, enthält der Regionalplan eine Festlegung, aufgrund derer solche Überschwemmungsgebiete, die nicht in Form von Vorranggebieten ausgewiesen werden, gesichert werden sollen. Die Regelung kann als eine Art Auffangregelung verstanden werden, die einem wirksamen vorbeugenden Hochwasserschutz Rechnung tragen will. Diese Auffassung wird bestätigt durch die in der Begründung enthaltene Definition des Begriffs „Überschwemmungsgebiete", die recht weit gefasst ist[726] und über diejenige des was-

---

[725] Entwurf der 13. Änderung des Regionalplans Region Oberpfalz-Nord (6), Teilfortschreibung Hochwasserschutz, v. 01.02.2005.

[726] Begründung zu Ziel B XI 6.1 des Regionalplanentwurfs für die Region Oberpfalz-Nord v. 01.02.2005: „Überschwemmungsgebiete sind Flächen an den Gewässern, die bei Hochwasser überschwemmt oder durchflossen oder die durch für Hochwasserentlastung oder Rückhaltung beansprucht werden."

serrechtlichen Überschwemmungsgebiets im Sinne des § 31b Abs. 2 Satz 3 und 4 WHG n.F. hinausgehen dürfte, da sich die räumliche Grenze der Gebiete nicht nach einem Bemessungshochwasser bestimmt. Auf der anderen Seite soll die Regelung Konflikte mit den Gemeinden als Trägern der örtlichen Bauleitplanung vermeiden, die im Rahmen der Festlegung von Raumordnungsgebieten ausgelöst werden können. Insoweit sei auf die Ausführungen, vor allem zur räumlichen Bestimmtheit der Vorranggebiete für den Hochwasserschutz, verwiesen[727]. Unter dem Gesichtspunkt der räumlichen Bestimmtheit bzw. Bestimmbarkeit entstehen jedoch gewisse Zweifel an der Zulässigkeit der Regelung, da sich Raumordnungsziele auf einen ganz bestimmten Raum beziehen müssen. Fraglich ist daher, ob die Formulierung „Überschwemmungsgebiete in den Talräumen der Region, insbesondere in den Seitentälern von Naab, Vils und Regen" dem Bestimmtheitsgebot gerecht wird. Allerdings soll ein Raumordnungsziel bereits dann ausreichend bestimmbar sein, wenn der Raumordnungsplan einen häufig auftretenden Nutzungskonflikt generell regelt und sich die abstrakte Regelung im Anwendungsfall durch die örtlichen Gegebenheiten zu einer bestimmten Planausführung konkretisiert[728].

Nach dieser vielfach vertretenen Ansicht ist das Ziel ausreichend bestimmbar. Aber selbst dann, wenn diese Auffassung nicht auf Zustimmung stößt, weil nicht an eine konkrete räumliche Situation angeknüpft und damit ein räumlicher Nutzungskonflikt lediglich typisierend und generell gelöst wird[729], wäre dass Ziel wohl noch hinreichend bestimmbar. Denn der Plangeber hat umschrieben, auf welchen konkreten Raum sich die Zielaussage beziehen soll; dieser Raum kann anhand der allgemeinen Auslegungsmethoden ermittelt werden[730]. Für eine derartige Art der Festlegung von Vorranggebieten für den Hochwasserschutz spricht sich auch die Fachkommission „Städtebau" der ARGEBAU aus und begründet dies damit, dass auch kleinere, im regionalen Maßstab nicht darstellbare Überschwemmungsbereiche zu sichern sind. Eine solche Sicherung könne mit der Aufnahme einer Regelung im Regionalplan erfolgen, welche die Verpflichtung ausspricht, die Ziele der Raumordnung auf kleinere Fließgewässer entsprechend anzuwenden[731].

Positiv zu bewerten ist, dass eine Ausgleichsregelung für den Fall, dass „zwingend notwendige Vorhaben (z.B. der Ausbau des Hochwasserschutzes für betroffene Ortslagen) zu unvermeidbaren Verlusten von Retentionsräumen" führt,

---

727 Vgl. dazu Kapitel 5, S. 161 ff.

728 Erbguth, LKV 1994, S. 89 (92); Goppel, BayVBl. 1998, S. 289; v. d. Heide, in: Cholewa/Dallhammer/Dyong/v.d.Heide/Arenz, Bd. 1, § 3 Rn. 5; Runkel, in: Bielenberg/Runkel/Spannowsky, Bd. 2, § 3 Rn. 31.

729 Spiecker, S. 75.

730 Vgl. Spiecker, S. 75.

731 ARGEBAU, Handlungsanleitung für den Einsatz rechtlicher und technischer Instrumente zum Hochwasserschutz, S. 8.

aufgenommen werden soll. Insbesondere ist dieser Ausgleich innerhalb desselben Überschwemmungsgebiets und möglichst oberstromig, zumindest aber vor dem nächsten unterstromig betroffenen Siedlungsbereich vorzunehmen (vgl. Begründung Ziel B XI 6.1), womit der Tatsache Rechnung getragen wird, dass in erster Linie die Flussunterlieger von hochwassersensiblen Maßnahmen betroffen werden.

Bezüglich der Vorranggebiete für den Hochwasserschutz enthält die Begründung zu B XI 6.2.1 und 6.2.2 die Aussage, dass „überschwemmte Flächen in bestehenden oder in der Bauleitplanung enthaltenen Siedlungsgebieten sowie amtlich festgesetzte Überschwemmungsgebiete [...] nicht als Vorranggebiete Hochwasser festgesetzt" werden. Was die wasserrechtlich festgesetzten Überschwemmungsgebiete anbelangt, stimmt der Regionalplan mit dem Bayerischen Landesplanungsgesetz und dem LEP Bayern 2003 (Verbot der doppelten Planung) überein. Auch hinsichtlich der Aussage betreffend die bestehenden oder in der Bauleitplanung enthaltenen Siedlungsgebiete erfährt der Regionalplan eine Unterstützung durch die wohl herrschende Meinung, dass solche Bereiche aus Gründen des Eigentumsschutzes nach Art. 14 GG nicht durch Vorrangausweisungen überlagert werden dürfen bzw. sollen. Nach der hier vertretenen Ansicht ist eine sich auf solche Flächen beziehende Ausweisung von Vorranggebieten für den vorbeugenden Hochwasserschutz jedoch nicht stets abzulehnen. Insbesondere wird dadurch nicht ohne weiteres die gemeindliche Planungshoheit oder das Recht der Grundstückseigentümer aus Art. 14 GG verletzt[732]. Eigentümer bereits errichteter Gebäude werden von der Vorranggausweisung nicht negativ betroffen, da bestehende bauliche Anlagen Bestandsschutz genießen. Es geht also allein um die Vermeidung einer weiteren Bebauung (Sicherung von Retentionsflächen) bzw. – soweit es sich um nicht mehr genutzte Flächen handelt – um eine Rückgewinnung von Retentionsflächen. Neben der Verbesserung des Wasserrückhalts in der Fläche kann auf diese Weise außerdem das Schadenspotential vermindert werden.

Schließlich enthält der Entwurf des Regionalplans Oberpfalz Nord auch Aussagen zum technischen Hochwasserschutz. Insbesondere wird klargestellt, dass Einrichtungen des technischen Hochwasserschutzes grundsätzlich nur für Wohnsiedlungs-, Gewerbe-, und Industriegebiete sowie wichtige Infrastruktureinrichtungen errichtet und ein Schutzniveau von HQ100 gewährleistet werden soll (vgl. Begründung B XI 6.3). Bereits in Kapitel 4 (S. 155) wurde angesprochen, dass technische Schutzmaßnahmen zu einem Verlust an Retentionsflächen führen können und dafür ein Ausgleich zu schaffen ist. Dies wurde auch im Entwurf des Regionalplans berücksichtigt (vgl. Begründung B XI 6.3).

Zusammenfassend kann gesagt werden, dass der Entwurf einen positiven Beitrag zum vorbeugenden Hochwasserschutz leisten kann. Die recht kurz gefasste

---

[732] Vgl. dazu Kapitel 5, S. 172 ff.

textliche Darstellung trägt zur Übersichtlichkeit des Regionalplans bei und bläht diesen nicht unnötig auf. Allerdings geht die sehr restriktive Ausweisung von Vorranggebieten für den Hochwasserschutz zu Lasten desselben. Es ist unwahrscheinlich, dass allein anhand des „Auffangziels" B XI 6.1 ein ebenso wirksamer Schutz erreicht wird. Vor allem die durch das Landesplanungsgesetz vorgeschriebene Soll-Formulierung lässt den Gemeinden weitaus mehr Raum, eigenen, dem Hochwasserschutz widersprechenden Interessen nachzugehen, als das durch eine stringente Formulierung der Ziele der Falle wäre.

bb) Region Allgäu

Der Regionalplan für die Region Allgäu ist hinsichtlich der Ziele zum Hochwasserschutz sehr knapp gehalten. In Ziel B XI 4.1 wird ganz allgemein eine Verbesserung des Hochwasserschutzes gefordert. Weiter wird formuliert, dass „die Möglichkeiten der Hochwasserrückhaltung [...] vor allem im Einzugsgebiet der Iller, Wertach und des Lechs durch die Ausweisung von wasserwirtschaftlichen Vorranggebieten ausgeschöpft werden" sollen. Somit verwendet auch dieser Regionalplan das Instrument der Vorranggebiete, um den Hochwasserschutz sicherzustellen. Allerdings werden diese als wasserwirtschaftliche Vorranggebiete bezeichnet, was den Nachteil hat, dass deren Bedeutung für den Hochwasserschutz nicht bereits aus der Texturkarte, sondern erst aus Ziel B XI 4.1.1 sowie der Begründung des Regionalplans entnommen werden kann. Im Vergleich zum Entwurf des Regionalplans der Region Oberpfalz-Nord wurde hier eine Vielzahl von wasserwirtschaftlichen Vorranggebieten festgesetzt, deren Lage und Hochwassersituation in der Begründung B XI 4.1.1 dargestellt wird. Der Regionalplan verliert durch diese sehr umfangreiche Begründung an Klarheit. Zudem müssten viele der Ausführungen nicht notwendig in den Regionalplan aufgenommen werden, da durch sie häufig Selbstverständliches wiederholt wird und die darin enthaltenen Informationen schon bei den Wasserwirtschaftsämtern bereit liegen. Beispielhaft sei hierzu aus der Begründung B XI 4.1.1 zu dem Vorranggebiet Nr. H 41 zitiert: „In der Region Allgäu (16) sind Obergünzburg und Ronsberg vom Hochwasser der Östlichen Günz betroffen, außerhalb hiervon der Markt Rettenbach (Region Donau-Iller) und weitere im Flusstal der östlichen Günz gelegene Kommunen. Der Erhalt der vorhandenen Gebiete zwischen Obergünzburg und Ronsberg und unterhalb von Ronsberg ist wichtig, um die Hochwasserspitzen zu brechen (dämpfen) und den Ort Ronsberg und die weiteren Unterliegerorte vor größeren Hochwasserschäden zu bewahren." Überflüssig erscheint auch die Begründung zum Vorranggebiet Nr. H 47: „Das Vorranggebiet an der Trauchgauer Ach (Gemeinde Halblech) ist wichtig, weil sich sonst die Hochwassergefahr für eine Siedlung unterhalb im Ortsteil Trauchgau verschärft."

Positiv zu bewerten sind einzelne Festlegungen zu Überlagerungen einzelner

Raumfunktionen- bzw. -nutzungen mit dem Hochwasserschutz sowie der Hinweis darauf, dass in bestimmten Gebieten ein Rückhaltebecken für die Reduzierung der Hochwasserspitzen „realisiert werden könnte". Allerdings wird sich eine Gemeinde aufgrund der sehr schwachen Formulierung kaum dazu verpflichtet sehen, ein solches Rückhaltebecken zu errichten. Auch hier wäre eine stringentere Formulierung erforderlich, um den Hochwasserschutz effektiv umzusetzen.

cc) Region Südostoberbayern

Der Regionalplan für die Region Südostoberbayern[733] stellt den letzten hier zu untersuchenden Regionalplan dar. Die Belange des Hochwasserschutzes werden darin im Rahmen der Festlegungen zur Wasserwirtschaft, insbesondere unter B IV.5 Abflussregelung, Rückhalte- und Speicherfähigkeit der Landschaft, behandelt. Hierbei werden sowohl wasserrechtliche Vorranggebiete als auch Überschwemmungsgebiete festgelegt und in einer Texturkarte zeichnerisch dargestellt. Allerdings fehlt dem textlichen Teil des Regionalplans eine Aussage darüber, ob es sich bei den Überschwemmungsgebieten um solche des Wasserrechts handelt und ob auch die wasserrechtlichen Vorranggebiete zum Zweck des Hochwasserschutzes festgelegt wurden. Hier wäre eine genauere Bezeichnung als Vorranggebiete für den Hochwasserschutz wünschenswert, um der Funktion Hochwasserschutz sowohl aus Gründen der diesem zukommenden Bedeutung als auch der Planklarheit genüge zu tun.
Anlass zur Kritik bietet auch die Festlegung der textlichen Ziele sowie der Grundsätze der Raumordnung. Vielfach kann deren Charakter nicht anhand objektiver Kriterien bestimmt werden, zumal in bayerischer Tradition auch Ziele der Raumordnung in Form von Soll-Formulierungen aufgestellt werden. Allein die Kennzeichnung als Ziel oder Grundsatz vermag nicht, über die Rechtsqualität zu entscheiden[734]. Die Problematik soll an einem Beispiel verdeutlicht werden. Die als Ziel B IV.5.5 gekennzeichnete Festlegung hat folgenden Inhalt: „Natürliche Rückhalteräume sollen insbesondere in Auwäldern erhalten, in ihren natürlichen Funktionen optimiert und so weit wie möglich wiederhergestellt werden. Die Ufer der Gewässer sollen möglichst naturnah gestaltet werden." Der als Grundsatz gekennzeichnete Punkt B IV.5.4 des Regionalplans enthält unter anderem folgende Festlegung: „In landwirtschaftlich genutzten Überschwemmungsgebieten ist Grünlandnutzung vorzusehen. Abflussmindernde kleinteilige Strukturen sollen erhalten bleiben." Nennenswerte Unterschiede zwischen beiden Formulierungen, die eine Unterscheidung in Ziel und Grund-

---

[733] Regionalplan Südostoberbayern in der Fassung der Bekanntmachung vom 15.02.2001, Bayer. Gesetz- und Verordnungsblatt 2001, S. 66, und 11.06.2002, Bayer. Gesetz- und Verordnungsblatt 28.06.2002, in Kraft getreten am 01.03.2001 und am 01.07.2002.
[734] Vgl. dazu Kapitel 3, S. 44 f.

satz der Raumordnung ermöglichen, sind nicht erkennbar. Vielmehr ist das so genannte Ziel weniger strikt formuliert als der Grundsatz, was insbesondere durch die Verwendung „so weit wie möglich“ und „möglichst“ zum Ausdruck kommt. Für die Planadressaten wäre ohne Kennzeichnung nicht ersichtlich, ob sie die entsprechenden Festlegungen zu berücksichtigen oder zu beachten haben.

Als inhaltlich positiv zu bewertende Festlegung kann der „Grundsatz“ B IV.5.4 genannt werden, denn damit wird nicht nur die Bedeutung der landwirtschaftlichen Nutzung für den Hochwasserschutz herausgestellt, sondern zugleich eine sinnvolle Maßnahme zur Verbesserung des Wasserrückhalts und des natürlichen Wasserabflusses aufgezeigt. Nach der hier vertretenen Ansicht handelt es sich dabei allerdings trotz der landesrechtlichen Kennzeichnung als Grundsatz um ein Ziel der Raumordnung, da nach dem äußeren Erscheinungsbild eine landesplanerische Letztentscheidung und damit eine verbindliche Anordnung getroffen wurde, über die sich die Planadressaten nicht durch eine eigene Abwägungs- oder Ermessensentscheidung hinwegsetzen können.

Abschließend ist zum Regionalplan der Region 18 festzuhalten, dass hinsichtlich der Festlegungen zum Hochwasserschutz Überarbeitungsbedarf besteht. Ein effektiver Hochwasserschutz ist nur gewährleistet, wenn für die Planadressaten hinreichend bestimmte Vorgaben getroffen werden, die anhand objektiver Kriterien erkennen lassen, ob es sich um Grundsätze oder Ziele der Raumordnung handelt.

II. Vorranggebiete für den Natur- und Freiraumschutz

Mit Vorranggebieten für Natur und Landschaft werden Landschaftsräume erfasst, welche eine herausragende ökologische oder landschaftsästhetische Wertigkeit von regionaler oder überregionaler Bedeutung besitzen. Sie räumen den Belangen des Naturschutzes Vorrang vor konkurrierenden Nutzungen ein. Die entsprechenden Gebiete sind dabei in erster Linie als naturnahe Bereiche zu sichern, zu entwickeln und zu pflegen. Mit § 2 Abs. 2 Nr. 8 ROG steht ein bundesrechtlicher Raumordnungsgrundsatz zur Verfügung, dessen Konkretisierung die Festlegung von Vorranggebieten für den Naturschutz erlaubt.

Bei der Festlegung von Vorranggebieten für den Natur- und Landschaftsschutz spielt die Tatsache eine wichtige Rolle, dass der Naturschutz nicht über Instrumente verfügt, Inschutznahmen hinsichtlich solcher Gebiete zu ermöglichen, welche sich erst zu einem schutzwürdigen Zustand hin entwickeln. Gleichwohl ist es unter anderem zur Verwirklichung der an anderer Stelle angesprochenen Biotopverbundsysteme unerlässlich, neben den bereits naturschutzfachlich als wertvoll eingestuften Flächen auch solche Flächen zu sichern, die – obwohl sie die geeigneten standörtlichen Voraussetzungen erfüllen – bislang noch keine

entsprechenden Biotopeigenschaften oder Lebensgemeinschaften aufweisen[735]. Die Ausweisung landschaftlicher Vorranggebiete bietet zudem die Möglichkeit, bereits als schutzwürdig anerkannte Gebiete vorsorglich zu sichern, da die Naturschutzgesetze der Länder Sicherstellungen zur Abwendung unmittelbar befürchteter Eingriffe häufig nur für einen relativ kurzen Zeitraum erlauben[736]. Schließlich ist darauf hinzuweisen, dass die Sicherung entsprechender Flächen im Wege der Vorrangausweisung unter finanziellen Aspekten eine wirksamere und schnellere Methode darstellt[737].
Da auf die Ähnlichkeit zwischen Belangen des Naturschutzes und solchen des Hochwasserschutzes bereits mehrfach eingegangen wurde, erübrigen sich nähere Ausführungen. Es soll lediglich auf die §§ 2 Abs. 1 Satz 1 Nr. 4, 30 Abs. 1 Satz 1 Nr. 1, 31 BNatSchG verwiesen werden, welche als Bindeglied zwischen Natur- und Hochwasserschutz angesehen werden können.

Da der vorbeugende Hochwasserschutz in erster Linie durch die Sicherung und Rückgewinnung von Auen, Rückhalteflächen und überschwemmungsgefährdeten Bereichen verwirklicht wird und damit auf Flächen angewiesen ist, die möglichst frei von einer Inanspruchnahme für Siedlungstätigkeit sind, spielt der Freiraumschutz eine bedeutende Rolle bei der Erreichung der Schutzziele. Im Rahmen der Aussagen zur anzustrebenden Freiraumstruktur wurden entsprechende Maßnahmen zu Bedeutung und Schaffung großräumig übergreifender Freiräume und zum Freiraumschutz dargestellt[738]. Da der Freiraumschutz nicht nur einzelnen Raumfunktionen, sondern auch verschiedenen Raumnutzungen dient, bietet sich für den Freiraumschutz grundsätzlich eine Vielzahl von Festlegungen an. Für den vorbeugenden Hochwasserschutz kommen jedoch in erster Linie Vorranggebiete für Natur und Landschaft in Betracht sowie die Schaffung von „grünen Verbindungsachsen" im Sinne von Grünzügen und Grünzäsuren. Grünzüge werden als multifunktionale Planelemente angesehen, die unterschiedliche Freiraumfunktionen räumlich zusammenfassen und somit nicht nur größere zusammenhängende Freiräume von Besiedelung freihalten, sondern auch größere ökologisch wertvolle Freiräume miteinander verbinden[739]. Dem Grünzug hinsichtlich Zielsetzung und Inhalt recht ähnlich ist das Planelement der Grünzäsur (auch Trenngrün oder Siedlungszäsur genannt). Der wesentliche Unterschied besteht im räumlichen Anwendungsbereich. Grünzäsuren werden hauptsächlich

---

735 Goppel, in: Jarass, Raumordnungsgebiete, S. 26 (36).
736 So sieht Art. 48 Abs. 2 BayNatSchG einen Zeitraum von zwei, ausnahmsweise drei, Jahren vor.
737 Goppel, in: Jarass, Raumordnungsgebiete, S. 26 (36).
738 Vgl. dazu Kapitel 5, S. 102 ff.
739 Dallhammer, in: Cholewa/Dyong/v.d. Heide/Arenz, Bd. 1, § 7 Rn. 93; ähnlich die Entschließung der MKRO v. 29.3.1996 „Raumordnerische Instrumente zum Schutz und zur Entwicklung von Freiraumfunktionen", abgedruckt in: Runkel/Bielenberg/Spannowsky, Bd. 1, B 320, S. 75.

kleinräumig zur Verhinderung des Zusammenwachsens einzelner Siedlungen eingesetzt. Auf diese Weise können bandartige Siedlungsstrukturen verhindert und siedlungsklimatisch bedeutsame Freiräume offen gehalten werden[740]. Allerdings stellen Regionale Grünzüge keinen Ersatz für monofunktionale Vorranggebiete, sondern allenfalls eine Ergänzung dar[741]. Sie können jedoch auch Aufgaben erfüllen, die über die Sicherung von Freiraumfunktionen hinausgehen, wie z.B. die vorsorgende Freiraumsicherung oder die gezielte Begrenzung der siedlungsstrukturellen Entwicklung[742]. Letztere ermöglicht es, auch im Siedlungsbereich Retentionsflächen und Abflussbereiche zu erhalten bzw. zu schaffen, ohne auf das Instrument des Vorranggebiets für den vorbeugenden Hochwasserschutz zurückzugreifen.

Schließlich ist im Zusammenhang mit dem Freiraumschutz auf die neu eingeführte Regelung des § 7 Abs. 2 Satz 1 Nr. 2d ROG hinzuweisen, wonach zur anzustrebenden Freiraumstruktur auch Freiräume zur Gewährleistung des vorbeugenden Hochwasserschutzes gehören können.

III. Vorranggebiete für die Landwirtschaft

1. Die Funktion landwirtschaftlicher Vorranggebiete

Gemäß § 2 Abs. 2 Nr. 10 ROG sind die räumlichen Voraussetzungen dafür zu schaffen oder zu sichern, dass die Landwirtschaft als bäuerlich strukturierter, leistungsfähiger Wirtschaftszweig sich dem Wettbewerb entsprechend entwickeln kann. In Konkretisierung dieses bundesgesetzlichen Grundsatzes der Raumordnung richtete sich die Ausweisung von Vorranggebieten für die Landwirtschaft in der Vergangenheit in erster Linie gegen den Entzug hochwertiger Flächen für anderweitige Nutzungen[743]. Das Instrument der landwirtschaftlichen Vorranggebiete zeigte daher beachtliche Erfolge vor allem bei der Einschränkung der siedlungsstrukturellen Entwicklung.

Da der raumordnerische Grundsatz des § 2 Abs. 2 Nr. 10 ROG aber des Weiteren bestimmt, dass die Landwirtschaft dazu beizutragen hat, die natürlichen Lebensgrundlagen zu schützen sowie Natur und Landschaft zu pflegen und zu gestalten, bildete sich im Laufe der Zeit ein geändertes Verständnis von landwirtschaftlichen Vorranggebieten. In der Diskussion steht dabei insbesondere die Möglichkeit der Ausweisung von landwirtschaftlichen Vorrangflächen mit besonderen ökologischen Funktionen, von Vorrangflächen für alternative Formen

---

740 Dallhammer, in: Cholewa/Dyong/v.d. Heide/Arenz, Bd. 1, § 7 Rn. 93; Bürklein, Stichwort: Grünzüge/Grünzäsur, in: ARL, Handwörterbuch der Raumordnung, S. 446 f.

741 Geyer, S. 225.

742 Geyer, S. 226.

743 Geyer, S. 189.

der Landbewirtschaftung, von Vorrangflächen für Sonderkulturen sowie von Vorrangflächen zur Sicherung und Vermehrung des Grünlandanteils[744].
Da den ökologischen Funktionen des Raums im Bereich des (vorbeugenden) Hochwasserschutzes ein hoher Stellenwert zukommt und es auch Aufgabe der Landwirtschaft ist, diese Funktionen zu erhalten und zu entwickeln, kann die Ausweisung von bestimmten landwirtschaftlichen Vorrangflächen mittelbar dem Hochwasserschutz dienen.

2. Landwirtschaftliche Vorrangflächen mit besonderen ökologischen Funktionen

Mit der landwirtschaftlichen Nutzung kann eine Vielzahl positiver ökologischer Effekte verbunden sein. Notwendige Voraussetzung hierfür ist jedoch eine gleichbleibende und in erster Linie extensive Bewirtschaftung. Die Landwirtschaft kann insofern als „Garant für bestimmte ökologisch wertvolle Landschaftsbestandteile" verstanden werden. Zusätzlich erfüllt sie weitere Funktionen, wie beispielsweise klimatische Ausgleichsleistungen. Gerade die Abkehr von der intensiven Ackerwirtschaft zur extensiven Grünlandbewirtschaftung erhöht den Wasserrückhalt, verhindert die Bodenerosion und den Eintrag von Schadstoffen in die Fließgewässer. Auf diese Weise kann die Hochwassersituation zumindest bei kleineren Hochwasserereignissen auf lokaler Ebene verbessert werden.
Trotz dieser positiven Aspekte wird in der Literatur die Frage gestellt, ob eine Ausweisung landwirtschaftlicher Vorrangflächen mit ökologischen Ausgleichsfunktionen sinnvoll ist oder ob nicht die Festlegung spezieller Vorranggebiete vorgezogen werden sollte, welche die jeweilige ökologische Funktion zum Gegenstand haben[745].
Für die Ausweisung landwirtschaftlicher Vorrangflächen mit ökologischen Ausgleichsfunktionen spricht, dass die Mehrfachnutzung des Raumes einen Beitrag zur Reduzierung der Flächeninanspruchnahme leistet. Anstelle einer allgemein gehaltenen Gestaltung der hier in Frage stehenden Vorranggebiete wäre auch eine differenzierte Vorgehensweise denkbar, die in den Fällen, in denen die ökologische Bedeutung unmittelbar mit der Form der Landbewirtschaftung zusammen hängt (z.B. extensive Grünlandwirtschaft, Streuobstanbau), landwirtschaftliche Vorranggebiete vorsieht, andere ökologische Funktionen (z.B. Klima, Erholung) aber den fachspezifischen Vorrangausweisungen zuordnet.
Diese Frage kann im Rahmen der hier zu behandelnden Themenstellung jedoch unbeantwortet bleiben. Es ist vielmehr festzustellen, dass Vorranggebietsausweisungen für landwirtschaftliche Flächen mit besonderen ökologischen Funktionen einen Beitrag zum Hochwasserschutz leisten können.

---

[744] Geyer, S. 190.
[745] Geyer, S. 191.

3. Vorrangflächen zur Sicherung oder Vermehrung des Grünlandanteils

Die Ausweisung von landwirtschaftlichen Vorranggebieten zur Sicherung oder Vermehrung des Grünlandanteils bezweckt ein Mehrfaches. Zum Ersten geht es um die Erhaltung wertvoller Biotoptypen, wie Feuchtwiesen, Halbtrockenrasen etc., zum Zweiten um die Verringerung der Bodenerosion und des Schadstoffeintrags und zum Dritten um die Verbesserung des Wasserrückhalts. Insoweit kann auf die obigen Ausführungen verwiesen werden.
Als schwierig dürfte sich die Frage darstellen, ob die mit dem Vollzug eines derartigen Ziels der Raumordnung verbundene Umwandlung von Ackerfläche in Grünland bzw. ein Grünlanderhaltungsgebot mit konkretem Flächenbezug gegenüber einem Landwirt rechtlich durchgesetzt werden kann. Hierzu wird die Ansicht vertreten, dass möglicherweise konkrete Argumente, z.B. wasserwirtschaftlicher oder landespflegerischer Art, hinzukommen müssen. Als solches ist die Bedeutung der Fläche für den vorbeugenden Hochwasserschutz einzustufen. Andererseits könnten dieselben Ziele mit dem entsprechenden fachrechtlichen Instrumentarium oder mit Vorrangfestlegungen innerhalb dieser Funktionsbereiche realisiert werden. Hier sei an den Fall gedacht, dass sich die Fläche in einem Überschwemmungsgebiet i.S. des § 31b WHG n.F. befindet. Nach dessen Abs. 3 wird für landwirtschaftlich genutzte und sonstige Flächen durch Landesrecht geregelt, wie mögliche Erosionen oder erheblich nachteilige Auswirkungen auf Gewässer zu vermeiden oder zu verringern sind (vgl. hierzu Art. 62 Abs. 1 BayWG)[746]. Daher ist die Auffassung durchaus vertretbar, wonach spezielle regionalplanerische Vorranggebiete zur Sicherung oder Vermehrung von Grünland nicht erforderlich sind[747].

B. Hochwasserschutz durch Ausweisung von Vorbehaltsgebieten für den Hochwasserschutz

I. Bedürfnis für die Ausweisung von Vorbehaltsgebieten für den Hochwasserschutz

Bereits in den obigen Ausführungen zu den Vorranggebieten für den vorbeugenden Hochwasserschutz klang an verschiedenen Stellen an, dass deren strikte Ausschlusswirkung, insbesondere unter Berücksichtigung des Grundsatzes der Verhältnismäßigkeit und des Gleichheitssatzes, gegen die Festlegung derartiger Gebiete sprechen kann. Gleichwohl besteht die Notwendigkeit, den Belangen

---

[746] Zur behördlichen Anordnung der Umwandlung einer in einem Überschwemmungsgebiet gelegenen Ackerfläche in Dauergrünland vgl. VGH Mannheim, Urt. v. 20.04.1994 – 8 S 2449/93 –, NVwZ-RR 1995, 191.
[747] Geyer, S. 194.

des Hochwasserschutzes auch dort Rechnung zu tragen, wo dieser eine weniger herausragende Rolle spielt, da eine akute Gefahr für Leib und Leben der Bevölkerung bzw. bedeutende Wirtschaftsgüter nicht besteht.

1. „Übrige Überschwemmungsgebiete“

Für die Festlegung von Vorbehaltsgebieten für den Hochwasserschutz kommen deshalb insbesondere die „übrigen Überschwemmungsgebiete“ in Betracht, also tatsächlich überschwemmungsgefährdete Gebiete, die wegen ihrer vorhandenen Bebauung oder weil sie über die im Regelfall zugrunde gelegten Grenzen für förmliche Überschwemmungsgebiete (meistens HQ100 bzw. historische Ereignisse) hinausgehen, nicht wasserrechtlich geschützt werden[748]. Denn dort kann die Ausweisung eines Vorranggebiets unverhältnismäßig sein und gerade Grundstückseigentümer in einer ihnen unzumutbaren Weise belasten.

2. Potentielle Überschwemmungsgebiete

Auch in potentiellen Überflutungsbereichen, also in den Bereichen hinter den Deichen oder anderen Schutzeinrichtungen bzw. in Bereichen, die aufgrund einer Überschreitung der Bemessungsgrenze oder durch Versagen von Schutzeinrichtungen überflutet werden können, kann eine Notwendigkeit für die Festlegung von Vorbehaltsgebieten bestehen. Sie werden den Vorranggebieten dann vorzuziehen sein, wenn im Katastrophenfall bereits bestehende Siedlungsflächen überschwemmt werden, die einem eher geringen Risiko ausgesetzt sind oder wenn die Abwehr von Hochwasserschäden und -gefahren durch bauliche Maßnahmen mit vertretbarem Aufwand erreicht werden kann[749]. Auch hier ist der Grundsatz der Verhältnismäßigkeit ausschlaggebendes Abgrenzungskriterium.

3. Fehlen wasserwirtschaftlicher Grundlagen

Schließlich kann das Instrument des raumordnerischen Vorbehaltsgebiete dann zum Einsatz kommen, wenn konkrete Vorschläge insbesondere der Wasserwirtschaft zur Rückgewinnung von Überschwemmungsgebieten noch nicht vorliegen[750]. Die Ausweisung von Vorranggebieten kommt zu diesem Zeitpunkt noch

---

[748] MKRO, Handlungsempfehlungen zum vorbeugenden Hochwasserschutz v. 14.06.2000, aaO, S. 110; anzumerken ist jedoch, dass die Festsetzung förmlicher Überschwemmungsgebiete nach neuester Rspr. des BVerwG (Urt. v. 22.7.2004 – 7 CN 1.04 –, NVwZ 2004, 1507 ff.) auch in bebauten und beplanten Gebieten zulässig ist.

[749] MKRO, Handlungsempfehlungen zum vorbeugenden Hochwasserschutz v. 14.06.2000, aaO, S. 115.

[750] ARGEBAU, Handlungsanleitung für den Einsatz rechtlicher und technischer Instrumente zum Hochwasserschutz, S. 10.

nicht in Betracht, da ein entsprechendes Ziel der Raumordnung nicht ausreichend bestimmt bzw. bestimmbar und damit fehlerhaft wäre. Erkennbare Rückgewinnungsmöglichkeiten können deshalb zunächst als Vorbehaltsgebiete dargestellt werden.

II. Bedeutung der Vorbehaltsgebiete für den vorbeugenden Hochwasserschutz

In den genannten Bereichen ist anstelle eines Vorranggebiets das Instrument des Vorbehaltsgebiets für den Hochwasserschutz einzusetzen, welches als Grundsatz der Raumordnung zu qualifizieren ist[751]. Durch die Festlegung eines Vorbehaltsgebiets für den Hochwasserschutz wird diesem ein besonderes Gewicht beigemessen. Ergibt die Abwägung mit anderen konkurrierenden raumbedeutsamen Nutzungen oder Funktionen allerdings, dass diesen im Einzelfall ein höheres Gewicht zukommt, so kann der Planadressat die Entscheidung der Landesplanungsbehörde hinsichtlich des Hochwasserschutzes zu Gunsten der konkurrierenden Raumnutzung überwinden.
Die fehlende strikte Bindungswirkung stellt zugleich einen Nachteil dar, den die Vorbehaltsgebiete im Vergleich zu den Vorranggebieten aufweisen und diese damit zu einem „stumpfen Schwert" machen können. Vor allem die Inanspruchnahme von Freiflächen, die ansonsten einer weiteren Siedlungstätigkeit entzogen werden, lässt den Erfolg des Instruments Vorbehaltsgebiet ungewiss erscheinen. Es wurde bereits darauf hingewiesen, dass Praxisanalysen eine geringe faktische Wirkung der Vorbehaltsgebiete bestätigten und deshalb nur dann zu empfehlen sind, wenn sie entweder Absichten geringer Priorität verfolgen oder aus rechtlichen Gründen nicht wirksam festgelegt werden können[752].

C. Die Überlagerung von Raumordnungsgebieten

Aufgrund des zunehmenden Nutzungsdrucks ist es erforderlich, Flächen in Mehrfachnutzung zu nehmen[753]. Das bedeutet, auf der gleichen Fläche mehrere sich überlagernde Nutzungen bzw. Funktionen – unter Umständen auch zur gleichen Zeit – zuzulassen[754]. Dadurch kann ein Beitrag zur Reduzierung der Flächeninanspruchnahme geleistet werden, was unter anderem in § 2 Abs. 2 Nr. 8 Satz 3 Halbsatz 1 ROG, § 1a Abs. 1 BauGB gefordert wird, wenn es darin heißt, mit dem Boden soll schonend und sparsam umgegangen werden.

---

751 Vgl. dazu Kapitel 5, S. 133 ff.

752 Heiland, S. 293.

753 Ähnlich Runkel, in: Bielenberg/Runkel/Spannowsky, Bd. 2, § 3 Rn. 80.

754 Vgl. Entschließung der MKRO vom 29.3.1996 „Raumordnerische Instrumente zum Schutz und zur Entwicklung von Freiraumentwicklungen", abgedruckt in: Runkel/Bielenberg/Spannowsky, Bd. 1, B 320, S. 74.

I. Die räumliche Überlagerung von Vorranggebieten als Gefährdung des Hochwasserschutzes

Der vorsorgende Hochwasserschutz verlangt, dass Wasser in der Fläche zurückgehalten und zugleich ein problemloser Wasserabfluss gewährleistet wird. Hierbei kommt es zu inhaltlichen Ähnlichkeiten und Überschneidungen mit anderen Raumfunktionen wie dem Freiraum- sowie dem Natur- und Landschaftsschutz. Um einen effektiven Hochwasserschutz zu garantieren, hat die Regionalplanung die Aufgabe, anhand der Ausweisung von Vorranggebieten für den Hochwasserschutz die unterschiedlichen Arten von Überschwemmungsbereichen von funktionswidrigen Nutzungen und Funktionen, das heißt solchen, die den Wasserrückhalt und den Wasserabfluss behindern, freizuhalten.
Dass die der weiteren Siedlungsentwicklung dienende bauleitplanerische Inanspruchnahme von Naturraum dem vorbeugenden Hochwasserschutz entgegensteht, bedarf keines näheren Eingehens mehr. In den bestehenden Regionalplänen dient des Weiteren eine nicht geringe Zahl der festgelegten Vorranggebiete der Sicherung und Gewinnung von Rohstoffen (vgl. auch § 7 Abs. 2 Satz 1 Nr. 2b ROG). Diese Flächen können aufgrund ihrer Lage auch von Bedeutung für den Hochwasserschutz sein. Nutzungskonflikte sind in einem solchen Fall nicht auszuschließen. Die Entscheidung, ob sich Raumfunktionen und Raumnutzungen im Einzelfall ausschließen, ist jedoch nicht immer einfach zu treffen. Konfliktmöglichkeiten hinsichtlich der Vorranggebiete für den Hochwasserschutz bestehen auch bei der Überlagerung mit Vorranggebieten für Landwirtschaft, für Landschaft und Natur und für Freiraumschutz im Allgemeinen. Allerdings können bestimmte Vorrangfunktionen ein und desselben Gebietes auch miteinander harmonieren.
Zunächst soll die Überlagerung von Vorranggebieten ganz allgemein und unabhängig von einer bestimmten Vorrangausweisung betrachtet werden. Es stellt sich dabei vor allem die Frage, welche konkreten Auswirkungen die räumliche Überlagerung verschiedener Vorranggebiete mit sich bringt und welche Konsequenzen sich daraus für die Festlegung von Vorranggebieten ergeben. Insbesondere ist zu untersuchen, ob sich zielförmig ausgewiesene Gebiete überlappen dürfen, ob daran Bedingungen zu knüpfen sind und wenn ja, welche.

1. Die generelle Zulässigkeit der räumlichen Überlagerung von Vorranggebieten

Nach § 7 Abs. 4 Satz 1 Nr. 1 ROG schließt die Festlegung von Vorranggebieten andere raumbedeutsame Nutzungen in diesem Gebiet aus, soweit diese mit den vorrangigen Funktionen, Nutzungen oder Zielen der Raumordnung nicht vereinbar sind.
Der Tatsache, dass die Norm unter anderem ganz allgemein auf die Vereinbarkeit der mittels eines Vorranggebietes festgelegten Funktionen und Nutzungen

mit anderen Zielen der Raumordnung abstellt, kann entnommen werden, dass es sich dabei auch um solche Ziele handeln kann, die sich auf das gleiche Gebiet beziehen. Damit kommt des Weiteren zum Ausdruck, dass sich Zielaussagen auch in ihrem räumlichen Bezug überschneiden können, weshalb neben der bestimmten Vorrangausweisung weitere Ziele der Raumordnung Wirkung entfalten können[755]. Da es sich bei Vorranggebieten um Ziele der Raumordnung handelt, besteht also grundsätzlich die Möglichkeit, sich räumlich überlagernde Vorranggebiete, deren Nutzungen oder Funktionen sich nicht generell ausschließen, auszuweisen[756].

Jedoch löst die räumliche Überlagerung solcher Vorranggebiete, die nicht miteinander vereinbar sind, Zielkonflikte aus. Wenn vereinzelt die Überlagerungsfähigkeit von Vorranggebieten grundsätzlich abgelehnt wird[757], so kann damit nur die räumliche Überlagerung von Vorranggebieten gemeint sein, bei denen sich die jeweils konkret ausgewiesenen Funktionen oder Nutzungen ausschließen.

2. Vorranggebiete als planerische Letztentscheidung

Als Ziele der Raumordnung müssen Vorranggebiete die Voraussetzungen des § 3 Nr. 2 ROG erfüllen. Mithin muss es sich bei ihnen um eine landesplanerische Letztentscheidung handeln. Das ist der Fall, wenn eine abschließende Abwägung durch die zuständige Landesplanungsbehörde stattgefunden hat. Im Rahmen dieser Abwägung müssen eventuell bestehende Zielkonflikte ausgetragen und bereinigt sein. Ein durch die Landesplanungsbehörde nicht gelöster Zielkonflikt bedeutet einen Abwägungsmangel und führt grundsätzlich zur Unwirksamkeit des entsprechenden Ziels der Raumordnung. Bei sich widersprechenden Vorranggebieten würde demnach jede dieser konfligierenden raumordnerischen Festlegungen unwirksam sein[758]. Für den Fall, dass ein Raumordnungsplan um ein Vorranggebiet ergänzt wird, dass mit einem bereits bestehenden Vorranggebiet konfligiert, leidet lediglich die spätere Vorranggebietsfestlegung an einem Abwägungsmangel und ist somit unwirksam, die frühere Festlegung bleibt davon unberührt.

---

755 So auch Spiecker, S. 233.

756 Hoppe, in: Hoppe/Bönker/Grotefels, S. 98 Rn. 4; Lehners, S. 40; ähnlich die Entschließung der MKRO vom 29.3.1996 „Raumordnerische Instrumente zum Schutz und zur Entwicklung von Freiraumentwicklungen", abgedruckt in: Runkel/Bielenberg/Spannowsky, Bd. 1, B 320, S. 74.

757 Dallhammer, in: Cholewa/Dyong/v.d. Heide/Arenz, Bd. 1, § 7 Rn. 128.

758 OVG Nieders., Urt. v. 29.8.1995 – 1 L 894/94 –, ZfBR 1996, 54 f.; Paßlick, S. 118.

3. Der Grundsatz der Planerhaltung

Der Grundsatz der Planerhaltung in § 10 ROG, aufgrund dessen nicht jeder Fehler bei der Planaufstellung zur Unwirksamkeit führt, behandelt in seinem Absatz 2 die Beachtlichkeit von Abwägungsmängeln. Nach § 10 Abs. 2 Nr. 2 ROG kann die Beachtlichkeit von Abwägungsmängeln insbesondere dann ausgeschlossen werden, wenn diese weder offensichtlich noch auf das Abwägungsergebnis von Einfluss gewesen sind.

Ein Abwägungsmangel ist dann offensichtlich, wenn konkrete Umstände im Einzelfall positiv und klar auf einen evidenten Mangel hindeuten[758]. Das Vorliegen des Zielkonflikts bei sich überlagernden, nicht miteinander zu vereinbarenden Vorranggebieten ergibt sich zumindest aus den zeichnerischen Festlegungen des Raumordnungsplans, meist auch aus den textlichen Festlegungen und der beigefügten Begründung. Der Abwägungsmangel ist in einem solchen Fall offensichtlich und somit nicht unbeachtlich im Sinne von § 10 Abs. 2 Nr. 2 ROG.

Ein Abwägungsmangel ist gemäß § 10 Abs. 2 Nr. 2 ROG weiterhin dann beachtlich, wenn er Einfluss auf das Abwägungsergebnis hat, für dieses also kausal ist. Entscheidend hierfür ist, ob nach den Umständen des Einzelfalls die konkrete Möglichkeit eines Einflusses auf das Abwägungsergebnis besteht, was insbesondere dann angenommen wird, wenn aus den Planungsunterlagen oder sonst erkennbaren oder nahe liegenden Umständen hergeleitet werden kann, dass sich ohne den Mangel im Abwägungsvorgang ein anderes Abwägungsergebnis konkret angeboten hätte[759]. Das bedeutet: Es reicht für das Vorliegen eines beachtlichen Fehlers nicht aus, wenn festgestellt wird, dass der Mangel im Abwägungsvorgang lediglich abstrakten oder hypothetischen Einfluss auf das Abwägungsergebnis hatte[760]. Wäre im Falle eines Zielkonflikts aufgrund sich überlagernder Vorranggebiete dieser sowohl erkannt als auch ausgetragen worden, wäre es nicht zu einer Überlagerung der unvereinbaren Funktionen oder Nutzungen auf der gleichen Fläche und damit zu miteinander konkurrierenden Zielen der Raumordnung gekommen. Damit steht fest, dass das Nichtaustragen des Zielkonflikts durch die zuständige Landesplanungsbehörde als fehlerhafte Abwägung Einfluss auf das Abwägungsergebnis hat und auch beachtlich ist.

---

[758] BVerwG, Beschl. v. 29.1.1992 – 4 NB 22/90 –, NVwZ 1992, 662 (663); BVerwG, Beschl. v. 20.1.1995 – 4 NB 43/93 –, ZfBR 1995, 145 (147); Battis, in: Battis/Krautzberger/Löhr, § 214 Rn. 17; Reitzig, in: Bielenberg/Runkel/Spannowsky, Bd. 2, § 10 Rn. 146.

[759] BVerwG, Urt. v. 21.8.1991 – 4 C 57/80 –, BVerwGE 64, 33 (38 f.); BVerwG, Beschl. v. 29.1.1992 – 4 NB 22/90 –, NVwZ 1992, 662 (663); Battis, in: Battis/Krautzberger/Löhr, § 214 Rn. 18; Reitzig, in: Bielenberg/Runkel/Spannowsky, Bd. 2, § 10 Rn. 151.

[760] Reitzig, in: Bielenberg/Runkel/Spannowsky, Bd. 2, § 10 Rn. 151.

4.Meinungsstand in der Literatur

In der Literatur wird die Auffassung vertreten, dass der Plangeber, der sich räumlich überlagernde Vorrangausweisungen trifft, auf der entsprechenden Fläche nur die Nutzungen ausschließen will, die sowohl mit der einen als auch mit der anderen Nutzung unvereinbar sind[762]. Die Frage der Vereinbarkeit der durch Vorranggebiete festgelegten Nutzungen soll nicht durch ihn gelöst, sondern den nachfolgenden Planungsträgern überlassen[763] und der vermeintliche Zielkonflikt durch Auslegung bereinigt werden[764].

Dieser Ansicht steht wiederum der Charakter der Ziele der Raumordnung als landesplanerische Letztentscheidungen entgegen, wonach die zuständige Landesplanungsbehörde eine abschließend abgewogene und damit für die Zieladressaten verbindliche Vorgabe treffen muss (vgl. § 3 Nr. 2 ROG). Auf der der Landesplanung nachfolgenden Planungsebene besteht zwar nicht die Pflicht, diese Vorgabe im Sinne eines schlichten Normvollzugs umzusetzen. Sie ist vielmehr zielkonform zu konkretisieren, was dem jeweiligen Planungsträger einen gewissen Ausgestaltungsspielraum lässt. Fraglich ist allerdings, ob darunter auch die hier zu behandelnde Lösung eines Zielkonflikts zwischen Vorranggebieten fällt, die hinsichtlich der in ihnen ausgewiesenen Nutzungen oder Funktionen nicht miteinander vereinbar sind.

Dies wird mit dem Argument bejaht, Ziele der Raumordnung beruhten auf dem Ausgleich spezifisch landesplanerischer Konflikte und auf einer Abwägung landesplanerischer Gesichtspunkte, weshalb sie Lösungen anböten, die auf landesplanerischer Ebene keiner Ergänzung mehr bedürfen[765]. Im Ergebnis zwänge der Letztentscheidungscharakter in Fällen, in denen dies aus überörtlichen Interessen nicht erforderlich sei, nicht zu einer Konfliktbewältigung[766]. Das bedeutet, durch die landesplanerische Letztentscheidung dürften nur solche Konflikte bewältigt werden, die tatsächlich überörtlicher Natur sind und aufgrund eines überörtlichen Interesses eine Bewältigung erfordern[767]. Letzteres folgt bereits aus § 1 Abs. 1 Satz 1 ROG und dem Baurechtsgutachten des BVerfG, wonach die Raumordnung als übergeordnete und zusammenfassende Planung zu verstehen ist[768], und stellt daher keine Besonderheit für die Überlagerung von Vorranggebieten dar.

Die Vertreter der gegenteiligen Meinung sind der Ansicht, dass ein Zielkonflikt

---

[762] Spiecker, S. 234.

[763] Simon, S. 355.

[764] Spiecker, S. 234.

[765] Spiecker, S. 234.

[766] Spiecker, S. 234.

[767] Spiecker, S. 234.

[768] BVerfG, Rechtsgutachten vom 16.6.1954 – 1 PBvV 2/52 –, BVerfGE 3, 407 (425).

spätestens auf der Ebene der Regionalplanung gelöst sein[769], sich das landesplanerische Ziel also spätestens zu diesem Zeitpunkt aus den verschiedenen Nutzungsmöglichkeiten heraus kristallisiert haben muss[770]. Lassen die zeichnerischen Darstellungen dennoch sich räumlich überlagernde Nutzungen oder Funktionen zu, so müsse dieser Konflikt durch textliche Vorgaben im Regionalplan gelöst werden, falls dies nicht bereits auf der höheren Planungsebene erfolgt sei[771]. Anderenfalls sei nicht erkennbar, unter welchen Voraussetzungen welche Nutzung oder Funktion Vorrang genießen soll. Damit die Zieladressaten die jeweils gewollte landesplanerische Raumnutzung sachgerecht auf ihrer Ebene darstellen und umsetzen können, müssten sie allerdings gerade in die Lage versetzt werden, jene gewollte Raumnutzung zu erkennen[772].
Neben den soeben dargestellten Betrachtungsweisen findet sich eine dritte, vermittelnde Ansicht. Danach sei in Fällen, in denen für ein Gebiet mehrere Nutzungen oder Funktionen festgelegt werden sollen, zutreffendes Raumplanungsinstrument nicht das Vorranggebiet, sondern das Vorbehaltsgebiet, denn eine abschließend abgewogene landesplanerische Entscheidung liege nicht vor[773]. Hierbei wird von der Prämisse ausgegangen, dass es sich bei Vorbehaltsgebieten um Grundsätze und nicht um Ziele der Raumordnung handelt[774]. Zugegebenermaßen lösen sich überlagernde Vorbehaltsgebiete, die auch nach der hier vertretenen Auffassung raumordnerische Grundsätze darstellen, keinen Zielkonflikt aus. Gleichwohl führt die Festlegung von Vorbehaltsgebieten aufgrund der dann bestehenden bloßen Berücksichtigungspflicht nicht zum beabsichtigten Ergebnis der Festlegung, wenn gerade eine Beachtenspflicht ausgelöst werden soll.

5. Die landesplanerische Konfliktlösung als Wirksamkeitserfordernis

§ 7 Abs. 4 Satz 1 Nr. 1 ROG ermöglicht den innergebietlichen Ausschluss anderer Funktionen oder Nutzungen „soweit diese mit den vorrangigen Funktionen, Nutzungen oder Zielen der Raumordnung nicht vereinbar sind“. Bei sich neutral oder komplementär zueinander verhaltenden Funktionen oder Nutzungen ist die Überlagerung der entsprechenden Vorranggebiete nicht zu beanstanden[775]. Zu berücksichtigen ist in diesem Zusammenhang allerdings, dass es auch Konstellationen geben kann, in denen die Komplementarität der sich überlagernden Funk-

---

[769] Runkel, in: Bielenberg/Runkel/Spannowsky, Bd. 2, § 3 Rn. 80; Folkerts, S.122; im Ergebnis auch Schmidt-Aßmann, DÖV 1986, 985 (991), nach dem es gerade im Blick auf die Konkretisierung eines regionalplanerischen Zieles klar sein muss, welche der kollidierenden Nutzungen Vorrang haben soll.
[770] Folkerts, S. 122.
[771] Folkerts. S. 122.
[772] Folkerts, S. 117.
[773] Dallhammer, in: Cholewa/Dyong/v.d. Heide/Arenz, Bd. 1, § 7 Rn. 128.
[774] Dallhammer, in: Cholewa/Dyong/v.d. Heide/Arenz, Bd. 1, § 7 Rn. 130.
[775] Hoppe, in: Hoppe/Bönker/Grotefels, S. 98 Rn. 4; Lehners, S. 40.

tionen oder Nutzungen von deren Intensität abhängt[776]. Das heißt, Vorranggebiete mit einer schwachen sachlich-funktionalen Ausprägung können im Einzelfall sehr wohl auch ohne ausdrückliche Konfliktregelung mit anderen Vorrangausweisungen vereinbar sein, wenn die textlichen Festsetzungen des Raumordnungsplans die konkrete Funktion oder Nutzung in bestimmter Weise ausgestalten. So kann beispielsweise in einem Vorranggebiet für den Schutz der Landschaft auch die Festlegung für eine landschaftsorientierte Erholung oder extensive Landwirtschaft, die auf Bewirtschaftung von Grünland durch Schafe beschränkt ist, getroffen werden.

Ist die Entscheidung über die Priorität der jeweiligen nicht miteinander zu vereinbarenden Vorrangausweisungen nicht im Raumordnungsplan festgelegt, so ist sie auf einen späteren Zeitpunkt verschoben. Dieses Offenlassen eines räumlichen Nutzungskonflikts spricht gegen die Einordnung als landesplanerische Letztentscheidung, denn es ist gerade Aufgabe der Regionalplanung, derartige Konflikte zu lösen, soweit dies aus regionaler Sicht erforderlich ist[777]. Die Entscheidung bezüglich der räumlichen Überlagerung von Vorranggebieten ist eine Abwägungsentscheidung, die nicht auf die Lösung eines lediglich örtlichen und damit nicht der Raumordnung und Landesplanung unterfallenden Konflikts abzielt. Insbesondere die Tatsache, dass Vorranggebiete nicht an kommunalen Grenzen halt machen müssen, also mehrere Gemeinden umfassen können und daneben hinsichtlich ihrer Auswirkungen bzw. hinsichtlich ihrer Bedeutung eine überörtliche Dimension aufweisen müssen, um überhaupt zulässige Ziele der Raumordnung sein zu können, lässt die Entscheidung sehr wohl auf dem Ausgleich spezifisch landesplanerischer Konflikte und auf einer Abwägung landesplanerischer Gesichtspunkte beruhen.

Die raumplanerische Ausweisung sich ausschließender Nutzungen und Funktionen auf der gleichen Fläche ohne Prioritätszuweisung stellt mithin keine Letztentscheidung im Sinne von § 3 Nr. 2 ROG dar[778]. Der Raumordnungsplan beinhaltet in einem solchen Fall nur die Aussage, dass mehrere Nutzungen und Funktionen gleichberechtigt nebeneinander vorliegen können. Eine Aussage darüber, welcher der sich überlagernden Nutzungen oder Funktionen im konkreten Einzelfall welches Gewicht zukommt, wird nicht getroffen. Somit handelt es sich bei derartigen Gebietsfestlegungen nicht um Vorranggebiete im Sinne des § 7 Abs. 4 Satz 1 Nr. 1 ROG. Selbst die Einordnung als Grundsatz der Raumordnung ist zweifelhaft[779], braucht an dieser Stelle aber nicht weiter erörtert zu werden.

Schließlich würde die Übertragung der Konfliktlösung auf die der Regionalpla-

---

[776] Lehners, S. 40.

[777] Simon, S. 355; ähnlich Lehners, S. 40.

[778] Paßlick, S. 118; Folkerts, S. 119.

[779] So auch Folkerts, S. 119, dessen Arbeit allerdings vor dem BauROG 1998 verfasst wurde und in der daher noch von einem „relativen Vorrang“ gesprochen wird.

nung nachgeordnete Ebene gegen die Zuständigkeitsregelung im Bereich der Raumordnung und Landesplanung verstoßen, weil allein die Landesplanungsbehörden die Kompetenz für Festlegungen nach dem ROG besitzen und ein besonderes Planverfahren erforderlich ist[780]. Davon zu unterscheiden ist allerdings die Möglichkeit der Auslegung für die Fälle nur scheinbar existierender Zielkonflikte, die auf der Ebene der Kommunen bzw. Fachplanungsträger erfolgt und den Letztentscheidungscharakter der Festlegungen nicht berührt[781]. Dies kann interpretativ aufgrund einer Gesamtschau des gesamten oder mehrerer Planwerke geschehen[782].
Das Problem sich überlagernder Vorranggebiete kann auch nicht dadurch gelöst werden, anstelle von Vorranggebieten lediglich Vorbehaltsgebiete festzulegen[783], denn der planerische Wille, die nachfolgenden Planungsträger strikt an die Festlegungen zu binden, würde damit nicht erreicht werden können.

6. Fazit

Grundsätzlich besteht die Möglichkeit, sich räumlich überlagernde Vorranggebiete auszuweisen. Kann es aufgrund derartiger Festlegungen zu Nutzungskonflikten zwischen einzelnen Vorranggebieten kommen, so muss der jeweilige Raumordnungsplan eine Regelung enthalten, welche den entsprechenden Konflikt zu lösen vermag. Dabei wird es sich überwiegend um textliche Festlegungen handeln. Eine solche ausdrückliche Kollisionsnorm, die einem von mehreren miteinander konfligierenden Vorranggebieten einen Vorrang einräumt, muss ihrerseits als Ziel der Raumordnung und Landesplanung erlassen werden[784], um den nachfolgenden Planungsträgern keine eigene Abwägungsentscheidung zu ermöglichen und sie damit an die landesplanerische Letztentscheidung strikt zu binden. Das Fehlen einer derartigen Prioritätsentscheidung auf der Ebene der Landesplanung führt dazu, dass es sich bei den Festlegungen nicht um vom Träger der Landes- oder Regionalplanung abschließend abgewogene Festlegungen und damit Ziele der Raumordnung handelt. Solche Festlegungen weisen nicht den Charakter eines Vorranggebiets im Sinne des § 7 Abs. 4 Satz 1 Nr. 1 ROG auf. Sie sind von den nachgeordneten Planungsträgern nicht gemäß § 4 Abs. 1 ROG oder anderen Raumordnungsklauseln wie § 1 Abs. 4 BauGB zu beachten und stellen kein wirksames Mittel zur Gewährleistung eines effektiven Hochwasserschutzes dar.

---

780 Ähnlich Paßlick, S. 118.
781 Spiecker, S. 234; Paßlick, S. 118.
782 Paßlick, S. 118.
783 So aber Dallhammer, in: Cholewa/Dyong/v.d. Heide/Arenz, Bd. 1, § 7 Rn. 128.
784 Paßlick, S. 118.

II. Die Lösung der konkreten Nutzungskonflikte bei Vorranggebieten mit Bezug zum Hochwasserschutz

Nach den vorhergehenden allgemein gehaltenen Ausführungen zur Überlagerung von Vorranggebieten, soll in der folgenden Darstellung beispielhaft auf konkrete Nutzungskonflikte zwischen Vorranggebieten für den Hochwasserschutz auf der einen und Vorranggebieten für weitere im Freiraum in Betracht kommende Raumnutzungen und Raumfunktionen auf der anderen Seite eingegangen werden. Bereits an dieser Stelle ist darauf hinzuweisen, dass die Lösung eines Nutzungskonflikts in der Regel nicht von vornherein zugunsten einer Nutzung bzw. Funktion getroffen werden kann, sondern von den konkreten Umständen des Einzelfalls abhängig ist. Gleichwohl kann den Belangen des Hochwasserschutzes, gerade unter dem Aspekt der mit demselben angestrebten Verringerung von Gefahren und Schadenspotentialen, eine tendenzielle Priorität nicht aberkannt werden.

1. Naturschutz und Hochwasserschutz

Ein Vergleich von § 2 Abs. 2 Nr. 8 ROG und § 2 Abs. 1 Nr. 4 BNatSchG zeigt, dass die raumbedeutsamen Planungen und Maßnahmen in den Bereichen Natur- und Hochwasserschutz zum Teil erhebliche Gemeinsamkeiten aufweisen. Überschwemmungsbereiche bzw. Auen können insbesondere wichtige Funktionen für den Biotopverbund wahrnehmen und somit zugleich im Regionalplan als Vorranggebiet für den Natur- und Landschaftsschutz ausgewiesen werden[785]. Nutzungskonflikte bestehen insoweit nicht.

Allerdings kann die Festlegung eines Vorranggebiets für den Hochwasserschutz, das der Standortsicherung für Maßnahmen des technischen Hochwasserschutzes wie Talsperren, Rückhaltebecken etc. dient, dem Naturschutz entgegenstehen, denn der Bau technischer Schutzeinrichtungen kann mit erheblichen Eingriffen in Natur und Landschaft verbunden sein. In einem solchen Fall gehen die Belange des Hochwasserschutzes denen des Natur- und Landschaftsschutzes vor. Zum einen ist der Schutz der Bevölkerung vor Hochwassergefahren ein hochrangiger öffentlicher Belang, zum anderen sind nur wenige Standorte für den Bau derartiger Vorhaben geeignet.

Festzuhalten bleibt daher, dass bei der Aufstellung des Regionalplans keine sich räumlich überlagernde Vorranggebiete für den Hochwasserschutz und für den Natur- und Landschaftsschutz festgelegt werden dürfen, sofern es um die Standortsicherung für technische Rückhalteeinrichtungen geht.

---

785 MKRO, Handlungsempfehlungen zum vorbeugenden Hochwasserschutz v. 14.06.2000, aaO, S. 113.

2. Hochwasserschutz und Rohstoffsicherung/-gewinnung

a) Rohstoffsicherung

Festlegungen in Raumordnungsplänen können auch der Sicherung von Rohstofflagerstätten dienen (vgl. § 7 Abs. 2 Satz 1 Nr. 2b ROG). Dabei gilt es, auf lange Sicht auszuschließen, dass die ausgewiesenen Bereiche zwischenzeitlich nicht mit Nutzungen belegt werden, die eine spätere Inanspruchnahme der Rohstoffvorkommen verhindern würden. Die Beurteilung der Frage, inwieweit auf Vorrangflächen zur Sicherung von Rohstoffvorkommen auch konkurrierende Freiraumansprüche zurückstehen müssen, ist hier besonders schwierig. Ein konkreter Konflikt entsteht nämlich erst in dem Zeitpunkt, in welchem die Rohstoffvorkommen tatsächlich abgebaut werden. Allerdings schwebt der spätere Abbau von Rohstoffen gleichsam als Damoklesschwert über dem Gebiet und ist bloß eine Frage der Zeit. Des Weiteren ist der Zeitpunkt der tatsächlichen Flächeninanspruchnahme zur Rohstoffgewinnung ausschließlich abhängig von der privatwirtschaftlichen Initiative eines Abbauunternehmens und lässt sich in der Regel nicht verlässlich prognostizieren[786]. Gleichwohl steht die Ausweisung allein zur Sicherung nicht im Widerspruch mit dem Hochwasserschutz, da es (noch) nicht zur Nutzung der Flächen zu anderen Zwecken als denen des Hochwasserschutzes kommt. Die Sicherung der Rohstoffe wird in erster Linie darin bestehen, bauliche Vorhaben auf den jeweiligen Flächen zu verbieten, die Flächen also brach liegen zu lassen. Gerade um die Verhinderung einer baulichen Nutzung geht es auch bei Vorranggebieten für den vorbeugenden Hochwasserschutz. Der vorbeugende Hochwasserschutz beruht wie die Sicherung von Rohstofflagerstätten auf der Freihaltung der jeweiligen Flächen von menschlichen Nutzungen. Insofern bestehen keine konkreten Nutzungskonflikte zwischen Vorranggebieten für den Hochwasserschutz und Vorranggebieten für die Rohstoffsicherung. Eine ausdrückliche Prioritätsregelung in Form eines Ziels der Raumordnung ist daher entbehrlich.

b) Rohstoffgewinnung

Hinsichtlich der Frage, ob der Abbau von Rohstoffen den Belangen des Hochwasserschutzes entgegensteht, ist auf den konkreten Einzelfall abzustellen. Die Rohstoffgewinnung wird in den meisten Fällen mit Eingriffen in Natur und Landschaft verbunden sein und dabei Naturgüter wie Wasser und Boden in Anspruch nehmen. Somit sind negative Auswirkungen auf den Hochwasserschutz nicht von vornherein auszuschließen und Nutzungskonflikte möglich. Eine Lösung dieses Konflikts kann nicht per se zugunsten des Hochwasserschutzes aus-

---

[786] Geyer, S. 201.

fallen. Vielmehr sind die sozialen und wirtschaftlichen Ansprüche an den Raum mit seinen ökologischen Funktionen in Einklang zu bringen (vgl. § 1 Abs. 2 Satz 1 ROG), ohne dabei einer bestimmten Nutzung oder Funktion von vornherein den Vorzug zu geben.
Im Rahmen der Aufstellung eines Raumordnungsplans ist zunächst festzustellen, ob der Abbau von Rohstoffen in einem Vorranggebiet für den Hochwasserschutz demselben widersprechen würde. Ist das der Fall, muss in einem zweiten Schritt abgewogen werden, ob das Interesse an der Rohstoffgewinnung in diesem konkreten Einzelfall das Interesse am Hochwasserschutz überwiegen kann. Von erheblicher Bedeutung ist in diesem Zusammenhang, dass die Vorranggebiete für den Hochwasserschutz auch der Abwendung von Sachschäden sowie Gefahren für Leib und Leben der in Überschwemmungsbereichen lebenden Menschen dienen. Auf der anderen Seite darf auch die Bedeutung des Rohstoffabbaus für die Deckung des regionalen und überregionalen Bedarfs an Rohstoffen und damit der wirtschaftliche Aspekt nicht übersehen werden. Des Weiteren kann insbesondere das Gebot, Beeinträchtigungen des Naturhaushalts auszugleichen (§ 2 Abs. 2 Nr. 8 Satz 3 ROG), für die Lösung des Nutzungskonflikts zugunsten des Rohstoffabbaus sprechen. Zudem ist der Abbau in zeitlicher Hinsicht an die Größe des Rohstoffvorkommens gebunden und damit nicht von Dauer. Schließlich gebietet § 2 Abs. 2 Nr. 8 Satz 4 ROG, dass bei solchen dauerhaft nicht mehr genutzten Flächen der Boden in seiner Leistungsfähigkeit erhalten oder wiederhergestellt werden soll. Der Entscheidung darüber, ob im Einzelfall dem Hochwasserschutz oder dem Abbau von Rohstoffen der Vorzug zu geben ist, sollten letztendlich in erster Linie die Faktoren Hochwasserwahrscheinlichkeit und Hochwassergefahr im betroffenen Gebiet zugrunde gelegt werden. Die Abwägung kann deshalb ergeben, das der Gewinnung von Rohstoffen Vorrang vor dem Hochwasserschutz eingeräumt wird. Als besonders wichtig ist nochmals hervorzuheben, dass die Lösung eines möglichen Konflikts zwischen Hochwasserschutz und Rohstoffgewinnung auf jeden Fall im Planaufstellungsverfahren gelöst werden muss und nicht den Planadressaten überlassen werden darf.
Der für die Planungspraxis einfachere Weg wird allerdings darin bestehen, Gebiete für den Rohstoffabbau, die innerhalb eines dem Hochwasserschutz dienenden Bereichs gelegen sind, nicht zugleich als Vorranggebiet für die Rohstoffgewinnung und den Hochwasserschutz festzusetzen, sondern zunächst als reines Vorranggebiet für die Rohstoffgewinnung auszuweisen, das gleichsam eine „Insel" im Vorranggebiet für den Hochwasserschutz bildet. Ist der Abbau der Rohstoffe beendet, könnte die Fläche anhand der Fortschreibung des Regionalplans in ein Vorranggebiet für den Hochwasserschutz umgewandelt werden. Auch hier können bereits im Raumordnungsplan selbst Pflichten für eine Raumnutzung nach Ende des Rohstoffabbaus festgelegt werden.

3. Hochwasserschutz und Landwirtschaft

Da landwirtschaftlich genutzte Flächen, insbesondere für den Ackerbau, nicht selten in der Nähe von Wasserläufen gelegen sind, kommt ihnen, da sie einen wesentlichen Beitrag zum Wasserrückhalt leisten können, eine wichtige Funktion auch beim Hochwasserschutz zu. Landwirtschaftliche Nutzungen sind in Überschwemmungsbereichen daher in der Regel möglich[787]. Allerdings kann die Art und Intensität der landwirtschaftlichen Nutzung des Bodens dessen wasserspeichernde Funktion nicht nur positiv, sondern auch negativ beeinflussen[788]. Befinden sich Flächen für die Landwirtschaft in Vorranggebieten für den Hochwasserschutz, noch dazu in Abflussbereichen, so führt intensiver Ackerbau nicht selten zu Bodenerosion und einer verringerten Rückhaltefähigkeit von Niederschlagswasser.

Die Entscheidung darüber, in welcher Weise der bei einer räumlichen Überlagerung von Vorranggebieten für den Hochwasserschutz mit solchen für die Landwirtschaft mögliche Nutzungskonflikt zu lösen ist, kann aus verschiedenen gesetzlichen Regelungen abgeleitet werden. Grundsätzlich sind gemäß § 2 Abs. 2 Nr. 10 Satz 1 ROG die räumlichen Voraussetzungen dafür zu schaffen oder zu sichern, dass sich die Landwirtschaft dem Wettbewerb entsprechend entwickeln kann. Gleichwohl verlangt die Vorschrift, dass die Landwirtschaft dazu beiträgt, die natürlichen Lebensgrundlagen zu schützen sowie Natur und Landschaft zu pflegen und zu gestalten. Dies entspricht der Leitvorstellung einer nachhaltigen Raumentwicklung (vgl. § 1 Abs. 2 Satz 1 ROG).

Ein Anhaltspunkt für den Vorrang der Belange des Hochwasserschutzes vor denen der Landwirtschaft kann § 5 Abs. 4 BNatSchG entnommen werden. Danach hat die Landwirtschaft bestimmte Grundsätze der guten fachlichen Praxis (vgl. auch § 17 Abs. 2 Satz 1 BBodSchG) zu beachten. Hierzu zählt das Gesetz neben einer standortangepassten Bewirtschaftung auch das Verbot eines Grünlandumbruchs in Überschwemmungsgebieten, wobei ersteres dem Standortschutz dient, zu dem auch die Abwehr der Bodenverdichtung zu rechnen ist[789]. Nach § 31b Abs. 3 WHG n.F, der im Rahmen des Artikelgesetzes zur Verbesserung des vorbeugenden Hochwasserschutzes geschaffen wurde, ist in den nach § 31b Abs. 2 Satz 3 und 4 WHG n.F. festgesetzten Überschwemmungsgebieten für landwirtschaftlich genutzte Flächen durch Landesrecht zu regeln, wie mögliche Erosionen oder erheblich nachteilige Auswirkungen auf Gewässer zu vermeiden oder zu verringern sind.

Die bisherigen Ausführungen betrafen in erster Linie Vorranggebiete für den

---

[787] MKRO, Handlungsempfehlungen zum vorbeugenden Hochwasserschutz v. 14.06.2000, aaO, S. 113.

[788] Vgl. dazu Kapitel 2, S. 25 f.

[789] Gassner, in: Gassner/Bendomir-Kahlo/Schmidt-Räntsch, § 5 Rn. 34a; vgl. dazu auch § 17 Abs. 2 Satz 2 Nr. 3 BBodSchG.

Hochwasserschutz, die der Sicherung des Wasserrückhalts und des natürlichen Wasserabflusses dienen. Da ein solches Vorranggebiet über die Sicherung bestehender Retentionsflächen hinaus auch der Rückgewinnung von Überschwemmungsflächen dienen kann, dies aber nicht in jedem Fall mit der Forderung nach Naturentwicklung verbunden sein muss bzw. sollte, können selten überschwemmte Flächen landwirtschaftlich bzw. ackerbaulich genutzt werden[790].

Insgesamt kann somit festgehalten werden, dass die Überlagerung eines Vorranggebiets für den Hochwasserschutz mit einem solchen für Landwirtschaft grundsätzlich zulässig ist, im Falle einer dem Hochwasserschutz widersprechenden Nutzung letzterem aber der Vorzug zu gewähren ist. Dies wird durch die LAWA bestätigt, wonach ein absoluter Schutz der landwirtschaftlichen Flächen vor Hochwasser nicht in Betracht kommt, diese bei standortgerechter Landbewirtschaftung keinen Schutzbedarf haben[791]. Ein konfliktfreies Nebeneinander beider Vorranggebietsarten kann dadurch gewährleistet werden, dass beispielsweise Abflussbereiche zur Verbesserung des Wasserrückhalts und zur Verhinderung des Bodenabtrags lediglich als Grünland genutzt werden. Derartige Forderungen sind in Form von textlichen Zielen der Raumordnung in die Raumordnungspläne aufzunehmen[792].

4. Hochwasserschutz und Erholung

Gewässer und ihre Auen zeichnen sich häufig durch eine große landschaftliche Attraktivität aus, weshalb in derartigen Gebieten verschiedenste Freizeit- und Sportaktivitäten in Betracht kommen. In Regionalplänen können sie als Bereiche für die landschaftsorientierte Erholung ausgewiesen werden. Der vorbeugende Hochwasserschutz ist aufgrund seiner herausragenden Schutzfunktion auch gegenüber der Erholungsfunktion prioritär. Soll für ein Gebiet eine Vorrangausweisung für Erholung und zugleich für den vorbeugenden Hochwasserschutz erfolgen, so verlangt die Ausschlusswirkung des Vorranggebiets für den Hochwasserschutz, dass die entsprechenden baulichen Freizeit- und Sporteinrichtungen sowohl das Überflutungsrisiko beachten als auch keine erhöhten Hochwasserrisiken verursachen[793]. Andernfalls würden beide Vorrangfestlegungen miteinander konfligieren und somit unwirksam sein.

---

[790] ARGEBAU, Handlungsanleitung für den Einsatz rechtlicher und technischer Instrumente zum Hochwasserschutz, S. 11.

[791] LAWA, Leitlinien für einen zukunftsweisenden Hochwasserschutz, S. 10.

[792] Die MKRO schlägt vor, entsprechende fachliche Forderungen als textliche Hinweise aufzunehmen. Verbindliche Regelungen hierzu seien nur über Schutzgebietsfestsetzungen möglich, MKRO, Handlungsempfehlungen zum vorbeugenden Hochwasserschutz v. 14.06.2000, aaO, S. 113.

[793] MKRO, Handlungsempfehlungen zum vorbeugenden Hochwasserschutz v. 14.06.2000, aaO, S. 113.

Kapitel 6: Instrumente zur Kontrolle und Durchsetzung der Planung

§ 1: Kontrolle der Planung

A. Erfordernis der Plankontrolle

Das folgende Kapitel befasst sich mit der Kontrolle der Landesplanung. Diese Kontrolle ist im vorliegenden Zusammenhang jedoch nicht i.S. einer Rechtmäßigkeitskontrolle der Raumordnungspläne bzw. deren Festsetzungen zu verstehen[794], sondern vielmehr i.S. einer Erfolgskontrolle. Ob die Ziele, welche sich die Planung auferlegt hat, auch tatsächlich verwirklicht wurden, kann in erster Linie nur durch eine ex-post-Betrachtung ermittelt werden. Eine stetige Erfolgskontrolle dient in großem Maße der Effektivität der Planung, wird aber wegen des Zeit- und Personalaufwands sowie der Sorgen vor eventuellen Sanktionen in der Praxis seltener praktiziert als gefordert[795]. Die Plankontrolle besitzt jedoch nicht nur Rechenschafts- und Lernfunktion, sie dient zugleich der Legitimation staatlicher Planung. Hinsichtlich der Formen der Erfolgskontrolle können Vollzugskontrolle, Wirkungskontrolle sowie Zielerreichungskontrolle unterschieden werden[796]. Während sich Erstere damit befasst, ob die geplanten Handlungen von den Planadressaten auch tatsächlich durchgeführt wurden, ist die Wirkungskontrolle als Kern der Erfolgskontrolle zu verstehen, durch welchen die Konsequenzen der tatsächlichen Handlungen ausschnittsweise ermittelt werden. Schließlich stellt sich die Zielerreichungskontrolle als Soll-Ist-Vergleich dar, der Aussagen zu Effektivität bzw. Effizienz der Planung ermöglicht.

B. Einzelne Instrumente

Sowohl das ROG als auch die Landsplanungsgesetze enthalten eine Vielfalt von Instrumenten, aus denen zum einen grundlegende Daten für die Aufstellung von Raumordnungsplänen gewonnen und anhand derer zum anderen, durch ständige Beobachtung des Raums, die Auswirkungen der raumordnerischen Maßnahmen festgestellt werden können. Die folgende Darstellung greift drei in der Planungspraxis verbreitete Instrumente der Raumordnung heraus, um die Möglichkeiten der Plankontrolle zu verdeutlichen.

---

[794] Vgl. dazu die ausführliche Darstellung in Kapitel 7, S. 243 ff.

[795] Mäding, in: ARL, Handwörterbuch der Raumordnung, S. 226.

[796] Mäding, in: ARL, Handwörterbuch der Raumordnung, S. 226 f.

I. Raumordnungskataster

Das Raumordnungskataster stellt eine landesplanerische Arbeitsgrundlage dar. Es handelt sich bei ihm um eine Sammlung von Karten mit grund- und bodenbezogenen raumrelevanten Eintragungen wie Bauleitplanungen, Trassenfestlegungen für den Verkehr etc. Das Raumordnungskataster ist aber nicht nur für raumordnerische Planungen, sondern auch für Fachplanungen und die Beratung von öffentlichen und privaten Planungsträgern von Bedeutung[797]. Um seine Wirkung in ausreichendem Maße zu entfalten, ist eine ständige Aktualisierung notwendig, wobei die Landesplanung auf die Datenermittlung aller Planungsträger angewiesen ist. Rechtlich ist das Raumordnungskataster als internes Arbeitsmittel einzustufen und bedarf keiner ausdrücklichen gesetzlichen Regelung. Gleichwohl enthalten einige Landesplanungsgesetze entsprechende Vorschriften[798]. Das Bayerische Landesplanungsgesetz sieht keine derartige Bestimmung vor. Art. 27 BayLPlG schreibt allerdings die Raumbeobachtung vor, auf die im folgenden Abschnitt eingegangen wird und deren Ergebnisse ebenfalls in ein Kartenwerk eingetragen werden. Somit ist in Bayern ein Raumordnungskataster jedenfalls mittelbar eingeführt[799].

II. Raumbeobachtung (Art. 27 BayLPlG)

Wie soeben erwähnt, fehlt im Bayerischen Landesplanungsgesetz die Verpflichtung, ein Raumordnungskataster zu führen. Art. 27 BayLPlG sieht aber das Instrument der Raumbeobachtung vor. Dabei erfassen, verwerten und überwachen die Landesplanungsbehörden fortlaufend die raumbedeutsamen Tatbestände und Entwicklungen. Die Umsetzung des Art. 10 der SUP-Richtlinie machte es erforderlich, die bereits vor der Novellierung des Bayerischen Landesplanungsgesetzes bestehende Pflicht zur Raumbeobachtung um die Überwachungsaufgabe zu erweitern. Überwachung meint das Aufzeigen oder Beobachten erheblicher Umweltauswirkungen, die im Rahmen der Umsetzung der Raumordnungspläne auftreten, um unvorhergesehene negative Auswirkungen frühzeitig zu ermitteln und geeignete Abhilfemaßnahmen zu ergreifen[800]. Die aus der Überwachung gewonnenen Erkenntnisse sind anschließend dem jeweiligen Entscheidungsträger vorzulegen, binden diesen aber nicht zwingend, sondern unterliegen seiner planerischen Abwägung. Die Vorlage an den Entscheidungsträger erfolgt beim Landesentwicklungsprogramm im Rahmen des Raumordnungsberichts, auf dessen Bedeutung im folgenden Abschnitt näher eingegangen wird. Die Überwa-

---

797 Erbguth/Schoeneberg, S. 229 Rn. 168.

798 Z.B. § 19 BaWüLPlG, § 12 NROG, § 16 SaarlLPlG, § 18 SchlHoLPlG.

799 Erbguth/Schoeneberg, S. 229 Rn. 168.

800 Begründung des Gesetzesentwurfs des Bayerischen Landesplanungsgesetzes, LT-DS 15/1667, S. 23.

chung bei der Verwirklichung der Regionalpläne erfolgt durch die höheren Landesplanungsbehörden; diese legen ihre Erkenntnisse den Regionalen Planungsverbänden als Entscheidungsträgern vor. Auf diese Weise wird die Landesplanung über raumrelevante Vorgänge frühzeitig informiert, um ihrem vielfältigen Abstimmungsauftrag gerecht zu werden[801]. Auch in Ländern, in denen die Raumbeobachtung nicht gesetzlich vorgeschrieben ist, findet eine solche gleichwohl statt, da die Sammlung und Bewertung raumrelevanter Informationen Grundlage für die Erstattung der Raumordnungsberichte ist.

III. Der Raumordnungsbericht (§ 21 ROG, Art. 28 BayLPlG)

Nach § 21 ROG hat das Bundesamt für Bauwesen und Raumordnung dem für Raumordnung zuständigen Bundesministerium in regelmäßigen Abständen Bericht über raumbedeutsame Sachverhalte zu erstatten, der anschließend dem Bundestag vorgelegt wird. Inhaltlich handelt es sich im Wesentlichen um eine Bestandsaufnahme, die Darstellung von Entwicklungstendenzen sowie die Beschreibung der im Rahmen der angestrebten räumlichen Entwicklung durchgeführten und beabsichtigten raumbedeutsamen Planungen und Maßnahmen. Neben diesen umfassenden Berichten in größeren zeitlichen Abständen sollen auch Berichte zu Einzelfragen der räumlichen Entwicklung vorgelegt werden[802].
Eine Verpflichtung zur Berichterstattung im Sinne des § 21 ROG existiert auch auf Landesebene. So schreibt Art. 28 BayLPlG verbindlich vor, dass die Staatsregierung dem Landtag alle fünf Jahre über den Stand der Raumordnung in Bayern, die Verwirklichung des Landesentwicklungsprogramms und über neue Planungsvorhaben von allgemeiner Bedeutung zu berichten hat.

§ 2: Durchsetzung und Sicherung der Planung

A. Erfordernis

Hat der Einsatz der für die Plankontrolle zur Verfügung stehenden Instrumente ergeben, dass die in den Raumordnungsplänen enthaltenen Festlegungen nicht ausreichend umgesetzt wurden oder laufen die räumlichen Belange Gefahr, durch anderweitige Planungen und Maßnahmen auf einer unter der Raumordnung befindlichen Planungsstufe unterlaufen zu werden, bedarf es der Möglichkeit, dem entgegen zu treten.

---

[801] Erbguth/Schoeneberg, S. 226 Rn. 165.
[802] Begründung des Gesetzesentwurfs der Bundesregierung zum BauROG 1998, BR-DS 635/96, S. 88.

Die dem Hochwasserschutz dienenden raumordnerischen Festlegungen schränken entgegenstehende Raumnutzungen ein oder schließen diese vollständig aus. Die Planadressaten sehen sich daher häufig in ihren Interessen bzw. Rechten eingeschränkt, was durchaus zu Vollzugsdefiziten führen kann. Hierbei handelt es sich beispielsweise um die Durchführung raumordnungswidriger Planungen und Maßnahmen oder die Verletzung des Anpassungsgebots des § 1 Abs. 4 BauGB. Es bedarf folglich eines Instrumentariums, anhand dessen die Vorgaben der Raumordnungspläne effektiv umgesetzt werden können. Neben den rahmenrechtlichen Vorschriften des ROG existieren in den Ländern verschiedene (weitergehende) Instrumente, die der Durchsetzung und Sicherung der Raumordnungsplanung dienen und nun näher dargestellt werden sollen.

I. Die Untersagung raumordnungswidriger Planungen und Maßnahmen (§ 12 ROG, Art. 24 BayLPlG)

Nach § 12 Abs. 1 ROG ist vorzusehen, dass raumbedeutsame Planungen und Maßnahmen, die von den Bindungswirkungen der Ziele der Raumordnung nach § 4 Abs. 1 und 3 ROG erfasst werden, untersagt werden können. Eine unbefristete Untersagung kommt immer dann in Frage, wenn die entsprechenden raumbedeutsamen Planungen und Maßnahmen den Zielen der Raumordnung entgegenstehen (Nr. 1). Ist zu befürchten, dass die Verwirklichung in Aufstellung, Änderung, Ergänzung oder Aufhebung befindlicher Ziele der Raumordnung unmöglich gemacht oder wesentlich erschwert werden würde, so kann die Untersagung befristet für die Dauer von bis zu zwei Jahren erfolgen (Nr. 2 i.V.m. Abs. 4). Auch bei behördlichen Entscheidungen über die Zulässigkeit raumbedeutsamer Maßnahmen von Personen des Privatrechts kommt eine, allerdings nur zeitlich befristete, Untersagung in Betracht, wenn die Ziele der Raumordnung bei der Genehmigung der Maßnahme nach § 4 Abs. 4 und 5 ROG rechtserheblich sind (§ 12 Abs. 2 ROG). Zu denken ist hier insbesondere an raumbedeutsame Außenbereichsvorhaben, deren Zulässigkeit sich nach § 35 Abs. 3 Satz 2 und 3 BauGB bestimmt[803]. Der bayerische Gesetzgeber setzte die rahmenrechtliche Vorgabe des § 12 ROG mit Art. 24 BayLPlG in Landesrecht um und übertrug die Zuständigkeit hinsichtlich der Untersagung der obersten Landesplanungsbehörde, die dabei das Einvernehmen mit den beteiligten Staatsministerien herzustellen hat (Art. 24 Abs. 1 Satz 1 BayLPlG).
Da gerade die Interessen der räumlichen Planung auf der Ortsebene mit den Maßnahmen des vorsorgenden Hochwasserschutzes in Raumordnung und Landesplanung in Konflikt geraten können, ermöglicht § 12 ROG den Ländern, ge-

[803] Runkel, WiVerw 1997, 267 (294 f.); Steiner, Raumordnungs- und Landesplanungsrecht, S.864 Rn. 82.

gen raumordnerische Zielfestlegungen verstoßende Bauleitpläne unbefristet zu untersagen. Ein solches Vorgehen kommt insbesondere dann in Betracht, wenn eine Gemeinde ihren Bauleitplan noch nicht gemäß § 1 Abs. 4 BauGB an inzwischen verbindlich gewordene Ziele der Raumordnung angepasst hat. Durch diese gezielte Untersagungsmöglichkeit für Einzelfälle kann sichergestellt werden, dass übergeordnete Ziele Geltung gegenüber örtlichen Planungen besitzen[804].

II. Das Raumordnungsverfahren (§ 15 ROG, Art. 21 ff. BayLPlG)

1. Aufgabe des Raumordnungsverfahrens

Ist die Aufgabe der Zielaufstellung von den Landesplanungsbehörden erfüllt, sehen sich diese der nächsten Aufgabe, der Zielverwirklichung, gegenüber. Dabei kann es insbesondere auf regionaler Ebene zu einem schwer zu bewältigenden Konfliktregelungs- und Informationsverarbeitungsbedarf kommen[805]. Um dieser Belastung entgegenzuwirken, sieht der Bundsgesetzgeber in § 15 Abs. 1 Satz 1 ROG vor, dass raumbedeutsame Planungen und Maßnahmen in einem besonderen Verfahren untereinander und mit den Erfordernissen der Raumordnung abzustimmen sind. Auf diese Weise wird festgestellt, ob raumbedeutsame Planungen und Maßnahmen mit den Erfordernissen der Raumordnung übereinstimmen (§ 15 Abs. 1 Satz 2 Nr. 1 ROG) und wie raumbedeutsame Planungen und Maßnahmen unter den Gesichtspunkten der Raumordnung aufeinander abgestimmt und durchgeführt werden können (§ 15 Abs. 1 Satz 2 Nr. 2 ROG). Anhand des Raumordnungsverfahrens können konkurrierende Raumnutzungsansprüche und Raumfunktionen so aufeinander abgestimmt werden, dass sie sich nicht ausschließen oder mehr als notwendig behindern. Damit wird zugleich ein Beitrag zur Erfüllung der bereits aufgestellten Forderung nach einer effizienteren Mehrfachnutzung des Raumes geleistet.

2. Gegenstand des Raumordnungsverfahrens

Den Gegenstand des Raumordnungsverfahrens bilden die durch Rechtsverordnung der Bundesregierung[806] festgelegten Vorhaben, wenn sie im Einzelfall raumbedeutsam sind und überörtliche Bedeutung haben (§ 1 Satz 1 RoV). Dies wird in Art. 21 Abs. 1 Nr. 1 BayLPlG bestätigt und zudem in Nr. 2 des Absatzes

---

[804] So auch die Begründung des Gesetzesentwurfs der Bundesregierung zum BauROG 1998, BR-Drucksache 635/96, S. 40.

[805] Erbguth/Schoeneberg, S. 165 Rn. 114; ähnlich Cholewa, in: Cholewa/Dyong/v.d. Heide/Arenz, Bd.1, § 15 Rn. 54.

[806] Raumordnungsverordnung - RoV (Verordnung zu § 6a alt/§ 15 ROG) vom 13.12.1990, BGBl. I S. 2766, zuletzt geändert durch das Siebte Gesetz zur Änderung des Wasserhaushaltsgesetzes vom 18.6.2002, BGBl. I S. 1914, 1921.

1 verankert, dass Gegenstand eines Raumordnungsverfahrens auch weitere Vorhaben sein können, wenn der Träger des Vorhabens die Durchführung eines Raumordnungsverfahrens beantragt.
Einfluss auf den vorsorgenden Hochwasserschutz können insbesondere die Einzelvorhaben nach § 1 Nr. 7, 11 und 17 RoV haben, da bei ihnen nachteilige Auswirkungen auf den vorsorgenden Hochwasserschutz zu erwarten sind. Gerade der Gewässerausbau nach § 31 Abs. 2 Satz 1 WHG, also die Herstellung, Beseitigung und wesentliche Umgestaltung eines Gewässers oder seiner Ufer sowie Deich- und Dammbauten (§ 31 Abs. 2 Satz 2 WHG), kann sich negativ auf den natürlichen Wasserrückhalt und das natürliche Abflussverhalten, also auf Handlungsfelder des vorsorgenden Hochwasserschutzes auswirken. Um den Hochwasserschutz als Raumfunktion nicht zu beeinträchtigen, sind im Rahmen des Gewässerausbaus, bei dem es sich um eine mit der Raumfunktion Hochwasserschutz konkurrierende Raumnutzung handelt, natürliche Rückhalteflächen zu erhalten, das natürliche Abflussverhalten nicht wesentlich zu verändern, naturraumtypische Lebensgemeinschaften zu bewahren und sonstige erhebliche nachteilige Veränderungen des natürlichen oder naturnahen Zustands des Gewässers zu vermeiden oder, soweit dies nicht möglich ist, auszugleichen (§ 31 Abs. 5 Satz 1 WHG). Soweit der Gewässerausbau eine erhebliche und dauerhafte, nicht ausgleichbare Erhöhung der Hochwassergefahr oder eine Zerstörung natürlicher Rückhalteflächen, vor allem in Auwäldern, erwarten lässt, sind die Planfeststellung oder die Genehmigung gemäß § 31 Abs. 5 Satz 3 WHG zu versagen.

3. Rechtswirkungen des Raumordnungsverfahrens

Das Raumordnungsverfahren, das lediglich ein vorklärendes Planverfahren darstellt und der Erstellung einer Arbeitsgrundlage für ein gegebenenfalls folgendes Genehmigungs- oder Planfeststellungsverfahren dient[807], endet mit der Feststellung, ob eine konkrete raumbedeutsame Planung oder Maßnahme raumverträglich ist oder nicht. Dabei handelt es sich um eine gutachtliche Äußerung, die häufig auch als raumordnerische oder landesplanerische Beurteilung bezeichnet wird[808]. Gemäß § 3 Nr. 4 ROG ist das Ergebnis des Raumordnungsverfahrens als „sonstiges Erfordernis der Raumordnung" zu qualifizieren und nach § 4 Abs. 2 ROG von öffentlichen Stellen bei raumbedeutsamen Planungen oder Maßnahmen in der Abwägung oder bei der Ermessensausübung nach Maßgabe der dafür geltenden Vorschriften zu berücksichtigen. Ganz allein darin erschöpft sich die Bedeutung der raumordnerischen Beurteilung. Sie vermag keine unmittelbaren Rechtswirkungen gegenüber dem Vorhabenträger oder Dritten zu er-

807 BayVGH, Urt. v. 29.10.1969 – 133 IV 69 -, BayVBl. 1970, 294.
808 Vgl. z.B. § 18 Abs. 3 BaWüLPlG, § 10 Abs. 1 SLPlG, § 15 Abs. 7 Satz 4 SächsLPlG, § 15 Abs. 9 SaAnLPlG, § 14b Abs. 1 SchlHLPlG, § 20 Abs. 7 ThürLPlG.

zeugen[809]. Dem Raumordnungsverfahren kommt aufgrund seiner starken faktischen Bindung für weitere Verfahrensschritte gleichwohl ein besonderes (kaum normativ begründbares) Gewicht zu[810]: Fällt sein Ergebnis negativ aus, so ist das beabsichtigte Vorhaben praktisch gescheitert.

III. Anpassungsgebot und landesplanerische Entschädigung (Art. 30 BayLPlG)

1. Anpassungsgebot

Die Raumordnungsklausel des § 1 Abs. 4 BauGB verlangt, dass die Kommunen ihre Bauleitpläne an die Ziele der Raumordnung anpassen. Raumordnerische Zielfestlegungen vermögen aber nicht, eine bereits bestehende Bauleitplanung zu verdrängen, denn die Ziele der Raumordnung stellen im Verhältnis zu den Bauleitplänen kein höherrangiges Recht dar, das diese im Kollisionsfall außer Kraft setzt[811]. Nach ihrem Wortlaut verlangt die Regelung des § 1 Abs. 4 BauGB lediglich eine Anpassung der Bauleitpläne. Dies spricht dafür, dass die Bauleitpläne nicht bereits ipso iure außer Kraft treten[812]. Ein nicht angepasster, ansonsten aber rechtswirksamer, Bauleitplan besitzt somit weiterhin Gültigkeit[813].

Kommt eine Gemeinde ihrer Verpflichtung aus § 1 Abs. 4 BauGB nicht nach, so besteht in Bayern die Möglichkeit, dass die oberste Landesplanungsbehörde im Einvernehmen mit den beteiligten Staatsministerien von dieser verlangt, dass sie ihre rechtswirksamen Bauleitpläne den Zielen der Raumordnung anpasst (Art. 30 Abs. 1 BayLPlG)[814]. Hierbei handelt es sich um einen speziellen hoheitlichen Ausspruch der Anpassungspflicht mit besonderer Zuständigkeit[815], durch

---

[809] BVerwG, Beschl. v. 30.8.1995 – 4 B 86.95 – BauR 1995, 802 f.; BayVGH, Urt. v. 29.10.1969 – 133 IV 69 -, BayVBl. 1970, 294; Erbguth/Schoeneberg, S. 190 Rn. 133 f.; Manssen, Öffentliches Baurecht und Raumordnungsrecht, in: Manssen/Schütz, S. 318; Steiner, Raumordnungs- und Landesplanungsrecht, S. 864 Rn. 81; Erbguth, NuR 1982, 161 (163 f.); Höhnberg, BayVBl. 1982, 722 (723).

[810] BayVGH, Urt. v. 29.10.1969 – 133 IV 69 -, BayVBl. 1970, 294; Redeker, in: FS Schlichter, S. 541 (547); Steiner, Raumordnungs- und Landesplanungsrecht, S. 864 Rn. 81.

[811] BayVGH, Urt. v. 16.11.1993 – 8 B 92.3559 -, BayVBl. 1994, 273 (274).

[812] BayVGH, Urt. v. 16.11.1993 – 8 B 92.3559 -, BayVBl. 1994, 273 (274); Manssen, Öffentliches Baurecht, in: Becker/Heckmann/Kempen/Manssen, S. 404 Rn. 52; Steiner, Raumordnungs- und Landesplanungsrecht, S. 855 Rn. 62.

[813] BayVGH, Urt. v. 16.11.1993 – 8 B 92.3559 -, BayVBl. 1994, 273 (274); OVG Lüneburg, Urt. v. 16.6.1982 – 1 A 194/80 -, BauR 1982, 557 (559); Krautzberger, in: Battis/Krautzberger/Löhr, § 1 Rn. 42; Manssen, Öffentliches Baurecht, in: Becker/Heckmann/Kemoen/Manssen, S. 404 Rn. 52; Steiner, Raumordnungs- und Landesplanungsrecht, S. 767 Rn. 62.

[814] Weitere landesrechtliche Anpassungsgebote sind z.B. enthalten in: § 21 Abs. 1 BaWüLPlG; § 12 Abs. 2 Bln/BbgLPlanV; § 23 Abs. 1 NROG.

[815] Steiner, Raumordnungs- und Landesplanungsrecht, S. 855 Rn. 62.

den die Anpassungspflicht nach § 1 Abs. 4 BauGB aktualisiert wird[816], in materieller Hinsicht aber unberührt bleibt[817].
Da die Vorschrift ausdrücklich auf rechtswirksame, also bereits bestehende Bauleitpläne abzielt, ging der bayerische Gesetzgeber anscheinend davon aus, dass eine kommunale Erstplanungspflicht nicht besteht. Insofern ist auf die Ausführungen zur Durchsetzung der Ziele der Raumordnung durch kommunalaufsichtliche Maßnahmen im Rahmen der Erstplanungspflicht der Gemeinden zu verweisen[818].
Gleichwohl wurde von der Möglichkeit, die Anpassung der Bauleitpläne an die Ziele der Raumordnung zu verlangen, in Bayern bislang nicht Gebrauch gemacht[819]. Dies ist unter anderem darauf zurückzuführen, dass es den Gemeinden nach Art. 30 Abs. 3 BayLPlG obliegt, die höhere Landesplanungsbehörde vom Entwurf des angepassten Bebauungsplans zu unterrichten. Durch diese Beteiligung können bereits im Vorfeld Zweifel hinsichtlich des Angepasstseins der Bauleitplanung an die Ziele der Raumordnung ausgeräumt werden.

2. Entschädigungspflicht

Der Bebauungsplan regelt rechtsverbindlich und mit Außenwirkung sowohl Art und Weise als auch den Umfang der baulichen Nutzung der jeweils beplanten Grundstücke[820]. Ändert eine Gemeinde ihren bestehenden Bebauungsplan, um diesen an die Ziele der Raumordnung anzupassen, so kann dadurch die Nutzungsmöglichkeit der von der Planungsmaßnahme betroffenen Grundstücke gemindert werden. War die Frage, ob die Beschränkung oder der Entzug von planungsrechtlichen Nutzungsmöglichkeiten durch Bebauungsplan eine (Teil-)Enteignung oder eine ausgleichspflichtige Inhaltsbestimmung des Eigentums darstellt, lange Zeit umstritten[821], so hat das Bundesverfassungsgericht mit Beschluss vom 22. 9. 1999 im letzteren Sinne entschieden[822]. Da Festsetzungen

---

816 Heigl/Hosch, Art. 28 BayLPlG a.F., Rn. 5.

817 Heigl/Hosch, Art. 28 BayLPlG a.F., Rn. 3.

818 Vgl. dazu Kapitel 6, S. 237 ff.

819 Begründung des Regierungsentwurfs zum Bayerischen Landesplanungsgesetz, LT-DS 15/1667, S. 23.

820 Oldiges, Baurecht, in: Steiner, Besonderes Verwaltungsrecht, S. 601 Rn. 142.

821 Für eine (Teil-)Enteignung sprachen sich aus: Breuer, in: Schrödter, § 39 Rn. 20; Hoppe, in: Hoppe/ Grotefels, 1. Auflage, S. 421 Rn. 1; Oldiges, Baurecht, in: Steiner, Besonderes Verwaltungsrecht, S. 546 Rn. 142; für die Einordnung als Inhaltsbestimmung: Osterloh, NJW 1981, 2537 (2543 ff.); Deutsch, DVBl. 1995, 546 (551 ff.); Papier, in: FS Hoppe, S. 213 (214); Battis, in: Battis/Krautzberger/Löhr, Vorb. § 39 bis 44 Rn. 5.

822 BVerfG, Beschl. v. 22.9.1999 – 1 BvR 565/91 –, NVwZ 1999, 979 f.; dem folgend: Bielenberg/Runkel, in: Ernst/Zinkahn/Bielenberg/Krautzberger, Bd. 2, Vorb. §§ 39 bis 44 Rn. 49; Battis, in: Battis/Krautzberger/Löhr, Vorb. §§ 39 bis 44 Rn. 5; Schieferdecker, in: Hoppe/Bönker/Grotefels, S. 412 Rn. 3.

eines Bebauungsplans im Einzelfall unverhältnismäßige Eingriffe in die privatnützige Verwendungsmöglichkeit des Eigentums darstellen können, müssen diese, um nicht zur Verfassungswidrigkeit zu führen, durch Entschädigungsleistungen kompensiert werden (sog. ausgleichspflichtige Inhaltsbestimmung). Dem wird durch die §§ 40 bis 42 BauGB grundsätzlich Rechnung getragen[823]. Vorrangflächen für den vorsorgenden Hochwasserschutz zielen in erster Linie darauf ab, das jeweilige Gebiet von Bebauung oder sonstigen widersprechenden Raumnutzungen freizuhalten, um Retentionsflächen zu sichern oder wieder herzustellen, um Niederschlagswasser auf natürliche Weise zurückzuhalten und einen natürlichen Wasserabfluss zu gewährleisten. Unter dem Gesichtspunkt der Grundstücksnutzung geht es also vielfach darum, autonom-privatnützige durch heterogen-gemeinnützige Nutzungsbestimmungen zu ersetzen, was auch im Wege der formellen Enteignung der entsprechenden Grundstückseigentümer oder der Belastung der jeweiligen Grundstücke mit bestimmten dinglichen Rechten realisiert werden kann[824]. Der die Vorgaben der Raumordnungsplanung umsetzende Bebauungsplan bereitet eine mögliche Enteignung lediglich vor, das heißt, er selbst stellt keine Enteignung dar, denn die getroffenen Festsetzungen sind nicht auf die vollständige oder teilweise Entziehung konkreter subjektiver Rechtspositionen gerichtet[825]. Damit kann auch das entsprechende Raumordnungsziel bzw. der dasselbe enthaltende Raumordnungsplan nicht als Enteignung angesehen werden. Allerdings kann bereits die zu erwartende Inanspruchnahme eines Grundstücks zu derartigen Zwecken dessen Verkehrswert mindern[826]. Diese von den planerischen Festsetzungen ausgehenden Vorwirkungen werden durch die §§ 40, 41 BauGB beendet, indem die aufgrund der geplanten Inanspruchnahme des Grundstücks fällig werdende Entschädigung unter der Voraussetzung vorgezogen wird, dass die planerische Festsetzung eine gegenwärtige Belastung des Grundstückseigentümers darstellt.

Neben den speziellen Vorschriften der §§ 40, 41 BauGB existiert mit § 42 BauGB eine Generalnorm, die einen Entschädigungsanspruch für eine nicht unwesentliche Wertminderung eines Grundstücks infolge Änderung oder Aufhebung einer zulässigen Nutzung, gleichsam als Kompensation des enttäuschten Vertrauens auf den Planfortbestand, vorsieht[827]. Dieser „Grundtatbestand des Plangewährleistungs- und Planschadensrechts“ gelangt nur dann zur Anwendung, wenn die Voraussetzungen der Sondervorschriften der §§ 40, 41 BauGB

---

[823] Schieferdecker, in: Hoppe/Bönker/Grotefels, S. 412 Rn. 3; Just, in: Hoppe/Bönker/Grotefels, S. 65 Rn. 72.

[824] Oldiges, Baurecht, in: Steiner, Besonderes Verwaltungsrecht, S. 608 Rn. 156.

[825] Schieferdecker, in: Hoppe/Bönker/Grotefels, S. 412 Rn. 2.

[826] BGH, Urt. v. 25.11.1974 – III ZR 42/73 –, BGHZ 63, 240; Oldiges, Baurecht, in: Steiner, Besonderes Verwaltungsrecht, S. 608 Rn. 156.

[827] Brohm, S. 345 Rn. 7.

nicht vorliegen (vgl. § 43 Abs. 3 Satz 1 BauGB). Grundsätzlich schützt § 42 BauGB sowohl tatsächlich ausgeübte (zulässige) Nutzungen als auch nicht verwirklichte (zulässige) Nutzungsmöglichkeiten. Allerdings genießt nur die ausgeübte Nutzung einen unbefristeten Schutz (§ 42 Abs. 3 BauGB), wohingegen nicht ausgeübte Nutzungsmöglichkeiten nach Ablauf von sieben Jahren ab Nutzungszulässigkeit grundsätzlich nicht zu entschädigen sind. Den Hintergrund dieser Regelung bildet nach einer in der Literatur vertretenen Ansicht die Überlegung, dass die rechtlich eröffnete, aber noch nicht tatsächlich wahrgenommene Möglichkeit der Grundstücksnutzung nicht als Bestandteil des Eigentumsrecht i.S.d. Art. 14 Abs. 1 GG, sondern als eine vom Gesetzgeber „verliehene" und zu seiner weiteren Disposition stehende Nutzungschance anzusehen sei[828]. Geht man jedoch in Übereinstimmung mit der wohl überwiegenden Meinung davon aus, dass die Baufreiheit ein vermögenswertes Recht i.S.d. Art. 14 Abs. 1 GG ist[829], so wird man die erstere Auffassung nicht teilen können. Vielmehr handelt es sich um eine im Rahmen der Bestimmung von Inhalt des Eigentums aus Gründen der Verhältnismäßigkeit erforderliche Übergangsregelung, um eine ausgleichspflichtige Inhaltsbestimmung nach Art. 14 Abs. 1 Satz 2 GG. Von § 42 BauGB wird jede zulässige bauliche Nutzung geschützt, ohne dass es darauf ankommt, ob das Grundstück in Gebieten nach §§ 30 Abs. 1, 34 oder 35 BauGB liegt[830]. „Zulässig" ist die Nutzung dann, wenn für sie eine Genehmigung bereits erteilt wurde oder ein Rechtsanspruch auf Erteilung der Genehmigung besteht[831]. Bei Ermessensvorschriften (§§ 34 Abs. 2 und Abs. 3, 31 Abs. 1 und Abs. 2, 33 Abs. 1 und Abs. 2) besteht ein Rechtsanspruch nur bei einer Ermessensreduzierung auf Null.

Im Rahmen des vorsorgenden Hochwasserschutzes durch Raumordnung und Landesplanung, der gerade durch die Ausweisung von Vorranggebieten bewerkstelligt werden kann und eine Anpassung der Bebauungspläne an diese Ziele der Raumordnung verlangt, kommt insbesondere die Festsetzung folgender Flächen nach § 40 Abs. 1 Satz 1 BauGB in Betracht, durch die eine Entschädigungspflicht der Gemeinde ausgelöst wird: von Bebauung freizuhaltende Flächen (Nr. 12), Wasserflächen, Flächen für die Wasserwirtschaft, Flächen für Hochwasserschutzanlagen und Flächen für die Regelung des Wasserabflusses (Nr. 13) sowie

---

828 Vgl. die Begründung des Regierungsentwurfs zu § 44 BauGB, BT-DS 7/2496, S. 56; Schieferdecker, in: Hoppe/Bönker/Grotefels, S. 420 Rn. 20.

829 BVerfG, v. 19.6.1973 – 1 BvL 38/69 und 14/72 –, BVerfGE 35, 263 (276 f.); BVerwG, Urt. v. 6.6.1975 – 4 C 15.73 –, BVerwGE 48, 271 (273 f.); BVerwG, Urt. v. 5.7.1974 – 4 C 50.72 –, BVerwGE 45, 309 (324); Leisner, in: Isensee/Kirchhof, Bd. VI, S. 1062 Rn. 104; ders., DVBl. 1992, 1065 (1068).;Krautzberger, in: Battis/Krautzberger/Löhr, § 1 Rn. 7 ff.; Peine, S. 104 Rn. 325; Papier, S. 220 f.; Hendler, DVBl. 2001, 1233 (1239).

830 Bielenberg/Runkel, in: Ernst/Zinkahn/Bielenberg, Bd. 2, § 42 Rn. 27-29; Schieferdecker, in: Hoppe/Bönker/Grotefels, S. 420 Rn. 22.

831 Battis, in: Battis/Krautzberger/Löhr, § 42 Rn. 4; Krohn, in: Berliner Komm., § 42 Rn. 11; Schieferdecker, in: Hoppe/Bönker/Grotefels, S. 420 Rn. 22.

Flächen zum Schutz, zur Pflege und zur Entwicklung von Boden, Natur und Landschaft (Nr. 14). In der Regelung ist eine Entschädigung entweder durch entgeltliche Übernahme des Grundstücks oder in Geld vorgesehen, wobei grundsätzlich von der Übernahme des Grundstücks Gebrauch zu machen ist[832]. Eine Entschädigung in Geld kommt nur dann in Betracht, wenn es dem Eigentümer nicht mehr zumutbar ist, das Grundstück zu behalten[833].

Hat eine Gemeinde aufgrund der Anpassungspflicht des § 1 Abs. 4 BauGB ihren Bebauungsplan geändert oder aufgehoben und ist sie deswegen nach den §§ 39 ff. BauGB entschädigungspflichtig, so kann sie in Bayern gemäß Art. 30 Abs. 2 BayLPlG Ersatz der Kosten, die ihr aufgrund dieser Entschädigung Dritter entstanden sind, verlangen[834]. Voraussetzung für die Ersatzpflicht ist zum einen, dass ein verbindlicher Bebauungsplan auf Grund der Ziele der Raumordnung aufgehoben oder abgeändert wird. Das bis zur aktuellen Novellierung des Bayerischen Landesplanungsgesetzes nach Art. 28 BayLPlG a.F. notwendig vorausgehende Erfordernis eines ausdrücklichen Anpassungsgebots ist in Hinblick auf die Systemgerechtigkeit aufgegeben worden, da dieses solche Gemeinden, die der materiell ohnehin bestehenden Anpassungspflicht nach § 1 Abs. 4 BauGB freiwillig nachkamen, schlechter stellte als Gemeinden, die zu einem rechtmäßigen Verhalten erst hätten gezwungen werden müssen[835]. Weitere Voraussetzung ist, dass die raumordnerischen Zielfestlegungen kausal für die Änderung oder Aufhebung des Bebauungsplans sind, letztere also zumindest überwiegend aus Gründen der überörtlichen Planung erfolgte[836].

Nach dem eindeutigen Wortlaut des Art. 30 Abs. 2 BayLPlG kommt ein Ersatzanspruch nicht in Betracht, wenn eine Gemeinde aufgrund der Anpassungspflicht des § 1 Abs. 4 BauGB erstmalig einen Bebauungsplan aufstellt[837]. Grund hierfür dürfte zum einen die bis zur Entscheidung des Bundesverwaltungsgericht vom 17.9.2003[838] überwiegend vertretene Auffassung sein, dass eine kommunale Erstplanungspflicht nicht besteht[839], mithin kein Regelungsbedarf bestand. Ebenso ausgeschlossen sind Ersatzansprüche wegen einer Anpassung des Flächennutzungsplans an die Ziele der Raumordnung. Einem Grundstückseigentümer können zwar auch durch die Änderung eines Flächennutzungsplans wirt-

---

[832] Bielenberg/Runkel, in: Ernst/Zinkahn/Bielenberg, Bd. 2, § 40 Rn. 6; Brohm, S. 346 Rn. 11; Schieferdecker, in: Hoppe/Bönker/Grotefels, S. 416 Rn. 12.

[833] Brohm, S. 346 Rn. 11; Schieferdecker, in: Hoppe/Bönker/Grotefels, S. 416 Rn. 12.

[834] Weitere Beispiele für Ersatzansprüche in anderen Bundesländern sind: § 23 BaWüLPlG; Art. 12 Abs. 5 – 7 Bln/BbgLPlanV; § 18 MeVOLPlG; § 23 Abs. 2, 3 NROG; § 41 NWLPlG; § 23 Abs. 3 – 5 RhPfLPlG; § 14 SLPG; § 17 SchlHLPlG; § 16 Abs. 2, 3 ThürLPlG.

[835] Begründung des Regierungsentwurfs zum Bayerischen Landesplanungsgesetz, LT-DS 15/1667, S. 23.

[836] Heigl/Hosch, Art. 28 BayLPlG a.F., Rn. 9.

[837] Heigl/Hosch, Art. 28 BayLPlG a.F., Rn. 7.

[838] BVerwG, Urt. v. 17.9.2003 – 4 C 14/01 -, NVwZ 2004, 220 (224).

[839] Vgl. dazu eingehend Kapitel 3, S. 53 ff.

schaftliche Nachteile entstehen, gleichwohl ist die Änderung keine Enteignung im Sinne des Art. 14 Abs. 1 GG, da ein Flächennutzungsplan keine rechtlich geschützte Position begründet[840]. Ausgeschlossen ist der Ersatzanspruch auch dann, wenn die Gemeinde die höhere Landesplanungsbehörde nicht rechtzeitig von dem Entwurf des angepassten Bebauungsplans unterrichtet hat oder soweit sie von einem durch die Maßnahme Begünstigten Ersatz verlangen kann (Art. 30 Abs. 3 BayLPlG).

In Art. 30 Abs. 3 BayLPlG sowie der Mehrzahl der weiteren Landesplanungsgesetze[841] sind diejenigen Fälle nicht geregelt, in denen der Gemeinde anlässlich der Aufstellung von Raumordnungszielen und der damit verbundenen Anpassungspflicht nach § 1 Abs. 4 BauGB selbst wirtschaftliche Nachteile entstanden sind. Derartige Nachteile sind vor allem Wertminderungen an gemeindeeigenen Grundstücken, die Kosten, welche die planerischen Änderungsarbeiten selbst verursachen oder nutzlos gewordene Aufwendungen, welche die Gemeinde im Vertrauen auf die Festsetzungen eines Bebauungsplans erbracht hat[842]. Da die Erstattungspflicht nach Art. 30 Abs. 3 BayLPlG dem Veranlasserprinzip folgt[843], müsste den Gemeinden auch in diesen Fällen ein Ersatzanspruch zustehen. Bezüglich der Wertminderungen an gemeindeeigenen Grundstücken besteht im Gegensatz zur Lage der privaten Grundstückseigentümer die Besonderheit, dass die Gemeinden die Werterhöhung ihrer Grundstücke selbst in der Hand haben. Sie können den Verkehrswert kraft ihres öffentlichen Status als Träger der Planungshoheit selbst steigern, weshalb es aus verfassungsrechtlicher Sicht durchaus vertretbar ist, eine Entschädigung für Verkehrswertminderungen an gemeindeeigenen Grundstücken auszuschließen[844]. Hinsichtlich der sonstigen finanziellen Nachteile stellt sich die Frage, woraus ein Ersatzanspruch der Kommunen abzuleiten wäre. In Betracht könnte allenfalls Art. 14 GG kommen. Eine darauf beruhende Ausgleichspflicht für gemeindliche Investitionen[845] scheidet jedoch aus, da das gemeindliche Verwaltungsvermögen nicht den grundgesetzlich gewährten Schutz des Art. 14 GG genießt[846].

---

[840] Heigl/Hosch, Art. 28 BayLPlG a.F., Rn. 7; Bönker, in: Hoppe/Bönker/Grotefels, S. 136 Rn. 141; Brohm, S. 101 Rn. 13; Peine, S. 144 Rn. 462.

[841] Eine Ersatzpflicht für eigene wirtschaftliche Nachteile der Gemeinden sehen beispielsweise § 23 Abs. 3 BaWüLPlG und § 12 Abs. 6 Bln/BbgLPlanV vor.

[842] Koch/Hendler, S. 124 Rn. 7; Schmidt-Aßmann, Der Ausgleich landesplanerischer Planungsschäden, S. 20 f.

[843] Kern, S. 140.

[844] Schmidt-Aßmann, Der Ausgleich landesplanerischer Planungsschäden, S. 26.

[845] Hierunter sind z.B. Verwaltungsgebäude, Infrastruktureinrichtungen, Straßen und Erstellungskosten für Pläne zu zählen.

[846] Schmidt-Aßmann, Der Ausgleich landesplanerischer Planungsschäden, S. 24; vgl dazu näher die Ausführungen in Kapitel 7, S. 245 ff.

C. Möglichkeiten nach dem Baugesetzbuch

I. Kommunalaufsichtliche Durchsetzung

1. Anordnung zur Aufstellung von Bauleitplänen

Die Ausführungen zum landesrechtlichen Anpassungsgebot haben gezeigt, dass dieses zumeist nur für rechtswirksame, das heißt bestehende Bauleitpläne gilt. Nachdem in der vorliegenden Untersuchung die Ansicht vertreten wird, dass die Kommunen Bauleitpläne aufgrund der Anpassungspflicht aus § 1 Abs. 4 BauGB auch erstmalig aufzustellen haben, eine gemeindliche Erstplanungspflicht also bejaht wird[847], bedarf es eines Instruments, diese Verpflichtung im Nichtbeachtensfall durchzusetzen. Das Gleiche gilt in Fällen, in denen ein landesrechtliches Anpassungsgebot ähnlich dem in Art. 30 Abs. 1 BayLPlG nicht besteht.

Die Gemeinden stellen ihre Bauleitpläne in eigener Verantwortung auf (§ 2 Abs. 1 Satz 1 BauGB). Dabei handelt es sich nicht um eine staatliche, sondern um eine kommunale Aufgabe, die Bestandteil der kommunalen Planungshoheit ist. Die Anpassungspflicht kann daher im kommunalaufsichtlichen Verfahren durch die Mittel der Rechtsaufsicht durchgesetzt werden[848]. Die für eine derartige Anordnung zur Aufstellung eines Bauleitplans erforderliche Rechtsgrundlage bildet, soweit es um die Anpassung der Bauleitplanung an die Ziele der Raumordnung geht, § 1 Abs. 4 BauGB[849]. Aufgrund dieser Regelung ist den Gemeinden das Anpassen ihrer Bauleitpläne an die Ziele der Raumordnung als Rechtspflicht auferlegt[850]. Die rechtswidrige Nichterfüllung dieser öffentlich-rechtlichen Verpflichtung bildet den Gegenstand der aufsichtlichen Maßnahme[851]. Hinsichtlich der Form des von der Gemeinde verlangten Handelns ist zu beachten, dass ein

---

847 Vgl. dazu Kapitel 3, S. 33 ff.

848 BVerwG, Urt. v. 17.9.2003 – 4 C 14/01 -, NVwZ 2004, 220 (224); BVerwG, Urt. v. 12.12.1969 – 4 C 105/66 –, BVerwGE 34, 301; Gaentzsch, in: Berliner Kommentar zum Baugesetzbuch, Bd. I, § 1 Rn. 42; Brohm, S. 230 Rn. 8, S. 236 Rn. 18; Steiner, Raumordnungs- und Landesplanungsrecht, S. 861 Rn. 74, der allerdings eine spezial-gesetzliche Grundlage verlangt; a.A.: Gierke, in: Brügelmann, Bd. 1, § 1 Rn. 455, der lediglich die Durchsetzung der Planungspflicht aufgrund § 1 Abs. 3 Satz 1 BauGB im Wege der Kommunalaufsicht bejaht.

849 BVerwG, Urt. v. 17.9.2003 – 4 C 14/01 -, NVwZ 2004, 220 (224); a.A. Steiner, Raumordnungs- und Landesplanungsrecht, S. 771 Rn. 74, der weder in § 1 Abs. 4 BauGB noch in § 4 Abs. 1 ROG eine Rechtsgrundlage für eine Planungsverpflichtung der Gemeinde sieht, sondern vielmehr eine spezial-gesetzliche Grundlage, wie sie in verschiedenen Landesplanungsgesetzen zu finden ist, fordert.

850 Gierke, in: Brügelmann, Bd. 1, § 1 Rn. 417.

851 Bauer/Böhle/Masson/Samper, Art. 112 Rn. 15.

solches inhaltlich so genau bestimmt sein muss, dass die Befolgung durch die Gemeinde zur restlosen Fehlerbeseitigung führt[852].

Die Gegenansicht, die eine Anpassung im Wege der Kommunalaufsicht ablehnt, beruft sich darauf, die kommunalaufsichtlichen Maßnahmen seien durch spezielle Regelungen der Sonderaufsicht nach §§ 6, 10 Abs. 2 BauGB sowie im Hinblick auf die besonderen Instrumente des Raumordnungsrechts ausgeschlossen[853]. Dem kann nur insoweit gefolgt werden, als die Durchsetzung der Anpassungspflicht dort, wo ein diesbezügliches besonderes Instrument der Raumordnung vorhanden ist, nicht in Betracht kommt[854]. Es ist aber nicht einleuchtend, weshalb im Falle der Verletzung der Planungspflicht nach § 1 Abs. 3 Satz 1 BauGB kommunalaufsichtliche Maßnahmen mit der Begründung akzeptiert werden, die für die Sonderaufsicht nach §§ 6, 10 Abs. 2 BauGB zuständige Behörde könne die erforderlichen Maßnahmen nicht durchsetzen[855], im Falle der Verletzung des § 1 Abs. 4 BauGB dagegen sei dies gleichwohl möglich.

2. Ersatzvornahme

Lässt eine Gemeinde die Frist zur Anpassung ihrer Bauleitpläne an die Ziele der Raumordnung fruchtlos verstreichen, so bietet sich die Androhung bzw. Durchführung einer kommunalaufsichtlichen Ersatzvornahme (Art. 113 BayGO) an[856]. Dadurch wird weder der Grundsatz der Verhältnismäßigkeit verletzt, noch bestehen demgegenüber grundsätzliche Bedenken im Hinblick auf das kommunale Selbstverwaltungsrecht (Art. 28 Abs. 2 GG)[857]. Zum einen stellt die Ersatzvornahme – jedenfalls dann, wenn es um die Durchsetzung einer einzelnen städtebaulichen Planungsmaßnahme im Rahmen des Anpassungsgebots nach § 1 Abs. 4 BauGB geht – im Gegensatz zur Bestellung eines Beauftragten das mildere Mittel dar[858]. Zum anderen wird der betroffenen Gemeinde auf diese Weise auch nicht ihr Recht zur Bauleitplanung als solches entzogen[859]. Insbesondere wird auf diese Weise die Planungstätigkeit nicht auf eine staatliche Stelle bzw. ein Organ eines Landkreises als Träger der Kommunalaufsicht verlagert[860]. Vielmehr stellt die staatliche Aufsicht über die Gemeinden ein notwendiges Korrelat

[852] BayVGH, Urt. v. 3.6.1992, BayVBl. 1992, 628 (629); Bauer/Böhle/Masson/Samper, Art. 112 Rn. 32.

[853] Gierke, in: Brügelmann, Bd. 1, § 1 Rn. 455.

[854] Gaentzsch, in: Berliner Kommentar zum Baugesetzbuch, Bd. I, § 1 Rn. 42.

[855] Gierke, in: Brügelmann, Bd. 1, § 1 Rn. 254.

[856] BVerwG, Urt. v. 17.9.2003 – 4 C 14/01 -, NVwZ 2004, 220 (226).

[857] BVerwG, Urt. v. 17.9.2003 – 4 C 14/01 -, NVwZ 2004, 220 (226).

[858] BVerwG, Urt. v. 17.9.2003 – 4 C 14/01 -, NVwZ 2004, 220 (226); Bauer/Böhle/ Masson/Samper, Art. 114 Rn. 2.

[859] BVerwG, Urt. v. 17.9.2003 – 4 C 14/01 -, NVwZ 2004, 220 (226).

[860] So aber Gierke, in: Brügelmann, Bd. 1, § 1 Rn. 254.

der Selbstverwaltungsgarantie nach Art. 28 Abs. 2 GG dar[861]. Nur so kann gewährleistet werden, dass die Gemeinden die ihnen von Art. 28 Abs. 2 GG garantierten Befugnisse im Einklang mit den für sie geltenden Normen ausüben[862]. Zu den Mitteln der Kommunalaufsicht zählt auch die Ersatzvornahme. Dabei handelt die Aufsichtsbehörde anstelle der Gemeinde und setzt ihre Anordnung gleichsam als Vollstreckungsbehörde um[863]. Hiervon ist die rechtsetzende Tätigkeit nicht ausgenommen, so dass die Aufsichtsbehörde eine gesetzliche Pflicht einer Gemeinde zum Erlass bzw. der Änderung einer Ortssatzung, wie jede andere gemeindliche Handlungspflicht, durch ersatzweises eigenes Handeln durchsetzen kann[864].
Gleichwohl darf nicht übersehen werden, dass die der Aufsicht unterworfenen Kommunen dann in ihrem Rechtskreis verletzt sein können, wenn die Änderung der Aufsichtszuständigkeit mit einer gewissen Zwangsläufigkeit bewirkt, dass die Kommunalaufsicht selbst ihren Charakter insbesondere dahingehend ändert, dass sich die grundsätzlich zulässige Rechtsaufsicht zu einer „Einmischungsaufsicht" entwickelt oder zur Fachaufsicht verdichtet[865]. Gerade im Rahmen der Anpassung eines Bebauungsplans an die Ziele der Raumordnung, die durch weitere Konkretisierung der raumordnerischen Festlegungen erfolgt, kann diese Grenze schnell überschritten sein.

3. Anordnung zum Erlass einer Veränderungssperre nach § 14 BauGB und zur Stellung von Anträgen auf Zurückstellung von Baugesuchen nach § 15 BauGB

Sowohl die Veränderungssperre nach § 14 BauGB als auch die Anträge nach § 15 BauGB stellen bauplanungsrechtliche Sicherungsinstrumente dar. Da sich die Anpassungspflicht auch auf den Einsatz derartiger Mittel erstreckt[866], muss eine auf den Erlass einer Veränderungssperre oder die Stellung von Anträgen nach § 15 BauGB gerichtete aufsichtsrechtliche Anordnung ebenso zulässig sein.

---

861 BVerfG, Urt. v. 23.1.1957 – 2 BvF 3/56 –, BVerfGE 6, 104 (118); BVerfG, Beschl. v. 21.6.1988 – 2 BvR 602, 974/83 –, BVerfGE 78, 331 (341); BVerwG, Beschl. v. 3.7.1992 – 7 B 149/91 –, NVwZ-RR 1992, 611 (612).
862 BVerwG, Beschl. v. 3.7.1992 – 7 B 149/91 –, NVwZ-RR 1992, 611 (612).
863 Bauer/Böhle/Masson/Samper, Art. 113 Rn. 1.
864 BVerwG, Beschl. v. 3.7.1992 – 7 B 149/91 –, NVwZ-RR 1992, 611 (612); Bauer/Böhle/Masson/ Samper, Art. 113 Rn. 3.
865 BVerfG, Beschl. v. 21.6.1988 – 2 BvR 602, 974/83 –, BVerfGE 78, 331 (341).
866 BVerwG, Urt. v. 17.9.2003 – 4 C 14/01 -, NVwZ 2004, 220 (226).

II. Versagung der Genehmigung nach §§ 6 Abs. 2, 10 Abs. 2 BauGB

1. Flächennutzungsplan

Gemäß § 6 Abs. 1 BauGB bedürfen Flächennutzungspläne der Genehmigung der höheren Verwaltungsbehörde. Diese versagt die Genehmigung, wenn der Flächennutzungsplan nicht ordnungsgemäß zustande gekommen ist oder dem Baugesetzbuch, den auf Grund des Baugesetzbuchs erlassenen oder sonstigen Rechtsvorschriften widerspricht. Stehen die Festsetzungen eines Flächennutzungsplans in Widerspruch zu den Zielen der Raumordnung oder wurden die Grundsätze und sonstigen Erfordernisse der Raumordnung nicht im Rahmen der Abwägung nach § 1 Abs. 7 BauGB berücksichtigt, so hat die höhere Verwaltungsbehörde die Genehmigung nach § 6 Abs. 2 BauGB zu versagen.
Anzumerken bleibt, dass es sich bei dieser Kontrolle der Bauleitplanung lediglich um eine Rechtmäßigkeitsprüfung handelt[867]. Die Genehmigung darf daher nur mit Nebenbestimmungen versehen werden, die sicherstellen sollen, dass die gesetzlichen Voraussetzungen für die Genehmigung erfüllt werden (§ 36 Abs. 1 VwVfG). Mit anderen Worten, die Nebenbestimmung muss der Ausräumung von Versagungsgründen dienen.

2. Bebauungsplan

Ebenso wie bei der Aufstellung der Flächennutzungspläne besteht für bestimmte Bebauungspläne das Erfordernis der Genehmigung der höheren Verwaltungsbehörde. Abgrenzungskriterium dafür, welche Bebauungspläne genehmigt werden müssen, ist die Frage, ob diese aus einem Flächennutzungsplan entwickelt worden sind.

a) Genehmigungspflichtiger Bebauungsplan

Nach § 10 Abs. 2 Satz 1 BauGB bedürfen Bebauungspläne nach § 8 Abs. 2 Satz 2, Abs. 3 Satz 2 und Abs. 4 BauGB, also in Fällen, in denen sie nicht aus einem Flächennutzungsplan entwickelt worden sind, der Genehmigung der höheren Verwaltungsbehörde. Die Genehmigung darf nur versagt werden, wenn der Bebauungsplan nicht ordnungsgemäß zustande gekommen ist oder dem Baugesetzbuch, den auf Grund des Baugesetzbuchs erlassenen oder sonstigen Rechtsvorschriften widerspricht (§ 10 Abs. 2 Satz 2 i.V.m. § 6 Abs. 2 BauGB). Auch im Rahmen der Bebauungsplanung führen Widersprüche zwischen deren Festsetzungen und den Zielen der Raumordnung oder eine fehlerhafte Abwägung nach § 1 Abs. 7 BauGB in Bezug auf die Grundsätze und sonstigen Erfordernis-

[867] Löhr, in: Battis/Krautzberger/Löhr, § 6 Rn. 2; Oldiges, Baurecht, in: Steiner, Besonderes Verwaltungsrecht, S. 566 Rn. 71.

se der Raumordnung zur Versagung der Genehmigung durch die höhere Verwaltungsbehörde.

b) Genehmigungsfreier Bebauungsplan

Wie sich aus den obigen Ausführungen ergibt, bedürfen diejenigen Bebauungspläne, die aus einem Flächennutzungsplan entwickelt wurden, nicht der Genehmigung der höheren Verwaltungsbehörde (§ 10 Abs. 2 Satz 1 i.V.m. § 8 Abs. 2 Satz 2, Abs. 3 Satz 2 und Abs. 4 BauGB). Es handelt sich dabei um selbständige, vorzeitige und vorzeitig bekannt gemachte Bebauungspläne. Die Länder können jedoch gemäß § 246 Abs. 1a Satz 1 BauGB bestimmen, dass Bebauungspläne und Satzungen nach § 34 Abs. 4 Satz 1 BauGB, die nicht der Genehmigung bedürfen, vor ihrem Inkrafttreten der höheren Verwaltungsbehörde anzuzeigen sind. Vor allem die ohnehin verhältnismäßig große Fehlerhaftigkeit von Bebauungsplänen und die durch fachgesetzliche Vorgaben gestiegenen Anforderungen an Bebauungspläne erfordern nach Ansicht der Länder die staatliche Rechtsaufsicht[868].
Macht die höhere Verwaltungsbehörde die Verletzung von Rechtsvorschriften, die eine Versagung der Genehmigung nach § 6 Abs. 2 BauGB rechtfertigen würden, innerhalb eines Monats nach Eingang der Anzeige geltend, so dürfen der Bebauungsplan beziehungsweise die Satzung nicht in Kraft gesetzt werden (§ 246 Abs. 1a Satz 2 und 3 BauGB). Hat ein Bundesland von der Einführung der Anzeigepflicht nach § 246 Abs. 1a BauGB keinen Gebrauch gemacht, so unterliegen die genehmigungsfreien Bebauungspläne trotz fehlender baurechtlicher Sonderaufsicht aus rechtsstaatlichen Gründen gleichwohl der allgemeinen Kommunalaufsicht[869].

---

[868] Begründung des Regierungsentwurfs zum BauROG 1998, BT-DS 13/6392, S. 101 ff.; Löhr, in: Battis/Krautzberger/Löhr, § 10 Rn. 28.

[869] Brügelmann, § 10 Rn. 124, 240 ff.; Oldiges, Baurecht, in: Steiner, Besonderes Verwaltungsrecht, S. 516 Rn. 70.

Kapitel 7: Rechtsschutz der Planbetroffenen gegen raumordnerische Festlegungen zum Hochwasserschutz

§ 1: Erfordernis des Rechtsschutzes gegen raumordnerische Festlegungen

Im Rahmen des Hochwasserschutzes durch Festlegungen in Raumordnungsplänen, vor allem durch die Ausweisung von Vorranggebieten für den Hochwasserschutz, werden Konflikte zwischen der Regionalplanung und den Planbetroffenen nicht auszuschließen sein, da gerade die Interessen der Gemeinden und Grundstückseigentümer an einer umfassenden zukünftigen Raumnutzung mit denen des Gemeinwohls an einem natürlichen Rückhalt des Wassers in der Fläche und dessen Abfluss nicht immer in Einklang zu bringen sind. Aufgrund der weitreichenden Folgen, welche durch die Ziele der Raumordnung ausgelöst werden können, sind an deren Zulässigkeit strenge Voraussetzungen zu stellen. Im Verfahren der Festsetzung von Raumordnungszielen sind insbesondere Beteiligungsrechte zu wahren sowie eine ordnungsgemäße Abwägungsentscheidung zu treffen. Fehler können aber auch dadurch auftreten, dass Ziele nicht ausreichend bestimmt bzw. bestimmbar formuliert werden. Insoweit wird auf die diesbezüglichen Darstellungen in den vorangegangenen Kapiteln verwiesen. Bevor anschließend auf die verschiedenen Möglichkeiten des Rechtsschutzes gegen raumordnerische Festlegungen eingegangen wird, sollen zunächst die häufigsten Konfliktsituationen aufgezeigt werden.

A. Kommunale Selbstverwaltung (Art. 28 Abs. 2 Satz 1 GG)

Die Bindungswirkungen, die von den Zielen der Raumordnung ausgehen, können, wie die vorliegende Untersuchung bisher gezeigt hat, für die Zieladressaten sehr weitreichend sein. Die Umsetzung und Konkretisierung der raumordnerischen Festlegungen nach § 7 Abs. 4 Satz 1 ROG hat insbesondere durch die Gemeinden als unterste Ebene der Raumplanung zu erfolgen. Da derartige Festlegungen zwangsläufig Gemeindegebiet in Anspruch nehmen, die Gemeinden als Ausfluss der ihnen gemäß Art. 28 Abs. 2 Satz 1 GG zukommenden Selbstverwaltungsgarantie, welche unter anderem die Planungshoheit in Form der Bauleitplanung erfasst, jedoch für die auf ihren Grundstücken ausgeübten Nutzungen verantwortlich sind, besteht ein potentieller Interessenkonflikt zwischen überörtlicher und örtlicher Raumplanung.
Dieser Interessenkonflikt ist von Seiten des Gesetzgebers grundsätzlich zugunsten der Landesplanung entschieden worden, indem § 4 Abs. 1 ROG den Gemeinden aufgibt, die Ziele der Raumordnung bei ihren raumbedeutsamen Planungen und Maßnahmen zu beachten. Des Weiteren ordnet § 1 Abs. 4 BauGB

speziell für die Bauleitplanung die Anpassung der Bauleitpläne an die Ziele der Raumordnung an, bei denen es sich um landesplanerische Letztentscheidungen handelt, die einer Abwägungs- oder Ermessensentscheidung auf einer der Landesplanung nachgeordneten Planungsstufe nicht mehr zugänglich sind.
Die Gemeinden stehen der überörtlichen Raumplanung allerdings nicht ohne jegliche Möglichkeit der Einflussnahme gegenüber. Insbesondere die ihnen aus dem Gegenstromprinzip des § 1 Abs. 3 ROG erwachsenden Beteiligungsrechte im Rahmen der Aufstellung der Raumordnungspläne dienen der Berücksichtigung örtlicher Planungen und Interessen und somit des verfassungsmäßig garantierten Rechts der kommunalen Selbstverwaltung, denn das Anhörungsrecht gehört zum Kernbereich der durch Art. 28 Abs. 2 Satz 1 GG geschützten Planungshoheit[870]. Beteiligungsrechte im Verfahren der Aufstellung von Raumordnungsplänen vermitteln insbesondere die §§ 7 Abs. 6 und 9 Abs. 4 ROG. Hinzu kommt, dass Flächennutzungspläne sowie die Ergebnisse der von den Gemeinden beschlossenen sonstigen städtebaulichen Planungen im Rahmen der bei der Aufstellung von Raumordnungsplänen stattzufindenden Abwägung (vgl. § 7 Abs. 7 ROG) zu berücksichtigen sind (§ 9 Abs. 2 Satz 2 ROG).

Gleichwohl bleiben Konfliktsituationen nicht aus. Immer wieder wenden sich Gemeinden gegen Zielfestlegungen in Raumordnungsplänen und – was für den hier zu behandelnden Hochwasserschutz von besonderem Interesse ist – gegen die Festsetzung von Überschwemmungsgebieten. Dabei geht es in erster Linie darum, dass aus wirtschaftlichen Interessen Wohn- oder Gewerbegebiete in Bereichen ausgewiesen werden sollen, die in ihrer Funktion als natürliche Rückhalteflächen zu erhalten bzw. zurückzugewinnen sind, jedenfalls aber dem natürlichen Wasserabfluss dienen. Die Ausweisung von Gewerbe- und Wohngebieten etc. widerspricht nun aber einmal der Zielsetzung des Hochwasserschutzes. So genügte es nach § 32 Abs. 2 Satz 1 WHG a.F. zur Beseitigung der Funktion der förmlich festgesetzten Überschwemmungsgebiete nicht, wenn dadurch lediglich das Wohl der Allgemeinheit beeinträchtigt war. Vielmehr mussten dem Erhalt eines solchen Überschwemmungsgebiets überwiegende Allgemeinwohlgründe entgegenstehen[871]. Die in § 31b Abs. 4 Satz 2 WHG n.F. enthaltene Ausnahme vom Verbot der Ausweisung neuer Baugebiete ist noch strikter. Den Gemeinden wird es aufgrund des besonderen Gewichts des Hochwasserschutzes nicht leicht fallen, die notwendigen Voraussetzungen für eine Ausnahme nachzuweisen. Insbesondere wird der pauschale Vortrag einer Gemeinde nicht genügen, das vorhandene gewerbliche Entwicklungspotential sei nicht ausreichend, sie benötige deshalb neue gewerblich nutzbare Flächen, die sich nur an einem bestimmten Standort im Überschwemmungsgebiet böten, denn im Hinblick auf einen

[870] Vgl. dazu Kapitel 3, S. 50.
[871] Vgl. BayVGH , Beschl. v. 29.9.2004 – 15 ZB 02.2958 –, NVwZ-RR 2005, 171; BayVGH, Urt. v. 27.4.2004 – 26 N 02.2437 –, NuR 2005, 109 f.

schonenden Umgang mit Grund und Boden ist besonderes Augenmerk auf die Nachverdichtung zu richten (vgl. § 1a Abs. 2 BauGB, § 2 Abs. 2 Nr. 8 Satz 3 ROG). Allerdings ist dies aus finanzieller Sicht oft ungünstiger als die Ausweisung eines Gewerbegebiets auf der „grünen Wiese".

Da die Ausweisung von Vorranggebieten für den Hochwasserschutz bezüglich ihrer Rechtswirkung eine nicht nur unwesentliche Ähnlichkeit mit der förmlichen Festsetzung von Überschwemmungsgebieten gemäß § 31b Abs. 2 Satz 3 und 4 WHG n.F. aufweist, werden sich die Gemeinden mit der Frage, ob die Vorrangausweisung einen Eingriff in die kommunale Selbstverwaltungsgarantie darstellt, in gleicher Weise konfrontiert sehen.

B. Eigentum (Art. 14 GG)

Durch raumordnerische Festlegungen zum vorsorgenden Hochwasserschutz können auch eigentumsrechtliche Positionen betroffen werden. Vor allem die mit der Ausweisung von Vorranggebieten verbundene Ausschlusswirkung gegenüber dem Hochwasserschutz widersprechender Raumnutzungen Privater lässt es als denkbar erscheinen, dass Grundstückseigentümer ihr verfassungsmäßig verbürgtes Recht aus Art. 14 Abs. 1 Satz 1 GG gerichtlich geltend machen werden.

Gerade die nicht einfach zu beantwortende Frage, ob die Festlegung eines raumordnerischen Vorranggebiets bzw. die Umsetzung des Raumordnungsziels auf der nachgeordneten Planungsebene im Einzelfall als Enteignung im Sinne des Art. 14 Abs. 3 GG oder als Bestimmung des Inhalts des Eigentums im Sinne des Art. 14 Abs. 1 Satz 2 GG einzustufen ist bzw. ob in diesem Rahmen der Grundsatz der Verhältnismäßigkeit ausreichend beachtet wurde, wird die Verwaltungsgerichte genauso beschäftigen wie die Frage nach der Zulässigkeit der Festsetzung von wasserrechtlichen Überschwemmungsgebieten im Geltungsbereich von Bebauungsplänen oder Gebieten nach § 34 Abs. 1 BauGB. Letztere wurde vom Bundesverwaltungsgericht in einem der Bedeutung des vorsorgenden Hochwasserschutzes gerecht werdenden Sinne dahingehend beantwortet, dass Art. 14 Abs. 1 Satz 1 GG einer solchen Festlegung unter anderem aufgrund der Situationsgebundenheit der Grundstücke nicht entgegensteht, sondern vielmehr den Inhalt des Eigentums bestimmt[872]. Wie sogleich darzustellen ist, werden die Möglichkeiten des Rechtsschutzes Privater gegen Raumordnungspläne bzw. deren Festlegungen neben der verfassungsrechtlichen Problematik auch von der gegenüber den natürlichen Personen des Privatrechts bestehenden Bindungswirkung raumordnerischer Festlegungen abhängen. Dabei ist vor allem daran zu denken, dass die unmittelbare Beachtenspflicht der Ziele der Raumord-

[872] BVerwG, Urt. v. 22.7.2004 – 7 CN 1.04 –, NVwZ 2004, 1507 ff.

nung gemäß § 4 Abs. 1 Satz 1 ROG nur gegenüber öffentlichen Stellen bei deren raumbedeutsamen Planungen und Maßnahmen gilt.

Von den raumordnerischen Festlegungen können neben den Grundstücken Privater – hierzu gehören auch juristische Personen des Privatrechts, die im Eigentum einer Gemeinde stehen und ihrerseits Rechtsträger des (gemeindlichen) Grundeigentums sind[873] – auch Grundstücke einer Gemeinde betroffen sein. In diesem Zusammenhang stellt sich die Frage, ob der subjektive Schutzbereich des Art. 14 GG vermögenswerte Rechte in der Hand von Gemeinden als Körperschaften des öffentlichen Rechts umfasst. Mithin geht es um die Grundrechtsfähigkeit juristischer Personen des öffentlichen Rechts. Zwar gelten gemäß Art. 19 Abs. 3 GG die Grundrechte auch für inländische juristische Personen, „soweit sie ihrem Wesen nach auf diese anwendbar sind“, das jeweils in Betracht kommende Grundrecht muss also von seiner Funktion her für die in Rede stehende juristische Person „passen“[874]. Der Wortlaut unterscheidet auch nicht zwischen juristischen Personen des Privat- und solchen des öffentlichen Rechts. Gleichwohl handelt es sich bei den Grundrechten um Garantien, die in erster Linie dem Bürger gegenüber dem Staat, nicht aber einer Verwaltungseinheit des Staates diesem gegenüber eingeräumt wurden[875], wie insbesondere Art. 1 Abs. 1 GG und Art. 2 Abs. 2 Satz 1 GG zeigen. Grundrechte sind daher nach Ansicht des Bundesverfassungsgerichts ihrem Wesen nach auf juristische Personen nur dann anwendbar, wenn diese ein personales Substrat erkennen lassen[876]. Nach ständiger Rechtsprechung gelten die Grundrechte deshalb grundsätzlich nicht für juristische Personen des öffentlichen Rechts[877], denn hinter ihnen stehen nicht natürliche Personen, sondern der Staat. Da die unterschiedlichen staatlichen Funktionsträger lediglich besondere Erscheinungsformen der einheitlichen Staatsgewalt darstellen, können sie nicht gleichzeitig Verpflichtete und Berechtigte der Grundrechte sein[878]. Daher handele es sich bei „Eingriffen“ im Verhältnis verschiedener staatlicher Funktionsträger immer nur um „Kompe-

---

[873] Schmidt-Aßmann, Der Ausgleich landesplanerischer Planungsschäden, S. 17.

[874] Pieroth/Schlink, S. 38 Rn. 152; vgl. BVerfG, Beschl. v. 8.7.1982 – 2 BvR 1187/80 –, BVerfGE 61, 82 (100).

[875] BVerfG, Beschl. v. 2.5.1967 – 1 BvR 578/63 –, BVerfGE 21, 362 (369); BVerfG, Beschl. v. 8.7.1982 – 2 BvR 1187/80 –, BVerfGE 61, 82 (101); Schmidt-Aßmann, Der Ausgleich landesplanerischer Planungsschäden, S. 23.

[876] BVerfG, Beschl. v. 7.7.1977 – 1 BvR 108, 424/73 und 226/74 –, BVerfGE 45, 63 (79); BVerfG, Beschl. v. 8.7.1982 – 2 BvR 1187/80 –, BVerfGE 61, 82 (103 f.).

[877] BVerfG, Beschl. v. 2.5.1967 – 1 BvR 578/63 –, BVerfGE 21, 362 (369 ff.); Beschl. v. 8.7.1982 – 2 BvR 1187/80 –, BVerfGE 61, 82 (101); BVerfG, Beschl. v. 31.10.1984 – 1 BvR 35, 356, 794/82 –, BVerfGE 68, 193 (205 ff.); BVerwG, Beschl. v. 15.4.1999 – 4 VR 18/98 –, NVwZ-RR 1999, 554; BVerwG, Urt. v. 3.8.2000 – 3 C 30/99 –, NJW 2001, 909 (910).

[878] Pieroth/Schlink, S. 44 Rn. 169.

tenzkonflikte im weiteren Sinne"[879]. Gerade für die Gemeinden, um deren Eigentum es vorliegend geht, ist deren verfassungsrechtliche Stellung als einer der Hauptverwaltungsträger im öffentlichen Organisationsbereich kennzeichnend, weshalb die Verfassung den Gefährdungslagen der engen Beziehungen zwischen Staat und Gemeinden mit Art. 28 Abs. 2 GG Rechnung getragen hat[880]. Vor allem die Tatsache, dass eine derartige spezielle, weitreichende Garantie nur den kommunalen Gebietskörperschaften zuerkannt wurde und zugleich der überwiegende Teil der typischen Gefährdungslagen einer eigenen Regelung zugeführt wurde, spricht dafür, dass für die Gemeinden „grundrechtstypische" Gefährdungslagen sowie ein daraus ableitbares Schutzsystem entfallen[881]. Daraus, dass die staatlichen Koordinations- und Eingriffsrechte im kommunalen Aufgabenbereich auch Änderungsbefugnisse bezüglich der eingesetzten Mittel umfassen, diese Mittel gleichsam als Annex der Aufgaben zu verstehen sind, ist auch der diesbezügliche Schutz im Rahmen des Art. 28 Abs. 2 GG zu gewährleisten und nicht aufgrund einer eigenständigen Garantie, wie der des Art. 14 GG[882]. Im Rahmen des Eigentumsgrundrechts aus Art. 14 GG besteht daher mittlerweile weitgehende Übereinstimmung dahingehend, dass einer Gemeinde das Eigentumsrecht aus Art. 14 Abs. 1 Satz 1 GG nicht zusteht[883]. Dies wird zu Recht damit begründet, dass das Eigentum in der Hand einer Gemeinde nicht der Funktion, derentwegen es durch Art. 14 GG geschützt ist, nämlich dem Eigentümer „als Grundlage privater Initiative und in eigenverantwortlichem privaten Interesse von Nutzen" zu sein, dient[884]. Insbesondere handelt es sich beim Eigentum um ein Grundrecht, das in einem inneren Zusammenhang mit der Garantie der persönlichen Freiheit steht[885], sodass der erforderliche Bezug zum Menschen[886]

---

879 BVerfG, Beschl. v. 2.5.1967 – 1 BvR 578/63 –, BVerfGE 21, 362 (368 ff.); BVerfG, Beschl. v. 8.7.1982 – 2 BvR 1187/80 –, BVerfGE 61, 82 (100 f.); Rüfner, in Isensee/Kirchhof, Bd. V, S. 516 f., der klarstellt, dass es nicht zu den Zwecken der Grundrechte als solchen gehöre, die Zuständigkeitsordnung im Staat zu schützen.

880 Schmidt-Aßmann, Der Ausgleich landsplanerischer Planungsschäden, S. 24.

881 v. Mutius, in: Bonner Kommentar, Art. 19 Rn. 133 ff.; Schmidt-Aßmann, Der Ausgleich landsplanerischer Planungsschäden, S. 24; i.E. auch Rüfner, in: Isensee/Kirchhof, Bd. V, S. 515 Rn. 69.

882 Schmidt-Aßmann, Der Ausgleich landsplanerischer Planungsschäden, S. 24.

883 BVerfG, Beschl. v. 8.7.1982 – 2 BvR 1187/80 –, BVerfGE 61, 82 LS. 1; Lissack, S. 8 Rn. 36; Pieroth/Schlink, S. 39 Rn. 155; a.A. BayVerfGH, Urt. v. 13.7.1976 – Vf. 2-VII-74 –, BayVerfGHE 29, 105 (119); Knemeyer, S. 65 Rn. 43.

884 BVerfG, Urt. v. 18.12.1968 – 1 BvR 638/64 und 200, 238, 249/65 –, BVerfGE 24, 367 (389); BVerfG, Beschl. v. 12.6.1979 – 1 BvL 19/76 –, BVerfGE 52, 1 (30); BVerfG, Beschl. v. 8.7.1982 – 2 BvR 1187/80 –, BVerfGE 61, 82 (108).

885 BVerfG, Urt. v. 18.12.1968 – 1 BvR 638/64 und 200, 238, 249/65 –, BVerfGE 24, 367 (389); BVerfG, Beschl. v. 7.7.1971 – 1 BvR 765/66, BVerfGE 31, 229 (239); BVerfG, Urt. v. 1.3.1979 – 532, 533/77, 419/78 und 1 BvL 21/78, BVerfGE 50, 290 (340); BVerfG, Urt. v. 28.2.1980 – 1 BvL 17/77, 7, 9, 14, 15, 16, 37, 64, 74, 78, 100/78, 5, 16/79 und 1 BvR 807/78, BVerfGE 53, 257 (290).

fehlt. Insoweit gilt die vom BVerfG geprägte Formel: „Art. 14 als Grundrecht schützt nicht das Privateigentum, sondern das Eigentum Privater“[887].
Das bedeutet für die hier zu untersuchenden Möglichkeiten des Rechtsschutzes gegenüber raumordnerischen Festlegungen, dass sich die Gemeinden insoweit nicht auf Art. 14 GG berufen können und diesbezügliche weitere Ausführungen nicht notwendig sind.

§ 2: Möglichkeiten des Rechtsschutzes

A. Rechtsqualität der Raumordnungspläne

Die Wahl der richtigen Klageart gegen Festlegungen eines Raumordnungsplans hängt unter anderem von deren Rechtsqualität ab. Es ist deshalb zunächst zu klären, welche Rechtsqualität den Instrumenten der Raumordnung und Landesplanung zukommt.
Die Frage, welche rechtliche Qualität landesplanerischen Programmen und Plänen zukommt, lässt sich nicht ohne Weiteres beantworten. Das Raumordnungsgesetz nimmt zu dieser Problematik nicht ausdrücklich Stellung. Die Landesplanungsgesetze sind nicht einheitlich und weisen Programmen und Plänen auf Landes- und Regionalebene zum Teil den Charakter von Rechtsnormen zu, wobei auch dieser unterschiedlicher Art ist[888]. Dieser landesgesetzliche Formenreichtum spiegelt die Unsicherheiten einer rechtsdogmatischen Klassifizierung wider[889].
Zwar können bezüglich der Rechtsschutzmöglichkeiten prozessrechtlich solche landesgesetzlichen Bestimmungen herangezogen werden, die Aussagen über die Rechtsqualität der Raumordnungspläne treffen[890]. Insbesondere besagt der

---

[886] BVerfG, Beschl. v. 2.5.1967 – 1 BvR 578/63, BVerfGE 21, 362 (370); BVerfG, Beschl. v. 8.7.1982 – 2 BvR 1187/80 –, BVerfGE 61, 82 (101).

[887] BVerfG, Beschl. v. 8.7.1982 – 2 BvR 1187/80 –, BVerfGE 61,82 (108 f.).

[888] Der Beschluss der zusammenfassenden Raumordnungspläne als Rechtsverordnung erfolgt in Bayern (Art. 17 Abs. 2 BayLPlG), Berlin/Brandenburg (Art. 8 Abs. 6 BlnBbgLPlG), Hessen (§ 5 Abs. 4 HessLPlG), Mecklenburg-Vorpommern (§ 7 Abs. 3 Satz 1 MeVoLPlG), Niedersachsen (§ 5 Abs. 5 NROG für Teil II des Landesraumordnungsprogramms) und Thüringen (§ 11 Abs. 2 ThürLPlG). Die Verbindlicherklärung des Plans durch Rechtsverordnung sehen Baden-Württemberg (§ 6 Abs. 1 BaWüLPlG), Rheinland-Pfalz (§11 Abs. 1 Satz 7 RhPfLPlG) und Sachsen (§§ 3 Abs. 4, 4 Abs. 1 SächsLPlG) vor. Als formelles Landesgesetz ergeht der Raumordnungsplan in Niedersachsen (§ 6 Abs. 3 NROG für Teil I des Landesraumordnungsprogramms), Nordrhein-Westfalen (§ 12 Satz 1 NwLPlG) und (bis 2003) in Sachsen-Anhalt (§ 5 Abs. 4 Satz 1 SaAnLPlG).

[889] Erbguth/Schoeneberg, S. 105 Rn. 80.

[890] Steiner, Raumordnungs- und Landesplanungsrecht, S. 869 Rn. 91.

Grundsatz des formellen Gesetzes, dass eine Regelung, die formell als Gesetz ergangen ist, auch als formelles Gesetz zu behandeln ist[891]. Deshalb muss bei der Ermittlung der statthaften Rechtsschutzmöglichkeit in Fällen der autoritativen Rechtsformbestimmungen an diese Form angeknüpft werden[892]. Hat der Gesetzgeber also autoritativ die Rechtsform der Raumordnungspläne bestimmt, so folgt aus der Rechtsformbestimmung die Rechtsschutzmöglichkeit[893]. Auf den materiellen Inhalt einer Regelung kann es damit nur noch dann ankommen, wenn deren Rechtsform nicht durch den Gesetzgeber festgelegt wurde.

Was die Bestimmung der Rechtsnatur der Raumordnungspläne betrifft, so müssen die autoritativen Rechtsformbestimmungen gleichwohl unberücksichtigt bleiben, da nicht auf die äußere Form, in welche die Raumordnungspläne gekleidet sind, zurück gegriffen werden darf[894]. Die Beurteilung der Rechtsnatur der Raumordnungspläne hat vielmehr nach materiellen Maßstäben zu erfolgen[895].

I. Gesetzliche Vorgaben

Es wurde bereits festgestellt, dass das ROG keine, beispielsweise § 10 Abs. 1 BauGB entsprechende, ausdrückliche Regelung zur Rechtsform der Raumordnungspläne enthält. Gleichwohl bietet das Gesetz Anhaltspunkte, die dafür sprechen, die Raumordnungspläne als Rechtsnormen einzustufen.

So soll zum einen aus der Einführung des Grundsatzes der Planerhaltung (§ 10 ROG) in das ROG mittelbar auf die Rechtsnormqualität der Raumordnungspläne geschlossen werden können, was vor allem ein Vergleich mit den entsprechenden baurechtlichen Vorschriften nahe legt, denn die Planerhaltungsvorschriften der Länder sind inhaltlich an die §§ 214 ff. BauGB sowie deren Fortentwicklung angelehnt[896]. Für eine Wertung zugunsten der Rechtsaktform „Norm" und damit gegen die Annahme eines Verwaltungsaktes spricht insbe-

---

891 BVerfG, Beschl. v. 23.2.1965 – 2 BvL 19/62 –, BVerfGE 18, 389 (391); Kment, S. 20 f.; Paßlick, S. 45; Wolff/Bachof/Stober, § 24 Rn. 34.

892 BVerwG, Beschl. v. 21.3.1974 – 7 B 97/73 –, BayVBl. 1974, 500 (501); BayVGH, Urt. v. 7.7.1983 22 N 82 A.772 –, DVBl. 1983, 1157 (1158); BayVGH, Urt.v. 14.12.1983 – 4 N 81 A.436 –, NVwZ 1985, 500 (502); BayVGH, Beschl. v. 30.11.1993 – 20 A 93.40022 u.a. –, NVwZ-RR 1995, 114 (115); Kopp/Schenke, § 47 Rn. 27 m.w.Nachw.; Kment, S. 20; Maurer, § 16 Rn. 22; Steiner, Raumordnungs- und Landesplanungsrecht, S. 869 Rn. 91.

893 Bielenberg/Krautzberger, in: Ernst/Zinkahn/Bielenberg, Bd. 1, § 10 Rn. 4; Kopp/Schenke, § 47 Rn. 15; Kment, S. 21; Paßlick, S. 45.

894 Erbguth/Schoeneberg, S. 105 Rn. 80.

895 BayVGH Urt. v. 14.12.1983 – 4 N 81 A.436 –, NVwZ 1985, 502 (503); Eyermann/Fröhler, § 47 Rn. 30; Kopp/Schenke, § 47 Rn. 27; a.A.: BayVGH, Urt. v. 20.9.2000 – 3 N 99.2335 –, BayVBl. 2001, 238 f.; vgl. die Nachw. bei Kopp/Schenke, § 47 Rn. 23 Fn. 46.

896 Reitzig, in: Bielenberg/Runkel/Spannowsky, Bd. 2, § 10 Rn. 23; Kment, S. 11; Spiecker, S. 67; Begründung zum Regierungsentwurf des BauROG 1998, BT-DS 13/6392, S. 85.

sondere, dass die §§ 214 ff. BauGB auf den Bebauungsplan als Satzung und jedenfalls nicht auf Verwaltungsakte anzuwenden sind. Des Weiteren machen die Planerhaltungsvorschriften nur dann Sinn, wenn der von ihnen zu regelnde Hoheitsakt nur anhand dieser speziellen Vorschriften erhalten werden kann. Denn die Einführung der Rügefrist für Verfahrens- und Formverstöße von längstens einem Jahr (§ 10 Abs. 1 ROG) wäre sowohl überflüssig als auch widersprüchlich, wenn das Bezugsobjekt ein Verwaltungsakt wäre[897]. Bereits kraft seiner Rechtsnatur würde dieser mit Ablauf der Widerspruchsfrist in Bestandskraft erwachsen[898]. Zudem wären Verfahrens- und Formverstöße – abgesehen von den Fällen des § 44 VwVfG – ohnehin unbeachtlich. Da die Länder durch die rahmenrechtliche Regelung des § 10 ROG verpflichtet sind, Vorschriften zur Planerhaltung in ihre Landesplanungsgesetze aufzunehmen, ist es den Ländern grundsätzlich nicht möglich, Raumordnungspläne in anderer Form als der der Rechtsnorm auszugestalten[899].
Einen weiteren für die Beurteilung der Rechtsqualität der Raumordnungspläne relevanten Anhaltspunkt enthält § 11 ROG. Danach kann von einem Ziel der Raumordnung abgewichen werden, ohne dass damit eine Planänderung einhergeht. Eine solche Wirkung lässt sich jedoch nur damit erklären, dass die Raumordnungspläne Rechtssätze sind, die den jeweiligen Vollzugsfall überdauern[900]. Denn würde es sich um eine individuell-konkrete Regelung handeln, läge in der Abweichung zugleich eine Aufhebung bzw. Änderung der bisherigen Planentscheidung[901]. Auch die rechtsstrukturelle Vergleichbarkeit des Zielabweichungsverfahrens mit § 31 Abs. 2 BauGB[902], welcher für Bebauungspläne und damit Außenrechtsnormen gilt, bestätigt die Auffassung, dass bei Raumordnungsplänen von einer Rechtssatzqualität ausgegangen werden kann.

II. Bestimmung der Rechtsnatur nach materiellen Maßstäben

Die gesetzlichen Vorgaben sowohl des ROG als auch des BauGB bieten Anhaltspunkte dafür, dass es sich bei Raumordnungsplänen um Rechtsnormen, also um allgemeinverbindliche Regelungen handelt. Sie müssten dazu in generell-abstrakter Weise Pflichten und Rechte für den Bürger oder sonstige selbständige Rechtspersonen begründen, ändern oder aufheben[903].

---

897 Kment, S. 12 f.
898 Kopp/Ramsauer, § 43 Rn. 29 ff.; Maurer, § 11 Rn. 4 ff.
899 Ähnlich: Reitzig, in: Bielenberg/Runkel/Spannowsky, Bd. 2, § 10 Rn. 23; Kment, S. 13.
900 Kment, S. 16.
901 Gierke, in: Brügelmann, § 10 Rn. 35; Kment, S. 16.
902 Vgl. dazu Kapitel 3, S. 69.
903 Maurer, § 4 Rn. 3.

1. Raumordnungspläne als abstrakt-generelle Regelungen

Bei den Raumordnungsplänen handelt es sich dann um abstrakt-generelle Regelungen, wenn sie eine unbestimmte Anzahl von Sachverhalten regeln und deren Adressatenkreis im Zeitpunkt des Planerlasses objektiv nicht feststeht. Dabei ist es fraglich, ob auf den Plan als Ganzes oder auf dessen einzelne Inhalte (z.B. Grundsätze und Ziele der Raumordnung) abzustellen ist.
Ein Vergleich mit anderen Planungsgesetzen zeigt, dass der Plan als Ganzes heranzuziehen sein könnte. Denn da dieser ein Geflecht aufeinander bezogener Einzelfestlegungen ist, wird er letztlich auch als Ganzes erlassen[904]. Erst in ihrer Zusammenstellung bilden die Einzelfestlegungen ein ausgewogenes Gesamtprodukt, das die Aufgaben der Raumordnung zu erfüllen in der Lage ist; eine Aufspaltung der Raumordnungspläne in deren einzelne Bestandteile würde den planimmanenten Sinnzusammenhang verfälschen[905]. Sie liefe auf eine der Leitvorstellung der Raumordnung (§ 2 Abs. 2 Satz 1 ROG) widersprechende einseitige Betrachtung der sozialen und wirtschaftlichen Ansprüche oder ökologischen Funktionen des Raums hinaus und würde einer ausgewogene Entwicklung des Gesamtraums entgegenstehen. Zudem sprechen die auf § 139 BGB beruhenden Grundsätze zur Teil- und Gesamtnichtigkeit von Plänen dafür, hinsichtlich der Frage sowohl nach der Rechtsnatur als auch des Rechtsschutzes auf den gesamten Plan und nicht auf dessen Einzelbestandteile abzustellen[906].
Unter Zugrundelegung dieses Ergebnisses ist zu untersuchen, ob die Raumordnungspläne als Ganzes abstrakt-generelle Regelungen darstellen. Dabei ist gleichwohl auf die einzelnen rechtlich relevanten Festlegungen der Raumordnungspläne, die Ziele und Grundsätze der Raumordnung, zurückzugreifen, denn diese bilden das rechtliche Gerüst eines Raumordnungsplans und somit die Grundlage, um auf dessen Rechtsnatur zu schließen[907]. Erst die raumordnerischen Planinhalte vermögen, die eigentliche Bindungswirkung gegenüber den Planadressaten hervorzurufen[908]. Die sonstigen Erfordernisse der Raumordnung sind für die Betrachtung unbeachtlich, da sie keine rechtlichen Bindungswirkungen auslösen[909].
Sowohl die Vollzugsbedürftigkeit als auch die geringe Determinierbarkeit der landesplanerischen Festlegungen lässt die Raumordnungspläne als abstrakt-

---

[904] Erbguth, in: Bielenberg/Runkel/Spannowsky, Bd. 2, M 500 Rn. 25; Halama, in: FS Schlichter, S. 201 (207).
[905] Kment, S. 34 f.
[906] BVerwGE 82, 225 (230); BVerwG, Beschl. v. 6.12.2000 – 4 BN 59/00 –, NVwZ 2001, 432; VGH Kassel, Urt. v. 16.8.2002 – 4 N 455/02 –, NVwZ 2003, 229 (231); Hoppe, in: Hoppe/Grotefels, 2. Aufl., 1995, § 16 Rn. 24; Kment, S. 34.
[907] Kment, S. 39.
[908] Erbguth/Schoeneberg, S. 109 Rn. 81.
[909] Runkel, in: Bielenberg/Runkel/Spannowsky, Bd. 2, § 3 Rn. 6, 193; Kment, S. 39; Schmidt-Aßmann, DÖV 1986, 985; Wahl, S. 215.

generelle Vorschriften erscheinen[910]. Sie enthalten keine in sich geschlossenen Festlegungen, sondern regeln vielmehr eine abstrakte Vielzahl weder zeitlich noch sachlich bestimmbarer künftiger Maßnahmen[911]. Diesbezüglich sei nur auf den Katalog der Grundsätze der Raumordnung in § 2 Abs. 2 ROG verwiesen, der anhand der Raumordnungsziele zu konkretisieren ist.

Aber auch die Ziele der Raumordnung stellen abstrakte Regelungen dar[912]. In diesem Zusammenhang spielt die Zukunftsgerichtetheit der Raumordnungsziele eine entscheidende Rolle[913], denn die in Bezug genommenen Planungen und Maßnahmen können zum Zeitpunkt des Planerlasses noch nicht feststehen. Zum einen führt die Offenheit des Adressatenkreises zu einer noch unbestimmten Vielzahl denkbarer Anwendungsfälle[914]. Zum anderen besitzen raumordnerische Festlegungen Anstoßcharakter[915], das heißt, sie wollen lediglich eine „Kettenreaktion" verschiedener raumbezogener Vollzugsentscheidungen der nachgeordneten Planungsebenen auslösen, welche jedoch in Zahl und konkreter Ausgestaltung verschieden ausfallen können[916]. Insoweit kann auch vom rahmensetzenden Charakter der Raumordnungsziele gesprochen werden, wonach diese zwar einen bindenden Kern besitzen, regelmäßig aber auf weitere Konkretisierung durch nachfolgende Planungen angewiesen sind[917]. Ein Ziel der Raumordnung entscheidet die komplexen räumlichen Sachverhalte also in der Regel nicht abschließend im Sinne eines Verwaltungsaktes. Es gibt vielmehr Vorgaben, die einer weiteren Ausformung bedürfen. Die vorliegende Untersuchung hat andererseits gezeigt, dass es durchaus auch Ziele mit verhältnismäßig konkreten Aussagen geben kann. Es stellt sich daher die Frage, ob dadurch der abstrakt-generelle Charakter der Ziele der Raumordnung berührt wird. Hierzu ist zu bemerken, dass regelmäßig eine Vielzahl von Planungsträgern verpflichtet ist, das entsprechende Ziel durch eine zum Zeitpunkt des Planerlasses unbestimmte Zahl von Maßnahmen zu erreichen[918]. Die inhaltliche Dichte kann zwar den Umfang der Handlungsalternativen der Zieladressaten einschränken; der grundsätzliche

---

[910] BayVGH, Urt. v. 14.12.1983 – 4 N 81 A.436 –, NVwZ 1985, 502 (504); Erbguth, DVBl. 1981, 557 (560).

[911] Erbguth/Schoeneberg, S. 110 Rn. 82.

[912] Runkel, in: Bielenberg/Runkel/Spannowsky, Bd. 2, § 3 Rn. 163; Erbguth/Schoeneberg, S. 110 Rn. 82; Hoppe, in: Hoppe/Bönker/Grotefels, S. 73 Rn. 15.

[913] Runkel, in: Bielenberg/Runkel/Spannowsky, Bd. 2, § 3 Rn. 163; Kment, S. 50.

[914] Kment, S. 50; Widmann, S. 17; Vogel, BayVBl. 1977, 617 (619).

[915] Erbguth, in: Bielenberg/Runkel/Spannowsky, Bd. 2, M 500 Rn. 25.

[916] Erbguth, in: Bielenberg/Runkel/Spannowsky, Bd. 2, M 500 Rn. 25; Kment, S. 50; Paßlick, S. 49.

[917] BVerwG, Beschl. v. 20.8.1992 – 4 NB 20/91 –, BVerwGE 90, 329 (334); Runkel, in: Bielenberg/Runkel/Spannowsky, Bd. 2, § 3 Rn. 163.

[918] VerfGH NW, Urt. v. 15.12.1989 – VerfGH 5/88 –, DVBl. 1990, 417; BayVGH, Urt. v. 14.12.1983 – 4 N 81 A.436 –, NVwZ 1985, 502 f.; Hosch/Höhnberg, BayVBl. 1974, 657 (660); Kment, S. 51.

Ausgestaltungsspielraum wird aufgrund der so genannten Offenheit raumordnerischer Zielfestlegungen dadurch aber nicht ausgeschlossen. Die unterschiedliche inhaltliche Ausgestaltung der Ziele der Raumordnung, die eine Bindungswirkung für eine Vielzahl von Planungsträgern auslösen, gibt den Zieladressaten einen abstrakten Rahmen vor, der erst durch deren weitere Einzelfallentscheidungen zielintern zu konkretisieren und zu aktualisieren sind. Raumordnerische Zielfestlegungen sind deshalb abstrakter Natur[919].

Der generelle Gehalt der Raumordnungspläne kommt vor allem in der Unbestimmtheit des Adressatenkreises der raumordnerischen Festlegungen zum Ausdruck[920]. Dieser ist zwar im Zeitpunkt des Inkrafttretens eines Raumordnungsplans bestimmbar, allerdings nur nach Gattungsmerkmalen festgelegt und innerhalb des Planungszeitraums Veränderungen zugänglich[921]. Da sich gerade die Ziele der Raumordnung durch ihre Mittelfristigkeit (§ 7 Abs. 1 Satz 2 ROG) und damit durch ihre Zukunftsgerichtetheit auszeichnen, werden durch die entsprechenden Festlegungen nicht nur die im Zeitpunkt des Planerlasses bestehenden öffentlichen Stellen, sondern auch deren Rechtsnachfolger sowie neu zu schaffende Verwaltungseinheiten gebunden[922]. Aus der Tatsache, dass diese in quantitativer Hinsicht unbestimmt sind, folgt, dass auch der Adressatenkreis der raumordnerischen Festlegungen zum Zeitpunkt der Planerlasses zahlenmäßig unbestimmt ist[923]. Die Zukunftsgerichtetheit der Festlegungen spricht somit dafür, diesen einen generellen Charakter zuzusprechen[924].

Es kann daher festgehalten werden, dass Raumordnungspläne aufgrund des abstrakt-generellen Charakters ihrer Festlegungen ebenfalls abstrakt-genereller Natur sind.

2. Außenwirkung

Die allgemeine Verwaltungsrechtsdogmatik misst einer Regelung dann Außenwirkung bei, wenn diese nicht nur im Bereich der Behörden Wirkungen zeitigt[925], sondern sich an einen Adressaten richtet, der selbständige Rechtsperson ist[926] und dessen allgemeinen Status verbindlich gestaltet oder feststellt[927]. Dabei

---

919 Runkel, in: Bielenberg/Runkel/Spannowsky, Bd. 2, § 3 Rn. 163; Erbguth/Schoeneberg, S. 110 Rn. 82; Hoppe, in: Hoppe/Bönker/Grotefels, S. 73 Rn. 15.

920 Erbguth/Schoeneberg, S. 110 Rn. 82.

921 BayVGH, Urt. v. 14.12.1983 – 4 N 81 A.436 –, NVwZ 1985, 502 (504); Hosch, WiVerw 1977, 36 (40 f.).

922 Kment, S. 50; Paßlick, S. 49.

923 Kment, S. 50.

924 Runkel, in: Bielenberg/Runkel/Spannowsky, Bd. 2, § 4 Rn. 163; Kment, S. 49.

925 Kopp/Ramsauer, § 35 Rn. 73; Stelkens/Bonk/Sachs, § 35 Rn. 84.

926 Maurer, § 9 Rn. 28; ähnlich Knack, § 35 Rn. 35.

927 Knack, § 35 Rn. 35; Kopp/Ramsauer, § 35 Rn. 73.

muss die Außenwirkung nach dem objektiven Sinngehalt des jeweiligen Hoheitsaktes intendiert, also Gegenstand der Regelung sein[928].

Zur Beantwortung der Frage, ob Raumordnungspläne unmittelbare Außenwirkung entfalten, könnte eine Parallele zum Flächennutzungsplan gezogen werden. Darstellungen des Flächennutzungsplans werden von Rechtsprechung und Literatur nicht als Rechtsvorschriften eingestuft, die nach § 47 Abs. 1 Nr. 2 VwGO Gegenstand eines Normenkontrollverfahrens sein können[929]. Nach der ursprünglichen Konzeption des Gesetzgebers handelt es sich bei Flächennutzungsplänen, im Gegensatz zu Bebauungsplänen, die verbindliche Festsetzungen enthalten, lediglich um vorbereitende Pläne[930]. Ihre unmittelbaren rechtlichen Wirkungen beschränken sich auf den innergemeindlichen Bereich und erschöpfen sich inhaltlich in der Anpassungspflicht nach § 7 BauGB sowie im Entwicklungsgebot des § 8 Abs. 2 BauGB[931]. Zwar kann diese so allgemein formulierte Charakterisierung heute nicht mehr einschränkungslos gelten, denn die Regelung des § 35 Abs. 3 Satz 3 BauGB hat zur Folge, dass die Darstellungen des Flächennutzungsplans unter den dort genannten Voraussetzungen unmittelbar auf die Vorhabenzulassung „durchschlagen“[932]. Gleichwohl fehlt es auch weiterhin an einer verbindlichen Regelung gegenüber dem Bürger. Im Unterschied zum Flächennutzungsplan erkennt der Gesetzgeber den verbindlichen Festsetzungen eines Bebauungsplans ausdrücklich Normcharakter zu, da die Gemeinden Bebauungspläne nach § 10 Abs. 1 BauGB als Satzung beschließen. Die verbindlichen Zielfestlegungen eines Raumordnungsplans weisen als gesamtplanerische Abwägungsentscheidungen die gleiche Struktur auf (vgl. § 7 Abs. 5 bis 9 ROG)[933]. Es würde auf einen Wertungswiderspruch hinauslaufen, den Zielen und damit rechtlich relevanten Festlegungen eines Raumordnungsplanes diese Qualität allein deswegen abzusprechen, weil sie auf der der gemeindlichen Planungsstufe übergeordneten Ebene der Gesamtplanung angesiedelt sind[934]. Auch das BVerfG ist der Ansicht, Zielaussagen seien den Festsetzungen in Bebauungsplänen ver-

---

[928] BVerwG, Urt. v. 22.5.1980 – 2 C 2 C 30/78 –, BVerwGE 60, 144 (145); BVerwG, Urt. v. 15.2.1989 – 6 A 2/87 –, BVerwGE 81, 258 (260); Knack, § 35 Rn. 35; Kopp/Ramsauer, § 35 Rn. 75; Maurer, § 9 Rn. 26; Beschorner, NVwZ 1986, 361 (362); Ehlers, NVwZ 1990, 106 Fn. 12.

[929] Bielenberg, in: Ernst/Zinkahn/Bielenberg, Bd. 1, § 5 Rn. 5 und 7; Löhr, in: Battis/Krautzberger/Löhr, § 5 Rn. 45 f.; Oldiges, Baurecht, S. 570 Rn. 79.

[930] Manssen, Öffentliches Baurecht und Raumordnungsrecht, in: Manssen/Schütz, S. 293.

[931] Bielenberg, in: Ernst/Zinkahn/Bielenberg, Bd. 1, § 5 Rn. 4; Löhr, in: Battis/Krautzberger/Löhr, § 5 Rn. 47; Oldiges, Baurecht, in: Steiner, Besonderes Verwaltungsrecht, S. 570 Rn. 79.

[932] BVerwG, Urt. v. 20.11.2003 – 4 CN 6/03 –, ZfBR 2004, 272 (274); Löhr, in: Battis/Krautzberger/Löhr, § 5 Rn. 47; Söfker, in: Ernst/Zinkahn/Bielenberg, Bd. 1, § 1 Rn. 30 f.; Oldiges, Baurecht, in: Steiner, Besonderes Verwaltungsrecht, S. 570 Rn. 79.

[933] BVerwG, Urt. v. 20.11.2003 – 4 CN 6/03 –, ZfBR 2004, 272 (274).

[934] BVerwG, Urt. v. 20.11.2003 – 4 CN 6/03 –, ZfBR 2004, 272 (274 f.).

gleichbar[935] und deshalb als Regelungen mit Normcharakter anzusehen, die tauglicher Gegenstand einer Kommunalverfassungsbeschwerde im Sinne des Art. 93 Abs. 1 Nr. 4b GG sein können[936].

Betrachtet man die sich aus § 4 ROG ergebenden Bindungswirkungen der Ziele der Raumordnung näher, so ist Folgendes festzuhalten. Die Ziele der Raumordnung sind gemäß § 4 Abs. 1 Satz 1 ROG von öffentlichen Stellen bei ihren raumbedeutsamen Planungen und Maßnahmen zu beachten. Zum Kreis der öffentlichen Stellen gehören nicht nur in das behördliche Funktions- und Weisungsverhältnis eingebundene nachgeordnete Verwaltungsträger, sondern auch Behörden des Bundes und kommunale Gebietskörperschaften, die der Planungsbehörde als Träger eigener Rechte und Pflichten gegenüberstehen[937]. Daher kann die Auffassung als überholt angesehen werden, Ziele der Raumordnung seien rein verwaltungsinterne Vorschriften.

Auch gegenüber Personen des Privatrechts können die Inhalte der Raumordnungspläne Bindungswirkung entfalten. So sieht § 4 Abs. 3 ROG die entsprechende Geltung des § 4 Abs. 1 Satz 1 und Satz 2 Nr. 1 sowie Abs. 2 ROG bei raumbedeutsamen Planungen und Maßnahmen, die Personen des Privatrechts in Wahrnehmung öffentlicher Aufgaben durchführen. Damit enthält § 4 Abs. 3 ROG über die entsprechende Anwendung des § 4 Abs. 1 Satz 1 ROG sogar eine unmittelbare Zielbeachtenspflicht für Personen des Privatrechts[938]. Neben Personen des Privatrechts, die raumbedeutsame Planungen und Maßnahmen in Wahrnehmung öffentlicher Aufgaben durchführen, können sich gegenüber sonstigen Personen des Privatrechts mittelbare Bindungswirkungen ergeben. Hier ist an die fachgesetzlichen Raumordnungsklauseln zu denken, in denen die rechtliche Bindungswirkung von Zielen der Raumordnung ebenfalls geregelt ist. Gerade § 4 Abs. 5 ROG geht ausdrücklich auf die Raumordnungsklauseln ein und bestimmt, dass diese von § 4 ROG unberührt bleiben, soweit sie weitergehende Zielbindungswirkungen als die allgemeinen Vorschriften des § 4 ROG statuieren. Für den Bereich des Baurechts sei auf die Raumordnungsklauseln des § 35 Abs. 3 Satz 2 und 3 BauGB verwiesen, die Einzelvorhaben Privater betreffen. In diesem Zusammenhang ist anzumerken, dass sich – nachdem Raumordnung und Landesplanung früher als eine grobmaschige „Planung der Planung“ angesehen wurden – insbesondere im Rahmen der Planung von Einzelvorhaben im Außenbereich ein Wandel zu einer unter Umständen recht detailscharfen Planung vollzogen hat[939]. Die Regelung des § 35 Abs. 3 Satz 3 BauGB ermöglicht einen Durchgriff der Landesplanung auf das private Grundeigentum[940] und über § 35

[935] BVerfG, Beschl. v. 23.6.1987 – 2 BvR 826/83 –, BVerfGE 76, 107 (114).
[936] BVerfG, Beschl. v. 23.6.1987 – 2 BvR 826/83 –, BVerfGE 76, 107 (114).
[937] BVerwG, Urt. v. 20.11.2003 – 4 CN 6/03 –, ZfBR 2004, 272 (274).
[938] Koch/Hendler, S. 53 Rn. 44.
[939] OVG Lüneburg, Urt. v. 28.10.2004 – 1 KN 155/03 –, NVwZ-RR 2005, 162.
[940] Manssen, BayVBl. 2005, 485 (488).

Abs. 3 Satz 2 BauGB wirken die Ziele der Raumordnung unmittelbar auf die Zulässigkeit baulicher Vorhaben ein[941]. Dies wiederum führt zu einer Vorverlagerung eigentumsschützender Abwägungen aus der Bauleitplanung in die Gesamtplanung, was mithin zu einer Vorverlagerung auch des Rechtsschutzes führen muss[942]. Diese geänderte Auffassung kommt auch in verschiedenen Landesplanungsgesetzen zum Ausdruck. So wurde beispielsweise § 10 Abs. 3 NdsROG, wonach die Ziele der Raumordnung keine Rechtswirkung gegenüber dem Einzelnen hatten, durch das NdsROG 2001 ersatzlos gestrichen[943].
Als Ergebnis bleibt festzuhalten, dass insbesondere bei § 4 Abs. 1, 3 und 5 ROG der durch das Raumordnungsrecht vermittelte Außenrechtsbezug der Ziele der Raumordnung deutlich zu Tage tritt. Selbst wenn man die Auffassung verträte, Ziele der Raumordnung seien wegen ihrer fehlenden unmittelbaren Bürgerverbindlichkeit nicht als typische Außenrechtsnormen anzusehen, kann der ihnen zukommende Rechtsnormcharakter nicht allein mit der Begründung verneint werden, der Adressatenkreis sei überwiegend auf Verwaltungsträger beschränkt[944]. Kommt daher den Zielen der Raumordnung unmittelbare Außenwirkung zu[945], so muss für die sie enthaltenden Raumordnungspläne das gleiche gelten.

Da bei der Bestimmung der Rechtsnatur der Raumordnungspläne auf deren einzelne, rechtlich relevanten Festlegungen zurückzugreifen ist und diesen soweit es sich um Ziele der Raumordnung handelt, ein abstrakt-genereller Charakter sowie Außenwirkung zuzusprechen ist, handelt es sich bei Raumordnungsplänen ebenfalls um Rechtsnormen.

3. Raumordnungspläne als Rechtsverordnung oder Satzung

Werden die Raumordnungspläne von Exekutivorganen erlassen, so handelt es sich um Rechtsverordnungen, die für die Normadressaten in gleicher Weise verbindlich sind wie formelle Gesetze[946]. Auf den ersten Blick könnte auch die Rechtsform der Satzung in Betracht kommen, die von einer Person des öffentli-

---

[941] Manssen, Öffentliches Baurecht und Raumordnungsrecht, in: Manssen/Schütz, S. 281.
[942] OVG Lüneburg, Urt. v. 28.10.2004 – 1 KN 155/03 –, NVwZ-RR 2005, 162.
[943] Vgl. Begründung zum Entwurf eines Niedersächsischen Gesetzes über Raumordnung und Landesplanung (NROG), LT-DS 14/1450, S. 20.
[944] Halama, in: FS Schlichter, S. 201 (206).
[945] Erbguth/Schoeneberg, S. 109 Rn. 81; Hoppe, in: Hoppe/Bönker/Grotefels, S. 73 Rn. 15; Runkel, in: Bielenberg/Runkel/Spannowsky, Bd. 2, § 3 Rn. 164, wonach Raumordnungsziele jedenfalls außenwirksame Regelungen darstellen; v.d. Heide, in: Cholewa/Dyong/v.d. Heide/Arenz, Bd. 1, § 3 Rn. 24b, wonach Zielen der Raumordnung zwar keine bloße Innenwirkung zukommt, die gegenüber dem Einzelnen aber nur ausnahmsweise unmittelbare Außenwirkung entfalten.
[946] Maurer, § 4 Rn. 10.

chen Rechts zur Regelung ihrer Angelegenheiten erlassen werden kann[947]. In der Planungspraxis haben sich auch einige Landesplanungsgesetzgeber dafür entschieden, die Regionalpläne als Satzung beschließen zu lassen[948]. Die Abgrenzung zwischen Satzung und Rechtsverordnung kann im Einzelfall schwierig sein, weshalb der Funktionsbereich als maßgebliches Kriterium heranzuziehen ist[949]. Die Rechtsform der Satzung kann nur dann gewählt werden, wenn kommunale Planungsgemeinschaften zur Aufstellung der Regionalpläne berufen sind[950]. Eine unbedingte Notwendigkeit, Raumordnungspläne oder Ziele der Raumordnung aus Gründen des kommunalen Selbstverwaltungsrechts und des Gewaltenteilungsprinzips in einer bestimmten Rechtsform zu erlassen, besteht nach überwiegender Auffassung jedoch nicht[951].

III. Rechtslage in Bayern

An dieser Stelle soll abschließend auf die Aussagen des BayLPlG zur Rechtsnatur der Raumordnungspläne eingegangen werden. Beim bayerischen Landesentwicklungsprogramm und den bayerischen Regionalplänen handelt es sich gemäß Art. 17 Abs. 2, 19 Abs. 1 Satz 2 BayLPlG um Rechtsverordnungen und damit um Rechtsvorschriften im Range unter dem Landesgesetz i.S.v. § 47 Abs. 1 Nr. 2 VwGO und Art. 5 BayAGVwGO[952]. Die im Zuge der Novellierung des BayLPlG erfolgte Einstufung der Regionalpläne als Rechtsverordnung bezweckt, eine Harmonisierung des Rechtscharakters der in den Raumordnungsplänen enthaltenen normativen Vorgaben herbeizuführen[953]. Dies entspricht der bisherigen Rechtsprechung in Bayern, wonach Regionalpläne als untergesetzliche Rechtsvorschriften anzusehen sind, die gemäß § 47 Abs. 1 Nr. 2 VwGO der Normenkontrolle unterliegen[954]. Damit weist schon das Abstellen auf rein formelle Kriterien die bayerischen Raumordnungspläne als Rechtsvorschriften aus. Sie sind aber auch in materiell-rechtlicher Hinsicht als Rechtsvorschriften zu qualifizieren, jedenfalls soweit in ihnen Ziele der Raumordnung enthalten

---

[947] Maurer, § 4 Rn. 14.

[948] Vgl. § 12 Abs. 7 BaWüLPlG; § 2 Abs. 6 BbgRegBKPlG; § 8 Abs. 3 Satz 1 NROG; § 7 Abs. 7 SächsLPlG.

[949] Maurer, § 4 Rn. 18.

[950] Erbguth/Schoeneberg, S. 115 Rn. 88.

[951] BVerfG, Beschl. v. 23.6.1987 – 2 BvR 826/83 –, BVerfGE 76, 107 (117); OVG Lüneburg, Beschl. v. 23.11.1972 – I OVG C 2/72 –, DVBl. 1973, 151 (155); Koch/Hendler, S. 57 Rn. 58; Hendler, Gemeindliches Selbstverwaltungsrecht und Raumordnung, S. 21 ff.; Schmidt-Aßmann, Fortentwicklung, S. 67 ff.; differenzierend: Erbguth/Schoeneberg, S. 114 ff.

[952] BayVGH, Urt. v. 8.12.2003 – 20 N 01.2612 –, NuR 2004, 315.

[953] Begründung zu Art. 19 Abs. 2 des Gesetzentwurfs des BayLPlG, LT-DS 15/1667, S. 20.

[954] BayVGH, Urt. v. 8.12.2003 – 20 N 01.2612 –, NuR 2004, 315; BayVGH, Urt. v. 14.12.1983 – 4 N 81 A.436 –, NVwZ 1985, 502.

sind[955]. Insbesondere die Regionalpläne enthalten abstrakt-generelle Regelungen in Gestalt von planerischen Vorgaben, die wegen der damit verbundenen Beachtens- und Anpassungspflicht die öffentlichen Planungsträger binden und sich im Einzelfall über die Raumordnungsklauseln auch auf das Verhältnis zwischen öffentlicher Hand und Bürger auswirken können[956].

B. Rechtsschutzmöglichkeiten Öffentlicher Stellen, insbesondere der Gemeinden

Durch die als Rechtsnormen zu qualifizierenden Ziele der Raumordnung werden öffentliche Stellen gemäß § 4 Abs. 1 ROG insoweit gebunden, als sie diese bei ihren raumbedeutsamen Planungen und Maßnahmen zu beachten haben. Gleichwohl soll von Rechtswirkungen nur dann gesprochen werden, wenn der Zieladressat Träger eigener Rechte ist, woran es bei öffentlichen Stellen regelmäßig mangeln dürfte[957]. Etwas anderes gilt dann, wenn ihnen, wie beispielsweise den Gemeinden, durch Verfassungs- oder sonstige Rechtsvorschriften eigene Rechtspositionen zugewiesen worden sind. Vor allem die Novellierung des ROG durch das BauROG 1998 machte eine Neubewertung hinsichtlich der Fragen der Bindungswirkungen und des Rechtsschutzes erforderlich. Denn die Erfordernisse der Raumordnung, zu denen auch die Ziele der Raumordnung zählen (§ 3 Nr. 1 ROG), entfalten zunehmend, vermittelt durch fachgesetzliche Raumordnungsklauseln, Wirkungen auch außerhalb und über die raumordnungsrechtlichen Anforderungen hinaus[958]. Da die Gemeinden im Rahmen des hier zu behandelnden Hochwasserschutz neben den Personen des Privatrechts zu den wichtigsten Adressaten raumordnerischer Bindungswirkungen gehören, sollen sich die folgenden Ausführungen auf die Rechtsschutzmöglichkeiten der Gemeinden beschränken.

I. Das Normenkontrollverfahren nach § 47 VwGO

Das Normenkontrollverfahren nach § 47 Abs. 1 Nr. 2 VwGO stellt eine Möglichkeit dar, im Rang unter dem Landesgesetz stehende Normen auf Antrag einer Entscheidung über deren Gültigkeit durch das Oberverwaltungsgericht zuzu-

[955] BayVGH, Urt. v. 8.12.2003 – 20 N 01.2612 –, NuR 2004, 315.

[956] BayVGH, Urt. v. 8.12.2003 – 20 N 01.2612 –, NuR 2004, 315; BayVGH, Urt. v. 12.9.1990, NVwZ-RR 1991, 332; BVerwG, Urt. v. 25.11.1993, NVwZ 1994, 1213.

[957] Runkel, in: Bielenberg/Runkel/Spannowsky, Bd. 2, § 4 Rn. 410; dafür spricht auch die amtliche Überschrift des § 4 ROG „Bindungswirkungen der Erfordernisse der Raumordnung“, welche die ursprünglichen Bezeichnung „Rechtswirkungen“ anlässlich einer Stellungnahme des Bundesrats (BT-DS 13/6392) ablöste.

[958] Runkel, in: Bielenberg/Runkel/Spannowsky, Bd. 2, § 4 Rn. 410.

führen, sofern das Landesrecht dies bestimmt. Derartige Bestimmungen finden sich in den Ausführungsgesetzen zur Verwaltungsgerichtsordnung. In den Ländern, die von der Ermächtigung des § 47 Abs. 1 Nr. 2 VwGO keinen Gebrauch gemacht haben, kann von einer im Lichte des Art. 19 Abs. 4 GG bedenklichen Rechtsschutzlücke gleichwohl nicht gesprochen werden, da Art. 19 Abs. 4 GG lediglich garantiert, dass eine Rechtschutzmöglichkeit in irgendeiner Form besteht[959]. Diese Anforderungen sind bereits regelmäßig dann gewahrt, wenn die Raumordnungsprogramme im Wege der Inzidentkontrolle auf ihre Gültigkeit hin überprüft werden können[960].

1. Gegenstand der prinzipalen Normenkontrolle

Gemäß § 47 Abs. 1 Nr. 2 VwGO beschränkt sich der Anwendungsbereich der Normenkontrolle auf Rechtsvorschriften unter dem Rang von Landesgesetzen, wozu zweifelsfrei Satzungen und Rechtsverordnungen zu zählen sind[961]. Mit ihnen gleichzusetzen sind Vorschriften, die Rechtsqualität erlangt haben, indem sie unabhängig von ihrem materiellen Gehalt durch Satzung oder Rechtsverordnung für verbindlich erklärt worden sind[962]. Raumordnungspläne bzw. -ziele sind daher insoweit im Normenkontrollverfahren auf ihre Rechtmäßigkeit überprüfbar, als sie im Rang unter dem Landesgesetz stehende Rechtsvorschriften darstellen. Damit scheidet das Verfahren nach § 47 VwGO für Raumordnungspläne, die als formelles Gesetz erlassen werden, aus[963]. Hiervon betroffen sind die landesweiten Raumordnungspläne in Nordrhein-Westfalen, Niedersachsen (allerdings nur Teil I des Landesraumordnungsprogramms) und in Sachsen-Anhalt, die als formelles Gesetz ergehen[964].
Hinzuweisen ist des Weiteren auf den in § 47 Abs. 3 VwGO enthaltenen Vorbehalt zugunsten der Verfassungsgerichtsbarkeit, wonach das Oberverwaltungsgericht die Vereinbarkeit der Rechtsvorschrift mit Landesrecht nicht prüft, soweit gesetzlich vorgesehen ist, dass die Rechtsvorschrift ausschließlich durch das Verfassungsgericht eines Landes nachprüfbar ist. Diese Regelung dürfte für den hier zu behandelnden Rechtsschutz, insbesondere gegen Ziele der Raumordnung in Regionalplänen, keine große Bedeutung besitzen, da eine Gemeinde in der Regel eine Verletzung ihres Selbstverwaltungsrechts nach Art. 28 Abs. 2 GG geltend machen wird. Gleichwohl besteht in verschiedenen Ländern die Mög-

959 Halama, in: FS Schlichter, S. 201 (208); vielfach wird daher lediglich ein bestimmter „Mindeststandard“ gefordert: Krebs, in: v. Münch/Kunig, Bd. 1, Art. 19 Rn. 65; Heitsch, NuR 2004, 20 (25).
960 Halama, in: FS Schlichter, S. 201 (208).
961 BVerwG, Urt. v. 20.11.2003 – 4 CN 6/03 – ZfBR 2004, 272.
962 BVerwG, Beschl. v. 20.12.1988 – 7 NB 2/88 – BVerwGE 81, 128; BVerwG, Urt. v. 20.11.2003 – 4 CN 6/03 –, ZfBR 2004, 272 (273).
963 Erbguth/Schoeneberg, S. 242 Rn. 178; Koch/Hendler, S. 129 Rn. 4.
964 Vgl. § 12 Satz 1 NwLPlG; § 5 Abs. 4 Satz 1 SaAnLPlG.

lichkeit, eine Verletzung von Landesverfassungsrecht durch landesrechtliche Vorschriften zu rügen. Beispielsweise sieht die Bayerische Verfassung vor, die Verletzung der kommunalen Selbstverwaltungsgarantie (Art. 11 Abs. 2 Satz 2 BayVerf) im Wege der Popularklage geltend zu machen (Art. 98 Satz 4 BayVerf, Art. 55 BayVerfGHG).

2. Antragsbefugnis (§ 47 Abs. 2 Satz 1 VwGO)

Wie die Ausführungen zur kommunalen Selbstverwaltungsgarantie gezeigt haben, kann die Gemeinde durch Ziele der Raumordnung in ihren Rechten aus Art. 28 Abs. 2 Satz 1 GG verletzt sein. Diese Möglichkeit besteht dann, wenn der Raumordnungsplan bzw. das angegriffene, darin enthaltene Raumordnungsziel der eigenen Bauleitplanung oder zumindest einer hinreichend konkretisierten Planungsabsicht der Gemeinde widerspricht[965]. Nicht ausreichend ist die bloße Berührung von Interessen der betroffenen Gemeinde. Diese muss vielmehr geltend machen können, dass eine nachhaltige und unangemessene Berücksichtigung ihrer eigenen Belange vorliegt[966]. Hierbei sind sowohl der Konkretisierungsgrad als auch – gerade im Hinblick auf Vorranggebiete für den Hochwasserschutz – die räumliche Komponente der Zielfestlegungen im Regionalplan von entscheidender Bedeutung, da die in § 4 Abs. 1 ROG und § 1 Abs. 4 BauGB verankerten Beachtenspflichten erst aufgrund der jeweiligen Konkretisierung zu mehr oder minder intensiven Eingriffen in die gemeindliche Planungshoheit führen.
Auch in ihrer Eigenschaft als Behörde hat die Gemeinde die Möglichkeit, eine Entscheidung des Oberverwaltungsgerichts hinsichtlich landesplanerischer Zielfestlegungen herbeizuführen (§ 47 Abs. 2 Satz 1 VwGO a.E.). In einem solchen Fall genügt es, wenn sich das angegriffene Raumordnungsziel auf das Gemeindegebiet erstreckt und von der Gemeinde bei der Wahrnehmung der eigenen übertragenen Aufgaben zu beachten ist[967]. Der Behauptung, in ihrem Selbstverwaltungsrecht oder einer sonstigen Rechtsposition verletzt zu sein, bedarf es somit nicht.

3. Kontrollmaßstab

Bereits ein Rechtsverstoß materieller oder verfahrensrechtlicher Art kann zur Nichtigkeit des Raumordnungsplans bzw. der darin enthaltenen raumordneri-

[965] BVerwG, Beschl. v. 15.3.1989 – 4 NB 10/88 –, BVerwGE 81, 307 (311 f.); Koch/Hendler, S. 133 Rn. 16; Kopp/Schenke, § 47 Rn. 79; Böttger/Broosch, UPR 2002, 420 (423).
[966] Gerhardt, in: Schoch/Schmidt-Assman/Pietzner, § 47 Rn. 67; Böttger/Broosch, UPR 2002, 420 (423).
[967] Runkel, in: Bielenberg/Runkel/Spannowsky, Bd. 2, § 4 Rn. 423; Brohm, S. 661 Rn. 48; Koch/Hendler, S. 133 Rn. 16; Böttger/Broosch, UPR 2002, 420 (423).

schen Zielfestlegung führen[968]. Daher hat das Oberverwaltungsgericht zu prüfen, ob ein ordnungsgemäßes Verfahren stattgefunden hat und ob der jeweilige Sachverhalt zutreffend und vollständig ermittelt wurde.
Hierzu zählt die Anhörung der Gemeinde, falls diese von einer Zielfestsetzung betroffen sein kann (§ 7 Abs. 6 ROG, Art. 13 Abs. 1 Nr. 1 BayLPlG). Gerade die Beteiligungsrechte sind unverzichtbare Voraussetzung dafür, dass ein Ziel der Raumordnung gegenüber einer Gemeinde die Beachtenspflicht auslöst. Sie sind dafür gedacht, als Ausfluss der Selbstverwaltungsgarantie des Art. 28 Abs. 2 GG, welche auch die kommunale Planungshoheit umfasst[969], den mit § 1 Abs. 4 BauGB einhergehenden Eingriff in die gemeindliche Bauleitplanung auszugleichen[970]. Sind Ziele der Raumordnung unter Verletzung von Beteiligungsrechten zustande gekommen, so führt dies bei Einhaltung der Rügefrist (vgl. § 10 Abs. 1 ROG) zur Nichtigkeit des entsprechenden Ziels[971].
Besondere Bedeutung im Rahmen der Überprüfung kommt des Weiteren eventuellen Fehlgewichtungen, Abwägungsdefiziten oder der Unzulänglichkeit prognostischer Entscheidungen zu[972]. Je stärker sich ihre kommunale Planung verfestigt hat, desto wehrfähiger ist eine Gemeinde, wobei ein bereits in Kraft getretener Bebauungsplan die stärkste Form einer verfestigten Planung darstellt[973].
Wie das Baurecht, so kennt auch das Raumordnungs- und Landesplanungsrecht Vorschriften zur Planerhaltung (§ 10 ROG sowie die entsprechenden landesrechtlichen Regelungen, z.B. Art. 20 BayLPlG). Danach ist nicht jede Verletzung von Verfahrens- oder Formvorschriften sowie jeder Abwägungsmangel beachtlich und führt demzufolge nicht stets zur Nichtigkeit des Plans. Insbesondere ist die Rügefrist von längstens einem Jahr seit Bekanntmachung des Raumordnungsplans zu beachten (§ 10 Abs. 1 ROG, Art. 20 Abs. 2 Satz 1 BayLPlG)[974].
Auch der Rechtsschutz hinsichtlich hochwasserschutzrelevanter Festlegungen in Raumordnungsplänen wird sich in erster Linie darum drehen, ob die Landesplanungsbehörden die Planungshoheit der Gemeinde vor allem bei der Ausweisung von Vorranggebieten für den Hochwasserschutz in einer Art. 28 Abs. 2 GG verletzenden Weise berührt haben. Gerade dann, wenn bereits baurechtlich beplante Gemeindegebiete von raumordnerischen Zielfestlegungen erfasst werden, wird

[968] Runkel, in: Bielenberg/Runkel/Spannowsky, Bd. 2, § 4 Rn. 427.
[969] Vgl. dazu Kapitel 3, S. 50 ff.
[970] Halama, in: FS Schlichter, S. 201 (214).
[971] BVerwG, Urt. v. 20.8.1992 - 4 NB 20.91 –, BVerwGE 90, 329 (335); BVerwG, Urt. v. 18.2.1994 – 4 C 4.92 –, UPR 1994, 301 (303); Halama, in: FS Schlichter, S. 201 (215).
[972] BayVGH, Urt. v. 15.12.1984 – Vf 19 VII.83 –, BayVBl. 1984, 528 (532); Runkel, in: Bielenberg/Runkel/Spannowsky, Bd. 2, § 4 Rn. 427; Redeker, in: FS Schlichter, S. 541 (546).
[973] Birk, NVwZ 1989, 905 (910 ff.); Busse, BayVBl. 1998, 293 (299); Runkel, in: Bielenberg/Runkel/Spannowsky, Bd. 2, § 4 Rn. 427.
[974] Vgl. zu den Einzelheiten des Grundsatz der Planerhaltung Kapitel 5, S. 214.

die Planungshoheit einer Gemeinde beeinträchtigt, was nur dann zulässig sein kann, wenn weder gegen den Grundsatz der Verhältnismäßigkeit noch gegen das Willkürverbot verstoßen wurde. Insoweit ist auf die Ausführungen zu den Vorranggebieten für den Hochwasserschutz zu verweisen[975]. Die Anzahl zukünftiger Normenkontrollanträge von Gemeinden gegen die den Hochwasserschutz betreffenden Festlegungen von Raumordnungsplänen, insbesondere der Regionalpläne, wird daher hauptsächlich von der geografischen Lage der entsprechenden Vorranggebiete sowie der Ausgestaltung von Ausnahmen bezüglich deren Ausschlusswirkung abhängig sein. Aufgrund der nun in Art. 3 Abs. 2 Satz 2 BayLPlG verankerten bisherigen bayerischen Praxis, Ziele der Raumordnung grundsätzlich als Soll-Vorschriften zu formulieren, um damit den Zieladressaten eine flexible Handhabung der Ziele der Raumordnung im Einzelfall zu ermöglichen, ist es vorstellbar, dass die Gemeinden vermehrt das Vorliegen eines atypischen Einzelfalls bejahen werden. Auf diese Weise bestünde die Möglichkeit, ein Normenkontrollverfahren nach § 47 VwGO bzw. ein Zielabweichungsverfahren nach § 11 ROG, Art. 29 BayLPlG zu vermeiden[976]. Zugleich wird die Durchsetzung der Hochwasserschutzmaßnahmen erschwert, wodurch eine Reduzierung des Gefährdungs- und Schadenspotentials nicht erreicht werden würde.

II. Allgemeine Feststellungsklage (§ 43 VwGO)

1. Allgemeines

Gerade in Ländern, in denen der Gesetzgeber von der Möglichkeit des § 47 Abs. 1 Nr. 2 VwGO keinen Gebrauch gemacht hat, die Raumordnungspläne also nicht im Wege der konkreten Normenkontrolle durch das entsprechende Oberverwaltungsgericht überprüft werden können, könnte die allgemeine Feststellungsklage nach § 43 VwGO für den verwaltungsgerichtlichen Rechtsschutz gegen Raumordnungspläne von Bedeutung sein[977]. Allerdings ist bereits jetzt darauf hinzuweisen, dass es sich verbietet, die Feststellungsklage in diesen Fällen in eine vom Landesgesetzgeber nicht vorgesehene Normenkontrollklage umzufunktionieren[978]. In den folgenden Ausführungen sollen ausgewählte Fragen der

[975] Vgl. dazu Kapitel 5, S. 172 ff.

[976] Zwar schließen sich Normenkontrolle nach § 47 VwGO und Zielabweichungsverfahren nach § 11 ROG aus, da der Antragsteller im ersten Fall von der Ungültigkeit des betreffenden Ziels der Raumordnung ausgeht, im zweiten dagegen das Ziel als gültig ansieht. Da die Gemeinde bei erfolgreichem Antrag sowohl nach § 47 VwGO als auch § 11 ROG das entsprechende Ziel nicht zu beachten hat, bleibt das Ergebnis insoweit jedoch das gleiche.

[977] Runkel, in Bielenberg/Runkel/Spannowsky, Bd. 2, § 4 Rn. 430; Brohm, S. 662 Rn. 48; Kment, S. 245; Steiner, Raumordnungs- und Landesplanungsrecht, S. 870 Rn. 94.

[978] BVerwG, Urt. v. 9.12.1982 – 5 C 103/81, NJW 1983, 2208; Runkel, in Bielenberg/Runkel/Spannowsky, § 4 Rn. 430; Halama, in: FS Schlichter, S. 201 (208).

Zulässigkeit einer allgemeinen Feststellungsklage gegen Raumordnungspläne dargestellt werden, die im Wesentlichen das Vorliegen eines hinreichend konkreten Rechtsverhältnisses sowie das Bestehen eines berechtigten Interesses an der Feststellung betreffen.

2. Feststellungsfähiges Rechtsverhältnis

Die obigen Ausführungen ergaben, dass es sich bei Raumordnungsplänen sowie den Zielen der Raumordnung nicht um Verwaltungsakte handelt. Daher kann eine Feststellungsklage im hier zu behandelnden Rahmen nur das Bestehen oder Nichtbestehen eines Rechtsverhältnisses zum Gegenstand haben (vgl. § 43 Abs. 1 Alt. 1 VwGO). Unter dem Begriff des nach § 43 VwGO feststellungsfähigen Rechtsverhältnisses sind die sich aus einem konkreten Sachverhalt aufgrund einer öffentlich-rechtlichen Norm ergebenden rechtlichen Beziehungen natürlicher oder juristischer Personen untereinander oder einer Person zu einer Sache zu verstehen[979].

Die Statthaftigkeit der allgemeinen Feststellungsklage setzt demnach das Vorliegen eines hinreichend konkreten Rechtsverhältnisses voraus. Bezieht sich die Klage lediglich auf abstrakte Rechtsfragen oder den Inhalt einer Rechtsnorm, ist sie unzulässig[980]. Da es sich bei Raumordnungsplänen bzw. -zielen um Rechtsnormen, zumindest im Hinblick auf den Rechtsschutz um normähnliche Hoheitsakte handelt, gilt es, den Gegenstand der Feststellungsklage präzise herauszuarbeiten. Als Rechtsnorm sind Raumordnungspläne bzw. Ziele der Raumordnung grundsätzlich abstrakt konstruiert, denn sie sind dazu bestimmt, über den Einzelfall hinaus viele Sachverhalte einer Regelung zuzuführen[981]. Der Raumordnungsplan wird dem Erfordernis der hinreichenden Konkretisierung demnach nicht gerecht.

Vielmehr ist ein „Auslöser“ notwendig, der die abstrakte Rechtsfrage so verdichtet, dass sie Gegenstand eines Rechtsverhältnisses ist[982]. Diese Verdichtung kann durch ein tatsächliches Geschehen oder das Verhalten der Beteiligten ausgelöst werden. Insbesondere Meinungsverschiedenheiten über den Inhalt von Rechten und Pflichten können ein feststellungsfähiges Rechtsverhältnis begründen[983]. Das heißt, der erforderliche Einzelfallbezug entsteht dann, wenn ein auf der Rechtsnorm beruhendes Rechtsverhältnis überprüft werden soll. Das Bundesverwaltungsgericht erachtet es denn auch für maßgebend, „ob mit der Klage

---

[979] BVerwG, Urt. v. 26.1.1996 – 8 C 19/94, NJW 1996, 2046; Kopp/Schenke, § 43 Rn. 11; Redeker/v. Oertzen, § 43 Rn. 3; Hufen, § 18 Rn. 7; Kment, S. 246.

[980] Runkel, in: Bielenberg/Runkel/Spannowsky, Bd. 2, § 4 Rn. 430; Kopp/Schenke, § 43 Rn. 14; Erbguth/Schoeneberg, S. 246; Hufen, § 18 Rn. 17; Kment, S. 247.

[981] Kment, S. 247.

[982] Hufen, § 18 Rn. 18.

[983] Redeker/v. Oertzen, § 43 Rn. 7; Hufen, § 18 Rn. 18; Kment, S. 246.

lediglich die Klärung einer abstrakten Rechtsfrage [...] erreicht werden soll [oder ob] die Anwendung einer Rechtsnorm auf einen bestimmten in Wirklichkeit gegebenen Sachverhalt streitig ist“[984]. Nur in letzterem Fall stehe der Feststellung eines derartigen Rechtsverhältnisses nicht entgegen, dass der Erfolg der Klage ausschließlich von der von den Parteien unterschiedlich beurteilten Rechtsgültigkeit einer Norm abhängt. Somit mache allein der Umstand, dass die zu treffende Entscheidung die Überprüfung einer Norm erfordert und in diesem Bereich konkreter Normenkontrolle ihr eigentlicher Zweck liegt, die Klage nicht unzulässig.

Für die hier zu klärende Frage, was als feststellungsfähiges Interesse zwischen Gemeinde und einem anderen Hoheitsträger in Betracht kommt, ist auf die rechtlichen Wirkungen abzustellen, die sich aus einem Raumordnungsplan ergeben. Die bisherige Untersuchung hat gezeigt, dass es vor allem die in den Raumordnungsplänen enthaltenen Ziele der Raumordnung sind, die Bindungswirkungen gegenüber Gemeinden entfalten. Diese von den Raumordnungszielen ausgehenden Bindungswirkungen, die in erster Linie durch § 4 Abs. 1 ROG und § 1 Abs. 4 BauGB vermittelt werden, lösen Meinungsverschiedenheiten zwischen der Gemeinde und dem Träger der Raumordnung beziehungsweise anderen Hoheitsträgern aus. Streit kann insbesondere dann entstehen, wenn ein Raumordnungsplan aufgrund einer Vorrangausweisung für den Hochwasserschutz der Gemeinde aufgibt, in einem Bebauungsplan keine weiteren bebaubaren Flächen auszuweisen, wodurch die Planungshoheit der Gemeinde eingeschränkt wird. Das Rechtsverhältnis im Sinne des § 43 Abs. 1 VwGO wird folglich erst durch die mit Erlass des entsprechenden Raumordnungsplans eintretenden Bindungswirkungen für die Kommunen konkretisiert[985]. Die begehrte Feststellung betrifft also nicht den Raumordnungsplan selbst, sondern vielmehr das aus diesem aufgrund der Bindungsvorschriften resultierende Rechtsverhältnis zwischen der Gemeinde und einem anderen Hoheitsträger[986]. Damit dieses den erforderlichen Grad an Konkretisierung aufweist, darf der Raumordnungsplan nicht lediglich allgemeine, auf weitere raumordnerische Präzisierung angelegte Aussagen enthalten; er muss vielmehr inhaltlich so bestimmt sein, dass der planerische Bewegungsspielraum der Kommunen erkennbar eingeengt ist[987]. Hierbei ist allerdings zu berücksichtigen, dass die Ziele der Raumordnung zwar landesplanerische Letztentscheidungen sind und somit abschließend abgewogene Festlegungen eines Raumordnungsplanes darstellen. Gleichwohl sind sie zumeist auf weitere Präzisierung durch die nachgeordnete Planungsebene ausgelegt. Diese weitere Präzisierung hat jedoch keine Auswirkungen auf die Kon-

[984] BVerwG, Urt. v. 9.12.1982 – 5 C 103/81, NJW 1983, 2208.
[985] Erbguth/Schoeneberg, S. 245 Rn. 180.
[986] Runkel, in: Bielenberg/Runkel/Spannowsky, Bd. 2, § 4 Rn. 431; Koch/Hendler, S. 134 Rn. 20; Wiggers, S. 240.
[987] Koch/Hendler, S. 134 Rn. 20; Wiggers, S. 240.

kretheit des feststellungsfähigen Rechtsverhältnisses. Solange die raumordnerischen Zielfestlegungen im Raumordnungsplan hinreichend bestimmt oder bestimmbar sind, es sich daher auch unter Zugrundelegung objektiver Kriterien um Ziele der Raumordnung handelt, lösen sie Anpassungs- und Beachtenspflichten aus und wirken insoweit unmittelbar gegenüber den Gemeinden.
An dieser Stelle kann deshalb festgehalten werden, dass eine über eine Rechtsverhältnisprüfung vermittelte Feststellung der Gültigkeit oder Ungültigkeit einer Norm (hier eines Raumordnungsplanes bzw. eines Ziels der Raumordnung) – jedenfalls was die Voraussetzung des Vorliegens eines feststellungsfähigen Rechtsverhältnisses betrifft – insofern zulässig ist, als die Festlegungen in Raumordnungsplänen nicht ganz allgemeine Aussagen treffen, denen keine Zielqualität zukommt. Gerade die Ausweisung von Vorranggebieten für den vorbeugenden Hochwasserschutz ist sowohl in räumlicher Hinsicht, zu denken ist hier vor allem an die mitunter gebietsscharfen zeichnerischen Darstellungen, als auch mit Blick auf die weitgehende Ausschlusswirkung inhaltlich so bestimmt, dass der planerische Gestaltungsspielraum der betroffenen Gemeinde deutlich eingeengt wird.

3. Feststellungsinteresse

§ 43 Abs. 1 VwGO verlangt, dass der Kläger ein berechtigtes Interesse an der baldigen Feststellung hat. Hierin ist eine besondere Erscheinungsform des allgemeinen Rechtsschutzinteresses zu sehen. Zwar reicht nicht jedes beliebige Interesse an der Feststellung aus, es muss sich vielmehr um ein durch die Rechtsordnung geschütztes Interesse handeln. Allerdings geht dieses Interesse weiter als das subjektive Interesse des § 42 Abs. 2 VwGO oder das Feststellungsinteresse des § 256 Abs. 1 ZPO[988]. Wann ein berechtigtes Interesse im Sinne des § 43 Abs. 1 VwGO vorliegt, kann nicht ohne Weiteres gesagt werden; die Beantwortung der Frage ist vom jeweiligen Einzelfall abhängig. Die herkömmlichen Definitionen stellen auf vernünftige Erwägungen, allgemeine Rechtsgrundsätze und konkrete Rechtsgrundlagen sowie auf die Schutzwürdigkeit ab. Trotz dieser Versuche, den Begriff des berechtigten Interesses greifbarer zu machen, bleibt dieser unscharf und wandelbar[989].
Nicht jede Unklarheit in Bezug auf ein rechtlich geschütztes Interesse reicht aus, dieses durch gerichtliche Feststellung sichern oder fördern zu lassen. Es muss ein konkreter Klärungsbedarf bestehen[990]. Deshalb wird insbesondere in Fällen, in denen die Rechtslage unklar ist, die zustimmende Behörde insoweit anderer Auffassung als der Kläger ist und der Kläger sein künftiges Verhalten an der Feststellung orientieren will oder er Grund zur Besorgnis der Gefährdung seines

---

988 Kopp/Schenke, § 43 Rn. 23; Redeker/v. Oertzen, § 43 Rn. 20; Hufen, § 18 Rn. 22.
989 Hufen, § 18 Rn. 22.
990 Hufen, § 18 Rn. 23.

Rechts hat, das Feststellungsinteresse bejaht[991]. Mit anderen Worten, bei Meinungsverschiedenheiten über Rechte und Pflichten besteht im Allgemeinen auch ein Feststellungsinteresse, weil dann die Dispositionsfreiheit des Klägers betroffen und diesem nicht zuzumuten ist, die Klärung der Rechtsfrage gleichsam „auf der Anklagebank" abzuwarten[992].
Im Rahmen einer Klage nach § 43 Abs. 1 VwGO, durch die der Sache nach die Überprüfung eines Raumordnungsplans angestrebt wird, muss die Gemeinde als Klägerin ein berechtigtes Interesse an der alsbaldigen gerichtlichen Feststellung haben, ob die ihr, insbesondere durch die §§ 4 Abs. 1 ROG, 1 Abs. 4 BauGB vermittelten Beachtens- und Anpassungspflichten der Ziele der Raumordnung, auferlegten rechtlichen Bindungswirkungen tatsächlich bestehen oder nicht[993]. Das ist vor allem dann der Fall, wenn die Gemeinde eine konkrete Bebauungsplanung betreibt oder beabsichtigt und die Ziele der Raumordnung dieser Planung entgegenstehen[994]. Nachdem das Bundesverwaltungsgericht aus § 1 Abs. 4 BauGB nunmehr eine kommunale Erstplanungspflicht ableitet[995], dürfte auch insofern für neuen Streitstoff gesorgt sein. Es ist anzunehmen, dass Konfliktpotential in erster Linie durch Vorranggebietsausweisungen für den Hochwasserschutz geschaffen wird. Gerade die in der Regel übliche Großflächigkeit von Retentionsräumen im Außenbereich, der nicht selten zur Schaffung von Industrie- und Gewerbestandorten herangezogen wird, kann zu Klagen betroffener Gemeinden führen.

4. Bedeutung der Feststellungsklage im Rahmen des Rechtsschutzes gegen Raumordnungspläne

Zwar bietet die allgemeine Feststellungsklage nach § 43 VwGO denjenigen Gemeinden, denen die Möglichkeit einer Normenkontrolle nach § 47 VwGO aufgrund fehlender landesrechtlicher Bestimmung nicht zur Verfügung steht, ein Verfahren zur gerichtlichen Überprüfung eines Raumordnungsplans. Allerdings bestehen beachtliche Unterschiede in der Wirkung des Urteils. Im Gegensatz zur Normenkontrolle, bei der das Gericht bei Ungültigkeit der Norm diese für unwirksam erklärt mit der Folge, dass die Entscheidung allgemein verbindlich ist (§ 47 Abs. 5 Satz 2 VwGO), löst die Entscheidung im Verfahren nach § 43 VwGO keine dementsprechende Allgemeinverbindlichkeit aus. Es besteht ledig-

---

[991] BVerwG, Urteil v. 26.1.1996 – 8 C 19/94 –, NJW 1996, 2046; Kopp/Schenke, § 43 Rn. 24; Pietzcker, in: Schoch/Schmidt-Aßmann/Pietzner, § 43 Rn. 34; Redeker/v. Oertzen, § 43 Rn. 21.

[992] BVerwG, Buchholz, 310, § 43 Rn. 31; Kopp/Schenke, § 43 Rn. 24; Hufen, § 18 Rn. 23.

[993] Runkel, in: Bielenberg/Runkel/Spannowsky, Bd. 2, § 4 Rn. 431.

[994] VGH Kassel, Urt. v. 16.8.2002 – 4 N 3272/01 –, NuR 2003, 442 ff.; Runkel, in: Bielenberg/Runkel/Spannowsky, Bd. 2, § 4 Rn. 431; Koch/Hendler, S. 134 Rn. 21.

[995] Vgl. dazu näher Kapitel 3, S. 54 ff.

lich eine Wirkung inter partes (vgl. § 121 Nr. 1 VwGO). Gleichwohl darf nicht verkannt werden, dass der Entscheidung über den Einzelfall hinaus faktisch und präjudiziell Bedeutung zukommt[996]. Ein weiterer Nachteil der Feststellungsklage liegt darin, dass im Falle eines erst in absehbarer Zeit zu erwartenden Nachteils – zu denken ist etwa daran, dass eine Gemeinde weder konkrete Planungsabsichten verfolgt noch dazu gedrängt wird, gegen ihren planerischen Willen tätig zu werden – die Eröffnung des Verfahrens nach § 43 VwGO mangels eines hinreichend konkreten Rechtsverhältnisses nicht erfolgen kann[997]. Insoweit bietet die Feststellungsklage regelmäßig keine befriedigende und sichere Lösung und ist zudem mit Prozessrisiken behaftet[998].

III. Inzidenter Rechtsschutz

1. Überblick

Die Ausführungen zum Rechtsschutz im Wege der Normenkontrolle nach § 47 VwGO haben gezeigt, dass die Rechtsschutzgarantie des Art. 19 Abs. 4 GG nicht soweit geht, gegen Akte der öffentlichen Gewalt stets unmittelbaren Rechtsschutz zu gewähren. Deshalb ist es erforderlich, in den Fällen, in denen ein Raumordnungsplan beziehungsweise die darin enthaltenen Ziele der Raumordnung der gerichtlichen Überprüfung nicht durch ein Verfahren nach § 47 VwGO oder § 43 VwGO zugeführt werden können, den Gemeinden gleichwohl die Möglichkeit des Inzidentschutzes gegen die Ziele der Raumordnung an die Hand zu geben. Gegenstand der richterlichen Prüfung ist dann eine hoheitliche Einzelmaßnahme, die auf der Grundlage einer Rechtsnorm ergangen ist oder erlassen werden kann bzw. muss. Das bedeutet für die hier zu behandelnde Problematik, dass die raumordnerischen Zielfestlegungen für hoheitliche Entscheidungen gegenüber der einzelnen Gemeinde maßgeblich sein müssen[999]. Hinsichtlich der Raumordnungspläne, die in Form eines formellen Gesetzes ergangen sind, ist gemäß Art. 100 GG das Entscheidungsmonopol des zuständigen Verfassungsgerichts zu beachten[1000]. Möglichkeiten des inzidenten Rechtsschutzes gegen Raumordnungspläne beziehungsweise Ziele der Raumordnung kön-

---

[996] BVerwG, Urt. v. 9.12.1982 – 5 C 103/81, NJW 1983, 2208; ähnlich: Kopp/Schenke, § 43 Rn. 8; Halama, in: FS Schlichter, S. 201 (208).

[997] Runkel, in: Bielenberg/Runkel/Spannowsky, Bd. 2, § 4 Rn. 431; Halama, in: FS Schlichter, S. 201 (209).

[998] Runkel, in: Bielenberg/Runkel/Spannowsky, Bd. 2, § 4 Rn. 432; Erbguth, GewArch 1995, 327 (353); Stüer, DVBl. 1985, 469 (474).

[999] Runkel, in: Bielenberg/Runkel/Spannowsky, Bd. 2, § 4 Rn. 456; Erbguth/Schoeneberg, Rn. 182; Kment, S. 252 f.

[1000] Erbguth/Schoeneberg, Rn. 182; Kopp/Schenke, § 43 Rn. 8; Koch/Hendler, S. 131 Rn. 9; Kment, S. 253; Steiner, Raumordnungs- und Landesplanung, S. 868 Rn. 90.

nen im Bereich der Anfechtungs-, der Verpflichtungs- oder der allgemeinen Leistungsklage denkbar sein.

2. Anfechtungs- und Verpflichtungsklage nach § 42 Abs. 1 VwGO

Im Rahmen der inzidenten Plankontrolle ist unmittelbarer Gegenstand der gerichtlichen Überprüfung nicht die Gültigkeit oder Ungültigkeit des Raumordnungsplans bzw. Ziels der Raumordnung. Vielmehr geht es um hoheitliche Entscheidungen, die auf der Grundlage von für die betroffene Gemeinde maßgeblichen Zielen der Raumordnung beruhen. Maßgeblich für die Gemeinden sind die Ziele der Raumordnung dann, wenn sie die Planungshoheit der Gemeinde berühren. Angesprochen sind damit die Beachtens- und Anpassungspflichten, die sich vor allem aus § 4 Abs. 1 ROG und § 1 Abs. 4 BauGB ergeben.
Ein Beispiel soll die Problematik verdeutlichen: Bei der Aufstellung von Bauleitplänen führt ein Verstoß gegen die Anpassungspflicht des § 1 Abs. 4 BauGB dazu, dass die höhere Verwaltungsbehörde ihre Genehmigung nach § 6 Abs. 1 beziehungsweise § 10 Abs. 2 BauGB verweigern wird. Der Gemeinde verbleibt in diesem Fall die Möglichkeit, ihren Bauleitplan entweder an das entsprechende Raumordnungsziel anzupassen oder – nach Durchführung eines Widerspruchsverfahrens, soweit das Landesrecht darauf nicht verzichtet hat, – den Klageweg zu beschreiten. Hierbei bietet es sich insbesondere an, die begehrte Genehmigung durch eine Verpflichtungsklage nach § 42 Abs. 1 Alt. 2 VwGO herbeizuführen. Im Rahmen dieser Klage müsste die Kommune geltend machen, der Bauleitplan widerspreche den raumordnungsrechtlichen Vorgaben nicht, woraufhin auch gegebenenfalls die Ziele der Raumordnung auf ihre Wirksamkeit überprüft werden würden.
Ganz allgemein kann daher gesagt werden, dass eine Verpflichtungsklage in den Fällen in Betracht kommt, in denen das Klageziel einer Kommune die Erteilung einer aufsichtsbehördlichen Genehmigung ist. Für den Fall, dass sich die Gemeinde im obigen Beispiel auf die Unwirksamkeit des betreffenden Ziels der Raumordnung beruft, unterzieht das Gericht im Rahmen des Verfahrens nach § 42 Abs. 1 Alt. 2 VwGO die Rechtswirksamkeit dieses Ziels als Vorfrage seiner Prüfung. Eine weitere Möglichkeit der Verpflichtungsklage besteht dann, wenn ein Antrag auf Abweichung von einem Ziel der Raumordnung (§ 11 ROG, Art. 29 BayLPlG) abgelehnt wird, denn auch diese Ablehnung weist Verwaltungsaktqualität auf[1001].

In den Ländern, in denen von der Möglichkeit des § 246 Abs. 1a BauGB Gebrauch gemacht worden ist, Bebauungspläne und Satzungen nach § 34 Abs. 4 Satz 1 BauGB, die nicht der Genehmigung bedürfen, vor ihrem Inkrafttreten der

---

[1001] Schmitz, in: Bielenberg/Runkel/Spannowsky, Bd. 2, § 11 Rn. 10, 114.

höheren Verwaltungsbehörde anzuzeigen, kann die Gemeinde die Anfechtungsklage erheben, wenn die höhere Verwaltungsbehörde im Anzeigeverfahren geltend macht, der ihr zur Anzeige gebrachte Bebauungsplan laufe den Zielen der Raumordnung zuwider[1002].
Eine Kommune wird ebenfalls Anfechtungsklage erheben, wenn ihr von der zuständigen Landesplanungsbehörde raumbedeutsame Planungen und Maßnahmen nach § 12 ROG i.V.m. dem jeweiligen Landesplanungsgesetz untersagt werden und sie sich dadurch in ihrem Recht aus Art. 28 Abs. 2 GG verletzt glaubt. Bei der Untersagungsverfügung handelt es sich um einen belastenden Verwaltungsakt. Auch hier beurteilt das Gericht die Gültigkeit des entsprechenden Raumordnungsziels als Vorfrage seiner eigentlichen Entscheidung.
Schließlich ist die Anfechtungsklage in Fällen zu wählen, in denen die Gemeinde verpflichtet wird, ihre Bauleitpläne an die Ziele der Raumordnung anzupassen. Die auf § 1 Abs. 4 BauGB beruhende Anpassungspflicht ist in vielen Landesplanungsgesetzen vorgesehen. In Bayern beispielsweise kann die oberste Landesplanungsbehörde im Einvernehmen mit den beteiligten Staatsministerien verlangen, dass die Gemeinde ihre genehmigten Bauleitpläne den Zielen der Raumordnung und Landesplanung anzupassen hat (vgl. Art. 30 Abs. 1 BayLPlG). Das Verlangen der zuständigen Raumordnungsbehörde nach Anpassung der Bebauungspläne an die Ziele der Raumordnung kann einen Verwaltungsakt darstellen, der die kommunale Planungshoheit verletzt. Deshalb kommt wiederum die Anfechtungsklage in Betracht; die Gültigkeit der Raumordnungsziele ist dabei als Vorfrage der richterlichen Entscheidung über die Rechtmäßigkeit des jeweiligen administrativen Aktes zu überprüfen.
Wie bei der allgemeinen Feststellungsklage wirkt auch die richterliche Entscheidung im Rahmen der Anfechtungs- und Verpflichtungsklage lediglich inter partes. Damit besitzt sie keine Auswirkungen auf den Raumordnungsplan und das einzelne Raumordnungsziel an sich. Gleichwohl geht von der Entscheidung eine zumindest faktische Wirkung aus. So wird der Träger der Raumordnung in aller Regel bemüht sein, ein für rechtswidrig erklärtes Ziel der Raumordnung beispielsweise im Rahmen des Verfahrens nach § 10 Abs. 2 ROG zu „heilen“[1003].

IV. Verfassungsgerichtlicher Rechtsschutz

1. Kommunale Verfassungsbeschwerde (Art. 93 Abs. 1 Nr. 4b GG)

Gemäß Art. 93 Abs. 1 Nr. 4b GG, §§ 13 Nr. 8a, 90 S. 1 BVerfGG entscheidet das Bundesverfassungsgericht über Verfassungsbeschwerden von Gemeinden

---

1002 Krautzberger, in: Ernst/Zinkahn/Bielenberg, Bd. 4, § 246 Rn. 31; Schrödter, § 246 Rn. 14; Halama, in: FS Schlichter, S. 201 (211); Kment, S. 256.
1003 Runkel, in: Bielenberg/Runkel/Spannowsky, Bd. 2, § 4 Rn. 457.

und Gemeindeverbänden wegen der Verletzung des Rechts auf Selbstverwaltung nach Art. 28 GG durch ein Gesetz. Um auch Raumordnungspläne auf diese Weise überprüfen zu lassen, müsste es sich bei diesen zunächst um Gesetze im Sinne der Kommunalverfassungsbeschwerde handeln. Nach der Rechtsprechung des BVerfG fallen darunter alle vom Staat erlassenen Rechtsnormen, die Außenwirkung gegenüber einer Kommune entfalten[1004]; andernfalls entstünde eine mit der Rechtsschutzfunktion der Kommunalverfassungsbeschwerde unvereinbare Lücke[1005]. Gleiches muss auch für die von den Ländern selbst oder den dazu ermächtigten Stellen erlassenen untergesetzliche Rechtsnormen gelten, die Außenwirkung gegenüber Gemeinden als Selbstverwaltungsträgerinnen entfalten. Im Wege der kommunalen Verfassungsbeschwerde können also auch Rechtsverordnungen und andere Rechtsnormen, die nicht Gesetze im formellen Sinne darstellen, angegriffen werden[1006]. Bei den Raumordnungsplänen und den darin enthaltenen Zielen der Raumordnung handelt es sich, wie bereits ausgeführt wurde, um derartige Rechtsnormen. Sie können folglich Gegenstand des Verfahrens nach Art. 93 Abs. 1 Nr. 4b GG sein. Nach überwiegender Auffassung scheidet eine kommunale Verfassungsbeschwerde aber bei den als Satzung ergehenden Raumordnungsplänen aus[1007]. Dem könnte entgegengehalten werden, dass – lehnte man das Verfahren nach Art. 93 Abs. 1 Nr. 4b GG für Satzungen ab – eine mit der Rechtsschutzfunktion der Kommunalverfassungsbeschwerde unvereinbare Lücke entstünde, weil diese durch Formwahl umgangen werden könnte[1008]. Allerdings kann der Wortlaut des § 91 Satz 1 BVerfGG, der von Gesetzen des Bundes oder des Landes spricht, gegen die Einbeziehung von Satzungen angeführt werden, da diese keine vom Staat (Land) erlassenen Gesetze darstellen, sondern von verselbständigten juristischen Personen des öffentlichen Rechts erlassen werden[1009]. Andererseits könnten im zweistufigen Staatsaufbau des Grundgesetzes auch Satzungen als Rechtsnormen eines Landes oder des Bundes angesehen werden[1010]. Dem wiederum lässt sich die Gesetzessystematik entgegenhalten, denn § 91 Satz 1 BVerfGG stellt im Gegensatz zu

[1004] BVerfG, Beschl. v. 23.6.1987 – 2 BvR 826/83 –, BVerfGE 76, 107 (LS 1).

[1005] BVerfG, Beschl. v. 23.6.1987 – 2 BvR 826/83 –, BVerfGE 76, 107 (114); NRWVerfGH, Urt. v. 16.4.1982 – VerfGH 17/78 –, DÖV 1983, 28 f.; NRWVerfGH, Urt. v. 15.12.1989 – VerfGH 5/88 –, DVBl. 1990, 456; Runkel, in: Bielenberg/Runkel/Spannowsky, Bd. 2, § 4 Rn. 436; Pestalozza, S. 192 Rn. 58.

[1006] VerfGH NRW, Urt. v. 16.4.1982 – VerfGH 17/78 –, DÖV 1983, 28; VerfGH NRW, Urt. vom 15.12.1989 – VerfGH 5/88 –, NVwZ 1990, 456.

[1007] Runkel, in: Bielenberg/Runkel/Spannowsky, Bd. 2, § 4 Rn. 434; Schmidt-Bleibtreu, in: Maunz/Schmidt-Bleibtreu/Klein/Bethge, Bd. 2, § 91 Rn. 21a; Erbguth/Schoeneberg, S. 244 Rn. 179; Halama, in: FS Schlichter, S. 201 (202 f.); Koch/Hendler, S. 132 Rn. 11; Peine, S. 87 Rn. 268.

[1008] Magen, in: Umbach/Clemens/Dollinger, § 91 Rn. 29.

[1009] Halama, in FS Schlichter, S. 201 (203); Koch/Hendler, S. 132 Rn. 11.

[1010] Magen, in: Umbach/Clemens/Dollinger, § 91 Rn. 29.

§ 90 Abs. 1 BVerfGG ausdrücklich auf Bundes- oder Landesrecht ab[1011]. Zulässiger Beschwerdegegenstand im Sinne des Art. 93 Abs. 1 Nr. 4b GG, § 91 Satz 1 BVerfGG sind damit als förmliche Gesetze oder Rechtsverordnungen zu qualifizierende Raumordnungspläne bzw. Ziele der Raumordnung. Der kommunalen Verfassungsbeschwerde kommt somit hinsichtlich des Rechtsschutzes gegen Raumordnungspläne besondere Bedeutung in solchen Ländern bei, die von der Möglichkeit der Normenkontrolle nach § 47 Abs. 1 Nr. 2 VwGO keinen Gebrauch gemacht haben[1012]. Allerdings gewährleistet sie einen im Vergleich zur Normenkontrolle weniger umfassenden Rechtsschutz, da eine ausschließlich auf die Frage der Verletzung spezifischen Verfassungsrechts begrenzte Prüfung erfolgt[1013].

a) Rechtswegerschöpfung und Subsidiarität

Gemäß § 90 Abs. 2 S. 1 BVerfGG kann die Verfassungsbeschwerde erst nach Erschöpfung des Rechtswegs erhoben werden. Hierbei ist danach zu differenzieren, in welcher Rechtsform der jeweilige Raumordnungsplan ergangen ist. Ergeht ein landesweiter Raumordnungsplan wie z.B. in Nordrhein-Westfalen (§ 12 NWLPlG) oder bis vor kurzem in Sachsen-Anhalt (§ 5 Abs. 4 SaAnLPlG), als förmliches Gesetz, so scheiden andere Klagemöglichkeiten aus, womit die Kommunalverfassungsbeschwerde unmittelbar gegen den Plan zulässig ist[1014]. Handelt es sich bei dem Raumordnungsplan jedoch um eine Rechtsverordnung oder eine andere untergesetzliche Rechtsnorm, so ist in den Ländern, in denen eine Normenkontrolle gemäß § 47 VwGO eröffnet ist, zunächst dieser Rechtsweg auszuschöpfen, denn § 90 Abs. 2 Satz 1 BVerfGG gilt nicht nur für die allgemeine, sondern ebenso für die kommunale Verfassungsbeschwerde[1015]. Nur wenn der Verwaltungsrechtsweg nicht eröffnet ist und im Einzelfall auch keine Feststellungsklage in Betracht kommt, ist unmittelbar der Weg für eine kommunale Verfassungsbeschwerde frei[1016].
In diesem Zusammenhang kommt zudem der Subsidiaritätsklausel des Art. 93 Abs. 1 Nr. 4b GG, § 91 Satz 2 BVerfGG erhöhte Bedeutung zu. Danach ist eine Kommunalverfassungsbeschwerde vor dem BVerfG insoweit unzulässig, als das Landesrecht den Gemeinden die Möglichkeit eröffnet, beim Landesverfassungsgericht ein Verfahren wegen Verletzung der Selbstverwaltungsgarantie einzulei-

---

[1011] Schmidt-Bleibtreu, in: Maunz/Schmidt-Bleibtreu/Klein/Bethge, Bd. 2, § 91 Rn. 21a.
[1012] Runkel, in: Bielenberg/Runkel/Spannowsky, Bd. 2, § 4 Rn. 434; Halama, in: FS Schlichter, S. 201 (203).
[1013] Halama, in: FS Schlichter, S. 201 (203).
[1014] Runkel, in: Bielenberg/Runkel/Spannowsky, Bd. 2, § 4 Rn. 438.
[1015] BVerfG, Beschl. v. 23.6.1987 – 2 BvR 826/83 –, BVerfGE 76, 107 (114); Runkel, in: Bielenberg/Runkel/Spannowsky, Bd. 2, § 4 Rn. 438; Koch/Hendler, S. 132 Rn. 12; Steiner, Raumordnungs- und Landesplanungsrecht, S. 869 Rn. 92.
[1016] Runkel, in: Bielenberg/Runkel/Spannowsky, Bd. 2, § 4 Rn. 438.

ten. Von dieser Möglichkeit hat eine Vielzahl von Bundesländern Gebrauch gemacht[1017]. In Bayern besteht die Möglichkeit, die Verletzung des den Gemeinden durch Art. 11 Abs. 2 BayVerf gewährleisteten kommunalen Selbstverwaltungsrechts vor dem Bayerischen Verwaltungsgerichtshof im Wege der Popularklage geltend zu machen (Art. 98 Satz 4 BayVerf, Art. 55 BayVfGHG). Das heißt, Raumordnungspläne, die ihrer äußeren Form oder ihrem materiellen Gehalt nach als Rechtsverordnungen zu qualifizieren sind, sind nur dann mit der Kommunalverfassungsbeschwerde angreifbar, wenn nicht eine Beschwerde beim Landesverfassungsgericht erhoben werden kann. Zudem gilt es zu beachten, dass in einigen Ländern, in denen eine Kommunalverfassungsbeschwerde eingeführt wurde, der Weg zum Bundesverfassungsgericht nur beschritten werden kann, sofern es sich bei den Raumordnungsplänen um formelle Gesetze handelt, denn die landesrechtliche Beschwerdemöglichkeit besteht vereinzelt nur für formelle Gesetze[1018].

b) Zulässigkeit, Kontrollmaßstäbe und Kontrolldichte

§ 91 S. 1 BVerfGG verlangt für die Erhebung der Verfassungsbeschwerde, dass die betreffende Gemeinde bzw. der Gemeindeverband die Verletzung des Art. 28 GG durch ein Bundes- oder Landesgesetz behauptet. Dabei muss eine qualifizierte rechtliche Interessenverletzung substantiell vorgetragen werden. Eine Verletzung der gemeindlichen Planungshoheit, insbesondere durch die Regionalplanung, kommt regelmäßig nur in Betracht, wenn eine hinreichend konkretisierte örtliche Planung vorliegt und durch die überörtliche Planung nachhaltig gestört wird. Anzumerken ist, dass von hinreichender Konkretisierung der gemeindlichen Planung nicht erst dann gesprochen werden kann, wenn das Stadium eines verbindlichen Bauleitplans erreicht ist, denn auch auf andere Weise dokumentierte örtliche Planungsvorstellungen können Bedeutung erlangen, wenn sie nur hinreichend bestimmt sind. Außenbereichstypische Darstellungen eines Flächennutzungsplans fallen jedoch mangels hinreichender Bestimmtheit regelmäßig nicht darunter. Darüber hinaus kann die Planungshoheit auch dann beeinträchtigt sein, wenn wesentliche Teile des Gemeindegebiets einer durchsetzbaren Planung der Gemeinde entzogen würden.

Eine Verletzung der gemeindlichen Planungshoheit durch einen Raumordnungsplan kann speziell bei einem Verstoß gegen den Verhältnismäßigkeits-

---

[1017] Vgl. Art. 76 BaWüVerf i.V.m. § 8 Abs.1 Nr. 8 BaWüStGHG; Art. 131 Abs. 1 HessVerf i.V.m. § 46 HessStGHG; Art. 75 Nr. 4 NWVerf i.V.m. § 53 NWVerfGHG; Art. 130 Abs. 1 RhPfVerf i.V.m. § 23 RhPfVerfGHG.

[1018] Vgl. z.B. Art. 76 BaWüVerf; VGH Mannheim, Beschl. v. 20.6.1968 – 5 690/64 –, ESVGH 19, 123 (125 ff.); StGH BW, Urt. v. 9.8.1977 – GR 1/77 –, DÖV 1977, 744 (744 f.).

grundsatz oder dass Willkürverbot angenommen werden[1019]. Dies ist der Fall, wenn der Raumordnungsplan bzw. ein darin enthaltenes Ziel der Raumordnung auf einer offensichtlich fehlerhaften Abwägung der überörtlichen mit den gemeindlichen Planungsbelangen beruht. In der landesplanerischen Abwägungsentscheidung ist vor allem auch der Bedeutung der gemeindlichen Selbstverwaltungsgarantie Rechnung zu tragen. Das heißt, die gemeindlichen Belange dürfen im Wege der Abwägung nur dann zurückgestellt werden, wenn und soweit dies durch überörtliche Interessen von höherem Gewicht gefordert wird. In diesem Rahmen ist zu beachten, dass die Anforderungen an das Gewicht der überörtlichen Belange um so strenger sind, je konkretere und verbindlichere Gestalt die gemeindlichen Planungsvorstellungen angenommen haben.

Die raumordnerischen Zielfestelegungen zum vorbeugenden Hochwasserschutz dienen in erster Linie dem Erhalt und der Verbesserung von Wasserrückhalt und Wasserabfluss, wodurch Gefährdungs- und Schadenspotentiale verringert werden sollen. Der Hochwasserschutz stellt also grundsätzlich einen hochrangigen Belang des Allgemeinwohls dar. Insbesondere die Tatsache, dass Grundstücke, die aufgrund ihrer geografischen Lage häufig von Überschwemmungen betroffen sind und damit wegen ihrer Situationsgebundenheit als Vorrangflächen für den Hochwasserschutz ausgewiesen werden, wird es den Gemeinden bzw. Gemeindeverbänden schwer machen, sich auf das Willkürverbot zu berufen. Einen tauglicheren Ansatzpunkt, eine Verletzung des Art. 28 GG zu begründen, wird der Grundsatz der Verhältnismäßigkeit hinsichtlich der räumlichen Ausdehnung der Vorranggebiete darstellen. Da die Vorranggebiete eine dem Hochwasserschutz widersprechende Raumnutzung ausschließen und hierunter auch die Ausweisung neuer Baugebiete fällt, könnte gerade die Einbeziehung solcher Flächen in die Vorrangausweisung, für die eine nur geringe Hochwasserwahrscheinlichkeit und ein geringes Schadenspotential besteht, die Planungshoheit der Gemeinden unzulässig einschränken.

2. Die Kommunalverfassungsbeschwerde zum Landesverfassungsgericht

Die Ausführungen zur Bundeskommunalverfassungsbeschwerde haben gezeigt, dass diese ausgeschlossen ist, soweit eine Beschwerde wegen Verletzung des Rechts auf Selbstverwaltung nach dem Recht des Landes beim Landesverfassungsgericht erhoben werden kann (Art. 93 Abs. 1 Nr. 4b GG, § 91 Satz 2 BVerfGG), und dass einige Länder von dieser Möglichkeit in unterschiedlicher Weise Gebrauch gemacht haben. Im Folgenden soll beispielhaft das in Bayern zu beschreitende Verfahren dargestellt werden.

Für die Bewohner Bayerns besteht die Möglichkeit, gemäß Art. 120 BayVerf, Art. 51 ff. BayVfGHG Verfassungsbeschwerde zum Bayerischen Verfassungs-

---

[1019] VerfGH NRW, Urt. v. 15.12.1989 – VerfGH 5/88 –, NVwZ 1990, 456 (458).

gerichtshof zu erheben. Über den Wortlaut der Norm hinaus sind auch juristische Personen des öffentlichen Rechts, jedenfalls soweit sie sich auf Grundrechte berufen können, beschwerdeberechtigt[1020], mithin Gemeinden. Mit der Verfassungsbeschwerde kann allerdings nur die Verfassungswidrigkeit exekutiver und judikativer Akte gerügt werden[1021]. Da bayerische Raumordnungspläne als Rechtsverordnung zu qualifizieren sind, sie demnach Rechtssetzungsakte darstellen, scheidet eine Verfassungsbeschwerde nach Art. 120 BayVerf, Art. 51 ff. BayVfGHG gegen Raumordnungspläne aus.

Eine weitere Möglichkeit landesverfassungsgerichtlichen Rechtsschutzes sieht Art. 98 Satz 4 BayVerf mit der Popularklage vor. Danach hat der Bayerische Verfassungsgerichtshof Gesetze und Verordnungen für nichtig zu erklären, die ein Grundrecht der Bayerischen Verfassung verfassungswidrig einschränken. Auch die Popularklage nach Art. 98 S. 4 BayVerf ist als „Beschwerde" im Sinne des § 91 Abs. 2 BVerfGG anzusehen[1022], weshalb die Möglichkeit der Verfassungsbeschwerde zum BVerfG zurücktritt. Die Verfassungswidrigkeit kann jedermann, auch Gemeinden als juristische Personen des öffentlichen Rechts[1023], durch Beschwerde (Popularklage) geltend machen (Art. 55 Abs. 1 BayVfGHG). Nach Art. 55 Abs. 1 Satz 2 BayVfGHG sind unter den in Art. 98 Satz 4 BayVerf genannten Gesetzen und Verordnungen alle Rechtsvorschriften des bayerischen Landesrechts zu verstehen. Da die Gemeinde die Verletzung eines Grundrechts, zumindest aber eines grundrechtsgleichen Rechts der Bayerischen Verfassung geltend machen muss, kann sie ihre Rüge nur auf einen Verstoß des Raumordnungsplans gegen das in Art. 11 Abs. 2 Satz 2 BayVerf garantierte Recht der Selbstverwaltung stützen, das als grundrechtsgleiches Recht angesehen wird. Danach haben die Gemeinden das Recht, ihre Angelegenheiten im Rahmen der Gesetze selbst zu ordnen und zu verwalten. Die landesrechtliche Selbstverwaltungsgarantie ist insoweit mit Art. 28 Abs. 2 GG vergleichbar[1024], weshalb auf die diesbezüglichen Ausführungen verwiesen werden kann. Da die Popularklage im öffentlichen Interesse den Schutz der Grundrechte als Institution bezweckt, muss der Antragsteller grundsätzlich nicht in einem seiner Grundrechte verletzt sein[1025], sondern lediglich irgendein verfassungsmäßiges Recht als verletzt ansehen und dies geltend machen[1026]. Allerdings verlangt der Bayerische Verfassungsgerichtshof dann eine echte Antragsbefugnis, wenn es – wie hier – um das

---

[1020] Meder, Art. 120 Rn. 2; Nawiasky/Leusser/Schweiger/Zacher, Art. 120 Rn. 4.

[1021] Meder, Art. 120 Rn. 3 ff; Nawiasky/Leusser/Schweiger/Zacher, Art. 120 Rn. 25 ff.; Pestalozza, S. 430 Rn. 65.

[1022] Knemeyer, S. 49 Rn. 21; Pestalozza, S. 193 Rn. 61 ff.

[1023] Meder, Art. 98 Rn. 7; Nawiasky/Leusser/Schweiger/Zacher, Art. 98 Rn. 21; Pestalozza, S. 195 Rn. 63.

[1024] Knemeyer, S. 52 Rn. 32.

[1025] Meder, Art. 98 Rn. 7; Pestalozza, S. 450 Rn. 106.

[1026] Pestalozza, S. 450 Rn. 106.

gemeindliche Selbstverwaltungsrecht geht[1027]. Das heißt, eine Verletzung des Art. 11 Abs. 2 Satz 2 BayVerf kann nur von einer betroffenen Gemeinde gerügt werden[1028].
Abschließend kann festgehalten werden, dass die Kommunalverfassungsbeschwerde einer bayerischen Gemeinde zum Bundesverfassungsgericht aufgrund des Art. 55 Abs. 1 Satz 1 BayVfGHG, wonach die Popularklage gegen Rechtsvorschriften des bayerischen Landesrechts erhoben werden kann, nur dann zulässig ist, wenn sie die Unvereinbarkeit von Bundesrecht mit dem Grundgesetz rügt[1029]. Daher können bayerische Gemeinden im Rahmen des verfassungsrechtlichen Rechtsschutzes gegen Raumordnungspläne nicht im Wege der Bundeskommunalverfassungsbeschwerde vorgehen, sondern sind auf die Popularklage nach Art. 98 Satz 4 BayVerf, Art. 55 BayVfGHG verwiesen.

C. Rechtsschutzmöglichkeiten Privater

I. Das Verhältnis zwischen Raumordnung und Privaten

Dass Erfordernisse der Raumordnung auch gegenüber Personen des Privatrechts bestimmte Bindungswirkungen entfalten, ist seit der Änderung des § 4 ROG durch das BauROG 1998 nicht mehr in Frage zu stellen. Eine unmittelbare Beachtenspflicht der Ziele der Raumordnung für Private ergibt sich nicht nur, wenn diese in Wahrnehmung öffentlicher Aufgaben raumbedeutsame Planungen und Maßnahmen durchführen und an ihnen öffentliche Stellen mehrheitlich beteiligt sind, sondern auch im Falle von überwiegend mit öffentlichen Mitteln finanzierten Planungen und Maßnahmen (§ 4 Abs. 3 ROG i.V.m. § 4 Abs. 1 Satz 1 ROG analog)[1030]. Die in § 4 Abs. 3 ROG vorgesehene analoge Anwendung des § 4 Abs. 1 Satz 2 Nr. 1 ROG führt dahingegen lediglich zu einer mittelbaren Zielbindung[1031]. Eine mittelbare Zielbeachtenspflicht Privater für Planfeststellungen und Plangenehmigungen eröffnet des Weiteren § 4 Abs. 1 Satz 2 Nr. 2 ROG[1032]. Ähnlich stellt sich die Situation dann dar, wenn es um behördliche Entscheidungen über die Zulässigkeit raumbedeutsamer Maßnahmen von Personen des Privatrechts geht (vgl. § 4 Abs. 4 ROG). Einer unmittelbaren Beachtenspflicht unterfallen die Personen des Privatrechts insoweit nicht. Im Rahmen der Behör-

---

1027 BayVerfGH, v. 2.3.1978 – Vf. 2-VII-77 –, BayVerfGHE 31, 44 (53 ff.); BayVerfGH, v. 18.12.1987 – Vf. 1-VII-86 –, BayVerfGHE 40, 154 (158); Pestalozza, S. 451 Rn. 108.
1028 Nawiasky/Leusser/Schweiger/Zacher, Art. 98 Rn. 23; Pestalozza, S. 451 Rn. 108.
1029 BVerfG, Urt. v. 20.3.1952 – 1 BvR 267/51 –, BVerfGE 1, 167; Pestalozza, S. 193 Rn. 61; Knemeyer, S. 50 Rn. 30.
1030 Koch/Hendler, S. 53 Rn. 44; Hendler, DVBl. 2001, 1233 (1235).
1031 Koch/Hendler, S. 53 Rn. 45; Hendler, DVBl. 2001, 1233 (1235).
1032 Koch/Hendler, S. 53 Rn. 43; Hendler, DVBl. 2001, 1233 (1235).

denentscheidungen sind die Erfordernisse der Raumordnung nach Maßgabe der für die entsprechenden Entscheidungen geltenden Vorschriften lediglich zu berücksichtigen, § 4 Abs. 4 Satz 1 ROG. Es ergibt sich insofern eine mittelbare Bindung an die Ziele der Raumordnung, die jedoch schwächer ist als bei Zielbeachtenspflichten.

Eine Verweisung auf das Fachrecht enthält § 4 Abs. 5 ROG. Die spezialgesetzlichen Regelungen zu den Bindungswirkungen der Erfordernisse der Raumordnung sind vielfältig und begründen oder erweitern diese Bindungswirkungen[1033]. Zum Teil sind die Raumordnungsklauseln aber auch nur deklaratorischer Natur oder betreffen verfahrensrechtliche Fragen. Den Raumordnungsklauseln des § 35 Abs. 3 BauGB kommt besondere Bedeutung bei. Zum einen dürfen nach § 35 Abs. 3 Satz 2 HS. 1 BauGB raumbedeutsame Außenbereichsvorhaben den Zielen der Raumordnung nicht widersprechen. Mithin wird über § 4 Abs. 3 ROG hinaus allen Personen des Privatrechts eine unmittelbare Zielbeachtenspflicht für raumbedeutsame Außenbereichsvorhaben auferlegt[1034]. Zudem lässt § 35 Abs. 3 Satz 3 BauGB eine weitgehende Steuerung solcher Vorhaben durch die Festlegung von Raumordnungszielen zu[1035].

Es kann daher festgehalten werden, dass die Bindung Privater an die Ziele der Raumordnung in den vergangenen Jahren deutlich erweitert wurde. Gerade hinsichtlich raumbedeutsamer Einzelvorhaben im Außenbereich gerät das durch Art. 14 GG gewährte Eigentumsgrundrecht zunehmend in den Mittelpunkt der Betrachtungen. Da anhand der Ziele der Raumordnung Raumfunktionen und Raumnutzungen gesteuert werden und in Einklang zu bringen sowie einer dauerhaften, großräumig ausgewogenen Ordnung zuzuführen sind, können mit ihnen erhebliche Nutzungseinschränkungen für die der Bindungswirkung unterliegenden Grundstückseigentümer verbunden sein. Gerade die weitreichenden Ausschlusswirkungen bestimmter raumordnerischer Zielfestlegungen, denen eine negativplanerische Funktion zukommt, gehen weit über den traditionellen Aussagegehalt der Raumordnungspläne hinaus[1036]. Raumordnung und Landesplanung haben sich insofern über eine „Planung der Planung“ hinaus entwickelt[1037], weshalb es verfassungsrechtlich geboten ist, eigentumsschützende Abwägungen aus der Bauleitplanung in die Raumplanung vorzuverlagern[1038].

1033 Koch/Hendler, S. 54 Rn. 50; Spiecker, S. 106.

1034 VGH Mannheim, Urt. v. 18.5.1999 – 10 S 1443/97 –, ZfBR 2000, 63; Söfker, in: Ernst/Zinkahn/Bielenberg, Bd. 2, § 35 Rn. 118; Bartlsperger, in: ARL, Zur Novellierung des Landesplanungsrechts aus Anlass des Raumordnungsgesetzes, S. 119 (120 ff, 140 f.); Hendler, DVBl. 2001, 1233 (1235); Manssen, Öffentliches Baurecht und Raumordnungsrecht, in: Manssen/Schütz, S. 281; a.A. Schmidt, S. 32 ff.

1035 Koch/Hendler, S. 130 Rn. 6; Hendler, DVBl. 2001, 1233 (1235).

1036 Hendler, DVBl. 2001, 1233 (1236).

1037 OVG Lüneburg, Urt. v. 28.10.2004 – 1 KN 155/03 –, NVwZ-RR 2005, 162; ähnlich Runkel, in: Bielenberg/Runkel/Spannowsky, Bd. 2, § 4 Rn. 450, der die Auffassung vertritt, das

II. Prinzipale Normenkontrolle

1. Überblick

Im Rahmen des Rechtsschutzes Privater gegenüber Raumordnungsplänen ist zunächst an das Normenkontrollverfahren nach § 47 VwGO zu denken. Wie bereits dargestellt wurde, muss ein Bundesland jedoch von der Möglichkeit des § 47 Abs. 1 Nr. 2 VwGO Gebrauch gemacht und ein derartiges Verfahren eingerichtet haben[1039]. Des Weiteren ist ausgeführt worden, dass nach § 47 Abs. 1 Nr. 2 VwGO zwar nur solche Rechtsvorschriften angegriffen werden können, die im Range unter dem Landsgesetz stehen. Damit scheiden allerdings nur diejenigen landesweiten Raumordnungspläne aus, die als förmliches Gesetz ergehen. Alle anderen Raumordnungspläne sind entweder aufgrund gesetzlicher Rechtsformbestimmung oder aufgrund ihres materiellen Gehalts als Rechtsverordnungen bzw. Satzungen einem Normenkontrollverfahren nach § 47 Abs. 1 Nr. 2 VwGO zugänglich[1040].

2. Antragsbefugnis

Die Antragsbefugnis Privater regelt § 47 Abs. 2 Satz 1 VwGO. Danach kann jede natürliche Person, die geltend macht, durch die Rechtsvorschrift oder deren Anwendung in ihren Rechten verletzt zu sein oder in absehbarer Zeit verletzt zu werden, den Antrag auf eine Entscheidung nach § 47 VwGO stellen. Aufgrund dieser durch die 6. VwGO-Novelle geregelten Neufassung des § 47 Abs. 2 VwGO soll nach den Vorstellungen des Gesetzgebers „die Gewährleistung des Individualrechtsschutzes als Zulassungsvoraussetzung ein stärkeres Gewicht erhalten"[1041]. Die Antragsbefugnis im Rahmen des Normenkontrollverfahrens wurde also an die für die Anfechtungs- und Verpflichtungsklage geltende Klagebefugnis angepasst[1042].
Geht es um den Normenkontrollantrag in Bezug auf Raumordnungspläne, wird

---

Verständnis der Raumordnung als „Planung der Planung" gebe die Realität nicht mehr vollständig wieder.

1038 OVG Lüneburg, Urt. v. 28.10.2004 – 1 KN 155/03 –, NVwZ-RR 2005, 162.

1039 Dies ist in den meisten Ländern der Fall: § 5 BaWüAGVwGO; Art. 5 Satz 1 BayAGVwGO; § 4 Abs. 1 BbgVwGG; Art. 7 Abs. 1 BremAGVwGO; § 11 Abs. 1 HessAGVwGO; § 13 MeVoGOrgG; § 7 NdsVwGG; § 4 Satz 1 RhPfAGVwGO; § 16 SaarlAGVwGO; § 24 Abs. 1 SächsJG; § 10 SaAnAGVwGO; § 5 SchlHAGVwGO; § 4 ThürAGVwGO.

1040 Vgl. dazu Kapitel 7, S. 194 f.

1041 Begründung des Regierungsentwurfs zum Sechsten Gesetz zur Änderung der Verwaltungsgerichtsordnung und anderer Gesetze, BR-DS 13/3993, S. 10.

1042 OVG Greifswald, Urt. v. 7.9.2000 – 4 K 28/99 –, NVwZ-RR 2001, 565; Kopp/Schenke, § 47 Rn. 44; Gerhardt, in: Schoch/Schmidt-Assmann/Pietzner, § 47 Rn. 39; Hufen, S. 392 Rn. 27; Schenke, NJW 1997, 80 (82).

die Antragsbefugnis nach § 47 Abs. 2 Satz 1 VwGO traditionell bei Personen des Privatrechts mit der Begründung verneint, die Raumordnungspläne würden keine unmittelbare rechtliche Außenwirkung entfalten und könnten Private folglich auch nicht in ihren subjektiven öffentlichen Rechten verletzen[1043]. Da die Planung mehrstufig erfolge, wurde bzw. wird auf die Anfechtung der auf der letzten Planungsstufe ergehenden Entscheidung verwiesen[1044]. Hierbei wird es sich in der Regel um eine Genehmigung oder einen Planfeststellungsbeschluss handeln.
Wenn hinsichtlich dieser sehr restriktiven Auffassung früher vereinzelt Zweifel geäußert wurden[1045], so mehren sich seit der mit Inkrafttreten des BauROG 1998 verbundenen verstärkten Planbindung der Privaten zunehmend Stimmen, Privaten Rechtsschutzmöglichkeiten gegen Ziele der Raumordnung bzw. Raumordnungspläne zu eröffnen[1046]. Schon die bisherige Rechtsprechung hat die Antragsbefugnis bejaht, wenn im Plan bereits präzise räumlich so konkretisierte Festlegungen getroffen sind, dass sich schon auf dieser Planstufe ein negatives Betroffensein in rechtlich geschützten Interessen für den Fall der Verwirklichung des Vorhabens absehen lässt[1047]. Die jüngere Rechtsprechung der Verwaltungsgerichtsbarkeit ist zu entnehmen, dass die Antragsbefugnis Privater nicht mehr generell abgelehnt wird[1048]; die Antragsbefugnis sei nicht schon deshalb zu verneinen, weil Ziele der Raumordnung keine fachlichen Entscheidungen mit unmittelbarer Verbindlichkeit für jedermann unter Ausschluss weiterer Verwaltungsverfahren träfen[1049].

a) Die Rechtsschutzgarantie des Art. 19 Abs. 4 GG

Insbesondere die neuere Literatur stützt die Antragsbefugnis hinsichtlich eines Normenkontrollverfahrens gegen Ziele der Raumordnung auf die Rechtsschutz-

---

[1043] OVG Lüneburg, Urt. v. 29.10.1993 – 6 K 1444/92 –, DVBl. 1994, 296 (296 f.); Gerhardt, in: Schoch/Schmidt-Aßmann/Pietzner, § 47 Rn. 50; Brohm, S. 659 Rn. 47; Erbguth/Schoeneberg, S. 242 Rn. 4; Peine, S. 87 Rn. 266 ff., S. 92 Rn. 288 ff.
[1044] Blümel, VerwArch 1993, 123 (135).
[1045] Blümel, DVBl. 1977, 301 (317); Schmidt-Aßmann, DÖV 1981, 237 (241).
[1046] OVG Lüneburg, Urt. v. 28.10.2004 – 1 KN 155/03 –, NVwZ-RR 2005, 162; Runkel, in: Bielenberg/Runkel/Spannowsky, Bd. 2, § 4 Rn. 450; Koch/Hendler, S. 130 Rn. 5; Hendler, DVBl. 2001, 1233 (1242).
[1047] BVerwG, Beschl. v. 20.12.1988 – 7 NB 2/88 –, BVerwGE 81, 128; BVerwG, Urt. v. 18.12.1990, DVBl. 1991, 399; BVerwG, Urt. v. 14.2.1991, NVwZ 1991, 980; BVerwG, Urt. v. 13.12.1996, NVwZ 1997, 682).
[1048] OVG Greifswald, Urt. v. 7.9.2000 – 4 K 28/99 –, NVwZ-RR 2001, 565 (566); OVG Bautzen, Urt. v. 26.11.2002 – 1 D 36/01 –, LKV 2003, 333 (334 f.); BayVGH, Urt. v. 8.12.2003 – 20 N 01.2612 – NuR 2004, 315 (316).
[1049] OVG Greifswald, Urt. v. 7.9.2000 – 4 K 28/99 –, NVwZ-RR 2001, 565 (566); BayVGH, Urt. v. 8.12.2003 – 20 N 01.2612 – NuR 2004, 315 (316).

garantie des Art. 19 Abs. 4 GG[1050]. Begründet wird dies damit, ein effektiver Rechtsschutz erfordere gerade auch die Zulässigkeit der prinzipalen Normenkontrolle gegen Ziele der Raumordnung. Das liege zum einen daran, dass raumordnerische Zielfestlegungen Teile einer planerischen Gesamtkonzeption bildeten und zum anderen die Interdependenz der im Plan zusammengefassten, aufeinander abgestimmten Maßnahmen mit fortschreitender Konkretisierung dieser Planung zunähme. Da die beplanten Flächen durch Zielfestlegungen charakterisiert werden, würden sie auf diese Weise schon auf einer verhältnismäßig hohen Planungsebene für bestimmte Nutzungen reserviert. Eine Kontrolle auf unterster Ebene, wie beispielsweise eine (Inzident-)Kontrolle im Normenkontrollverfahren gegen einen Bebauungsplan, sei deshalb aufgrund des faktischen Gewichts geltender Raumordnungspläne nicht ausreichend, den von Art. 19 Abs. 4 GG geforderten effektiven Rechtsschutz zu gewährleisten[1051].

Dem kann entgegengehalten werden, dass Art. 19 Abs. 4 GG nicht einen optimalen, sondern nur einen hinreichend effektiven Rechtsschutz verlangt[1052]. Die Vorschrift dürfe nicht als „schlichtes Rechtsschutzmaximierungsgebot" missverstanden werden, vielmehr verpflichte das darin angelegte Gebot wirksamen Rechtsschutzes zu ausgewogenem Rechtsschutz[1053]. Deswegen sei die Eröffnung der verwaltungsgerichtlichen Normenkontrolle im Sinne von § 47 VwGO so lange nicht von Art. 19 Abs. 4 GG geboten, wie andere Klagearten überhaupt effektiven Rechtsschutz wegen Verletzung subjektiver Rechte ermöglicht[1054]. Werden zum Beispiel die zulässigen Nutzungsmöglichkeiten eines Grundstücks durch die Genehmigung und Verwirklichung von zielkonformen Vorhaben in dessen näherer Umgebung eingeengt, so könne der betroffene Eigentümer hinreichend effektiven Rechtsschutz durch Anfechtung der Einzelgenehmigungen erlangen[1055]. Eine über die Inzidentprüfung der Raumordnungsziele hinausgehende prinzipale Normenkontrolle sei folglich nicht erforderlich.

Weshalb eine Überprüfung der raumordnerischen Zielfestlegungen im Normenkontrollverfahren nach § 47 VwGO nicht zusätzlich zu bzw. anstatt einer eventuellen Inzidentprüfung erfolgen könne, wird von den Befürwortern einer bloß inzidenten Normenkontrolle nicht vorgetragen. Möglicherweise liegt der Grund in der Zurückhaltung gegenüber einer grundsätzlichen Überprüfbarkeit einer Vielzahl von landesplanerischen Zielfestlegungen in Regionalplänen im Rah-

---

1050 Böttger/Broosch, UPR 2002, 420 (426 f.).

1051 Erbguth/Schoeneberg, S. 114 Rn. 86.

1052 Heitsch, NuR 2004, 20 (25); ähnlich: Halama, in: FS Schlichter, S. 201 (208); Krebs, in: v. Münch/Kunig, Bd. 1, Art. 19 Rn. 65

1053 Schmidt-Assmann, in: Maunz/Dürig, Bd. III, Art. 19 Abs. 4 Rn. 5; Huber, in: v. Mangoldt/Klein/ Starck, Art. 19 Abs. 4 Rn. 388.

1054 BVerfG, Beschl. v. 27.7.1971 – 2 BVR 443/70, BVerfGE 31, 364 (369 f.); Kopp/Schenke, § 47 Rn. 8; Heitsch, NuR 2004, 20 (25).

1055 Brohm, S. 660 Rn. 47; Heitsch, NuR 2004, 20 (25).

men einer abstrakten Normenkontrolle gemäß § 47 VwGO[1056], die zu einer erheblichen Mehrbelastung der Oberverwaltungsgerichte führen könnte. Da jedoch die Antragsbefugnis nach § 47 Abs. 2 Satz 1 VwGO die Aufgabe eines einschränkenden Korrektivs erfüllt[1057], ist mit einer zunehmenden Belastung der Gerichte im Bereich der Überprüfung von Regionalplänen nicht zu rechnen. Allein aus diesem Grund kann die Antragsbefugnis Privater nicht verneint werden.

b) Anwendung der Möglichkeitstheorie

Maßgeblich dafür, ob Private im Wege der Normenkontrolle gegen Raumordnungspläne vorgehen können, ist die Frage, ob sie durch die darin enthaltenen Ziele der Raumordnung in ihren subjektiven öffentlichen Rechten verletzt werden können. In diesem Zusammenhang ist die verstärkte Bindung Privater an die Raumordnungsziele und deren Folge für den Rechtsschutz zu berücksichtigen. Die frühere Ansicht, Raumordnungspläne entfalteten keine unmittelbare rechtliche Außenwirkung und könnten Personen des Privatrechts nicht in ihren subjektiven öffentlichen Rechten verletzen, ist nicht mehr haltbar, da Ziele der Raumordnung – wie die bisherige Untersuchung gezeigt hat – als Rechtsnormen zu qualifizieren sind. Insbesondere die Tatsache, dass private Grundrechtsträger, wenn sie die raumordnerische Zielfestlegungen nicht beachten, keine Vorhabengenehmigung erhalten (vgl. §§ 35 Abs. 3 Satz 2 und 3 BauGB, 4 Abs. 1 Satz 2 Nr. 2, Abs. 3 Nr. 2 ROG), macht deutlich, dass Ziele der Raumordnung durchaus unmittelbar – wenn auch durch eine bodenrechtliche Zulassungsvorschrift vermittelt – Rechtswirkung gegenüber Privaten entfalten[1058]. Folglich kann es aufgrund des behördlichen Vollzugs der Raumordnungspläne unmittelbar zur Verletzung von (Grund-)Rechten Privater kommen[1059], denn gerade im Rahmen des § 35 Abs. 3 Satz 3 BauGB werden Ziele der Raumordnung gezielt zur Steuerung privater Vorhaben eingesetzt. Eine mögliche Rechtsverletzung kann deshalb nicht mit der Überlegung verneint werden, es handele sich dabei lediglich um eine mittelbare Rechtsverletzung, die sich erst über ein eigenständiges Verwaltungsverfahren verwirkliche und damit die notwendige Gewissheit für eine mögliche Rechtsverletzung nicht vermitteln könnte[1060]. Als mögliche verletzte subjektive Rechte kommen zudem obligatorische und dingliche Rechte privater Grundstückseigentümer im Plangebiet in Betracht, sofern letzteren eine beab-

---

[1056] Vgl. Böttger/Broosch, UPR 2002, 420 (423).

[1057] Böttger/Broosch, UPR 2002, 420 (423).

[1058] OVG Bautzen, Urt. v. 26.11.2002 – 1 D 36/01 –, LKV 2003, 333 (334); Runkel, in: Bielenberg/Runkel/Spannowsky, Bd. 2, § 4 Rn. 452; Hendler, DVBl. 2001, 1233 (1235).

[1059] Runkel, in: Bielenberg/Runkel/Spannowsky, Bd. 2, § 4 Rn. 452; Koch/Hendler, S. 130 Rn. 6; Hendler, DVBl. 2001, 1233 (1241).

[1060] OVG Greifswald, Urt. v. 7.9.2000 – 4 K 28/99 –, NVwZ-RR 2001, 565 (566).

sichtigte Bebauung wegen eines im Regionalplan festgesetzten entgegenstehenden Ziels der Raumordnung unmöglich wird[1061].

Auch die Beteiligung der Eigentümer am Aufstellungsverfahren der Raumordnungspläne ist ein Anhaltspunkt dafür, dass von den Vorschriften der §§ 35 Abs. 3 Satz 2 und 3 BauGB, 4 Abs. 1 Satz 2 Nr. 2, Abs. 3 Nr. 2 ROG Beeinträchtigungen des Eigentumsgrundrechts ausgehen können[1062]. Ein solches Beteiligungsrecht ergibt sich beispielsweise aus § 7 Abs. 6 Satz 1 ROG, wonach der Öffentlichkeit frühzeitig und effektiv Gelegenheit zur Stellungnahme insbesondere zum Entwurf des Raumordnungsplans zu geben ist.

An dieser Stelle ist ein Vergleich mit der Stellung der Gemeinden anzustellen, wenn es um die Aufstellung von Zielen der Raumordnung geht, welche diesen gegenüber eine Beachtenspflicht auslösen. Dort ist anerkannt, dass raumordnerische Festlegungen die durch Art. 28 Abs. 2 GG geschützte kommunale Planungshoheit beeinträchtigen können. Das Bundesverfassungsgericht entschied daher, dass jedenfalls ein Anhörungsrecht zum Kernbereich der durch Art. 28 Abs. 2 Satz 1 GG geschützten Planungshoheit gehört[1063]. Kommt ein Ziel der Raumordnung ohne entsprechende Beteiligung der Gemeinde zustande, so ist das Ziel nichtig; die Gemeinde ist nicht daran gebunden[1064]. Gründe, weshalb Personen des Privatrechts bezüglich der ihnen garantierten Grundrechte eine schwächere Stellung als den Kommunen hinsichtlich ihres Selbstverwaltungsrechts zukommen soll, sind nicht ersichtlich.

Damit das Anhörungsrecht nicht auf ein bloßes formales Entgegennehmen von Äußerungen Dritter reduziert wird, ist in § 7 Abs. 7 Satz 3 ROG vorgesehen, dass die privaten Belange bei der Abwägung im Rahmen der Aufstellung eines Raumordnungsplans zu berücksichtigen sind. Wie bereits ausgeführt wurde, bestehen gewisse Ähnlichkeiten zwischen der Bauleitplanung einerseits und der Raumordnung und Landesplanung andererseits. Da das Bundesverwaltungsgericht dem in § 1 Abs. 7 BauGB enthaltenen Abwägungsgebot einen drittschützenden Charakter hinsichtlich abwägungserheblicher Belange beimisst[1065], muss

---

[1061] OVG Bautzen, Urt. v. 26.11.2002 – 1 D 36/01 –, LKV 2003, 333 (334); Maslaton LKV 2003, 318.

[1062] Hendler, DVBl. 2001, 1233 (1241).

[1063] BVerfG, Beschl. v. 7.10.1980 – 2 BvR 584, 598, 599, 604/76 –, BVerfGE 56, 298 (321); Koch/Hendler, S. 157 Rn. 11; Schmidt-Aßmann, Fortentwicklung, S. 37.

[1064] OVG Rh.-Pf., VR 1993, 172 (173); Peine, S. 77 Rn. 226; Hendler, DVBl. 2001, 1233 (1241).

[1065] BVerwG, Urt. v. 24.9.1998 – 4 CN 2.98 –, DVBl. 1999, 100 (102); BVerwG, BVerwG, Beschl. v. 22.8.2000 – 4 BN 38/00 –, NVwZ 2000, 1413 (1414); ebenso: OVG Bautzen, Urt. v. 5.3.2002 – 1 D 18/00 –, zit. nach: OVG Bautzen, Urt. v. 26.11.2002 – 1 D 36/01 –, LKV 2003, 333 (334).

dasselbe auch für Raumordnung und Landesplanung gelten[1066]. Dabei darf jedoch nicht übersehen werden, dass die Raumordnungsplanung mehrstufig und von der Grobmaschigkeit ihrer Festlegungen geprägt ist. Das Erfordernis, auch private Belange in die Abwägung einzustellen, nimmt daher mit wachsender Konkretisierung der Raumordnungsziele zu. Eine Antragsbefugnis wird somit umso eher bejaht werden können, je standortkonkreter ein Ziel der Raumordnung ist.
Die Antragsbefugnis kann des Weiteren nur dann bejaht werden, wenn der Antragsteller durch die Anwendung eines Raumordnungsplans „in absehbarer Zeit" in seinen Rechten verletzt wird. Der Normenkontrollantrag ist deshalb nur dann zulässig, wenn der Antragsteller konkrete Vorkehrungen zur alsbaldigen Umsetzung eines den Zielen der Raumordnung möglicherweise widersprechenden Vorhabens getroffen hat[1067]. Hierunter fällt beispielsweise der Kauf eines Grundstücks bzw. der Abschluss eines Pachtvertrags mit dem Ziel, das Grundstück einer bestimmten Nutzung zuzuführen.

3. Fazit

Die bisherige Darstellung führte zu zwei, für die Frage der Zulässigkeit des Normenkontrollverfahrens relevanten Feststellungen. Zum einen können Raumordnungspläne sowie die darin enthaltenen Ziele der Raumordnung unmittelbare Außenwirkung entfalten. Zum anderen kann der behördliche Vollzug von Raumordnungsplänen – jedenfalls solange darin standortkonkrete Zielfestlegungen enthalten sind – zur unmittelbaren Verletzung von subjektiven Rechten Privater führen. Das heißt, die Annahme einer Antragsbefugnis nach § 47 Abs. 2 Satz 1 VwGO kann nicht mehr generell, insbesondere nicht mit dem Hinweis auf die mangelnde rechtliche Außenwirkung raumordnerischer Zielfestlegungen bzw. Pläne, abgelehnt werden.

III. Inzidente Normenkontrolle

Schon der Gesetzgeber des BauROG 1998 hat erkannt, dass Raumordnungspläne aufgrund der zunehmenden Ausformung von Zielen und Grundsätzen der Raumordnung verstärkt einer inzidenten verwaltungsgerichtlichen Kontrolle unterzogen werden[1068]. Zudem entfällt der Rechtsschutz gegen Ziele der Raumordnung in Form einer prinzipalen Normenkontrolle gemäß § 47 VwGO, wenn von der Möglichkeit des § 47 Abs. 1 Nr. 2 VwGO landesrechtlich nicht Gebrauch

---

[1066] OVG Bautzen, Urt. v. 26.11.2002 – 1 D 36/01 –, LKV 2003, 333 (334); Runkel, in: Bielenberg/Runkel/Spannowsky, Bd. 2, § 4 Rn. 451; Hendler, DVBl. 2001, 1233 (1242); Maslaton, LKV 2003, 318 (319).
[1067] Koch/Hendler, S. 131 Rn. 7.
[1068] Begründung des Regierungsentwurfs zum BauROG 1998, BR-DS 635/96, S. 85.

gemacht worden ist. Da Art. 19 Abs. 4 GG jedoch effektiven Rechtsschutz verlangt, muss die Möglichkeit bestehen, die Verletzung eigener Rechte auf anderem Wege abzuwehren. In Betracht kommt insoweit die Überprüfung der Raumordnungsziele im Rahmen des inzidenten Rechtsschutzes, der umfassend gegeben ist[1069]. Zu nennen sind hierbei vor allem die Möglichkeit der Normenkontrolle nach § 47 VwGO gegen Bauleitpläne sowie die Anfechtungs- und Verpflichtungsklage nach § 42 Abs. 1 VwGO.
Geht es im ersten Fall hauptsächlich um die Beantwortung der Vorfrage, ob ein Ziel der Raumordnung, das durch einen Bebauungsplan nach § 1 Abs. 4 BauGB umgesetzt wird, rechtmäßig ist, wird der Träger eines raumbedeutsamen Außenbereichsvorhabens die Erteilung einer entsprechenden Genehmigung im Wege der Verpflichtungsklage durchzusetzen versuchen. Dies wird dann der Fall sein, wenn eine Baugenehmigung aufgrund eines entgegenstehenden Raumordnungsziels versagt worden ist. Auf diese Weise wird die inzidente Überprüfung der Rechtmäßigkeit des jeweiligen Ziels erreicht.
Allerdings kommt einer solchen gerichtlichen Entscheidung lediglich eine Wirkung inter partes zu. Das heißt, allgemeine Auswirkungen auf den Raumordnungsplan bzw. dessen einzelne Festlegungen gehen von ihr nicht aus. Gleichwohl kann eine gewisse faktische Bindung über den Einzelfall hinaus bestehen. Der Träger der Regionalplanung wird sich daher in aller Regel um die Heilung des als rechtswidrig erklärten Ziels bemühen, wofür ihm beispielsweise das Verfahren nach § 10 Abs. 2 ROG zur Verfügung steht[1070].

IV. Verfassungsgerichtlicher Rechtsschutz

Im Rahmen des Rechtsschutzes gegen Raumordnungspläne ist unter dem Aspekt der Verletzung des Eigentumsgrundrechts aus Art. 14 Abs. 1 Satz 1 GG an die Möglichkeit des verfassungsgerichtlichen Rechtsschutzes zu denken. Wie bereits die Ausführungen zum Rechtsschutz der Gemeinden gezeigt haben, kommt insofern der Gang zu den Landesverfassungsgerichten bzw. zum BVerfG in Betracht. Die Darstellung orientiert sich dabei an der Gesetzeslage in Bayern.

1. Der Gang zum Bundesverfassungsgericht

Sieht sich ein Privater durch einen Akt der öffentlichen Gewalt in eigenen Grundrechten verletzt, so besteht die Möglichkeit diese Verletzung mit der Verfassungsbeschwerde zu rügen (Art. 93 Abs. 1 Nr. 4a GG, § 13 Nr. 8a, § 90 Abs. 1 BVerfGG).

[1069] Runkel, in: Bielenberg/Runkel/Spannowsky, Bd. 2, § 4 Rn. 456; Peine, S. 93 Rn. 289; Steiner, Raumordnungs- und Landesplanungsrecht, S. 868 Rn. 90.
[1070] Runkel, in: Bielenberg/Runkel/Spannowsky, Bd. 2, § 4 Rn. 457.

a) Beschwerdegegenstand

Raumordnungsplänen als nach außen wirksamen Maßnahmen kommt die Rechtsqualität von Rechtsverordnungen, gelegentlich auch von formellen Gesetzen oder Satzungen zu. Es handelt sich bei ihnen um Akte der öffentlichen Gewalt, weshalb sie den zulässigen Beschwerdegegenstand einer Individualverfassungsbeschwerde darstellen[1071].

b) Beschwerdebefugnis

Art. 93 Abs. 1 Nr. 4a GG i.V. mit § 90 Abs. 1 BVerfGG verlangt zudem, dass der Beschwerdeführer, durch den angegriffenen Akt der öffentlichen Gewalt selbst, gegenwärtig und unmittelbar in einem seiner Grundrechte betroffen ist[1072].

aa) Möglichkeit einer Grundrechtsverletzung

Die Verfassungsbeschwerde ist nur dann zulässig, wenn der Beschwerdeführer die Möglichkeit einer Grundrechtsverletzung hinreichend substantiiert bzw. hinreichend klar vorträgt und diese nicht von vornherein ausscheidet. Zur Möglichkeit einer Grundrechtsverletzung sei auf die Ausführungen zur Ausweisung von Vorranggebieten in bebaubaren oder bebauten Gebieten sowie zur Antragsbefugnis im Rahmen des verwaltungsgerichtlichen Rechtsschutzes verwiesen. Demnach kommt in erster Linie die Verletzung der Rechte aus Art. 14 Abs. 1 und Art. 2 Abs. 1 GG in Betracht.

Gerade in der Genehmigungssituation des § 35 Abs. 3 Satz 2 und 3 BauGB ist aufgrund der dortigen unmittelbaren Wirkung der Ziele der Raumordnung eine Grundrechtsverletzung möglich. Aber auch im Rahmen der Anpassungspflicht nach § 1 Abs. 4 BauGB führt die sowohl gegenüber der Gemeinde als auch dem Bürger stattfindende „finale" Abschichtungswirkung der Ziele der Raumordnung zu einer möglichen Grundrechtsverletzung Privater[1073]. Dies liegt darin begründet, dass die Rechtsposition des Grundstückseigentümers aufgrund der zunehmenden Konkretisierung der Raumordnung weiter bestimmt und die diesem verbleibenden Nutzungsmöglichkeiten zielgerichtet beschränkt werden[1074]. Eine dem § 35 Abs. 3 Satz 2 BauGB vergleichbare Wirkung bezüglich der hier zu behandelnden Frage enthält § 4 Abs. 1 Satz 2 Nr. 2 ROG, denn aufgrund der

---

[1071] Kment, S. 421.

[1072] BVerfG, Beschl. v. 25.3.1980 – 2 BvR 208/76 –, BVerfGE 53, 366 (388); BVerfG, Beschl. v. 25.2.1986 – 1 BvR 1384/85 und 30/86 –, BVerfGE 72, 39 (43); BVerfG, Beschl. v. 31.5.1995 – 1 BvR 1379, 1413/94 –, BVerfGE 93, 85 (93).

[1073] Kment, S. 425.

[1074] In diesem Sinne auch Kment, S. 425.

dort geregelten Bindungswirkung der Raumordnungsziele wird die Nutzbarkeit des Grundeigentums ebenso näher ausgestaltet und gegebenenfalls beschränkt.

bb) Selbstbetroffenheit

Die Zulässigkeit der Individualverfassungsbeschwerde setzt des Weiteren voraus, dass der Beschwerdeführer selbst betroffen ist. Hinsichtlich der §§ 35 Abs. 3, 1 Abs. 4 BauGB sowie § 4 Abs. 1 Satz 2 Nr. 2 ROG sind die betroffenen Personen des Privatrechts zumindest nach dem Wortlaut der jeweiligen Norm nicht unmittelbar an die Ziele der Raumordnung gebunden. Sie richten sich entweder an die zuständigen Genehmigungs- bzw. Prüfungsbehörden oder an die anpassungspflichtigen Gemeinden.

Allerdings hat die bisherige Untersuchung gezeigt, dass aufgrund der Rechtsqualität der Raumordnungsziele bereits die Lage eines betroffenen Grundstücks im Plangebiet oder unmittelbar daran angrenzend ausreichend ist, die für eine Grundrechtsverletzung erforderliche rechtliche Beziehung zwischen angegriffenem Rechtsakt und Eigentumsposition herzustellen, da durch die Zielfestlegung Inhalt und Schranken des Eigentums Privater bestimmt werden[1075].

cc) Unmittelbare Betroffenheit

Wendet sich der Beschwerdeführer mit seiner Verfassungsbeschwerde gegen eine Rechtsnorm, so muss er geltend machen, „dass er gerade durch die Norm und nicht erst durch ihren Vollzug in seinen Grundrechten betroffen ist“[1076]. Davon kann nicht gesprochen werden, wenn üblicherweise oder in der Regel noch ein Vollzugsakt ergehen muss[1077].

Im hier zu untersuchenden Bereich der Raumordnungspläne könnte die unmittelbare Betroffenheit Privater in Frage gestellt werden, da insbesondere Baugenehmigungen, Planfeststellungsbeschlüsse und Bebauungspläne, an die sich ihrerseits Baugenehmigungen anschließen, weitere Akte im oben genannten Sinne darstellen[1078]. Im Zusammenhang mit der Angreifbarkeit von Bebauungsplänen hat das BVerfG jedoch dargelegt, dass „die Befugnis, Verfassungsbeschwerde unmittelbar gegen die zugrunde liegend Rechtsnorm zu erheben, nicht schon

---

[1075] Kment, S. 432 f.

[1076] BVerfG, Beschl. v. 14.1.1998 – 1 BvR 1995, 2248 (94) –, BVerfGE 97, 157 (164).

[1077] BVerfG, Beschl. v. 12.6.1984 – 1 BvR 1249, u.a./83 –, BVerfGE 68, 319 (325); BVerfG, Beschl. v. 14.5.1985 – 2 BvR 397, 389, 399/82 –, BVerfGE 70, 35 (51); Pestalozza, S. 180 Rn. 35 f.

[1078] So auch Kment, S. 435.

immer dann [fehlt], wenn nach einfachem Recht ein ausführender Akt ergehen kann oder muss“[1079].
Zumindest im Rahmen einer Baugenehmigung gem. § 35 BauGB sowie des Planfeststellungsverfahrens nach § 4 Abs. 1 Satz 2 Nr. 2 ROG entfalten die Ziele der Raumordnung unmittelbare Außenwirkung und berühren damit auch ohne einen im Hinblick auf die Raumordnungsziele ergangenen Vollzugsakt unmittelbar das durch Art. 14 Abs. 1 GG geschützte Eigentum des Beschwerdeführers[1080]. Demgegenüber dürfte eine unmittelbare Betroffenheit im Rahmen des § 1 Abs. 4 BauGB zu verneinen sein, obwohl auch hier die Rechtsposition des Grundstückseigentümers aufgrund der Abschichtungswirkung der Raumordnungsziele „eingekreist und ausgestaltet“ wird, denn die Ziele der Raumordnung müssen zunächst durch einen Bebauungsplan umgesetzt werden[1081]. Schließlich kann von einer unmittelbaren Betroffenheit bei raumbedeutsamen Planungen und Maßnahmen von Personen des Privatrechts im Rahmen des § 4 Abs. 3 Nr. 2 ROG ausgegangen werden, da für diese eine unmittelbare Bindungswirkung an die Ziele der Raumordnung besteht.

c) Rechtswegerschöpfung und Subsidiarität

Nach Art. 90 Abs. 2 Satz 1 BVerfGG kann die Verfassungsbeschwerde erst nach Erschöpfung des Rechtswegs erhoben werden. Für den unmittelbaren Rechtsschutz gegen Raumordnungspläne heißt das, dass in den Ländern, in denen die Raumordnungspläne untergesetzliche Rechtsnormen darstellen und die Möglichkeit der verwaltungsgerichtlichen Normenkontrolle besteht, zuerst dieser Rechtsweg beschritten werden muss. Dies ist beispielsweise in Baden-Württemberg, Bayern, Brandenburg, Hessen, Saarland, Sachsen, Schleswig-Holstein und Thüringen der Fall.
Über die Erschöpfung des Rechtswegs im engeren Sinne hinaus muss der Beschwerdeführer zudem alle „nach Lage der Sache zur Verfügung stehenden prozessualen Möglichkeiten [ergreifen], um eine Korrektur der geltend gemachten Grundrechtsverletzung zu erwirken oder eine Grundrechtsverletzung zu verhindern“[1082]. Ist daher kein prinzipaler Rechtsschutz eröffnet, weil in einem Land mangels landesgesetzlicher Einführung der verwaltungsgerichtliche Rechtsschutz nach § 47 VwGO nicht zur Verfügung steht, so ist der Grundrechtsschutz

---

[1079] BVerfG, Beschl. v. 14.5.1985 – 2 BvR 397, 398, 399/82 –, BVerfGE 70, 35 (51 ff.); BVerfG, Beschl. v. 30.11.1988 – 1 BvR 1301/84 –, DVBl. 1989, 352 (353); in diesem Sinne auch BVerwG, Beschl. v. 7.7.1997 – 4 BN 11/97 –, NuR 1998, 197 (197 f.); BVerwG, Beschl. v. 22.8.2000 – 4 BN 38/00 –, NuR 2001, 44 (45).
[1080] Ausführlich dazu Kment, S. 436.
[1081] Kment, S. 436.
[1082] BVerfG, Beschl. v. 3.10.1989 – 1 BvR 1245/88 –, BVerfGE 81, 22 (27); in diesem Sinne auch BVerfG, Beschl. v. 25.3.1992 – 1 BvR 1859/91 –, BVerfGE 86, 15 (22); BVerfGE, Beschl. v. 18.12.1996 – 1 BvR 748/93, 616, 1228/95 –, BVerfGE 95, 163 (171); st. Rspr.

insbesondere im Rahmen einer inzidenten Normenkontrolle zu verfolgen[1083]. Eine solche Situation liegt z.B. in den Ländern Nordrhein-Westfalen, Berlin und Rheinland-Pfalz vor.

2. Der Gang zum Landesverfassungsgericht

a) Landesverfassungsbeschwerde

Für jeden Bewohner Bayerns besteht die Möglichkeit, gemäß Art. 120 BayVerf, Art. 51 ff. BayVfGHG Verfassungsbeschwerde zum Bayerischen Verfassungsgerichtshof zu erheben, soweit er sich durch eine Behörde in seinen verfassungsmäßigen Rechten verletzt fühlt.
Als ein solches Recht wird hier in erster Linie das Eigentumsgrundrecht aus Art. 103 BayVerf in Betracht kommen. Art. 120 BayVerf verlangt, dass das verfassungsmäßige Recht durch eine Behörde[1084] verletzt wurde. Nach Art. 51 Abs. 1 Satz 2 BayVfGHG kann die Beschwerde auch gegen das Handeln oder Unterlassen eines Gerichts erhoben werden. Ein Akt der Rechtssetzung kann daher im Wege des Art. 120 BayVerfG nicht angegriffen werden. Deshalb ist im Bereich des Rechtsschutzes gegen Raumordnungspläne bzw. dessen Ziele die Landesverfassungsbeschwerde dann die richtige Klageart, wenn dem Beschwerdeführer eine Genehmigung, z.B. aufgrund eines Verstoßes gegen Festlegungen des Regionalplans, versagt wird.
Weil der Schutz nur gegen ein Handeln bayerischer Behörden gewährt wird, ergeben sich aus dem Gebot der Rechtswegerschöpfung (Art. 51 Abs. 2 Satz 1 BayVfGHG) Ungereimtheiten, wenn der Rechtsweg bis vor ein Bundesgericht führt und dieses die Beschwer nicht behebt[1085], denn der Beschwerdeführer kann seine Beschwerde allenfalls auf die letztinstanzliche Entscheidung, nicht aber auf ihr vorangegangene Entscheidungen beschränken[1086]. Der BayVerfGH stellt in einer solchen Situation darauf ab, ob das Bundesgericht in der Sache oder aber nur prozessual entschieden hat. Ist letzteres der Fall, so lässt der BayVerfGH die Beschwerde gegen die Vorinstanzen zu[1087]. Ansonsten muss der Rechtsweg bis zum „Bundes-Ende“ beschritten werden[1088]. Vertreter der gegenteiligen Auffassung sind der Meinung, Art. 51 Abs. 2 BayVfGHG sei dahingehend verfas-

---

[1083] BVerfG, Beschl. v. 25.2.1986 – 1 BvR 1384/85 u. 30/86 –, BVerfGE 72, 39 (45); BVerfGE, Beschl. v. 5.5.1987 – 1 BvR 724, 1000, 1015/81; 1 BvL 16/82 u. 5/84 –, BVerfGE 75, 246 (263 f.); Pieroth/Schlink, S. 296 Rn. 1156.
[1084] Unter „Behörde“ versteht der BayVerfGH jede selbständige staatliche Amtsstelle, die Akte der Verwaltung oder der Rechtsanwendung vornimmt: BayVerfGHE 1, 38 (40); 34, 178; Pestalozza, S. 431 Rn. 68.
[1085] Dazu ausführlich Pestalozza, S. 432 Rn. 69 f.
[1086] Vgl. BayVerfGHE 26, 127 (131 f.); 37, 10 (13); Pestalozza, S. 432 Rn. 69.
[1087] BayVerfGHE 37, 85 (88); 37, 89 (92).
[1088] BayVerfGHE 28, 14 (22).

sungskonform auszulegen, dass unter Rechtsweg i.S. dieser Regelung der Weg zu den Landesgerichten gemeint sei[1089].

b) Popularklage

Eine weitere Möglichkeit landesverfassungsgerichtlichen Rechtsschutzes sieht Art. 98 Satz 4 BayVerf mit der Popularklage vor. Danach hat der Bayerische Verfassungsgerichtshof Gesetze und Verordnungen für nichtig zu erklären, die ein Grundrecht der Bayerischen Verfassung verfassungswidrig einschränken.
Die Verfassungswidrigkeit kann jedermann durch Beschwerde geltend machen (Art. 55 Abs. 1 BayVfGHG). Der Popularkläger muss im Gegensatz zur Verfassungsbeschwerde zum BVerfG oder zum BayVerfGH lediglich irgendwelche bayerischen Grundrechte als verletzt ansehen und geltend machen. Es kommt nicht darauf an, dass die Grundrechte gerade ihm zustehen. Auf eine Klagebefugnis im eigentlichen Sinne kommt es daher nicht an[1090].
Mit der Popularklage ist ein direkter Rechtsschutz gegen bayerische Raumordnungspläne gegeben, da diese zum einen gem. Art. 17 Abs. 2, 19 Abs. 1 Satz 2 BayLPlG Verordnungen i.S. des Art. 98 Satz 4 BayVerf darstellen und zum anderen die Möglichkeit besteht, dass durch sie das Eigentumsgrundrecht aus Art. 103 BayVerf verfassungswidrig eingeschränkt wird. Im Falle der Begründetheit erklärt der BayVerfGH das angegriffene Ziel der Raumordnung für nichtig.

[1089] Pestalozza, S. 432 Rn. 69.
[1090] Pestalozza, S. 450 Rn. 106.

Kapitel 8: Zusammenfassung der Ergebnisse

1. Hochwasser und die damit einhergehenden Überschwemmungen beruhen sowohl auf natürlichen als auch auf anthropogenen Ursachen und Faktoren, wobei die menschliche Nutzung des Raums in der Vergangenheit einen Großteil zur Erhöhung des Schadenspotentials beigetragen hat. Hier ist an erster Stelle die Anhäufung von Sachwerten in Überschwemmungsgebieten zu nennen, die insbesondere zu Flussbegradigungen und der Versiegelung ehemals freier Retentionsräume geführt hat. Zwangsläufig verursachten die Hochwasserereignisse der vergangenen Jahre Sachschäden in Milliardenhöhe, von denen Private sowie die öffentliche Hand betroffen waren. Anlässlich der Hochwasserkatastrophe im Jahr 2002 stellte die Bundesregierung ein Fünf-Punkte-Programm („Arbeitsschritte zur Verbesserung des vorbeugenden Hochwasserschutzes") auf, aus dem das am 10. Mai 2005 in Kraft getretene Artikelgesetz zur Verbesserung des vorbeugenden Hochwasserschutzes entwickelt wurde. Dabei stand die Regelung des vorbeugenden Hochwasserschutzes im Wasserhaushaltsgesetz (§§ 31 a ff. WHG n.F.) im Vordergrund.

2. Als zusammenfassende, übergeordnete Planung und Ordnung des Raumes, die der Leitvorstellung einer nachhaltigen Raumentwicklung folgt und dabei die sozialen und wirtschaftlichen Ansprüche an den Raum mit seinen ökologischen Funktionen, zu denen auch der Hochwasserschutz gehört, in Einklang bringt, können Raumordnung und Landesplanung einen wichtigen Beitrag zum vorbeugenden Hochwasserschutz leisten. Den Landesplanungsbehörden steht ein umfangreiches Instrumentarium zur Verfügung, das eines effektiven Vollzugs auf der Ebene der Planadressaten bedarf. In erster Linie bedient sich die Raumordnung der Raumordnungspläne mit den darin enthaltenen Grundsätzen und Zielen der Raumordnung, von denen unterschiedliche Bindungswirkungen ausgehen. Neben den Vorschriften in Raumordnungsgesetz und Landesplanungsgesetzen existieren verschiedene fachgesetzliche Raumordnungsklauseln, die auf der unteren Planungsebene zu Beachtens- und Anpassungspflichten der Ziele der Raumordnung führen. Hervorzuheben ist an dieser Stelle die jüngere Rechtsprechung des Bundesverwaltungsgerichts, die bestätigt, dass Ziele der Raumordnung gem. § 1 Abs. 4 BauGB eine kommunale Erstplanungspflicht auslösen können. Diese Bejahung einer Erstplanungspflicht trägt ebenso zu einem wirkungsvollen Hochwasserschutz bei, wie der Verzicht auf so genannte Soll-Ziele. Letztere weisen nach richtiger Auffassung lediglich den Charakter von Grundsätzen der Raumordnung auf, da sie aufgrund der „integrierten" Abweichungsmöglichkeit keine landesplanerische Letztentscheidung darstellen. Damit fehlt ihnen die strikte Beachtenspflicht.

3. Zum Erfolg der Planung trägt auch die Entwicklung eines umfassenden Zielsystem zum vorbeugenden Hochwasserschutz bei. Zu bedenken ist allerdings, dass auch bei Anwendung eines derartigen Zielsystems ein absoluter Schutz vor Hochwasser und dessen Folgen nicht erreicht werden kann, ein gewisses Restrisiko also immer bestehen bleibt. Oberstes Ziel des Hochwasserschutzes muss die Verhinderung von Hochwasserschäden sein. Die zum Erreichen dieses Ziels erforderliche Strategie stützt sich dabei auf drei Säulen. Die erste Säule des Zielsystems bildet die Verringerung der Hochwasserstände. Hierbei gilt es, das natürliche Retentionspotential zu erhalten bzw. wieder herzustellen sowie das flusseinzugsgebietsweite Retentionspotential zu erhöhen. Als zweite Säule ist die Minderung der Schadensrisiken zu nennen. Dabei geht es um die Sicherung der Leistungs- und Nutzungsfähigkeit des Naturhaushalts, die Erhöhung der Sicherheit der Wohnbevölkerung und von gebäudebezogenen Flächennutzungen sowie die Sicherung der Funktion von Versorgungsinfrastruktureinrichtungen. Schließlich sind das vorhandene Vorsorge- und Reaktionspotential zu verbessern. Im einzelnen handelt es sich um die Erhöhung des planerischen und organisatorischen Reaktionspotentials, die Verbesserung und Sicherung des institutionellen Reaktionspotentials sowie die Erhöhung der Risikovorsorge. Die zuletzt genannten Ziele sind jedoch mit dem Instrumentarium von Raumordnung und Landesplanung kaum zu erreichen.

4. Das Hauptaugenmerk der vorliegenden Untersuchung wurde auf die Festlegungsmöglichkeiten des § 7 ROG gerichtet. Die konkrete Umsetzung des vorbeugenden Hochwasserschutzes anhand des Instrumentariums des Raumordnungs- und Landesplanungsrechts bedarf der Effektivität Willen in erster Linie der Ausweisung von Vorranggebieten. Auf diese Weise wird der bundesrechtliche Raumordnungsgrundsatz des § 2 Abs. 2 Nr. 8 Satz 7 ROG konkretisiert und die für den natürlichen Wasserrückhalt sowie ungestörten Wasserabfluss so wichtigen Auen, Rückhalteflächen und überschwemmungsgefährdeten Bereiche gegen widersprechende Nutzungen und Funktionen des Raums gesichert. Bezüglich einer Sicherung von Flächen eignen sich neben bereits förmlich festgesetzten Überschwemmungsbereichen noch nicht nach dem WHG förmlich festgesetzte Bereiche sowie sonstige rückgewinnbare, zusätzliche Überschwemmungsflächen und übrige Überschwemmungsbereiche. Hierbei ist das gesamte Flusseinzugsgebiet zu berücksichtigen. Indem Vorranggebiete für den vorbeugenden Hochwasserschutz grundsätzlich die Ausweisung neuer Baugebiete sowie neue bauliche Maßnahmen in ihrem Geltungsbereich ausschließen, kommt ihnen außerdem die Aufgabe der Risikovorsorge zu. Eine Erhöhung des Schadenspotentials durch Ansiedlung wirtschaftlicher Werte wird verhindert.

Da bei der Aufstellung eines Raumordnungsziels stets der Grundsatz der Verhältnismäßigkeit zu beachten ist, kann die Ausweisung eines Vorranggebiets für den vorbeugenden Hochwasserschutz, gerade wegen deren weitreichender Ausschlusswirkung gegenüber anderen Nutzungen, nur dann rechtswirksam sein, wenn die Festlegung des jeweiligen Vorranggebiets an dieser Stelle und in diesem räumlichen Umfang geeignet, erforderlich und zumutbar ist. Hierbei sind in erster Linie die Vorgaben der Wasserwirtschaft zugrunde zu legen, aus denen sich die räumliche Abgrenzung sowie die potentielle Hochwassergefahr ergeben. Grundsätzlich gilt, dass eine Vorrangausweisung aufgrund der Situationsgebundenheit der betroffenen Grundstücke in eigentumsrechtlicher Sicht keine Enteignung, sondern eine zulässige Inhalts- und Schrankenbestimmung i.S.d. Art. 14 Abs. 1 Satz 2 GG darstellt. Hinsichtlich der gemeindlichen Planungshoheit ist festzuhalten, dass diese in der Regel nicht durch Vorrangausweisungen für den Hochwasserschutz verletzt wird, da der Kommune aufgrund des Maßstabs des Regionalplans und der zeichnerischen Darstellung ein ausreichender Konkretisierungsspielraum verbleibt. Des Weiteren werden die gegenständlichen Vorrangausweisungen nie den gesamten Gemeindebereich, sondern hauptsächlich Teile des Außenbereichs umfassen, die bereits aufgrund ihrer natürlichen Lage häufig nicht für anderweitige Nutzungen geeignet sind und im Vergleich dazu regelmäßig von größerem öffentlichen Interesse sind. Zu erwähnen ist weiterhin, dass im Einzelfall auch die Festlegung parzellenscharfer Ziele der Raumordnung zulässig sein kann.

Die exemplarische Untersuchung einiger bayerischer Regionalpläne hat ergeben, dass durch diese – unter anderem aufgrund der Besonderheiten des novellierten BayLPlG – ein optimaler Hochwasserschutz nicht gewährleistet wird. Es bleibt zu hoffen, dass die Mängel durch Fortschreibungen behoben werden.

Neben den speziellen Vorranggebieten für den Hochwasserschutz können auch andere Vorranggebiete, z.B. für Natur- und Landschaftsschutz, Landwirtschaft und Erholung, Aufgaben des Hochwasserschutzes erfüllen. Hierbei ergeben sich verschiedenste Synergieeffekte. In Abhängigkeit von den jeweiligen Gegebenheiten können sich diese oder andere Vorranggebiete mit solchen für den Hochwasserschutz räumlich überlagern. Voraussetzung für die Wirksamkeit sich überlagernder Ziele der Raumordnung ist jedoch die Austragung eines eventuell bestehenden Zielkonflikts auf der Ebene der Landesplanung. Anderenfalls handelt es sich nicht um wirksame Raumordnungsziele.

Als im Vergleich zu den Vorranggebieten weniger „scharfes Schwert“ stellen sich aufgrund ihres Grundsatzcharakters die Vorbehaltsgebiete für den Hochwasserschutz dar. Allerdings lässt der Grundsatz der Verhältnismäßigkeit nicht stets Vorranggebietsausweisungen zu. Gleichwohl erhalten die Belange des Hochwasserschutz im Rahmen der Vorbehaltsgebietsausweisung ein besonderes Gewicht in nachfolgenden Abwägungs- bzw. Ermessensentscheidungen.

5. Um einen effektiven Hochwasserschutz durch Raumordnung und Landesplanung zu gewährleisten, bedarf es sowohl einer ständigen Kontrolle der Planung als auch solcher Instrumente, die der Durchsetzung und Sicherung der Planung

dienen. Ersteres kann anhand von Raumordnungskataster, Raumbeobachtung und Raumordnungsbericht erreicht werden, wodurch zugleich Daten gesammelt werden, die für künftige Planungen nutzbar sind. Die Durchsetzung und Sicherung insbesondere der Ziele der Raumordnung kann auf unterschiedlichste Weise erfolgen. Das Raumordnungsrecht stellt dafür beispielsweise die Untersagung raumordnungswidriger Planungen und Maßnahmen (§ 12 ROG), das Raumordnungsverfahren (§ 15 ROG) sowie landesplanerische Anpassungsgebote samt der dazugehörigen Entschädigungspflichten (z.B. Art. 30 BayLPlG) zur Verfügung. Aber auch im Rahmen des BauGB finden sich Möglichkeiten der Sicherung und Durchsetzung raumordnerischer Zielfestlegungen. So kann im Wege der Kommunalaufsicht auf die Einhaltung des Anpassungsgebots des § 1 Abs. 4 BauGB durch landesrechtliche Anordnung (z.B. Art. 112 BayGO) bzw. Ersatzvornahme (z.B. Art. 113 BayGO) hingewirkt werden. Sollte die beabsichtigte Aufstellung eines Bauleitplans mit bestehenden Erfordernissen der Raumordnung nicht in Einklang stehen, so kann die höhere Verwaltungsbehörde die erforderliche Genehmigung versagen (§§ 6 Abs. 2, 10 Abs. 2 BauGB). Das bestehende Instrumentarium reicht damit aus, Vollzugsdefiziten entgegenzutreten. Allerdings besteht die Notwendigkeit der strikten Anwendung der genannten Regelungen.

6. Betrachtet man die weitreichenden Ausschlusswirkungen, die von Vorranggebieten für den Hochwasserschutz ausgehen, so sind insbesondere Eingriffe in das von Art. 14 GG geschützte Eigentum derjenigen Privaten vorstellbar, deren Grundstücke innerhalb der entsprechenden Raumordnungsgebiete liegen. Zudem werden sich die Gemeinden als Planadressaten in ihrem kommunalen Selbstverwaltungsrecht aus Art. 28 Abs. 2 GG verletzt sehen, wenn die Ausweisung neuer Baugebiete eingeschränkt wird.
Um eventuellen Rechtsverletzungen entgegenzutreten, bietet die Rechtsordnung eine Vielzahl von Klagearten. In diesem Zusammenhang ist festzustellen, dass sowohl Raumordnungspläne als auch die darin enthaltenen Ziele der Raumordnung als Rechtsnormen einzustufen sind. Damit ergibt sich für öffentliche Stellen und Private die Möglichkeit des Rechtsschutzes in Form der prinzipalen Normenkontrolle nach § 47 VwGO. Neben der prinzipalen Normenkontrolle kommen grundsätzlich Möglichkeiten des inzidenten Rechtsschutzes in Betracht. Zudem ist, in Abhängigkeit von den landesrechtlichen Regelungen, die Überprüfung durch die (Landes-)Verfassungsgerichte in Erwägung zu ziehen, wobei sowohl die kommunale Verfassungsbeschwerde als auch die Landesverfassungsbeschwerde sowie in Bayern die Popularklage zur Verfügung stehen. Schließlich bietet die allgemeine Feststellungsklage in den Ländern, welche die Normenkontrolle nach § 47 VwGO nicht vorsehen, eine Möglichkeit, Raumordnungspläne auf die Wirksamkeit ihrer Inhalte überprüfen zu lassen.

7. Abschließend lässt sich feststellen, dass Raumordnung und Landesplanung einen wichtigen Beitrag zum vorbeugenden Hochwasserschutz leisten können. Einer Ausweitung des bestehenden Instrumentariums bedarf es zwar nicht; insoweit ist auch die detaillierte Neuregelung der §§ 31 ff. WHG n.F. nicht in dem Maße erforderlich gewesen. Allerdings sollte das Bewusstsein für die Gefahr Hochwasser aufrechterhalten bzw. verstärkt werden, um widerstreitende, zumeist wirtschaftliche Interessen unter anderem privater Grundstückseigentümer oder planungsfreudiger Gemeinden mit den Erfordernissen des Hochwasserschutzes gerecht abzustimmen, der einen Belang von sehr hohem öffentlichen Interesse darstellt. Gefordert sind daher die verstärkte Ausweisung entsprechender Raumordnungsgebiete für den vorbeugenden Hochwasserschutz sowie die strikte Umsetzung der raumordnerischen Vorgaben.

Literatur- und Materialverzeichnis

Achterberg, Norbert u.a. (Hrsg.), Recht und Staat im sozialen Wandel, Festschrift für Hans Ulrich Scupin zum 80. Geburtstag, Berlin, 1983

Akademie für Raumforschung und Landesplanung (ARL) (Hrsg.), Grundriss der Raumordnung, Hannover, 1982

Akademie für Raumforschung und Landesplanung (ARL) (Hrsg.), Handwörterbuch der Raumordnung, Hannover, 1995

Akademie für Raumforschung und Landesplanung (ARL) (Hrsg.), Methoden und Instrumente räumlicher Planung, Hannover, 1998

Akademie für Raumforschung und Landesplanung (ARL) (Hrsg.), Regionalplanung in den ostdeutschen Ländern, Arbeitsmaterial / ARL Nr. 255, Hannover, 1999

Akademie für Raumforschung und Landesplanung (ARL) (Hrsg.), Zur Novellierung des Landesplanungsrechts aus Anlass des Raumordnungsgesetzes 1998, Arbeitsmaterial / ARL Nr. 226, Hannover, 2000

Akademie für Raumforschung und Landesplanung (ARL) (Hrsg.), Zukunftsforum Raumplanung, Forschungs- und Sitzungsberichte / ARL Band 218, Hannover, 2002

Akademie für Raumordnung und Landesplanung (ARL) (Hrsg.), Wachsende Hochwassergefahren: Kein „Weiter so", ARL-Erklärung zur Hochwasserkatastrophe, ARL Nachrichten 3/2002, S. 1 f.

Arbeitsgemeinschaft der für Städtebau, Bau- und Wohnungswesen zuständigen Minister und Senatoren (ARGEBAU), Fachkommission „Städtebau", Handlungsanleitung für den Einsatz rechtlicher und technischer Instrumente zum Hochwasserschutz, 2003

Backhaus, Susanne, Die Gemeinden in der Landesplanung unter Berücksichtigung der Neuregelung des Raumordnungsrechts, Würzburg, 2001

Bartlsperger, Richard, Raumplanung zum Außenbereich, Berlin, 2003

Battis, Ulrich, Öffentliches Baurecht und Raumordnungsrecht, 4. Auflage, Stuttgart, 1999

Battis, Ulrich/Krautzberger, Michael/Löhr, Rolf-Peter, Kommentar zum Baugesetzbuch, 9. Auflage, 2005

Bayerisches Landesamt für Wasserwirtschaft (Hrsg.), Extreme Naturereignisse und Wasserwirtschaft – Niederschlag und Abfluss, Reihe: Informationsberichte des Bayerischen Landesamtes für Wasserwirtschaft Heft 5/99, München, 1999

Bayerischer Staatsministerium für Landesentwicklung und Umweltfragen (StLMU) (Hrsg.), Hochwasserschutz in Bayern – Aktionsprogramm 2020, München, 2002

Becker, Bernd, Gesetz, Sprache und Gesetzesvollzug, BayVBl. 1995, 453 ff.

Becker, Ulrich/Heckmann, Dirk/Kempen, Bernhard/Manssen, Gerrit, Öffentliches Recht in Bayern, 3. Auflage, München, 2005

Bender, Bernd u.a. (Hrsg.), Rechtsstaat zwischen Sozialgestaltung und Rechtsschutz – Festschrift für Konrad Redeker zum 70. Geburtstag, München, 1993

Bender, Bernd/Sparwasser, Reinhard/Engel, Rüdiger, Umweltrecht, 4. Auflage, Heidelberg, 2000

Berkemann, Jörg u.a. (Hrsg.), Planung und Plankontrolle: Entwicklungen im Bau- und Fachplanungsrecht: Otto Schlichter zum 65. Geburtstag, Köln, 1995

Bernsdorff, Norbert, Positivierung des Umweltschutzes im Grundgesetz (Art. 20a GG), NuR 1997, 328 ff.

Beschorner, Jürgen, Die Außenwirkung innerdienstlicher Maßnahmen im Sozialrecht, NVwZ 1986, 361 ff.

Bielenberg, Walter / Runkel, Peter / Spannowsky, Willy, Raumordnungs- und Landesplanungsrecht des Bundes und der Länder, Band 2, Berlin, Stand Oktober 2005

Birk, Hans-Jörg, Kommunale Selbstverwaltung und überörtliche Planung, NVwZ 1989, 905 ff.

Blümel, Willi, Raumordnung und kommunale Selbstverwaltung, DVBl. 1973, 436 ff.

Blümel, Willi, Die Standortvorsorgeplanung für Kernkraftwerke und andere umweltrelevante Großvorhaben im der Bundesrepublik Deutschland, DVBl. 1977, 301 ff.

Blümel, Willi, Rechtsschutz gegen Raumordnungspläne, VerwArch 1993, 123 ff.

Bode, Henning, Der Planungsgrundsatz der nachhaltigen Raumentwicklung, Berlin, 2003

Böttger, Ulrich/Broosch, Malaika, Zur prinzipalen Normenkontrolle von regionalen Raumordnungsplänen, UPR 2002, 420 ff.

Breuer, Die Bodennutzung im Konflikt zwischen Städtebau und Eigentumsgarantie, München, 1976

Britz, Gabriele, „Ökokonto“ im Naturschutzrecht – Ein Instrument im Dienste der Belange von Naturschutz und Investition?, UPR 1999, 205 ff.

Brohm, Winfried, Gemeindliche Selbstverwaltung und staatliche Raumplanung, DÖV 1989, 429 ff.

Brohm, Winfried, Öffentliches Baurecht, 3. Auflage, München, 2002

Brügelmann, Hermann, Kommentar zum Baugesetzbuch, Band 1, Stuttgart, Stand September 2005

Buchner, Werner, Raumbewusstsein – Von der Verantwortung im Umgang mit dem Raum unserer Heimat, BayVBl. 1986, 641 ff.

Bundesamt für Bauwesen und Raumordnung (Hrsg.), Leitfibel vorbeugender Hochwasserschutz. Modellvorhaben zum vorbeugenden Hochwasserschutz Rhein-Maas im Rahmen der transnationalen Zusammenarbeit in der Raumordnung (INTERREG IIC), Bonn, 1998

Bundesamt für Bauwesen und Raumordnung (Hrsg.), Raumordnungsbericht 2000, Bonn, 2000

Bundesministerium für Raumordnung, Bauwesen und Städtebau (Hrsg.), Städtebauliche Forschung – Baulandpotential und städtischer Lücken-Wohnungs-bau, Bonn, 1981

Bundesministerium für Raumordnung, Bauwesen und Städtebau (Hrsg.), Raumordnungspolitischer Handlungsrahmen, Beschluss der Ministerkonferenz für Raumordnung vom 8. März 1995, Bonn, 1995

Bundesministerium für Raumordnung, Bauwesen und Städtebau (Hrsg.), Nachhaltige Baupolitik zwischen Ökologie und Ökonomie, Bonn, 1997

Bundesministerium für Umwelt, Naturschutz und Reaktorsicherheit, 5-Punkte-Programm der Bundesregierung, Pressemitteilung 2160, Berlin, September 2002

Bundesministerium für Umwelt, Naturschutz und Reaktorsicherheit (Hrsg.), Hochwasserschutz und Flutkatastrophen, Pressemitteilung 2306, Berlin, August 2002

Bundesministerium für Umwelt, Naturschutz und Reaktorsicherheit, Flut und Dürre – Zwei Seiten einer Medaille, Sonderteil der Zeitschrift UMWELT Nr. 9/2003

Bundesministerium für Verkehr, Bau- und Wohnungswesen (Hrsg.), Hochwasserschutzfibel - Planen und bauen von Gebäuden in hochwassergefährdeten Gebieten, 3. Auflage, Berlin, 2002

Bunzel, Arno, Nachhaltigkeit – ein neues Leitbild für die kommunale Flächennutzungsplanung. Was bringt das novellierte Baugesetzbuch?, NUR 1997, 583 ff.

Bunzel, Arno/Reitzig, Frank, Bereitstellung von Flächen zum Ausgleich im übergemeindlichen Maßstab, DÖV 1998, 995 ff.

Burgi, Martin, Die Enteignung durch "teilweisen" Rechtsentzug als Prüfstein für die Eigentumsdogmatik, NVwZ 1994, 527 ff.

Burgi, Martin/Deichmöller, Sigrid, Bauen im Überschwemmungsgebiet, DÖV 2003, 358 ff.

Cholewa, Werner/Dyong, Hartmut/von der Heide, Hans-Jürgen/Arenz, Willi, Raumordnung in Bund und Ländern, Band 1: Kommentar, Stuttgart, Stand Oktober 2004

Corell, Cathrin, Schaffung und Bewahrung von Retentionsraum zum Zwecke des Hochwasserschutzes, UPR 1996, 246 ff.

Czybulka, Detlef, Kompetenzverteilung im Bodenschutz- und Altlastenrecht, UPR 1997, 15 ff.

Czychowski, Manfred/Reinhardt, Michael, Kommentar zum Wasserhaushaltsgesetz, 8. Auflage, München, 2003

Dapp, Klaus, Informationsmanagement in der Planung am Beispiel des vorsorgenden Hochwasserschutzes, Schriftenreihe WAR, Band 144, Darmstadt, 2002

Deutsch, Mathias/Pörtge, Karl-Heinz (Hrsg.), Aktuelle und historische Hochwasserereignisse, Reihe: Erfurter Geographische Studien Heft 7, Erfurt, 1998

Deutsch, Mathias/Pörtge, Karl-Heinz/Teltscher, Helmut (Hrsg.), Beiträge zum Hochwasser/ Hochwasserschutz in Vergangenheit und Gegenwart, Reihe: Erfurter Geographische Studien Heft 9, Erfurt, 2000

Deutsch, Mathias/Hack, Hans-Peter/Pörtge, Karl-Heinz/Rost, Karl Tilman/Teltscher, Helmut (Hrsg.), Wasser – Lebensnotwendige Ressource und Konfliktstoff, Reihe: Erfurter Geographische Studien Heft 11, Erfurt, 2004

Deutscher Verband für Wasserwirtschaft und Kulturbau e.V. (DVWK) (Hrsg.), Anthropogene Einflüsse auf das Hochwassergeschehen, Hamburg/Berlin, 1982

Deutscher Verband für Wasserwirtschaft und Kulturbau e.V. (DVWK) (Hrsg.), Auswirkungen der Urbanisierung auf den Hochwasserabfluss kleiner Einzugsgebiete: Verfahren zur quantitativen Abschätzung, Hamburg/Berlin, 1986

Dolderer, Michael, Das neue Raumordnungsgesetz (ROG 1998), NVwZ 1998, 345 ff.

Dolzer, Rudolf/Vogel, Klaus/Graßhof, Karin (Hrsg.), Bonner Kommentar zum Grundgesetz, Heidelberg, 1999

Dreier, Horst (Hrsg.), Grundgesetz-Kommentar, Band I, Tübingen, 1996

Driehaus, Hans-Joachim (Hrsg.), Baurecht – aktuell, Festschrift für Felix Weyreuther, Köln u.a., 1993

Duken, Hajo, Normerlassklage und fortgesetzte Normerlassklage, NJW 1993, 546 ff.

Ehlers, Dirk, Die Klagearten und besonderen Sachentscheidungsvoraussetzungen im Kommunalverfassungsstreitverfahren, NVwZ 1990, 105 ff.

Einig, Klaus/Spiecker, Margarete, Die rechtliche Zulässigkeit regionalplanerischer Mengenziele zur Begrenzung des Siedlungs- und Flächenwachstums, ZUR Sonderheft 2002, 150 ff.

Engel, Rüdiger, Ökologische Konzepte für die Baurechtsnovelle, ZUR 1997, 30 ff.

Erbguth, Wilfried, Zur Rechtsnatur von Programmen und Plänen der Raumordnung und Landesplanung, DVBl. 1981, 557 ff.

Erbguth, Wilfried/Schoeneberg, Jörg, Raumordnungs- und Landesplanungsrecht, 2. Auflage, Köln u.a., 1992

Erbguth, Wilfried, Das Gebot einer materiellen Abgrenzung zwischen Grundsätzen und Zielen der Raumordnung – Am Beispiel der landesplanerischen Stellungnahme nach brandenburgischem Recht, LKV 1994, 89 ff.

Erbguth, Wilfried, Die nordrhein-westfälische Braunkohleplanung und der Parlamentsvorbehalt, GewArch 1995, 327 ff.

Erbguth, Wilfried, Konzeptionelle und rechtliche Konsequenzen des Gebots nachhaltiger Raumentwicklung, DÖV 1998, 673 ff.

Erbguth, Wilfried, Konsequenzen der neueren Rechtsentwicklung im Zeichen nachhaltiger Raumentwicklung, DVBl. 1999, 1082 ff.

Erbguth, Wilfried, Factory-Outlet-Center: Landesplanungs- und städtebaurechtliche Fragen, verfassungs- wie verwaltungsrechtliche Aspekte, NVwZ 2000, 969 ff.

Erbguth, Wilfried, EAG BauE: Änderungen des Raumordnungsrechts, NuR 2004, 91 ff.

Erbguth, Wilfried u.a. (Hrsg.), Planung, Festschrift für Werner Hoppe, München, 2000

Erichsen, Hans-Uwe (Hrsg.), Allgemeines Verwaltungsrecht, 11. Auflage, Berlin u.a., 1998

Ernst, Werner/Zinkahn, Willy/Bielenberg, Walter/Krautzberger, Michael,

Kommentar zum Baugesetzbuch, Band 1 - 3, München, Stand April 2005

Ewer, Wolfgang, Ersatz-, Entschädigungs- und Ausgleichsansprüche wegen Hochwasserschäden – erste Bestandsaufnahme nach der Katastrophe, NJW 2002, 3497 ff.

Eyermann, Erich/Fröhler, Ludwig, Verwaltungsgerichtsordnung, 11. Auflage, München, 2000

Finkelnburg, Klaus/Ortloff, Karsten-Michael, Öffentliches Baurecht, Band 1, München, 1998

Fleischhauer, Mark, Indikatoren zur Operationalisierung räumlicher Risiken, dargestellt am Beispiel Hochwasser, Arbeitspapier 180, Institut für Raumplanung, Universität Dortmund, 2003

Folkerts, Uwe, Raumordnungsziele im Ländervergleich, Beiträge zum Siedlungs- und Wohnungswesen und zur Raumplanung, Band 124, Münster, 1988

Forsa, Klimaschutz – Ein Jahr nach dem Hochwasser, Forsa-Umfrage P3596/12046.2 07/03 Bü, Berlin, 15.7.2003

Franz, Thorsten, Freiraumschutz und Innenentwicklung: das Verhältnis von Freirauminanspruchnahme und Innenentwicklung vor der Forderung nach ökologischem Bauen, Berlin, 2000

Frenz, Walter, Sustainable Development durch Raumplanung: Am Beispiel der Rohstoffgewinnung, Berlin, 2000

Fürst, Dietrich, Von der Regionalplanung zum Regionalmanagement?, DÖV 1993, 552 ff.

Fürst, Dietrich/Scholles, Frank (Hrsg.), Handbuch Theorien + Methoden der Raum- und Umweltplanung, Handbücher zum Umweltschutz, Band 4, Dortmund, 2001

Gassner, Erich/Bendomir-Kahlo, Gabriele/Schmidt-Räntsch, Annette/Schmidt-Räntsch, Jürgen, Kommentar zum Bundesnaturschutzgesetz, 2. Auflage, München, 2003

Geiler, Nikolaus, Die Chronologie des Hochwasserschutzes in der 6. WHG-Novelle, ZUR 1997, 75 ff.

Geipel, Rainer/Härta, R./Pohl, Jürgen, Risiken im Mittelrheinischen Becken, Deutsche IDNDR-Reihe Nr. 4, Deutsches IDNDR-Komitee für Katastrophenvorbeugung e.V., Bonn, 1997

Geis, Max-Emanuel/Lorenz, Dieter (Hrsg.), Staat, Kirche, Verwaltung, Festschrift für Hartmut Maurer, München, 2001

Geyer, Thomas, Regionale Vorrangkonzepte für Freiraumfunktionen, Kaiserslautern, 1987

Glaser, Franz, Klimageschichte Mitteleuropas, Darmstadt, 2001

Goppel, Konrad, Ziele der Raumordnung, BayVBl. 1998, 289 ff.

Goppel, Konrad, Projektbezogene Ziele der Raumordnung zu Verkehrsvorhaben des Bundes und deren Bindungswirkung, DVBl. 2000, 86 ff.

Goppel, Konrad, Zum grundsätzlichen Verhältnis von Raumordnung und Fachplanung vor dem Hintergrund projektbezogener Ziele der Rumordnung zu Verkehrsvorhaben des Bundes, UPR 2000, 431 ff.

Goppel, Konrad, Glaubenskrieg um die Soll-Ziele, BayVBl. 2002, 449 ff.

Goppel, Konrad, Anmerkung I. zu BayVGH, Urt. v. 19.4.2004 – 15 B 99.2605 – BayVBl. 2005, 83

Goppel, Konrad/Schreiber, Robert, Das neue Bayerische Landesplanungsgesetz – ausgewählte rechtliche Aspekte, BayVBl. 2005, 353 ff.

Groß, Thomas, Neue Entwicklungen in der Zuordnung von Landschaftsplanung und Raumplanung, NuR 1998, 122 ff.

Gunkel, Günter (Hrsg.), Renaturierung kleiner Fließgewässer: Ökologische und ingenieurtechnologische Grundlagen, Jena und Stuttgart, 1996

Heiland, Peter, Vorsorgender Hochwasserschutz durch Raumordnung, interregionale Kooperation und ökonomischen Lastenausgleich, Schriftenreihe WAR 143, Darmstadt, 2002

Heitsch, Christian, Raumordnungsziele und Außenbereichsvorhaben: Steuerungswirkungen und Rechtsschutz, NuR 2004, 20 ff.

Hendler, Reinhard, Raumordnungsziele und Eigentumsgrundrecht, DVBl. 2001, 1233 ff.

Hendler, Reinhard, Raumordnungsziele als landesplanerische Letztentscheidungen, UPR 2003, 256 ff.

Hesse, Nachhaltige Raumentwicklung. Überlegungen zur Bewertung der räumlichen Entwicklung und Planung in Deutschland im Lichte der Anforderungen an die Agenda 21, RUR 1996, 103 ff.

Höhnberg, Ulrich, Rechtsschutz gegenüber Maßnahmen der Landesplanung, BayVBl. 1982, 722 ff.

Hoppe, Werner, Bauleitplanung und Eigentumsgarantie – Zum Abwägungsgebot des § 1 Abs. 3 S. 2 Bundesbaugesetz, DVBl. 1964, 165 ff.

Hoppe, Werner, „Ziele der Raumordnung und Landesplanung" und „Grundsätze der Raumordnung und Landesplanung" in normtheoretischer Sicht, DVBl. 1993, 681 ff.

Hoppe, Werner, Die Beimessung eines besonderen Gewichts „bei der Abwägung mit konkurrierenden raumbedeutsamen Nutzungen" in Vorbehaltsgebieten nach § 7 Abs. 4 Satz 1 Nr.2 ROG 1998, DVBl. 1998, 1008 ff.

Hoppe, Werner, Kritik an der textlichen Fassung und inhaltlichen Gestaltung von Zielen der Raumordnung in der Planungspraxis, DVBl. 2001, 81 ff.

Hoppe, Werner, „Ziele der Raumordnung" (§ 3 Nr. 2 ROG 1998) in Soll-Formulierungen als „durchgängiges Prinzip der Raumordnung in Bayern" – Anmerkungen zu dem „Fachziel Einzelhandelsgroßprojekte/FOC" im Entwurf zur Änderung des Landesentwicklungsprogramms Bayern, BayVBl. 2002, 129 ff.

Hoppe, Werner, Stehen die „Ziele der Raumordnung" in der Form von Soll-Zielen vor dem Aus?, DVBl. 2004, 478 ff.

Hoppe, Werner, Die „grundsätzliche" Formulierung von Raumordnungszielen (§ 3 Nr. 2 ROG) als Soll-Vorschriften im Bayerischen Landesplanungsgesetz (Art. 3 Abs. 2 Satz 2 BayLPlG 2004) – ein „wichtiges bayerisches Anliegen im Verhältnis zum Bundesrecht", BayVBl. 2005, 356 ff.

Hoppe, Werner/Appold, Wolfgang (Hrsg.), Umweltschutz in der Raumplanung, Beiträge zum Siedlungs- und Wohnungswesen und zur Raumplanung Band 133, Münster, 1990

Hoppe, Werner/Bönker, Christian/Grotefels, Susan, Öffentliches Baurecht, 3. Auflage, München, 2004

Hosch, Rüdiger/Höhnberg, Ulrich, Programme und Pläne nach dem Bayerischen Landesplanungsgesetz, BayVBl. 1974, 657 ff.

Hosch, Rüdiger, Probleme des verwaltungsgerichtlichen Rechtsschutzes bei Zielen der Raumordnung und Landesplanung, WiVerw 1976, 36 ff.

Hübler, Karl-Hermann, Raumordnungspolitik und Wertewandel: Überlegungen zur Fortentwicklung der Raumordnungspolitik, Veröffentlichungen der Akademie für Raumforschung und Landesplanung (ARL), Band 103, Hannover, 1987

Hufen, Friedhelm, Verwaltungsprozessrecht, 3. Auflage, München, 1998

Internationale Kommission zum Schutz des Rheins (IKSR) (Hrsg.), Aktionsplan Hochwasser, Rotterdam, 1998

Internationale Kommission zum Schutz des Rheins (IKSR), Wirkungsabschätzung von Wasserrückhalt im Einzugsgebiets des Rheins, Koblenz, 1999

Internationale Kommission zum Schutz des Rheins (IKSR) (Hrsg.), Hochwasservorsorge – Maßnahmen und ihre Wirksamkeit, Koblenz, 2002

Immendorf, Ralf (Hrsg.), Hochwasser: Natur im Überfluss ?, 1. Aufl., Heidelberg, 1997

Institut für das Recht der Wasser- und Entsorgungswirtschaft, Hochwasserschutz im geltenden und künftigen Recht, Bericht über die 19. Vortragsveranstaltung am 3.5.1996, Bonn

Institut für ökologische Raumentwicklung e.V., Tagungsbericht zum Workshop „Vorbeugender Hochwasserschutz auf kommunaler Ebene“ vom 13. und 14. Dezember 2000, Dresden

Isensee, Josef/Kirchhof, Paul (Hrsg.), Handbuch des Staatsrechts, Band III, Heidelberg, 1988

Isensee, Josef/Kirchhof, Paul, (Hrsg.), Handbuch des Staatsrechts, Band VI, Heidelberg, 1989

Isensee, Josef/Kirchhof, Paul, (Hrsg.), Handbuch des Staatsrechts, Band V, Heidelberg, 1992

Janssen, Gerold, Vorbeugender Hochwasserschutz auf kommunaler Ebene, LKV 2001, 455 ff.

Jarass, Hans D. (Hrsg.), Raumordnungsgebiete, in: Beiträge zur Raumplanung und zum Siedlungs- und Wohnungswesen, Band 183, Münster, 1998

Jarass, Hans D., Kommentar zum Bundesimmissionsschutzgesetz, 4. Auflage, München, 1999

Karl, Helmut/Klemmer, Paul, Einbeziehung von Umweltindikatoren in die Regionalpolitik, Schriftenreihe des rheinisch-westfälischen Instituts für Wirtschaftsforschung Essen, Heft 50, Berlin, 1990

Kern, Michael, Hochwasserschutz im Bauplanungsrecht unter besonderer Berücksichtigung des Regierungsentwurfs eines Gesetzes zur Verbesserung des vorbeugenden Hochwasserschutzes vom 3. März 2004, Diss. jur., Regensburg, 2004

Kienle, Thomas, Integriertes und integrierendes Raummanagement, Frankfurt/Main, 2001

Klein, Hans H., Die grundrechtliche Schutzpflicht, DVBl. 1994, 489 ff.

Kment, Martin, Rechtsschutz im Hinblick auf Raumordnungspläne, Münster, 2002

Kment, Martin, Unmittelbarer Rechtsschutz von Gemeinden gegen Raumordnungspläne, DÖV 2003, 349 ff.

Knack, Hans Jochim, Verwaltungsverfahrensgesetz, Kommentar, 8. Auflage, Köln u.a., 2004

Knemeyer, Franz-Ludwig, Bayerisches Kommunalrecht, 11. Auflage, Stuttgart, 2004

Koch, Hans-Joachim/Hendler, Reinhard, Baurecht, Raumordnungs- und Landesplanungsrecht, 4. Auflage, Stuttgart, 2004

Köck, Wolfgang, Boden- und Freiraumschutz durch Flächenhaushaltspolitik , ZUR Sonderheft 2002, 121 ff.

Kotulla, Michael, Möglichkeiten des Grundwasserschutzes durch Flächennutzungsplanung, ZfBR 1995, 119 ff.

Kremm, Berthold, Ziele der Raumordnung und Landesplanung als Grundlage subjektiver Rechte von Gemeinden, Düsseldorf, 1993

Kuschnerus, Ulrich, Die Belange von Natur und Landschaft in der Abwägung nach § 1 Abs. 6 BauGB, BauR 1998, 1 ff.

Länderarbeitsgemeinschaft Wasser (LAWA) (Hrsg.), Leitlinien für einen zukunftsweisenden Hochwasserschutz, Stuttgart, 1995

Länderarbeitsgemeinschaft Wasser (LAWA) (Hrsg.), Wirksamkeit von Hochwasservorsorge- und Hochwasserschutzmaßnahmen, Schwerin, 2000

Lansnicker, Frank, Schwirtzek, Thomas, Die Amtshaftung der Bauordnungs- und Bauplanungsbehörden in der Rechtsprechung des BGH, NVwZ 1996, 745 ff.

Lass, Wiebke/Reusswig, Fritz/Kühn, Klaus Dieter, Katastrophenanfälligkeit und „Nachhaltige Entwicklung“ - Ein Indikatorensystem für Deutschland, Deutsche IDNDR-Reihe, Bd. 14, Bonn, 1998

Lege, Joachim, Wohin mit der Schwellentheorie, JZ 1994, 431 ff.

Lehners, Andreas, Raumordnungsgebiete nach dem Raumordnungsgesetz 1998, Münster, 1998

Leidig, Guido, Ressourcenvorsorge und Baulandmobilisierung – Gegensatz oder notwendige Ergänzung ? –, UPR 1997, 310 ff.

Leisner, Walter, Situationsgebundenheit des Eigentums – eine überholte Rechtssituation?, Berlin u.a., 1990

Louis, Hans Walter, Das Verhältnis zwischen Baurecht und Naturschutz unter Berücksichtigung der Neuregelung durch das BauROG, NuR 1998, 113 ff.

Louis, Hans Walter / Wolf, Verena, Flächenverbrauch und Kompensation: Die naturschutzrechtliche Eingriffsregelung als Mittel der Flächenhaushaltspolitik, ZUR Sonderheft 2002, 146 ff.

Lüers, Hartwig, Baurechtliche Instrumente des Hochwasserschutzes, UPR 1996, 241 ff.

Mangoldt, Hermann v./Klein, Friedrich/Starck, Christian, Das Bonner Grundgesetz, Kommentar, Band 2, 4. Auflage, München, 2000

Manssen, Gerrit, Staatsrecht II – Grundrechte, 4. Auflage, München, 2005

Manssen, Gerrit/Schütz, Hans-Joachim (Hrsg.), Staats- und Verwaltungsrecht für Mecklenburg-Vorpommern, 1. Auflage, Baden-Baden, 1999

Manssen, Gerrit, Regelung der Baugestaltung und gemeindliche Selbstverwaltung, Die Verwaltung, 1991, 33 ff.

Manssen, Gerrit, Standortsteuerung für Windenergieanlagen in der bayerischen Regionalplanung – Reformbedarf und Reformperspektiven nach Erlass des neuen Bayerischen Landesplanungsgesetzes –, BayVBl. 2005, 485 ff.

Maslaton, Martin, Rechtmäßigkeit des Regionalplans Oberes Elbtal/Osterzgebirge, LKV 2003, 318 ff.

Maunz, Theodor/Dürig, Günther, Grundgesetz, Kommentar, Band II, München, Stand August 2005

Maunz, Theodor/Dürig, Günther, Grundgesetz, Kommentar, Band III, München, Stand August 2005

Maunz, Theodor/Schmidt-Bleibtreu, Bruno/Klein, Franz/Betghe, Herbert, Bundesverfassungsgerichtsgesetz, Kommentar, München, Stand Februar 2005

Maurer, Hartmut, Allgemeines Verwaltungsrecht, 15. Auflage, München, 2004

Meder, Theodor, Die Verfassung des Freistaats Bayern, Handkommentar, 4. Auflage, Stuttgart, München, Hannover, Berlin, 1992

Ministerium für Umwelt und Verkehr, Innenministerium, Wirtschaftsministerium des Landes Baden-Württemberg (Hrsg.), Hochwassergefahr und Strategie zur Schadensminderung in Baden-Württemberg – Eine Leitlinie, Stuttgart, 2003

Ministerkonferenz für Raumordnung (MKRO), Handlungsempfehlungen zum vorbeugenden Hochwasserschutz vom 14.06.2000, GMBl. S. 514

Mitschang, Stephan, Die Belange von Natur und Landschaft in der kommunalen Bauleitplanung, 2. Auflage, Berlin, 1996

Mitschang, Stephan, Wasser- und Gewässerschutz in städtebaulichen Planungen, ZfBR 1996, 63 ff.

Mock, Josef, Bemessungshochwasser und Wirtschaftlichkeit der Hochwasserrückhaltung, Wasser und Boden 1991.

Münch, Ingo v./Kunig, Philip, Grundgesetz-Kommentar, Band I, 5. Auflage, München, 2000

Münchener Rückversicherungs-Gesellschaft (Münchener Rück), Überschwemmung und Versicherung, München, 1997

Mutius, Albert v. (Hrsg.), Selbstverwaltung im Staat der Industriegesellschaft, Festgabe zum 70. Geburtstag von Georg Christoph von Unruh, Heidelberg, 1983 (zit.: Bearbeiter, in: FS v. Unruh)

Nawiasky, Hans/Leusser, Claus/Schweiger, Karl/Zacher, Hans, Die Verfassung des Freistaats Bayern, Kommentar, München, Stand Juni 2003

Obermayer, Klaus, Kommentar zum Verwaltungsverfahrensgesetz, 3. Auflage, Neuwied, 1999

Ossenbühl, Fritz, Staatshaftungsrecht, 5. Auflage, München, 1998

Osterloh, Lerke, Eigentumsschutz, Sozialbindung und Enteignung bei der Nutzung von Boden und Umwelt, DVBl. 1991, 906 ff.

Oswald, Bernhard, Erfolgskontrolle in der Regionalpolitik, Göttingen, 1980

Papier, Hans-Jürgen, Die Weiterentwicklung der Rechtsprechung zur Eigentumsgarantie des Art. 14 GG, DVBl. 2000, 1399 ff.

Paßlick, Hermann, Die Ziele der Raumordnung und Landesplanung, Beiträge zum Siedlungs- und Wohnungswesen und zur Raumplanung, Band 105, Münster, 1986

Patt, Heinz (Hrsg.), Hochwasser-Handbuch: Auswirkungen und Schutz, Berlin/Heidelberg, 2001

Peine, Franz-Joseph, Öffentliches Baurecht, 4. Auflage, Tübingen, 2003

Pestalozza, Christian, Verfassungsprozessrecht, 3. Auflage, München, 1991

Pfeil, Jan, Maßnahmen des Katastrophenschutzes und Reaktionen der Bürger in Hochwassergebieten am Beispiel von Bonn und Köln, Bonn, 2000

Pieroth, Bodo/Schlink, Bernhard, Grundrechte – Staatsrecht II, 20. Auflage, Heidelberg, 2004

Pietzcker, Jost, Zur Entwicklung des öffentlichrechtlichen Entschädigungsrechts - insbesondere am Beispiel der Entschädigung von Beschränkungen der landwirtschaftlichen Produktion, NVwZ 1991, 418 ff.

Redeker, Konrad/v. Oertzen, Hans-Joachim, Verwaltungsgerichtsordnung, 14. Auflage, Stuttgart, 2004

Rehbinder, Eckard, Festlegung von Umweltzielen – Begründung, Begrenzung, instrumentelle Umsetzung, NuR 1997, 313 ff.

Ruffert, Matthias, Das Umweltvölkerrecht im Spiegel der Erklärung von Rio und der Agenda 21, ZUR 1993, 208 ff.

Rühl, Christiane, Rechtliche Vorgaben und Instrumente der kommunalen Hochwasservorsorge, UPR 2001, 209 ff.

Runkel, Peter, Zur geplanten Neuregelung des Rechts der Raumordnung, UPR 1997, 1 ff.

Runkel, Peter, Das neue Raumordnungsgesetz, WiVerw 1997, 267 ff.

Runkel, Peter, Das neue Raumordnungsgesetz und das Umweltrecht, NuR 1998, 449 ff.

Sandner, Wolfram, Die Kollision von Fernstraßenplanung und gemeindlicher Siedlungstätigkeit im Lichte landesplanerischer Vorgaben, UPR 1997, 279 ff.

Sarnighausen, Hans-Cord, Abschied vom Bestandsschutz im öffentlichen

Baurecht?, DÖV 1993, 758 ff.

Schenke, Wolf-Rüdiger, „Reform“ ohne Ende – Das Sechste Gesetz zur Änderung der Verwaltungsgerichtsordnung und anderer Gesetze (6. VwGOÄndG), NJW 1997, 80 ff.

Schenke, Wolf-Rüdiger, Verwaltungsprozessrecht, 9. Auflage, Heidelberg, 2004

Schink, Alexander, Die Berücksichtigung von Umweltbelangen in der Bauleitplanung, BauR 1998, 1163 ff.

Schink, Alexander, Siedlungs- und Freiraumentwicklung in Nordrhein-Westfalen – Künftig ein Nullsummenspiel ?, Verwaltungsrundschau 2002, 303 ff.

Schink, Alexander, Umweltprüfung für Pläne und Programme – Anwendungsbereich der SUP-Richtlinie und Umsetzung in deutsches Recht, NVwZ 2005, 615 ff.

Schlarmann, Hans, Privilegierte Fachplanungen als Ziele der Raumordnung und Landesplanung und ihre Umsetzung in die Bauleitplanung nach § 1 Abs. 4 BauGB, DVBl. 1980, 275 ff.

Schlichter, Otto/Stich, Rudolf/Driehaus, Hans-Joachim/Paetow, Stefan (Hrsg.), Berliner Kommentar zum Baugesetzbuch, Band I, 3. Auflage, Köln-Berlin-Bonn-München, 2002

Schmidt, Hugo, Haftung für Überschwemmungsschäden, VersR 1995, 1269 ff.

Schmidt, Ingo, Wirkung von Raumordnungszielen auf die Zulässigkeit privilegierter Außenbereichsvorhaben, Beiträge zum Siedlungs- und Wohnungswesen und zur Raumplanung, Band 175, Münster, 1997

Schmidt, Ingo, Die Raumordnungsklauseln in § 35 BauGB und ihre Bedeutung für Windkraftvorhaben, DVBl. 1998, 669 ff.

Schmidt, Reiner/Müller, Helmut, Einführung in das Umweltrecht, München, 1999

Schmidt-Aßmann, Eberhard, Fortentwicklung des Rechts im Grenzbereich zwischen Raumordnung und Städtebau, Schriftenreihe „Städtebauliche Forschung“ des Bundesministeriums für Raumordnung und Städtebau, 1977

Schmidt-Aßmann, Eberhard, Der Ausgleich landesplanerischer Planungsschäden, Göttingen, 1976

Schmidt-Aßman, Eberhard, Rechtsstaatliche Anforderungen an Regionalpläne, DÖV 1981, 237 ff.

Schmidt-Aßmann, Eberhard, Grundwasserschutz als Aufgabe wasserrechtlicher und regionalplanerischer Gebietsausweisungen, DÖV 1986, 985 ff.

Schoch, Friedrich/Schmidt-Assman, Eberhard/Pietzner, Rainer, Verwaltungsgerichtsordnung, Kommentar, München, Bd. 1, Stand September 2004

Schönfeld, Thomas, Eigentumseingriff durch Nutzungsbeschränkungen – Ungelöste Frage in der Dogmatik des Art. 14 GG, BayVBl. 1996, 673 ff.

Schrage, Christel, Zielabweichungsverfahren bei Raumordnungsplänen, Reihe: Beiträge zur Raumplanung und zum Siedlungs- und Wohnungswesen, Band 181, Münster, 1998

Schroeder, Werner, Die Wirkung von Raumordnungszielen, UPR 2000, 52 ff.

Schulte, Ziele der Raumordnung, NVwZ 1999, 942 ff.

Schütze, Bernd, Aufgabe und rechtliche Stellung der Landschaftsplanung im räumlichen Plansystem, Reihe: Schriften zum Umweltrecht Band 45, Berlin, 1994

Sendler, Horst, Bestandsschutz im Wirtschaftsleben, WiVerw 1993, 235 ff.

Sieder, Frank/Zeitler, Herbert (Hrsg.), Bayerisches Wassergesetz – Kommentar, München, Stand 01.07.2004

Sieder, Frank/Zeitler, Herbert/Dahme, Heinz/Knopp, Günther-Michael (Hrsg.), Wasserhaushaltsgesetz und Abwasserabgabengesetz – Kommentar, Band 2, München, Stand September 2002

Simon, Arnulf, Möglichkeiten und Grenzen der Umweltsorge durch Regionalpläne, Europäische Hochschulschriften, Reihe 2, Band 690, Frankfurt, 1988

Söfker, Wilhelm, Fortentwicklung des Raumordnungsrechts im Bauplanungsrecht und RaumordnungsG, DVBl. 1987, 597 ff.

Spannowsky, Willy, Entwässerung der Baugebiete – Aufgabe und Verantwortung –, ZfBR 2000, 449 ff.

Spannowsky, Willy, Grenzen landes- und regionalplanerischer Festlegungen gegenüber Verkehrswegeplanungen des Bundes, UPR 2000, 418 ff.

Spannowsky, Willy, Möglichkeiten zur Steuerung der Ansiedlung großflächiger Einzelhandelsbetriebe durch die Raumordnung und ihre Durchsetzung, UPR 2003, 248 ff.

Spiecker, Margarete, Raumordnung und Private, Berlin, 1999

Spiecker, Margarete, Die raumordnerische Steuerung von Kiesabgrabungen durch Eignungsgebiete i.S. des § 7 Abs. 4 Satz 1 Nr. 3 ROG, BayVBl. 2001, 673 ff.

Steenhoff, Holger, Rechtliche Instrumente des Hochwasserschutzes, UPR 2003, 50 ff.

Steinberg, Rudolf, Verwaltungsgerichtlicher Schutz der kommunalen Planungshoheit gegenüber höherstufigen Planungsentscheidungen, DVBl. 1982, 13 ff.

Steiner, Udo (Hrsg.), Besonderes Verwaltungsrecht, 7. Auflage, Heidelberg, 2003

Stelkens, Paul/Bock, Heinz Joachim/Sachs, Michael, Verwaltungsverfahrensgesetz, 6. Auflage, München, 2001

Stern, Klaus, Das Staatsrecht der Bundesrepublik Deutschland, Band I, 2. Aufl., München, 1984

Stern, Klaus, Das Staatsrecht der Bundesrepublik Deutschland, Band II, München, 1980

Stich, Rudolf, Rechtsfragen des sog. Ökokontos bzw. der Vorrats-Ausgleichsmaßnahmen von Gemeinden und bauwilligen Privatunternehmen, UPR 2000, 321 ff.

Streich, Bernd/Kötter, Theo (Hrsg.), Planung als Prozess – von klassischem Denken und Zukunftsentwürfen im Städtebau, Festschrift für Klaus Borchard zum 60. Geburtstag, Bonn, 1998

Stüer, Bernhard, Erfahrungen mit der verwaltungsgerichtlichen Normenkontrolle – eine Zwischenbilanz – DVBl. 1985, 469 ff.

Stüer, Bernhard / Hönig, Dietmar, Raumordnung und Fachplanung im Widerstreit, UPR 2002, 333 ff.

Suderow, Wolfgang, Das Verhältnis der Fachplanungen zur Raumordnung und Landesplanung, Reihe: Beiträge zum Siedlungs- und Wohnungswesen und zur Raumplanung, Band 36, Münster, 1976

Thurn, Peter, Schutz natürlicher Gewässerfunktionen durch räumliche Planung, Beiträge zum Siedlungs- und Wohnungswesen und zur Raumplanung, Band 108, Münster, 1986

Turowski, Gerd, Die Problematik des baulichen „Bodenverbrauchs" als Begründung der Flächenhaushaltspolitik, ZUR Sonderheft 2002, 126 ff.

Umbach, Dieter C./Clemens,Thomas/Dollinger, Franz-Wilhelm, Bundesverfassungsgerichtsgesetz, Mitarbeiterkommentar und Handbuch, 2. Auflage, Heidelberg, 2005

Umweltbundesamt (Hrsg.), Anforderungen des vorsorgenden Hochwasserschutzes an Raumordnung, Landes-/Regionalplanung, Stadtplanung und die Umweltfachplanungen – Empfehlungen für die Weiterentwicklung -, Forschungsbericht 296 16 140 UBA-FB 99-409, UBA-Texte 45/99, 1999

Vogel, Klaus, Die Lehre vom Verwaltungsakt nach Erlass der Verwaltungsverfahrensgesetze, BayVBl. 1977, 617 ff.

Wahl, Rainer, Rechtsfragen der Landesplanung und Landesentwicklung, Band 1: Das Planungssystem der Landesplanung, Berlin, 1978

Wahl, Rainer, Aktuelle Probleme im Verhältnis der Landesplanung zu den Gemeinden, DÖV 1981, 597 ff.

Weichselgartner, Juergen, Naturgefahren als soziale Konstruktion, Aachen, 2002

Weyreuther, Felix, Die Situationsgebundenheit des Grundeigentums, Naturschutz – Eigentumsschutz – Bestandsschutz, Köln, 1983

Widmann, Josef, Abgrenzung zwischen Verwaltungsakt und eingreifendem Realakt, München, 1996

Wiggers, Christian, Planerhaltung im Recht der Raumordnung, Reihe: Beiträge zum Siedlungs- und Wohnungswesen und zur Raumplanung, Band 214, Münster, 2003

Wolf, Rainer, Perspektiven der naturschutzrechtlichen Eingriffsregelung, ZUR 1998, 183 ff.

Wolff, Hans J./Bachof, Otto/Stober, Rolf, Verwaltungsrecht, Band I, 11. Auflage, München, 1999

Wolff, Heinrich Amadeus, Die raumordnungsrechtliche Qualifizierung der Vorbehaltsgebiete in bayerischen Raumordnungsplänen, BayVBl. 2001, 737 ff.

Zielkow, Jan, Perspektiven von Öffentlichkeitsbeteiligung und Verbandsbeteiligung in der Raumordnung, NuR 2002, 701 ff.

Regensburger Beiträge zum Staats- und Verwaltungsrecht

Herausgegeben von Gerrit Manssen

Band 1 Simone Maria Koitek: Windenergieanlagen in der Raumordnung. 2005.

Band 2 Barbara Reil: Reformüberlegungen zur Richtervorlage. Beitrag zur Funktionenverteilung zwischen Bundesverfassungsgericht und Fachgerichtsbarkeiten bei der Kontrolle des parlamentarischen Gesetzgebers. 2005.

Band 3 André Zorger: Der Beirat für Stadtgestaltung der Stadt Regensburg. Eine Untersuchung zur baurechtlichen und kommunalrechtlichen Zulässigkeit. 2005.

Band 4 Gerrit Manssen / Boguslaw Banaszak (Hrsg.): Religionsfreiheit in Mittel- und Osteuropa zwischen Tradition und Europäisierung. 2006.

Band 5 Markus Tändler: Umweltprüfung und Umweltkontrolle in der Bauleitplanung. Eine Bewertung aus juristischer und kommunalpraktischer Sicht. 2006.

Band 6 Christian Bartsch: Vorbeugender Hochwasserschutz im Recht der Raumordnung und Landesplanung. 2007.

www.peterlang.de

Simone Maria Koitek

Windenergieanlagen in der Raumordnung

Frankfurt am Main, Berlin, Bern, Bruxelles, New York, Oxford, Wien, 2005.
143 S.
Regensburger Beiträge zum Staats- und Verwaltungsrecht.
Herausgegeben von Gerrit Manssen. Bd. 1
ISBN 3-631-53781-6 · br. € 34.–*

Bei der Förderung des Ausbaus der Nutzung regenerativer Energien hat die Raumordnung und Landesplanung sowie die kommunale Bauleitplanung eine tragende Rolle inne: Sie schafft die Voraussetzung für die Nutzung regenerativer Energiequellen. Im Hinblick auf die Windenergie hat die raumordnungs- und baurechtliche Planung sowohl die Aufgabe, der Nutzung der Windenergie Möglichkeiten zu eröffnen als auch dafür zu sorgen, dass negative Umweltauswirkungen als Folgen von Windenergienutzung schon im Vorfeld erkannt und abgewogen werden. Im Rahmen dieser Arbeit wird untersucht, welche Rolle der Raumordnung und Landesplanung beim Ausbau der Nutzung der Windenergie in der Bundesrepublik Deutschland zukommt.

Aus dem Inhalt: Steuerung der Ansiedlung von Windenergieanlagen durch Raumordnung und Landesplanung · Rechtliche Grundlagen und Instrumente · Europäische Einflüsse auf das Raumordnungsrecht · Koordination in der Raumordnung · Steuerung der Ansiedlung von Windenergieanlagen durch die kommunale Bauleitplanung · Die Genehmigung von Windkraftanlagen – bauplanungs- und bauordnungsrechtliche Aspekte · Offshore-Windenergieanlagen – derzeitiger Stand und Nutzung sowie rechtlicher Rahmen

FSC
www.fsc.org
MIX
Papier | Fördert gute Waldnutzung
FSC® C083411

Kolibri 360 GmbH
Ferdinand-Jühlke-Straße 7
99095 Erfurt, Deutschland
produktsicherheit@kolibri360.de

Druck:
CPI Druckdienstleistungen GmbH
im Auftrag der
Kolibri 360 GmbH
Ferdinand-Jühlke-Str. 7
99095 Erfurt